高等职业院校提升专业服务产业发展能力国家级项目创新教材

U0659221

钢结构焊接工艺及实施

主　编　蔡志伟

主　审　曾　平　　陶迤淳

哈尔滨工程大学出版社

内 容 简 介

本书是高等职业专业教育服务产业发展的改革创新教材。教材内容直接体现岗位要求,把学习内容与生产任务或工程项目衔接起来,充分体现高职教育"五个对接"的改革要求。全书按 7 个项目展开,论述了钢结构工程的焊接工艺,并介绍了典型钢结构工程焊接工艺的案例。7 个项目分别是:项目 1,钢材及相关金属材料的焊接;项目 2,小型钢结构件的焊条电弧焊;项目 3,中薄板的 CO_2 气体保护焊;项目 4,中厚板的埋弧自动焊;项目 5,大型钢结构的焊接;项目 6,非钢金属结构件的焊接;项目 7,钢结构焊接工艺分析与工艺编制。每个项目都有学习要求,包括知识内容与教学要求,技能训练内容与教学要求以及素质要求,还有工程实例和思考、讨论题及作业等,书后还附有参考资料等内容。

本书可作为高职高专钢结构类及其他成人高校相应专业的教材,也可作为建筑、机械、修造船等行业相关工程技术人员的参考书。

图书在版编目(CIP)数据

钢结构焊接工艺及实施/蔡志伟主编. —哈尔滨:
哈尔滨工程大学出版社,2015.1(2024.7 重印)
ISBN 978 – 7 – 5661 – 0999 – 6

Ⅰ.①钢⋯　Ⅱ.①蔡⋯　Ⅲ.①钢结构 – 焊接工艺
Ⅳ.①TG457.11

中国版本图书馆 CIP 数据核字(2015)第 026202 号

出版发行　哈尔滨工程大学出版社
社　　址　哈尔滨市南岗区东大直街 124 号
邮政编码　150001
发行电话　0451 – 82519328
传　　真　0451 – 82519699
经　　销　新华书店
印　　刷　哈尔滨午阳印刷有限公司
开　　本　787mm×1 092mm　1/16
印　　张　19.25
字　　数　489 千字
版　　次　2015 年 2 月第 1 版
印　　次　2024 年 7 月第 3 次印刷
定　　价　42.00 元
http://www.hrbeupress.com
E-mail:heupress@ hrbeu.edu.cn

前　　言

"以服务为宗旨，以就业为导向"已经成为全社会对高职教育发展的共识，如何提高高职院校专业建设服务产业发展的能力，建立适应中国经济社会发展的高职教育模式成为当前高职院校改革的重大课题。而高职教育的"五个对接"的改革要求提出了解决这一重大课题的途径。高职教育正在创新，各专业都在探索一种适应我国社会经济建设需要的高素质应用型技能人才培养模式。

能否培养出适合企业或行业需求的高素质应用型技能人才，专业是否适销对路成为关键，而构成专业的课程又是主要因素，因此，课程开发是人才培养模式的核心内容。课程开发必须围绕职业能力这个核心，以工程项目或任务为导向，以专业技术应用能力和岗位工作技能为主线，对课程进行优化衔接、定向选择、有机整合和合理排序，课程的设置应打破学科界限，本着强化能力、优化体系、合理组合、尊重认知规律、缩减课时的原则进行。不必过分考虑内容的系统性、完整性，而应突出课程的针对性、实用性、先进性和就业岗位群的适应性。

为了适应上述需求，本教材着力针对钢结构、船舶行业，满足企业对人才培养的需求，从岗位能力要求，到完成工作任务所需要的知识和技能以及素质要求，基于钢结构的工作过程，从编制钢结构焊接工艺到组织实施，让学生通过学习和训练达到岗位要求。

为了保证本教材的编写质量，船海学院组织了企业专家，院校的"双师型"骨干教师及部分青年教师等参加编写工作，具体分工如下：

曾平，教授，湖北武汉焊接协会理事，国家级精品课程负责人，担任主审。

陶迤淳，高级工程师，中船总公司长航集团青山船舶重工，焊接专家，担任副主审。

蔡志伟，副教授，高级工程师，副研究员，"双师型"骨干教师，专业负责人兼课程负责人，担任主编。

叶东南，副教授，"双师型"骨干教师，担任本书校对。

韩喆，讲师，武汉理工大学硕士研究生，担任部分校正工作。

涂琳，助教，武汉理工大学硕士研究生，担任部分校正工作。

在本教材的编写过程中，听取了中交集团二航局、中建三局、武昌造船厂、中铁大桥局桥梁重工、长航宜昌船厂等企业的有关专家和技术人员的意见和建议，在此一并表示衷心的感谢。

　　本教材从公开发表的有关杂志、书籍、网站中引用了大量的相关资料，在此对涉及的原文作者，表示衷心的感谢！

　　由于编写时间仓促，加之作者水平有限，书中难免有不当之处，敬请读者提出宝贵意见。

编　者

2015 年 2 月

目　　录

绪　　论

0.1　钢结构焊接概述

随着我国改革的深入和经济的飞速发展,钢结构行业得到快速发展,这也促使焊接新技术、新工艺、新设备、新材料得以广泛应用。焊接技术的进步又为钢结构行业的快速发展提供了技术支撑和保证。特别是进入21世纪以来,我国国民经济继续保持快速平稳发展。在发展沿海、开发西部和振兴东北老工业基地战略部署的指引下,西气东输、西电东送、南水北调、铁路建设与提速等国家重大工程,以及北京2008奥运工程和上海世博工程全面展开,我国钢结构技术发展迎来了崭新的局面。

钢结构是指以钢材为主的金属材料,经过加工、连接构成满足人们需要的建筑物或构筑物。狭义的钢结构是指由钢材(包括型材)组成的结构物;广义的钢结构通常是指由钢板、钢管、型钢(包括与钢丝、钢绳、钢绞线、钢棒)等,通过焊接、螺栓、铆钉、黏结等连接方式组成房屋、桥梁、塔桅、采油平台、容器管道、装备、家具等结构。目前焊接钢结构是广泛采用的钢结构的主要类型。

0.1.1　钢结构的焊接及其他连接

钢结构构件或部件之间的互相连接的方法较多,常用连接方法有:焊缝连接、螺栓连接、铆钉、黏结连接。其中螺栓连接又分普通螺栓连接和高强度螺栓连接。普通螺栓连接使用最早,约从18世纪中叶开始。19世纪20年代开始采用铆钉连接。19世纪下半叶又出现了焊缝连接。20世纪中叶,高强度螺栓连接又得到了发展。与此同时,焊接技术的应用也得到飞速发展。

1. 焊缝连接

(1)电弧焊连接　钢结构中的焊缝连接,主要是采用电弧焊,即在构件连接处,借电弧产生的高温,将置于焊缝部位的焊条或焊丝金属熔化,而使构件连接在一起。电弧焊又分手工焊条电弧焊、自动焊和半自动焊。自动焊和半自动焊,可采用埋弧焊(使用焊剂)或气体(采用二氧化碳等气体)保护焊。

(2)焊缝的基本形式　钢结构的焊缝分为对接焊缝(图0-1)和角焊缝(图0-2)。对接焊缝也称坡口焊缝,构造简单,传力直接简捷;但在施焊之前,焊件边缘需根据不同厚度进行加工,做成各种坡口形式,以保证焊透。角焊缝用于不在同一平面内两个焊件的相连,如两块钢板搭接,焊缝堆成接近三角形截面,贴附于被连接焊件的交搭边缘处或端头。搭接的贴角焊缝平行于作用力方向的称为侧面角焊缝,垂直于作用力方向的称为正面角焊缝。焊缝的形式有对接、搭接、T型连接和角型连接(含任意角连接),不同连接形式焊缝的表现形式不同,以确保焊缝连接的传力可靠。

(3)焊缝连接受力特点　对接焊缝当采用与主体金属相适应的焊条或焊丝,施焊合理,质量合格时,其强度与主体金属强度相当。角焊缝的截面形状,一般为等腰直角三角形,其

直角边长称为焊脚 h_f,斜边上的高($0.7\,h_f$)称为有效厚度或计算厚度,见图 0 - 2(a)。用侧面角焊缝连接承受轴向力时,焊缝主要承受剪切力,计算时,假设剪应力沿着有效厚度的剪切面均匀分布,只验算其抗剪强度。正面角焊缝受力复杂,同时存在弯曲、拉伸(或压缩)和剪切应力,见图 0 - 2(b)~(e),其破坏强度比侧面角焊缝高。关于焊缝的构造要求,施工验收规范均有专门规定。

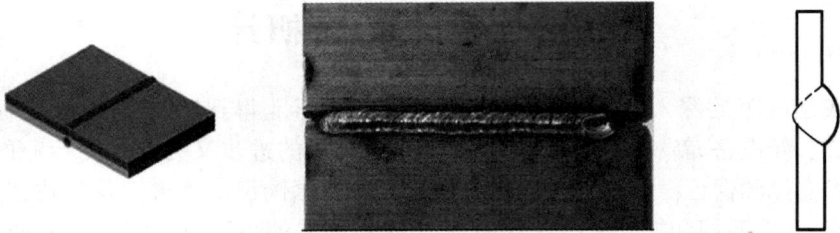

图 0 - 1　对接焊缝

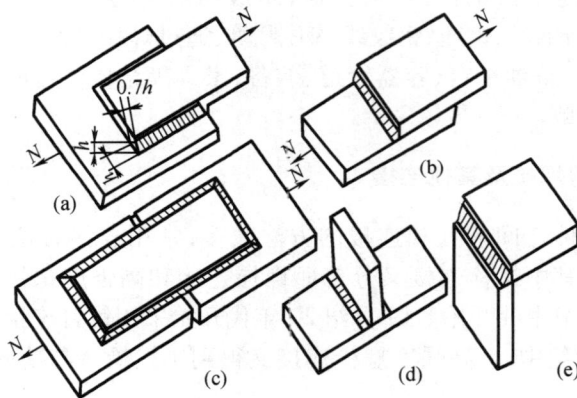

图 0 - 2　角焊缝
(a)(b)搭接;(c)对接;(d)T 型连接;(e)角型连接

(4)焊接应力和变形　焊接过程中,由于被连接构件局部受热和焊后不均匀冷却,将产生焊接残余应力和焊接变形,其大小与焊接构件的截面形状、焊缝位置和焊接工艺等有关。焊接残余应力高的可达到钢材屈服点,对构件的稳定和疲劳强度均有显著影响。焊接变形可使构件产生初始缺陷。设计焊接结构以及施工过程都应采取措施,减少焊接应力和焊接变形。

2. 螺栓连接

(1)普通螺栓连接　普通螺栓连接的连接件包括螺栓杆、螺母和垫圈。普通螺栓用普通碳素结构钢或低合金结构钢制成;分粗制螺栓和精制螺栓两种。粗制螺栓由未经加工的圆杆制成,螺栓孔径比螺栓杆径大 1.0 ~ 1.5 mm,制作简单,安装方便,但受剪切时性能较差,只用于次要构件的连接或工地临时固定,或用在靠螺栓传递拉力的连接上。精制螺栓由棒钢在车床上切削加工制成,杆径比孔径小 0.3 ~ 0.5 mm,其受剪力的性能优于粗制螺栓,但由于制作和安装都比较复杂,很少应用。

普通螺栓连接按受力情况可分为抗剪连接和抗拉连接,也有同时抗剪和抗拉的。抗剪连接又有单面受剪和双面受剪以及多面受剪等不同情况。在普通螺栓抗剪连接中,当拧紧螺母时,螺栓内产生的预拉力不大;连接受力时,被连接的板件之间的摩擦力克服后,产生滑移,螺栓杆与孔壁接触,此时主要靠螺栓杆剪切和螺栓杆与孔壁互相挤压传力,见图 0-3(a),(b)。当螺栓杆直径相对较小时,螺栓沿受剪面剪断,称剪切破坏,见图 0-3(c)。当板件相对较薄时,孔壁被挤压而破坏或板件端部被螺栓冲开,见图 0-3(d),(e),称承压破坏。当被连接板件截面较小,也可能在有螺栓的截面处被拉断而破坏。螺栓抗拉连接的受力情况,则随着被连接构件的刚度不同而有较大的区别。当被连接构件的刚度较大且螺栓对称布置时,则每个螺栓将平均承担作用在连接处的拉力,见图 0-4(a)。当被连接构件的刚度较小时,则连接处翼缘会发生弯曲变形,产生杠杆力,见图 0-4(b)。杠杆力比较复杂,一般采用适当降低螺栓的抗拉设计强度加以考虑。螺栓的抗拉连接破坏是在螺纹处拉断。考虑施工方便和受力要求,螺栓要按一定规定排列。

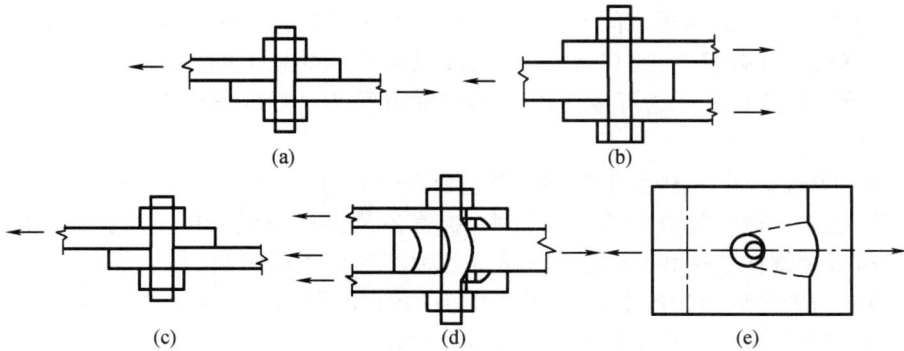

图 0-3　普通螺栓抗剪连接

(2)高强度螺栓连接　　高强度螺栓连接件也由螺栓杆、螺母和垫圈组成。由强度较高的钢(如 20 号锰钛硼、40 号硼、45 号钢)经过热处理制成。高强度螺栓连接用特殊扳手拧紧高强度螺栓,对其施加规定的预拉力。

高强度螺栓抗剪连接,按其传力方式分为剪压型(或称承压型)和摩擦型两类。剪压型高强度螺栓抗剪连接,则假设金属接触面间的摩擦力被克服后,栓杆与孔壁(孔径比杆径大 1.0~1.5 mm)接触,靠螺栓抗剪和孔壁承压来传力,见图 0-3(a)。而摩擦型高强度螺栓抗剪连接,见图 0-5,依靠被夹紧板束接触面的摩擦力传力,一旦摩擦力被克服,被连接的构件发生相对滑移,即认为达到破坏状态。因为摩擦型高强度螺栓抗剪连接的承载力取决于高强

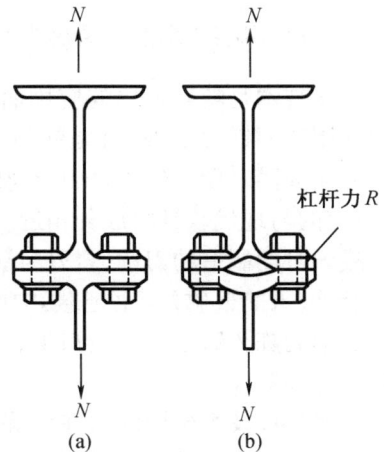

图 0-4　普通螺栓抗拉连接

度螺栓的预拉力和钢板接触面间的摩擦系数(亦称滑移系数)的大小,除采用强度较高的钢材制造高强度螺栓并经热处理,以提高预拉力外,常对板件接触面进行处理(如喷砂)以提高摩擦系数。高强度螺栓的预拉力并不降低其抗拉性能,其抗拉连接与普通螺栓抗拉连接相似,当被连接构件的刚度较小时,应计入杠杆力的影响。每个螺杆所受外力不应超过预拉力的80%,以保证板与板之间保持一定的压力。高强度螺栓连接的螺栓排列,也有一定的构造规定。

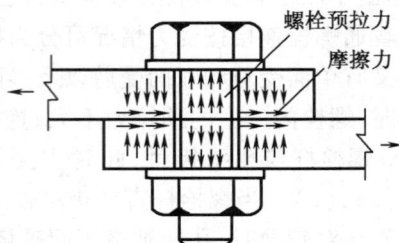

图 0-5　高强度螺栓连接

3. 铆钉连接

铆钉是由顶锻性能好的铆钉钢制成。铆钉连接的施工程序,是先在被连接的构件上,制成比钉径大 1.0~1.5 mm 的孔。然后将一端有半圆钉头的铆钉加热到呈樱桃红色,塞入孔内,再用铆钉枪或铆钉机进行铆合,使铆钉填满钉孔,并打成另一铆钉头。铆钉在铆合后冷却收缩,对被连接的板与板之间产生夹紧力,这有利于传力。铆钉连接的韧性和塑性都比较好。但铆接比栓接费工,比焊接费料,目前只用于承受较大的动力荷载的大跨度钢结构。一般情况下在工厂几乎为焊接所代替,在工地几乎为高强度螺栓连接所代替。

4. 黏结

黏结是利用胶黏剂(一种能把各种材料黏合在一起,并具有良好性质的物质)以及有效的黏合工艺,达到对被黏物进行连接的技术,统称为黏接技术或胶接技术。金属黏接技术与焊接、铆接以及螺栓连接相比,它可以连接各种不同种类的材料,如金属与非金属等;零件可避免热应力和热变形的产生;又因其内应力均匀,可提高结构疲劳寿命;同时可减轻结构的质量,尤其在轻金属结构中得到了广泛的应用。

0.2　钢结构焊接技术的发展历史及展望

0.2.1　焊接技术的发展历史

焊接技术是随着金属的应用而出现的,古代的焊接方法主要是铸焊、钎焊和锻焊。中国商朝制造的铁刃铜钺,就是铁与铜的铸焊件,其表面铜与铁的熔合线蜿蜒曲折,接合良好。春秋战国时期曾侯乙墓中所建的鼓铜座上有许多盘龙,是分段钎焊连接而成的。经分析,所用的与现代软钎料成分相近。

战国时期制造的刀剑,刀刃为钢,刀背为熟铁,一般是经过加热锻焊而成的。据明朝宋应星所著《天工开物》一书记载:中国古代将铜和铁一起入炉加热,经锻打制造刀、斧;用黄泥或筛细的陈久壁土撒在接口上,分段锻焊大型船锚。中世纪,在叙利亚大马士革也曾用锻焊制造兵器。

古代焊接技术长期停留在铸焊、锻焊和钎焊的水平上,使用的热源都是炉火,温度低、能量不集中,无法用于大截面、长焊缝工件的焊接,只能用以制作装饰品、简单的工具和武器。

19 世纪初,英国的戴维斯发现电弧和氧乙炔焰两种能局部熔化金属的高温热源;

1885~1887年,俄国的别纳尔多斯发明碳极电弧焊钳;1900年又出现了铝热焊。

20世纪初,碳极电弧焊和气焊得到应用,同时还出现了薄药皮焊条电弧焊,电弧比较稳定,焊接熔池受到熔渣保护,焊接质量得到提高,使手工电弧焊进入实用阶段,电弧焊从20世纪20年代起成为一种重要的焊接方法。在此期间,美国的诺布尔利用电弧电压控制焊条送给速度,制成自动电弧焊机,从而成为焊接机械化、自动化的开端。1930年美国的罗宾诺夫发明使用焊丝和焊剂的埋弧焊,焊接机械化得到进一步发展。20世纪40年代,为适应铝、镁合金和合金钢焊接的需要,钨极和熔化极惰性气体保护焊相继问世。

1951年苏联的巴顿电焊研究所创造电渣焊,成为大厚度工件的高效焊接法。1953年,苏联的柳巴夫斯基等人发明二氧化碳气体保护焊,促进了气体保护电弧焊的应用和发展,如出现了混合气体保护焊、药芯焊丝气渣联合保护焊和自保护电弧焊、氩弧焊接等。

1957年美国的盖奇发明等离子弧焊;20世纪40年代德国和法国发明的电子束焊也在20世纪50年代得到实用和进一步发展;20世纪60年代又出现激光焊。等离子、电子束和激光焊接方法,标志着高能量密度熔焊的新发展,大大改善了材料的焊接性,使许多难以用其他方法焊接的材料和结构得以焊接。

其他的焊接技术还有1887年,美国的汤普森发明电阻焊,并用于薄板的点焊和缝焊;缝焊是压焊中最早的半机械化焊接方法,随着缝焊过程的进行,工件被两滚轮推送前进;20世纪20年代开始使用闪光对焊方法焊接棒材和链条。至此电阻焊进入实用阶段。1956年,美国的琼斯发明超声波焊;苏联的丘季科夫发明摩擦焊;1959年,美国斯坦福研究所研究成功爆炸焊;20世纪50年代末苏联又制成真空扩散焊设备。焊接技术几乎每10年就有新技术出现。

0.2.2　现代焊接技术的发展趋势

现代焊接技术随着国民经济的发展而发展,在交通、能源、航空航天、建筑业等领域表现突出,以建筑业为例足以说明钢结构焊接技术发展的趋势。

1.建筑钢结构的发展推动焊接技术的发展

建筑钢结构具有自重轻、建设周期短、适应性强、外形多样、维护方便等优点,其应用越来越广泛。

从20世纪80年代以来,中国建筑钢结构得到了空前的发展,2005年,我国已成为世界上最大的产钢国和用钢国,年钢铁消耗量已突破3亿吨,而其中钢结构的产量高达1.4亿吨,包括了能源、交通及基础设施建设等的钢结构产业已成为国民经济建设的支柱。

建国以来,我国钢结构经历了困难期、低潮期、发展期、成熟期四个阶段。目前我国的钢结构进入了成熟期。进入成熟期的主要标志就是"鸟巢"钢结构焊接工程顺利竣工,这一项世纪工程的顺利建成,极大地推动了我国的钢结构施工技术和钢铁产业的飞速发展,更推进了焊接技术的发展,标志我国的焊接施工技术和钢铁产业进入世界先进行列。与此同时,一大批设计新颖、用料考究的钢结构工程应运而生。使我国钢结构产业出现了欣欣向荣、蓬勃发展的大好局面。

2.建筑钢结构焊接技术发展的方向

从"鸟巢"钢结构焊接工程可看建筑钢结构焊接技术的发展方向,目前建筑钢结构焊接方式通常有以下几种:

(1)SMAW(焊条电弧焊),主要用于钢结构制作中辅助焊缝的焊接;

（2）SAW（埋弧焊），主要用于钢结构制作中主焊缝的焊接工作；

（3）GMAW（CO_2 实焊丝气体保护焊），主要用于现场安装工程、制作工程的主、次焊缝的焊接；

（4）FCAW – G（CO_2 药芯焊丝气体保护焊），主要用于现场安装工程、制作工程主、次焊缝的焊接；

（5）电渣焊（ESW），主要用于 BOX 构件筋板的焊接；

（6）栓钉焊（SW），主要用于劲性构件的栓焊和楼层板的穿透焊。

"鸟巢"钢结构焊接工程中全部采用了上述方式，在现场的安装工程中主要采用了以下14 种技术：

a. Q460 – Z35 焊接性试验研究新技术；

b. 大规模采用电加热预（后）热技术；

c. 厚板采用 SMAW – GMAW – FCAW – G 复合新工艺技术；

d. 大面积采用仰焊技术；

e. GMAW、FCAW – G 大流量防风技术；

f. 钢结构低温焊接技术；

g. 铸钢及其异种钢焊接技术；

h. 防止冷、热裂纹技术；

i. 层状撕裂防止和处理技术；

j. 特殊焊缝处理技术；

k. 焊接机器人（FCAW – SS）焊接技术的应用；

l. 钢筋 T 型焊接接头压力埋弧焊新工艺；

m. 复杂钢结构应力应变控制技术；

n. 特殊钢结构合龙技术。

"鸟巢"钢结构焊接工程所用的 14 项焊接技术是十分典型的，基本代表了建筑钢结构焊接技术的发展方向。

3. 我国建筑钢结构焊接工程的特点

到目前为止，我国已建成上百幢高层焊接钢结构建筑；大跨度空间钢结构已在各种体育馆、展览中心、大剧院、候机楼、飞机库和一些工业厂房中应用；桥梁钢结构方兴未艾；钢结构住宅在我国经过近几年的深入研究和开发后，也已进入一个新的发展阶段。

建筑钢结构设计越来越先进、焊接施工技术越来越成熟，使建筑钢结构形成了以下特点：

（1）在外观造型上，结构形状新颖独特，标新立异，不与人雷同，体现了这个时代个性张扬的特点；

（2）在材料的选用上，趋向于越来越多的使用高强度、大厚度钢材，而且随着材料制造工艺水平的不断提高，铸钢、奥氏体不锈钢、复合钢板也得到越来越多的应用。

（3）在建造规模上，越来越多的超高层、大跨度世界级超大规模建筑在国内诞生，大大地促进了焊接技术的进步；

（4）在施工技术上，焊接作为构建钢结构的一种主要的连接方法，在建筑钢结构中发挥了重要的作用。据统计，约 50% 以上的钢材在投入使用前需要经过焊接加工处理。因此，焊接水平的提高是实现钢结构建筑安装技术快速发展的关键所在。

随着科学技术的发展,焊接设备、焊接材料和高效焊接方法获得了新的进步和发展。高效,其核心是高速和机械化自动化。所以,研发高速焊接电源、焊接材料(焊丝、保护气体)、焊接工艺是不变的主题。世界先进工业国家钢结构的机械化、自动化焊接普遍占到70% ~ 80%,有的甚至更高;我国有部分大企业的机械化、自动化焊接占到了70% ~ 80%,但在整体上还存在差距。多元气体高速焊、多头多丝的埋弧焊或 CO_2 气体保护焊、等离子弧复合电源、搅拌摩擦焊在国内有些企业才刚刚起步。高层、超高层建筑钢结构的梁、柱,除采用轧制 H 型钢外,工厂制作时焊接 H 型钢一般都采用高效的埋弧自动焊,厚板往往采用双丝或多头多丝。而日本广泛采用埋弧贴角焊工艺,可同时焊接两条焊缝,基本上淘汰了船形位置焊;隔板则采用管焊条电渣焊或丝极电渣焊;中、薄板采用 CO_2 气体保护焊(实芯焊丝或药芯焊丝)。而小巧的 CO_2 药芯焊丝自动焊爬行焊接机可实现高效化焊接。日本钢结构生产的自动化程度很高,现场管理也十分严格,特别是日立造船工场的钢结构生产"4C"控制,即"CAD"(计算机辅助设计)、"CAM"(计算机辅助加工)、"CAT"(计算机辅助检测)、"CAE"(计算机辅助评价),科技水平很高。虽然"CAT"目前只能检测钢结构的几何尺寸,但已经能够很大程度地提高钢结构的生产效率和产品质量。

0.3　焊接技术的含义及其特点

0.3.1　焊接技术的基本概念

1. 焊接定义

通过加热或加压或两者并用,并且用或不用填充材料,使焊件达到结合的一种方法叫焊接。

焊接不仅可以解决各种钢材的连接,而且还可以解决铝、铜等有色金属及钛、锆等特种金属材料的连接,因而已广泛应用于机械制造、造船、海洋开发、汽车制造、石油化工、航天技术、原子能、电力、电子技术及建筑等行业。据工业发达国家统计,每年仅需要进行焊接加工之后使用的钢材就占钢总产量的45%左右,而且比例还在增加。

2. 焊接方法的分类

随着生产和科学技术的发展,目前钢结构焊接的种类很多。按焊接过程的特点来分,可归纳为两大类:

(1)熔焊　这一类焊接方法的共同特点是:利用局部热源将焊件的接合处及填充金属材料(不用填充金属材料也可以)熔化,并相互熔合,冷却凝固后而形成牢固的接头。电弧焊,电渣焊和气体保护焊均属于这一类。

(2)压焊　这一类焊接方法的共同特点是:焊件不论加热与否均施加一定的压力,使两结合面紧密接触产生结合作用,从而使两焊件连接在一起。接触焊和摩擦焊都属于这一类。

还有一种连接方法叫钎焊,它与熔焊相似,却又有本质的区别。当连接件进行局部适当加热后(但不到熔化状态),随之将熔化状态的钎料金属(熔点低于被连接件的熔点)填充到连接件表面的空隙里,液态钎料与固态连接件的表面由于分子或原子间的互相扩散与结合作用从而形成接头。

钢结构焊接方法的分类,见图 0 - 6。

```
                          气焊
                                 手弧焊
                                 埋弧焊
                          电弧焊              CO₂ 气体保护焊
                                 气体保护焊          钨极氩弧焊
                    熔焊                    氩弧焊    熔化极氩弧焊
                          电渣焊
                          等离子弧焊
                          电子束焊
                          激光焊
               焊接          铝热焊
                          接触焊
                                 点焊
                          电阻焊    缝焊
                                 对焊
                    压焊    冷压焊
                          摩擦焊
                          超声波焊
                          真空扩散焊
                          爆炸焊
                          高频焊
```

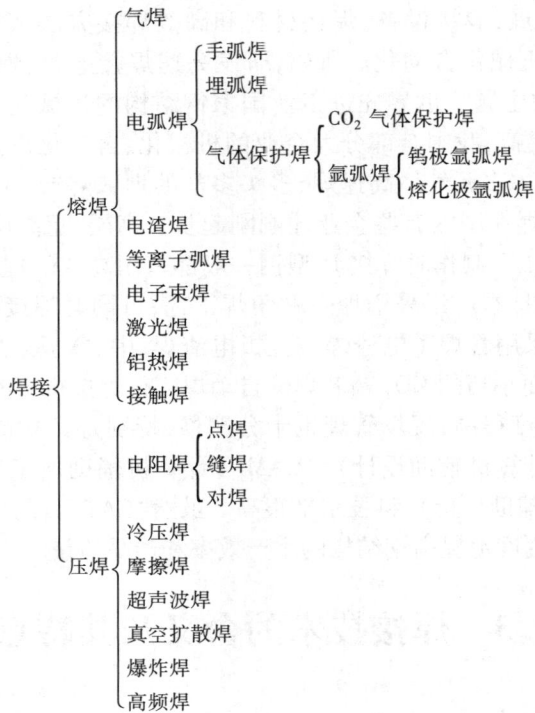

图 0-6　焊接方法的分类

3.焊接钢结构工程的优越性及其不足

由于焊接技术先进,经济效益好,所以发展迅速。现在焊接已成为现代工业的主要加工手段。

(1)钢结构焊接工程的优越性

a.结构形式合理,节省材料 1% ~ 15%。

b.结构强度高。

c.焊接接头密性好。

d.投资省、设备少。

e.扩大了作业面,车间内可制作,改善了劳动条件。便于机械化和自动化作业,因而生产率高。

(2)钢结构焊接工程的不足之处

焊接结构的刚性较大,整体性强,易出现应力集中区域,产生裂纹,一旦出现裂纹就会蔓延和扩展,导致整体结构的严重破坏。

因此,设计建筑时,采用合理的结构,建造钢结构工程时,采用正确的工艺,才能扬长避短,发挥焊接技术的优越性。这也是学习本课程的目的所在。

0.4　本课程的内容

焊接技术几乎在所有的工业部门都要采用,涉及面甚广,内容也极为丰富。"钢结构焊接工艺与实施"这门课主要通过介绍典型钢结构工程引出钢结构常用的焊接方法、工艺及设备、进而介绍钢结构焊接应力与变形的处理、焊接结构的生产工艺等有关知识,具体内容通过工程项目引导出所需的焊接知识。

0.4.1　引导的工程项目

1. 钢材及相关金属材料的焊接;
2. 小型钢结构的焊接;
3. 薄板的焊接;
4. 中厚板的焊接;
5. 大型钢结构厚板的焊接;
6. 非钢金属材料的焊接;
7. 典型钢结构焊接工艺分析及工艺编制。

0.4.2　有关学习的焊接知识

1. 金属材料的焊接,主要介绍常用金属材料,各种型材,金属焊接性的概念及其试验方法,重点讲述低合金钢及其相关材料焊接中产生裂纹的问题,还讲述了不锈钢材料及其焊接问题。

2. 以小型钢结构焊接工程为载体介绍电弧焊的基本理论,包括焊接电弧,焊缝的形成过程和焊接接头的金相组织及性能。重点介绍焊条电弧焊工艺。

3. 以常见钢结构工程中的薄板、中厚板、大厚板为例介绍各种焊接方法的应用,包括手工焊条电弧焊、埋弧自动焊、CO_2 气体保护焊及其他焊接方法,介绍它们的焊接工艺,焊接材料和焊接设备以及焊接冶金中的一些基本理论知识。另外,还根据钢结构制作的特点讲述一些先进焊接工艺的应用知识。

4. 非钢有色金属结构件的焊接,铝及其合金的焊接、铜及其合金的焊接,钛及其合金的焊接及其惰性气体保护焊。

5. 焊接工艺分析及工艺编制,包括焊接工艺分析与工艺审查,焊接应力与变形的分析与处理,焊接工艺过程及工艺方案的制订,焊接工艺评定及焊接工艺的编制。

【思考、讨论题】

1. 你对钢结构连接的特点有何认识?
2. 钢结构工程中常见的连接形式有哪几种?
3. 什么是钢结构工程中的焊缝连接?
4. 为什么说焊接水平的提高是实现钢结构建安技术快速发展的关键所在?
5. 建筑钢结构工程中常用哪些焊接方法?
6. 简要说明建筑钢结构的发展方向。
7. 焊接技术的基本含义是什么?

8. 焊接方法分哪几类？

9. 焊接技术有何特点？

10. 本课程的教学目的是什么？它包括哪些内容？

11. 本课程学习哪些方面的焊接知识？

12. 如何学好本课程？

项目1　钢材及相关金属材料的焊接

知识目标

1. 常用钢材及相关金属材料的型号及性能；
2. 焊接性的含义；
3. 钢材焊接性的试验方法；
4. 焊接接头中冷、热裂纹的产生机理；
5. 合金钢、不锈钢的焊接。

能力目标

1. 通过介绍钢材的各类型材知识，掌握钢材焊接应用与处理技能；
2. 理解焊接性的含义，能进行有关焊接性试验；
3. 熟悉常用合金结构钢的焊接工艺；
4. 掌握合金钢的焊接技能；
5. 掌握不锈钢的焊接技能。

素质目标

1. 培养学生求实、严谨的科学态度；
2. 培养学生热爱行业、乐于奉献的精神；
3. 培养学生与人沟通、通力协作的团队精神。

1.0　项目导论

现代钢结构工程的主体施工对象是钢材及其相关的金属和非金属材料，包括各种金属型材，随着时代的发展，钢结构工程的规模越来越大，正在向着大跨度、大空间、超高空、超高压等大型化、高性能方向发展，不仅钢材用量大幅度增加，而且各种型材的品种也越来越多，见图1-1。由于本课程的范围所限，主要讨论钢材的现场焊接，也介绍不锈钢的焊接方法，图中的钢材是常见的几种钢材的型材，也是现代钢结构建筑的原材料，如何把这些原材料加工成或采用先进施工技术建设成现代钢结构工程，则需要通过许多工艺环节，而这些原材料有大约50%的都是必须经过焊接加工才能建设成为厂房、船舶、桥梁、压力容器等现代工程，所以焊接技术成了现代工程不可缺少的关键技术，要实现钢材的焊接，建成现代钢结构工程，首先要了解各种材料的型号、规格和性能，尤其是焊接性能。

1.1 常用钢材类别、型号和性能

工业上的焊接结构大多数是由不同类型的金属结构组成,本教材主要讨论由钢材组成的焊接结构,至于其他金属,如铝合金结构、钛合金结构等均能用焊接方法制成,其焊接方法将在后续章节中介绍。

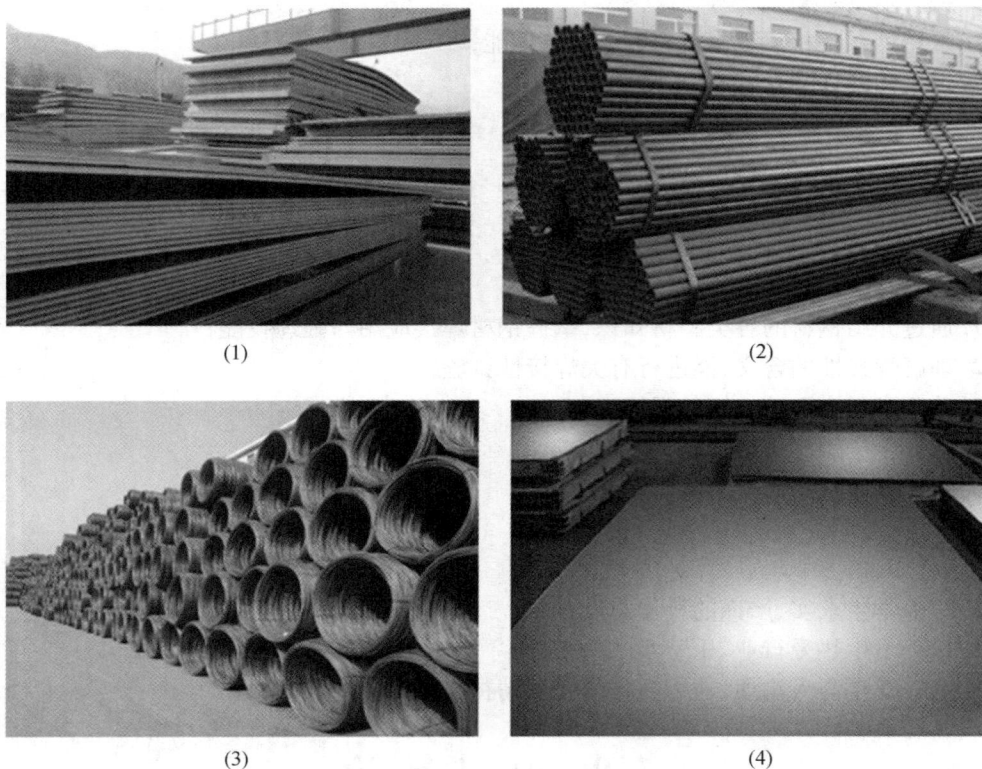

(1)　　　　　　　　　　　　　　(2)

(3)　　　　　　　　　　　　　　(4)

图1-1　各种钢材
1—钢板;2—钢管;3—钢筋;4—不锈钢板

1.1.1 焊接钢结构的组成

通常所指钢结构主要是由钢材组成的金属焊接结构,金属结构是以金属材料轧制的不同厚度的板材和型材(主要有角钢、槽钢、工字钢、钢管等)作为基本构件,通过焊接、铆接、螺栓连接等方法,按一定的组成规则连接,承受机器的自重和载荷的钢结构。而焊接结构是将各种经过轧制的金属材料及铸、锻等坯料采用焊接方法制成能承受一定载荷的金属结构。显然焊接钢结构主要是由以下部分组成的。

(1)碳素钢板

碳素钢板有普通碳素钢和优质碳素钢。

①普通碳素钢板(包括带钢)及分类

普通碳素钢是以铁碳为主要元素、其他合金元素含量较低的钢材。普通碳素钢板是平板状,矩形的,可直接轧制或由宽钢带剪切而成。薄板的宽度为500~1 500 mm;厚的宽度为600~3 000 mm。

a.按厚度分:有薄板、中板、厚板、特厚板,薄钢板 < 4 mm(最薄0.2 mm),厚钢板4~60 mm,特厚钢板60~115 mm。

薄板按钢种分,有普通钢、优质钢、合金钢、弹簧钢、不锈钢、工具钢、耐热钢、轴承钢、硅钢和工业纯铁薄板等。

b.按生产方法分,有热轧钢板和冷轧钢板。热轧钢板有酸洗卷、热轧板卷、结构钢板、汽车钢板、造船钢板、锅炉钢板、容器钢板、耐腐蚀板、宝钢宽厚板、耐火耐候钢等;冷轧板有轧硬卷、冷轧板卷、电镀锌板、热镀锌板、镀铝锌板、彩涂板卷、镀锡板卷、宝钢电工钢、冷轧钢带、镀铝板、GB热镀锌、镀铝锌彩涂、彩涂色卡、GB镀锡、武钢硅钢板。

c.按表面特征分,有镀锌板(热镀锌板、电镀锌板)、镀锡板、复合钢板、彩色涂层钢板。

e.按用途分,有桥梁钢板、锅炉钢板、造船钢板、装甲钢板、汽车钢板、屋面钢板、结构钢板、电工钢板(硅钢片)、弹簧钢板及其他。

d.按冶炼方法分,有沸腾钢板与镇静钢板。

i.沸腾钢板是由普通碳素结构钢沸腾钢热轧成的钢板。沸腾钢是一种脱氧不完全的钢,只用一定量的弱脱氧剂对钢液脱氧,钢液含氧量较高,当钢水注入钢锭模后,碳氧反应产生大量气体,造成钢液沸腾,沸腾钢由此而得名。沸腾钢含碳量低,由于不用硅铁脱氧,钢中含硅量也低(Si < 0.07%)。沸腾钢的外层是在沸腾所造成的钢液剧烈搅动的条件下结晶成的,故表层纯净、致密,表面质量好,有很好的塑性和冲压性能,没有大的集中缩孔,切头少,成材率高,而且沸腾钢生产工艺简单,铁合金消耗少,钢材成本低。沸腾钢板大量用于制造各种冲压件,建筑及工程结构及一些不太重要的机器结构零部件。但沸腾钢芯部杂质较多,偏析较严重,组织不致密,力学性能不均匀。同时由于钢中气体含量较多,故韧性低,冷脆和时效敏感性较大,焊接性能也较差。故沸腾钢板不适于制造承受冲击载荷、在低温条件下工作的焊接结构及其他重要结构。

ii.镇静钢板是由普通碳素结构钢镇静钢热轧制成的钢板。镇静钢是脱氧完全的钢,钢液在浇注前用锰铁、硅铁和铝等进行充分脱氧,钢液含氧量低(一般为0.002% ~0.003%),钢液在钢锭模中较平静,不产生沸腾现象,镇静钢由此得名。在正常操作条件下,镇静钢中没有气泡,组织均匀致密;由于含氧量低,钢中氧化物夹杂较少,纯净度较高,冷脆和时效倾向小;同时,镇静钢偏析较小,性能比较均匀,质量较高。镇静钢的缺点是有集中缩孔,成材率低,价格较高。因此,镇静钢材主要用于低温下承受冲击的构件、焊接结构及其他要求强度较高的构件。

低合金钢板有镇静钢和半镇静钢钢板。由于强度较高,性能优越,能节约大量钢材,减轻结构质量,其应用已越来越广泛。

e.按使用要求分,有A类钢、B类钢、C类钢。A类钢是按机械性能分级供货的;B类钢是按化学成分的不同要求供货的;C类钢是既按机械性能又按化学成分供货。工程上根据不同的需要取材,钢结构工程中最常用的是A类钢,如A3钢。

②优质碳素钢板

a.优质碳素结构钢

优质碳素结构钢是含碳小于0.8%的碳素钢,这种钢中所含的硫、磷及非金属夹杂物比碳素结构钢少,机械性能较为优良。

优质碳素结构钢按含碳量不同可分为三类:低碳钢(C≤0.25%)、中碳钢(C为0.25%~0.6%)和高碳钢(C>0.6%)。

优质碳素结构钢按含锰量不同分为正常含锰量(含锰0.25%~0.8%)和较高含锰量(含锰0.70%~1.20%)两组,后者具有较好的力学性能和加工性能。

b. 优质碳素结构钢热轧薄钢板和钢带

优质碳素结构钢热轧薄钢板和钢带用于汽车、航空工业及其他部门。其钢的牌号为沸腾钢:08F,10F,15F;镇静钢:08,08AL,10,15,20,25,30,35,40,45,50。25及25以下为低碳钢板,30及30以上为中碳钢板。

c. 优质碳素结构钢热轧厚钢板和宽钢带

优质碳素结构钢热轧厚钢板和宽钢带用于各种机械结构件。其钢的牌号为低碳钢包括05F,08F,08,10F,10,15F,15,20F,20,25,20Mn,25Mn等;中碳钢包括30,35,40,45,50,55,60,30Mn,40Mn,50Mn,60Mn等;高碳钢包括65,70,65Mn等。

d. 专用结构钢板

i. 压力容器用钢板:用大写R在牌号尾表示,其牌号可用屈服点也可用含碳量或含合金元素表示。如Q345R,Q345为屈服点。再如20R,16MnR,15MnVR,15MnVNR,8MnMoNbR,MnNiMoNbR,15CrMoR等均用含碳量或含合金元素来表示。

ii. 焊接气瓶用钢板:用大写HP在牌号尾表示,其牌号可以用屈服点表示,如:Q295HP,Q345HP;也可用含合金元素来表示,如16MnREHP。

iii. 锅炉用钢板:用小写g在牌号尾表示。其牌号可用屈服点表示,如Q390g;也可用含碳量或含合金元素来表示,如20g,22Mng,15CrMog,16Mng,19Mng,13MnNiCrMoNbg,12Cr1MoVg等。

iv. 桥梁用钢板:用小写q在牌号尾表示,如Q420q,16Mnq,14MnNbq等。

v. 汽车大梁用钢板:用大写L在牌号尾表示,如09MnREL,06TiL,08TiL,10TiL,09SiVL,16MnL,16MnREL等。

vi. 船体用结构钢:造船用钢一般是指船体结构用钢,它指按船级社建造规范要求生产的用于制造船体结构的钢材。常作为专用钢订货、排产、销售,一船包括船板、型钢等。

e. 按专业用途分,有油桶用板、搪瓷用板、防弹用板等。

f. 按表面涂镀层分,有镀锌薄板、镀锡薄板、镀铅薄板、塑料复合钢板等。

此外,厚钢板的钢种大体上和薄钢板相同。在品种方面,除了桥梁钢板、锅炉钢板、汽车制造钢板、压力容器钢板和多层高压容器钢板等品种纯属厚板外,有些品种的钢板如汽车钢板(厚2.5~10 mm)、花纹钢板(厚2.5~8 mm)属于中厚板,另外并不是所有的钢板都是一样的规格,材质不一样,其钢板所用到的地方也不一样。

(2)合金钢材

随着科学技术和工业的发展,对材料提出了更高的要求,如更高的强度,抗高温、高压、低温、耐腐蚀、磨损以及其他特殊物理、化学性能的要求,碳钢已不能完全满足要求。

碳钢在性能上主要有以下几方面的不足:

i. 淬透性低 一般情况下,碳钢水淬的最大淬透直径只有10~20 mm。

ii. 强度和屈强比较低 如普通碳钢Q235钢的σ_s为235 MPa,而低合金结构钢16Mn的σ_s则为360 MPa以上。40钢的σ_s/σ_b仅为0.43,远低于合金钢。

iii. 回火稳定性差 由于回火稳定性差,碳钢在进行调质处理时,为了保证较高的强度,需采用较低的回火温度,这样钢的韧性就偏低;为了保证较好的韧性,采用高的回火温度时强度又偏低,所以碳钢的综合机械性能水平不高。

iv. 不能满足特殊性能的要求 碳钢在抗氧化、耐腐蚀、耐热、耐低温、耐磨损以及特殊电磁性等方面往往较差,不能满足特殊使用性能的需求。

①合金钢的分类

合金钢往往是在碳素钢的基础上加入一定量的不同的合金元素,炼制而成的以满足钢材不同使用性能需要的钢种。

a. 按合金元素含量多少可分为低合金钢(合金元素总量低于 5%)、中合金钢(合金元素总量为 5% ~ 10%)、高合金钢(合金元素总量高于 10%)。

b. 按所含的主要合金元素可分为铬钢(Cr – Fe – C)、铬镍钢(Cr – Ni – Fe – C)、锰钢(Mn – Fe – C)、硅锰钢(Si – Mn – Fe – C)。

c. 按小试样正火或铸态组织可分为珠光体钢、马氏体钢、铁素体钢、奥氏体钢、莱氏体钢。

d. 按用途可分为合金结构钢、合金工具钢、特殊性能钢。

②合金钢的编号

牌号首部用数字标明碳含量。规定结构钢以万分之一为单位的数字(两位数)、工具钢和特殊性能钢以千分之一为单位的数字(一位数)来表示碳含量,而工具钢的碳含量超过 1% 时,碳含量不标出。

在表明碳含量数字之后,用元素的化学符号表明钢中主要合金元素,含量由其后面的数字标明,平均含量少于 1.5% 时不标数,平均含量为 1.5% ~ 2.49%,2.5% ~ 3.49%… 时,相应地标以 2,3…。如合金结构钢 40Cr,平均碳含量为 0.40%,主要合金元素 Cr 的含量在 1.5% 以下。又如合金工具钢 5CrMnMo,平均碳含量为 0.5%,主要合金元素 Cr,Mn,Mo 的含量均在 1.5% 以下。

专用合金钢按其用途的汉语拼音首字母来标明。如滚珠轴承钢,在钢号前标以"G"。GCr15 表示含碳量约 1.0%、铬含量约 1.5%(这是一个特例,铬含量以千分之一为单位的数字表示)的滚珠轴承钢;Y40Mn 表示碳含量为 0.4%、锰含量少于 1.5% 的易切削钢等。对于高级优质钢,则在钢的末尾加"A"字标明,如 20Cr2NiA。

③合金结构钢

用于制造重要工程结构和机器零件的钢种称为合金结构钢。主要有低合金结构钢、船用结构钢、合金渗碳钢、合金调质钢、合金弹簧钢、滚珠轴承钢。

a. 低合金结构钢(亦称普通低合金钢)

i. 用途 主要用于制造桥梁、船舶、车辆、锅炉、高压容器、输油输气管道、大型钢结构等。

ii. 性能要求 (i)高强度:一般屈服强度在 300 MPa 以上。(ii)高韧性:要求延伸率为 15% ~ 20%,室温冲击韧性大于 600 ~ 800 kJ/m。对于大型焊接构件,还要求有较高的断裂韧性。(iii)良好的焊接性能和冷成型性能。(iv)低的冷脆转变温度。(v)良好的耐蚀性。

iii. 成分特点 (i)低碳:由于韧性、焊接性和冷成形性能的要求高,其碳含量不超过 0.20%。(ii)加入以锰为主的合金元素。(iii)获得细小的铁素体晶粒和提高钢的强度和韧性。此外,加入少量铜(≤0.4%)和磷(0.1%左右)等,可提高抗腐蚀性能。加入少量稀土元素,可以脱硫、去氢,使钢材净化,改善韧性和工艺性能。

ⅳ. 常用低合金结构钢有 16Mn,15MnVN 等。

16Mn 是我国低合金高强钢中用量最多、产量最大的钢种。使用状态的组织为细晶粒的铁素体——珠光体,强度比普通碳素结构钢 Q235 高 20% ~30%,耐大气腐蚀性能高 20% ~38%。

15MnVN 中等级别强度钢中使用最多的钢种。强度较高,且韧性、焊接性及低温韧性也较好,被广泛用于制造桥梁、锅炉、船舶等大型结构。

强度级别超过 500 MPa 后,铁素体和珠光体组织难以满足要求,于是发展了低碳贝氏体钢。加入 Cr,Mo,Mn,B 等元素,有利于空冷条件下得到贝氏体组织,使强度更高,塑性、焊接性能也较好,多用于高压锅炉、高压容器等。

ⅴ. 热处理特点　这类钢一般在热轧空冷状态下使用,不需要进行专门的热处理。使用状态下的显微组织一般为铁素体 + 索氏体。

b. 船体用结构钢

船体用结构钢按照其最小屈服点划分强度级别为一般强度结构钢和高强度结构钢。

中国船级社规范标准中,一般强度结构钢分为 A;B;D;E 四个质量等级;高强度结构钢由四个质量等级(A;D;E;F)和三个强度级别(32;36;40)组合而成,有 A32;D32;E32;F32;;A36;D36;E36;F36;A40;D40;E40;F40。

一般强度船体结构钢力学性能与化学成份见表1-1,高强度船体结构钢级别和力学性能与化学成份分别见表1-2 和表1-3。

表1-1　一般强度船体结构钢力学性能与化学成份

钢材级别	屈服点 σ_s/MPa 不小于	抗拉强度 σ_b /MPa	伸长率 σ% 不小于	碳 C	锰 Mn	硅 Si	硫 S	磷 P
A				≤0.21	≥2.5	≤0.5		
B	235	400 ~520	22	≤0.21	≥0.80	≤0.35	≤0.035	≤0.035
D				≤0.21	≥0.60	≤0.35		
E				≤0.18	≥0.70	≤0.35		

表1-2　高强度船体用结构钢级别

质量等级 ＼ 强度级别	32	36	40
A	A32	A36	A40
D	D32	D36	D40
E	E32	E36	E40
F	F32	F36	F40

表 1 - 3　高强度船体结构钢力学性能与化学成分

钢材级别	屈服点 σ_s/MPa 不小于	抗拉强度 σ_b/MPa	伸长率 σ% 不小于	碳 C	锰 Mn	硅 Si	硫 S	磷 P
A32,D32,E32	315	440～570	22	≤0.18	≥0.9～1.60	≤0.50	≤0.035	0.035
F32				≤0.16	≤0.025	≤0.025		
A36,D36,E36	355	490～630	21	0.18	0.035	0.035		
F36				0.16	0.025	0.025		
A40,D40,E40	390	510～660	20	0.18	0.035	0.035		
F40				0.16	0.025	0.025		

　　此外,还有合金渗碳钢和合金调质钢。合金渗碳钢主要用于制造汽车、拖拉机中的变速齿轮,内燃机上的凸轮轴、活塞销等。该钢种碳含量一般为 0.10%～0.25%,表面渗碳层硬度高,以保证优异的耐磨性和接触疲劳抗力,同时具有适当的塑性和韧性,芯部具有高的韧性和足够高的强度,并有良好的淬透性。合金渗碳钢的热处理工艺一般都是渗碳后直接淬火,再低温回火。主要钢种有 20Cr 低淬透性合金渗碳钢,20CrMnTi 中淬透性合金渗碳钢,18Cr2Ni4WA 和 20Cr2Ni4A 高淬透性合金渗碳钢。

　　合金调质钢广泛用于制造汽车、拖拉机、机床和其他机器上的各种重要零件,如齿轮、轴类件、连杆、螺栓等。该钢种碳含量一般在 0.25%～0.50%,以 0.4% 居多;调质件大多承受多种工作载荷,受力情况比较复杂,要求高的综合机械性能,即具有高的强度和良好的塑性、韧性。合金调质钢还要求有很好的淬透性。但不同零件受力情况不同,对淬透性的要求不一样。合金调质钢的最终热处理是淬火加高温回火(调质处理)。合金调质钢的最终性能决定于回火温度。一般采用 500～650 ℃ 回火。通过选择回火温度,可以获得所要求的性能。主要钢种有 40Cr 低淬透性调质钢,35CrMo 中淬透性合金调质钢,40CrNiMo 高淬透性合金调质钢。

　　(3)不锈钢材(板管)

　　能抵抗大气腐蚀的钢,称为不锈钢。不锈钢按金相组织的不同可分为铁素体不锈钢、马氏体不锈钢和奥氏体不锈钢。不锈钢中,因奥氏体不锈钢比其他不锈钢具有更优良的耐腐蚀性、耐热性和塑性,可焊性良好,是目前应用最广的钢种。

　　a. 主要品种

　　201 不锈钢板(管),202 不锈钢板(管),301 不锈钢板(管),304 不锈钢板(管),321 不锈钢板(管),316 不锈钢板(管),310S 不锈钢板(管)等。

　　b. 不锈钢板规格

　　i. 标准厚度:0.1～30 mm,即 0.1 mm、0.2 mm、0.3 mm、0.5 mm、0.6 mm、0.7 mm、0.8 mm、0.9 mm、1.0 mm、1.5 mm、2.0 mm、2.5 mm、3.0 mm、4.0 mm、5.0 mm、6.0 mm、8.0 mm、9 mm、10 mm、12 mm、16 mm、18 mm、20 mm、22 mm、25 mm、30 mm。

　　ii. 不锈钢板宽度:1 000～2 000 mm,即 1 000 mm、1 220 mm、1 250 mm、1 500 mm、1 800 mm、2 000 mm 板面宽度:1 000 mm、1 220 mm、1 250 mm、1 500 mm、1 800 mm、2 000 mm。

　　iii.不锈钢板冷轧2B(卷板、卷带、平板)特色板:3.5~6 mm 304/2B,316L/2B 厚度:冷轧 2B(0.1~6.0 mm);表面状况:2B 光面、BA;8K 镜面;拉丝、磨砂;雪花砂;不锈钢无指纹板;装饰面板:彩色板、镀钛板、蚀刻板、油抛发纹板(HL,NO.4)3D 立体板、喷砂板、压纹板。

　　不锈钢可按客户指定的尺寸供货。不锈钢管材系列:不锈钢管、不锈钢无缝管、不锈钢装饰管、不锈钢有缝管、不锈钢卫生管、不锈钢精密管、不锈钢毛细管。

　　c.不锈钢管材种类和规格

　　i.不锈钢管种类

　　管、无缝管、工业管、装饰管(有缝管、焊夌管、焊管、光亮管、直缝焊管)、流体管、软管、抛光管;耐高温不锈钢:902,904,902 L,904 L,其正常使用温度达到 1 800~2 000 ℃。SS316 是核用材料,316,316L 是船用钢,具有强耐腐蚀性。不锈钢管表面有工业面、普通抛光面、镜面、拉丝面等。

　　注意:L 代表低碳,如 304L 比 304 含碳量低。H 与 S 代表耐高温,如 310S 比 310 耐高温性强,304H 比 304 耐热。

　　ii.不锈钢管规格

　　不锈钢管圆管规格见表 1-4。

表 1-4　不锈钢管圆管规格　　　　　　　　　　单位:mm

序号	规格	序号	规格	序号	规格	序号	规格
1	$\phi3$	9	$\phi10$	17	$\phi42.16$	25	$\phi127$
2	$\phi4$	10	$\phi12.7$	18	$\phi50.8$	26	$\phi133$
3	$\phi6$	11	$\phi15.9$	19	$\phi63.5$	27	$\phi141$
4	$\phi5$	12	$\phi19.1$	20	$\phi76.2$	28	$\phi159$
5	$\phi7$	13	$\phi22.2$	21	$\phi88.9$	29	$\phi168$
6	$\phi8$	14	$\phi25.4$	22	$\phi101.6$	30	$\phi219$
7	$\phi9$	15	$\phi31.8$	23	$\phi108$	31	$\phi273$
8	$\phi9.5$	16	$\phi38.1$	24	$\phi114.3$	32	$\phi323.85$

　　注:厚度:0.1~8.0 mm。

　　不锈钢方管、不锈钢扁通规格见表 1-5。

表 1-5　不锈钢方管、不锈钢扁通规格　　　　　　　　　　单位:mm

序号	规格	序号	规格	序号	规格	序号	规格
1	7×7	7	20×20	13	38×38	19	80×80
2	10×10	8	22×22	14	40×40	20	90×90
3	12×12	9	25×25	15	50×50	21	100×100
4	15×15	10	30×30	16	60×60	22	120×120
5	15.8×15.8	11	31.8×31.8	17	70×70	23	125×125
6	19×19	12	35×35	18	76×76	24	150×150

　　注:厚度:0.4~8.0 mm。

不锈钢矩形管、不锈钢扁管规格见表 1 - 6。

表 1 - 6　不锈钢矩形管、不锈钢扁管规格　　　单位:mm

序号	规格	序号	规格	序号	规格	序号	规格
1	10 × 20	33	20 × 100	65	40 × 100	97	70 × 140
2	10 × 25	34	20 × 120	66	40 × 120	98	70 × 150
3	10 × 30	35	20 × 125	67	40 × 125	99	70 × 180
4	10 × 40	36	20 × 150	68	40 × 150	100	70 × 200
5	10 × 50	37	20 × 200	69	40 × 200	101	75 × 100
6	10 × 60	38	25 × 40	70	45 × 60	102	75 × 125
7	10 × 70	39	25 × 50	71	45 × 75	103	75 × 150
8	10 × 80	40	25 × 60	72	45 × 95	104	75 × 175
9	10 × 90	41	25 × 70	73	50 × 60	105	80 × 90
10	10 × 100	42	25 × 80	74	50 × 75	106	80 × 100
11	11 × 35	43	25 × 90	75	50.8 × 76.2	107	80 × 120
12	12.7 × 25.4	44	25 × 100	76	50 × 100	108	80 × 125
13	13 × 25	45	25 × 120	77	50 × 120	109	80 × 140
14	15 × 25	46	25 × 125	78	50 × 125	110	80 × 150
15	15 × 30	47	25 × 150	79	50 × 150	111	80 × 160
16	15 × 35	48	25 × 200	80	50 × 200	112	80 × 200
17	15 × 40	49	30 × 40	81	60 × 70	113	90 × 100
18	15 × 50	50	30 × 50	82	60 × 80	114	90 × 110
19	15 × 60	51	30 × 60	83	60 × 90	115	120 × 140
20	15 × 65	52	30 × 70	84	60 × 100	116	120 × 180
21	15 × 70	53	30 × 80	85	60 × 120	117	120 × 200
22	15 × 80	54	30 × 90	86	60 × 125	118	125 × 150
23	15 × 90	55	30 × 100	87	60 × 140	119	125 × 175
24	15 × 100	56	30 × 120	88	60 × 150	120	125 × 200
25	16 × 32	57	30 × 125	89	60 × 200	121	130 × 170
26	20 × 30	58	30 × 150	90	70 × 80	122	150 × 200
27	20 × 40	59	30 × 200	91	70 × 90	123	100 × 140
28	20 × 50	60	40 × 50	92	70 × 100	124	100 × 150
29	20 × 60	61	40 × 60	93	70 × 110	125	100 × 200
30	20 × 70	62	40 × 70	94	70 × 120	216	110 × 130
31	20 × 80	63	40 × 80	95	70 × 125	127	110 × 150
32	20 × 90	64	40 × 90	96	70 × 130	128	120 × 200

注:厚度:0.4 ~ 8.0 mm。

1.1.2　型钢及品种规格

型钢,即型材,型材是铁或钢以及具有一定强度和韧性的材料(如塑料、铝、玻璃纤维等)通过轧制、挤出、铸造等工艺制成的具有一定几何形状的物体。型钢是一种有一定截面形状和尺寸的条型钢材。

1.1.2.1　型钢的分类

按照钢的冶炼质量不同,型钢分为普通型钢和优质型钢。普通型钢按现行金属产品目录又分为大型型钢、中型型钢和小型型钢。普通型钢按其断面形状又可分为工字钢、槽钢、角钢和圆钢等。型钢的规格以反应其断面形状的主要轮廓尺寸来表示。例如,圆钢的规格以直径的毫米数表示;直径 30 mm 的圆钢记作 ϕ30;方钢的规格用边长毫米数表示;扁钢的规格以厚度×宽度毫米数表示;工字钢、槽钢的规格以高×腿宽×腰厚表示,有的也用号数表示,号数表示高度的厘米数,例如 10$^\#$工字钢就是高为 100 mm 的工字钢;角钢以边宽×边宽×边厚的毫米数表示,也可用号数表示。相同的工字钢、槽钢有几种不同腿宽和腰厚时,则在号数后面加码 a,b,c 予以区别,例如 32a$^\#$,32b$^\#$,32c$^\#$等。

（1）大型型钢

大型型钢中工字钢、槽钢、角钢、扁钢都是热轧的,圆钢、方钢、六角钢除热轧外,还有锻制、冷拉等。

工字钢、槽钢、角钢广泛应用于工业建筑和金属结构,如厂房、桥梁、船舶、农机车辆制造、输电铁塔、运输机械往往配合使用。扁钢主要用作桥梁、房架、栅栏、输电、船舶、车辆等。圆钢、方钢用作各种机械零件、农机配件、工具等。

异型钢中拖拉机大梁槽钢、钢桩钢用于水利建筑和矿山工程,拖拉机工程机械履带板,中凹扁、球扁钢等。

（2）中型型钢

中型型钢中工、槽、角、圆、扁钢用途与大型型钢相似。

异型钢中包括水利、建筑和矿山用的 9$^\#$,11$^\#$,12$^\#$,矿工钢,18 V,25 V,29 V 支撑钢,U 型钢、π 型钢、各种扁钢等。

（3）小型型钢

小型型钢中角、圆、方、扁钢加工和用途与大型型钢相似,小直径圆钢常用作建筑钢筋。

异型钢中包括挡圈、马蹄钢、磁极钢、压脚板、浅槽钢、小槽钢、丁字钢、球扁钢、送布牙钢,热轧六角钢等。

钢筋混凝土中所用钢筋属于小型型钢。包括钢筋混凝土用热轧圆钢筋、预应力混凝土用热处理钢筋、钢筋混凝土用热轧带筋钢筋。冷带筋钢筋。除圆钢外,其他也称螺纹钢。因为在轧制时钢材表面轧成耳子或螺纹筋,是建筑工业中钢筋混凝土用钢材。

此外,钢筋根据材料屈服点和抗拉强度分Ⅰ,Ⅱ,Ⅲ,Ⅳ级钢筋。

上述钢筋都可以直接使用。预应力混凝土用热处理的钢筋经热处理的螺纹钢筋,强度高,但不适用于焊接和点焊用的钢筋,钢筋由 40Si2Mn,48Si2Mn,45Si2Cr 等钢经热处理后制成,公称直径 6,8.2,10 mm。冷轧带肋钢筋用 Q215,Q235,24MnTi 钢制成公称直径 4～12 mm。钢筋热处理后应卷成盘,以热处理状态交货。

普通型钢由普通碳素结构钢和普通低合金结构钢生产。优质型钢由优质钢加工制成的型材。优质型钢虽然材质繁多,但品种简单,绝大多数是圆钢,此外,也有方钢、扁钢、六角钢、中空钢(断面多为圆形、正六角形或其他形状,中心有可通流体——水或空气的孔道的型钢)等。

另外型钢还包括冷弯型钢,它是用普通碳素钢、优质碳素钢或低合金钢钢板或钢带经过一定的冷弯成形制成的型钢。冷弯型钢是制作轻型钢结构的主要材料,采用钢板或钢带冷弯成形制成。它的壁厚不仅可以制得很薄,而且大大简化了生产工艺,提高生产效率。可以生产用一般热轧方法难以生产的壁厚均匀但截面形状复杂的各种型材和不同材质的冷弯型钢。冷弯型钢除用于各种建筑结构外,还广泛用于车辆制造,农业机械制造等方面。

冷弯型钢品种很多,按截面分开口、半闭口、闭口。按形状有冷弯槽钢、角钢、Z 形钢、方管、矩形管、异形管,卷帘门等。

根据 GB6725—92 规定,冷弯型钢采用普通碳素结构钢、优质碳素结构钢,低合金结构钢钢板或钢带冷弯制成。

1.1.2.2　常见优质型钢

优质型材是由优质钢加工制成的型材,见图 1 - 2。分热轧(锻)优质型材、冷拉(拨)优质型材和其他品种。

热轧(锻)优质型材包括碳素结构钢、碳素工具钢、合金结构钢、弹簧钢、不锈钢、轴承钢、合金工具钢、模具钢、高速工具钢等品种。

冷拉(拨)优质型材包括碳素结构钢、碳素工具钢、合金结构钢、弹簧钢、不锈钢、轴承钢、合金工具钢、高速工具钢、易切钢、冷镦钢、S/5A 等品种。S/5A 是军用产品,常用来做炮弹、子弹头。

其他品种主要是一些专用的优质型材。包括中空钢、氧气瓶料、冷镦钢、工业纯铁、热轧易切钢、D60、S/5A、F18、F11 等,后面几种都是军工用料。

优质型钢不分大、中、小型,圆钢和方钢按规格划分组距,如 8 ~ 10 mm, 11 ~ 15 mm, 18 ~ 20 mm,205 ~ 245 mm。扁钢按断面面积分大、中、小扁钢。六角钢则不分组距。但优质型钢的组距不能代替具体的规格,在单据上应填具体的规格。优质型材规格简单,绝大多数是圆钢。此外,还有方钢、扁钢、六胸钢、中空钢、异型钢等。

热轧(锻)的优质圆钢、方钢、六角钢的尺寸偏差有普通精度和较高精度两种。而冷拉型材有更为精确的尺寸和光洁的表面,有的表面还要抛光、磨光处理。经过抛光或磨光的表面精致的圆钢,叫银亮钢。优质型材很少使用,大多都要经过使用单位进一步加工并且经过热处理后使用,因此,除保证化学成分外,同时还要保证热处理后的机械性能。

(1)扁钢

如图 1 - 2(1)所示,扁钢是指宽 12 ~ 300 mm、厚 4 ~ 60 mm、截面为长方形并稍带纯边的钢材。扁钢可以是成品钢材,也可以作焊管的坯料和叠轧薄板用的薄板坯。扁钢主要用于制箍铁、工具及机械零件,建筑上用作房架结构件、扶梯等。

(2)球扁钢

如图 1 - 2(2)所示,球扁钢是横截面一端带有近似圆形凸起的扁钢。球扁钢是一种主要应用于造船和造桥领域的中型材,其中船用球扁钢是造船用辅助中型材。近年来随着造船业的迅猛发展,船用球扁钢需求旺盛。一般较大的船只和正规的船舶在设计时主船体大多选用船用球扁钢,采用与相连板材相同厚度与材质的球扁钢作骨材(也称筋骨或龙骨)。

(3)角钢

①角钢及其用途　如图 1 - 2(3)所示,角钢俗称角铁、是两边互相垂直成角形的长条钢

材。角钢属建造用碳素结构钢,是简单断面的型钢钢材,角钢型号主要用于金属构件及厂房的框架等。在使用中要求有较好的可焊性、塑性变形性能及一定的机械强度等。角钢型号主要分为:等边角钢型号,等边角钢的两个边宽相等;不等边角钢型号,其中不等边角钢型号又可分为不等边等厚型号及不等边不等厚型号两种。角钢型号用边长和边厚的尺寸表示。其规格以边宽×边宽×边厚的毫米数表示。如"∠30×30×3",即表示边宽为30 mm、边厚为3 mm 的等边角钢。也可用型号表示,型号是边宽的厘米数,如∠3#。型号不表示同一型号中不同边厚的尺寸,因而在合同等单据上将角钢的边宽、边厚尺寸填写齐全,避免单独用型号表示。热轧等边角钢的规格为 2# ~ 20#。

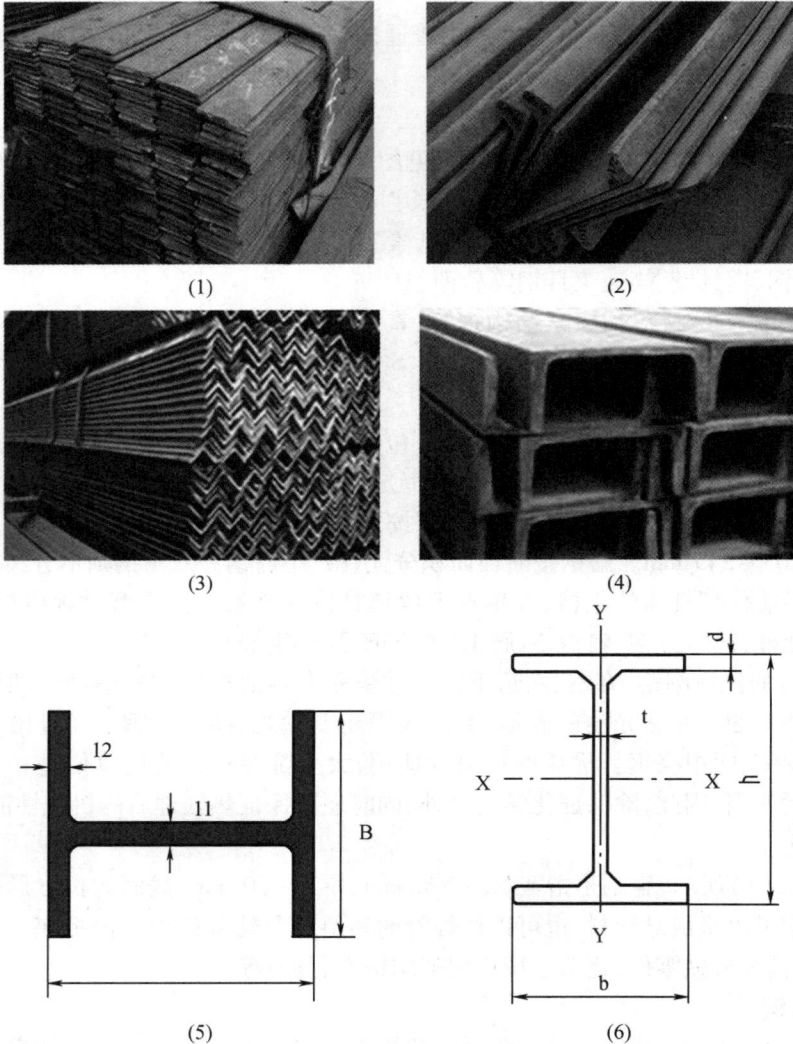

(1)　　　　　　　　　　　　　　　(2)

(3)　　　　　　　　　　　　　　　(4)

(5)　　　　　　　　　　　　　　　(6)

图 1 - 2　常见优质型钢

1—扁钢;2—球扁钢;3—角钢;4—槽钢;5—H 型钢;6—工字钢

　　角钢可按结构的不同需要组成各种不同的受力构件,也可作构件之间的连接件。广泛地用于各种建筑结构和工程结构,如房梁、桥梁、输电塔、起重运输机械、船舶、工业炉、反应塔、容器架、仓库货架以及仓库等。

②角钢型号及牌号　目前国产角钢型号为 2# ~20#，以边长的厘米数为号数，同一号角钢常有 2 ~7 种不同的边厚。一般边长 12.5 cm 以上的为大型角钢，12.5 ~5 cm 之间的为中型角钢，边长 5 cm 以下的为小型角钢。角钢的交货长度分定尺、倍尺两种，国产角钢的定尺选择范围根据规格号的不同有 3 ~9 m、4 ~12 m、4 ~19 m、6 ~19 m 四个范围。角钢几何形状偏差的允许范围在标准中也有规定，一般包括角钢弯曲度、角钢边宽、角钢边厚、角钢顶角、角钢理论质量，并规定角钢不得有显著的扭转。

角钢牌号：最常见的角钢牌号是 Q235，也有低合金的角钢牌号为 Q345。不锈钢的角钢牌号比较多有：201，201，301，304，316，316L 等角钢牌号。

③角钢质量的计算

a. 等边角钢质量的计算

$$等边角钢质量 = 0.00785 \times [d(2b - d) + 0.215(R^2 - 2r^2)](kg/m) \qquad (1-1)$$

式中　b = 边宽，mm；

$\quad\quad d$ = 边厚，mm；

$\quad\quad R$ = 内弧半径，mm；

$\quad\quad r$ = 端弧半径（mm）。

例如：求 20 mm ×4 mm 每米等边角钢质量。

从冶金产品目录中查出 20 mm ×4 mm 等边角钢的 R 为 3.5，r 为 1.2，则每米角钢质量 $= 0.00785 \times [4 \times (2 \times 20 - 4) + 0.215 \times (3.5^2 - 2 \times 1.2^2)] = 1.15$ kg。

b. 不等边角钢质量的计算

$$不等边角钢质量 = 0.00785 \times [d(B + b - d) + 0.215(R^2 - 2r^2)](kg/m) \qquad (1-2)$$

式中　B = 长边宽，mm；

$\quad\quad b$ = 短边宽，mm；

$\quad\quad d$ = 边厚，mm；

$\quad\quad R$ = 内弧半径，mm；

$\quad\quad r$ = 端弧半径，mm。

例如：求 30 mm ×20 mm ×4 mm 每米不等边角钢质量。

从冶金产品目录中查出 30 mm ×20 mm ×4 mm 不等边角钢的 R 为 3.5，r 为 1.2，则每米不等边角钢质量 $= 0.007\,85 \times [4 \times (30 + 20 - 4) + 0.215 \times (3.5^2 - 2 \times 1.2^2)] = 1.46$ kg。

（4）槽钢见图 1-2(4)，槽钢是截面为凹槽形的长条钢材。其规格表示方法，如 120 × 53 ×5，表示腰高为 120 mm，腿宽为 53 mm 的槽钢，腰厚为 5 mm 的槽钢，或称 12# 槽钢。腰高相同的槽钢，如有几种不同的腿宽和腰厚也需在型号右边加 a，b，c 予以区别，如 25a#，25b#，25c# 等。

槽钢分普通槽钢和轻型槽钢。热轧普通槽钢的规格为 5# ~40#。经供需双方协议供应的热轧变通槽钢规格为 6.5# ~30#。

槽钢主要用于建筑结构、车辆制造和其他工业结构，槽钢还常常和工字钢配合使用。

（5）H 型钢

①定义

H 型钢是一种截面面积分配更加优化、强重比更加合理的经济断面高效型材，因其断面与英文字母"H"相同而得名。

②特点

a. 合理分配截面尺寸的高宽比。见图 1－2(5)，热轧 H 型钢根据不同用途合理分配截面尺寸的高宽比，具有优良的力学性能和优越的使用性能。

b. 设计风格灵活、丰富。在梁高相同的情况下，钢结构的开间可比混凝土结构的开间大 50%，从而使建筑布置更加灵活。

c. 结构自重轻。与混凝土结构自重相比轻，结构自重的降低，减少了结构设计内力，可使建筑结构基础处理要求低，施工简便，造价降低。

d. 结构稳定性高。以热轧 H 型钢为主的钢结构，其结构科学合理，塑性和柔韧性好，结构稳定性高，适用于承受振动和冲击载荷大的建筑结构，抗自然灾害能力强，特别适用于一些多地震发生带的建筑结构。据统计，在世界上发生 7 级以上毁灭性大地震灾害中，以 H 型钢为主的钢结构建筑受害程度最小。

e. 增加结构有效使用面积。与混凝土结构相比，钢结构柱截面面积小，从而可增加建筑有效使用面积，视建筑不同形式，能增加有效使用面积 4%～6%。

f. 省工省料。与焊接 H 型钢相比，能明显地省工省料，减少原材料、能源和人工的消耗，残余应力低，外观和表面质量好。

g. 便于机械加工、结构连接和安装，还易于拆除和再用。

h. 采用 H 型钢可以有效保护环境。具体表现在三个方面：一是和混凝土相比，可采用干式施工，产生的噪音小，粉尘少；二是由于自重减轻，基础施工取土量少，对土地资源破坏小，此外大量减少混凝土用量，减少开山挖石量，有利于生态环境的保护；三是建筑结构使用寿命到期后，结构拆除后，产生的固体垃圾量小，废钢资源回收价值高。

i. 以热轧 H 型钢为主的钢结构工业化制作程度高，便于机械制造，集约化生产，精度高，安装方便，质量易于保证，可以建成真正的房屋制作工厂、桥梁制作工厂、工业厂房制作工厂等。发展钢结构，创造和带动了数以百计的新兴产业发展。

j. 工程施工速度快，占地面积小，且适合于全天候施工，受气候条件影响小。用热轧 H 型钢制作的钢结构的施工速度约为混凝土结构施工速度的 2～3 倍，资金周转率成倍提高，降低财务费用，从而节省投资。以我国"第一高楼"上海浦东的"金贸大厦"为例，高达近 400 m 的结构主体仅用不到半年时间就完成了结构封顶，而钢混结构则需要两年工期。

H 型钢具有抗弯能力强、施工简单、节约成本和结构质量轻等优点，已被广泛应用。

③规格和型号

H 型钢型号规格分为宽翼缘 H 型钢型号规格(HK)、窄翼缘 H 型钢型号规格(HZ)和 H 型钢桩型号规格(HU)三类。

H 型钢型号规格表示方法为：高度 H 宽度 B 腹板厚度 t_1 翼板厚度 t_2，如 H 型钢 Q235，SS400 $200 \times 200 \times 8 \times 12$ 表示为高 200 mm 宽 200 mm 腹板厚度 8 mm，翼板厚度 12 mm 的宽翼缘 H 型钢型号规格，其牌号为 Q235，SS400。

④特性与用途　H 型钢是一种新型经济建筑用钢。H 型钢号规格截面形状经济合理，力学性能好，轧制时截面上各点延伸较均匀、内应力小，与普通工字钢比较，具有截面模数大、质量轻、节省金属等优点，可使建筑结构减轻 30%～40%；又因其腿内外侧平行，腿端是直角，拼装组合成构件，可节约焊接、铆接工作量达 25%。H 型钢常用于要求承截能力大，截面稳定性好的大型建筑(如厂房、高层建筑等)以及桥梁、船舶、起重运输机械、设备基础、支架、基础桩等。H 型钢主要用于工业厂房、民用建筑、市政工程、石油平台、桥梁、平板车

大梁、电气化铁路的电力支架、铁路沿线的钢结构桥梁等。轻型、超轻型 H 型钢非常适用于集装箱、移动房屋、各类车库、箱式火车、电气支架、各类场馆、小别墅制造业等。

⑤H 型钢的质量计算　H 型钢质量计算公式及 H 型钢质量计算表。

a. H 型钢质量计算公式：

$$\text{H 型钢质量} = [hd + 2r(b-d) + 0.8584(r^2 - r_1^2)] \times L \times 7.85 \times 1/1\,000 \qquad (1-3)$$

式中　h——高度，mm；

　　　b——脚宽，mm；

　　　d——腰厚，mm；

　　　r——内面圆角半径，mm；

　　　r_1——边端圆角半径，mm；

　　　L——长度，m。

b. H 型钢质量计算表：见表 1 - 5。

表 1 - 5　H 型钢质量计算表

规　格/mm	单　重/g	规　格/m	单　重/g	规　格/mm	单　重/g
100 × 50 × 5 × 7	9.54	250 × 250 × 9 × 14	72.4	396 × 199 × 7 × 11	56.7
100 × 100 × 6 × 8	17.2	250 × 255 × 14 × 14	82.2	400 × 200 × 8 × 13	66
125 × 60 × 6 × 8	13.3	294 × 200 × 8 × 12	57.3	400 × 400 × 13 × 21	172
125 × 125 × 6.5 × 9	23.8	300 × 150 × 6.5 × 9	37.3	400 × 408 × 21 × 21	197
148 × 100 × 6 × 9	21.4	294 × 302 × 12 × 12	85	414 × 405 × 18 × 28	233
150 × 75 × 5 × 7	14.3	300 × 300 × 10 × 15	94.5	440 × 300 × 11 × 18	124
150 × 150 × 7 × 10	31.9	300 × 305 × 15 × 15	106	446 × 199 × 7 × 11	66.7
175 × 90 × 5 × 8	18.2	338 × 351 × 13 × 13	106	450 × 200 × 9 × 14	76.5
175 × 175 × 7.5 × 11	40.3	340 × 250 × 9 × 14	79.7	482 × 300 × 11 × 15	115
194 × 150 × 6 × 9	31.2	344 × 354 × 16 × 16	131	488 × 300 × 11 × 18	129
198 × 99 × 4.5 × 7	18.5	346 × 174 × 6 × 9	41.8	496 × 199 × 9 × 14	79.5
200 × 100 × 5.5 × 8	21.7	350 × 175 × 7 × 11	50	500 × 200 × 10 × 16	89.6
200 × 200 × 8 × 12	50.5	344 × 348 × 10 × 16	115	582 × 300 × 12 × 17	137
200 × 204 × 12 × 12	72.28	350 × 350 × 12 × 19	137	588 × 300 × 12 × 20	151
244 × 175 × 7 × 11	44.1	388 × 402 × 15 × 15	141	596 × 199 × 10 × 15	95.1
244 × 252 × 11 × 11	64.4	390 × 300 × 10 × 16	107	600 × 200 × 11 × 17	106
248 × 124 × 5 × 8	25.8	394 × 398 × 11 × 18	147	700 × 300 × 13 × 24	185
250 × 125 × 6 × 9	29.7	400 × 150 × 8 × 13	55.8	800 × 300 × 14 × 16	210

（6）工字钢

①定义　见图 1 - 2（6），工字钢也称钢梁，是型钢的一种，它是截面为工字形的长条钢材。

②规格和型号　其规格以腰高（h）× 腿宽（b）× 腰厚（d）的毫米数表示，如"工 160 × 88

×6",即表示腰高为 160 mm,腿宽为 88 mm,腰厚为 6 mm 的工字钢。工字钢的规格也可用型号表示,型号表示腰高的厘米数,如工 16#。腰高相同的工字钢,如有几种不同的腿宽和腰厚,需在型号右边加 a,b,c 予以区别,如 32a#,32b#,32c#等。

③分类及用途 工字钢分普通工字钢和轻型工字钢以及焊接工字钢。热轧普通工字钢的规格为 10# ~ 63#。经供需双方协议供应的热轧普通工字钢规格为 12# ~ 55#。焊接工字钢可设计制造。

工字钢广泛用于各种建筑结构、桥梁、车辆、支架、机械等。

④工字钢质量计算

a. 工字钢理论质量计算公式:

$$W = 0.007\,85 \times [hd + 2t(b-d) + 0.615(R^2 - r^2)] \qquad (1-4)$$

式中 h = 高,mm;

   b = 腿长,mm;

   d = 腰厚,mm;

   t = 平均腿厚,mm;

   R = 内弧半径,mm;

   r = 端弧半径,mm。

b. 工字钢理论质量,见表 1-6。

表 1-6 工字钢重量计算表

规格型号	尺寸			理论质量	规格型号	尺寸			理论质量	规格型号	尺寸			理论质量	规格型号	尺寸			理论质量
	高度	腿宽	腰厚			高度	腿宽	腰厚			高度	腿宽	腰厚			高度	腿宽	腰厚	
10	100	68	4.5	11.261	25a	250	116	8.0	38.105	36c	360	140	14.0	71.341	50c	500	162	16.0	109.354
12.6	126	74	5.0	14.223	25b	250	118	10.0	42.030	40a	400	142	10.5	67.598	56a	560	166	12.5	106.316
14	140	80	5.5	16.89	28a	280	122	8.5	43.492	40b	400	144	12.5	73.878	56b	560	168	14.5	115.108
16	160	88	6.0	20.513	28b	280	124	10.5	47.888	40c	400	146	14.5	80.158	56c	560	170	16.5	123.900
18	180	94	6.5	24.143	32a	320	130	9.5	52.717	45a	450	150	11.5	80.420	63a	630	176	13.0	121.407
20a	200	100	7.0	27.929	32b	320	132	11.5	57.741	45b	450	152	13.5	87.485	63b	630	178	15.0	131.298
20b	200	102	9.0	31.069	32c	320	134	13.5	62.765	45c	450	154	15.5	94.55	63c	630	180	17.0	141.189
22a	220	110	7.5	33.070	36a	360	136	10.0	60.037	50a	500	158	12.0	93.654					
22b	220	112	9.5	36.524	36b	360	138	12.0	65.689	50b	500	160	14.0	101.504					

例如:求 250 mm × 118 mm × 10 mm 的工字钢每米重量。从金属材料手册中查出该工字钢 t 为 13 ,R 为 10,r 为 5,则每米重量 = 0.007 85 × [250 × 10 + 2 × 13 × (118 - 10) + 0.615 × (102 - 52)] = 42.03 kg。

(7)冷弯型钢

如图 1-3 所示,冷弯型钢是制作轻型钢结构的主要材料,采用钢板或钢带冷弯成型制成。它的壁厚不仅可以制得很薄,而且大大简化了生产工艺,提高生产效率。可以生产用一般热轧方法难以生产的壁厚均匀但截面形状复杂的各种型材和不同材质的冷弯型钢。冷弯型钢除用于各种建筑结构外,还广泛用于车辆制造,农业机械制造等方面。

异型钢中包括挡圈、马蹄钢、磁极钢、压脚板、浅槽钢、小槽钢、丁字钢、球扁钢、送布牙钢,热轧六角钢等。另外还有铆钉钢、农具钢、窗框钢。

（8）铸、锻钢件

铸、锻钢件,分别见图 1 – 4(1)和(2)。

①铸钢 铸钢是指采用铸造方法而生产出来的一种钢铸件(见图 1 – 4(1))。铸钢主要用于制造一些形状复杂、难于进行锻造或切削加工成形而又要求较高的强度和塑性的零件,包括船用铸钢件,工程液压油缸、阀门、铸钢件船用阀毛坯、铸钢件阀门毛坯、汽车配件、机械配件、液压件及异型金铸件。

②锻钢 锻钢是指采用锻造方法生产出来的各种锻材和锻件(见图 1 – 4(2))。锻钢件的质量比铸钢件高,能承受大的冲击力作用,塑性、韧性和其他方面的力学性能也都比铸钢件高,所以凡是一些重要的机器零件都应当采用锻钢件、环形锻件、异形截面环锻件、胎模锻、自由锻。有各类汽车悬架吊耳;传动轴突缘叉、突缘、万向节叉;车桥转向节;转向机齿条活塞、摇臂轴;转向垂臂;雷诺发动机零件;U 型螺栓;减震器下销;横向稳定杆;变速箱齿轮;前上控制臂外贸件及后轴销支座;横拉杆接头体;推力杆头、外止推板、盖板等零件及毛坯。

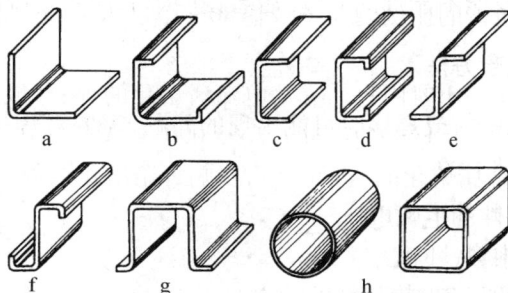

图 1 – 3 冷弯型钢截面图

a—角钢;b—内卷边角钢;c—槽钢;d—内卷边槽钢;e—Z 形钢;
f—卷边 Z 形钢;g—帽形钢;h—专用型钢

(1)

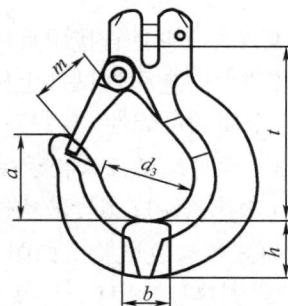

(2)

图 1 – 4 铸、锻钢件

(1)—铸钢件;(2)—锻钢件 – 吊钩

1.2　钢材的焊接性及实验方法

1.2.1　钢材的焊接性概念

无论是板材还是型材,在构成钢结构建筑物时都需要连接,而钢结构连接的主要方法是焊接。焊接性就是金属材料能否焊接的问题,即在一定焊接材料、设备、工艺和结构条件下,金属材料经焊接后能否达到必要质量的问题。通常把金属在焊接时形成裂纹的倾向及焊接接头性能变坏的倾向,作为材料焊接性的主要指标。焊接性好坏是相对比较的概念。不同的金属材料或不同的钢材,其焊接性能是不同的。焊接性也常称为可焊性。

影响焊接性的因素很多,主要有冶金因素和热的因素,所以也有分为冶金可焊性和热可焊性的。所谓冶金可焊性是指在一定焊接工艺条件下,焊缝金属对冶金过程和结晶过程的适应性,如出现裂纹、气孔、夹渣等;所谓热可焊性是指在一定焊接工艺条件下,焊缝金属对热作用的适应能力,如冷裂纹、局部脆化等。也有把焊接性分为工艺焊接性和使用焊接性的。前者说明金属材料能不能焊的问题,后者说明焊后能不能用的问题。

1.2.2　焊接性的试验方法

如何知道焊接性的好坏,或焊接时可能出现的问题,需要对焊接性进行分析,这种分析是建立在科学实验的基础上的。

1.2.2.1　焊接性实验的主要内容

焊接性实验的主要内容:

(1)检查焊缝金属抵抗产生热裂纹的能力。

(2)检查焊缝金属及热影响区金属抵抗冷裂纹的能力。

(3)检查焊接接头抗脆性断裂的能力。

(4)检查焊接接头的使用性能。

1.2.2.2　焊接性试验方法的分类

焊接性试验方法可分为:

(1)直接方法　它是直接用具体焊接产品来评定可焊性;

(2)间接方法　它是在试件上模仿产品的焊接过程,然后在试件上进行各种性能的评定,间接评定金属的可焊性。

1.2.2.3　常用焊接性试验方法

(1)焊缝和热影响区裂纹敏感性试验方法

①小铁研式抗裂纹试验　如图 1 - 5 所示,200 mm × 150 mm × 20 mm,坡口为 Y 形(测冷裂)和 V 形(测热裂)两种。焊接参数:ϕ4 mm,I:160 ~ 180 A,V:22 ~ 26 V,V:150 mm/min焊完后在室温下放置 24 h,再进行检查,用放大镜或磁粉探伤检查表面裂纹长度,然后把试验焊缝切成六快,检查同方向上的三个横断面上的裂纹深度。

评定标准是裂纹率:表面裂纹率 = 表面裂纹总长/试验焊缝长 × 100%

断面裂纹率 = 5 个断面裂纹总深/5 个断面总厚 × 100%

一般认为,表面裂纹小于 20% 的试件,就能满足实际构件的要求。

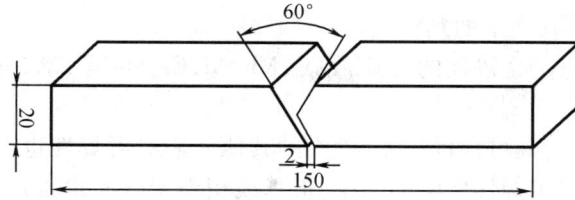

图 1-5　小铁研式抗裂纹试验

②刚性固定对接裂纹试验　如图 1-6 所示。评定方法是无裂纹为标准。可用于测焊缝和坡口的裂纹倾向。

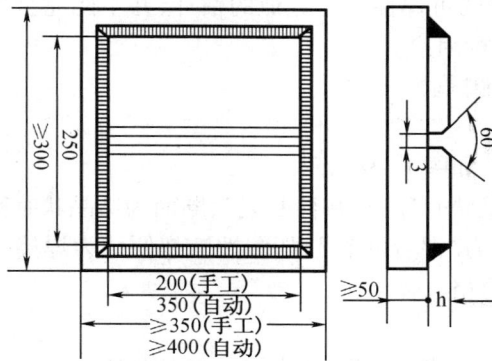

图 1-6　刚性固定对接裂纹试验

③可变刚性裂纹试验　如图 1-7 所示,评定方法是无裂纹为标准。可用于测焊缝的裂纹部位和倾向。

④十字接头试验　它属于金属材料焊缝破坏性试验,十字接头和搭接接头拉伸试验方法 GB/T 26957—2011 有明确规定,见图 1-8,t 为 8 mm 焊后放置 48 h,测裂纹。

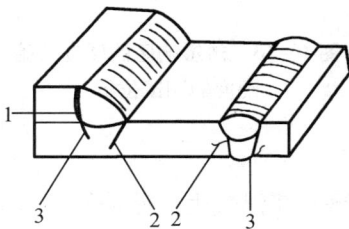

图 1-7　可变刚性裂纹试验

1—焊道下裂纹;2—焊趾裂纹;3—焊根裂纹

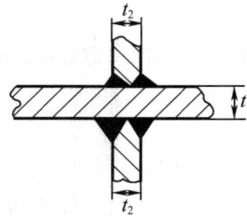

图 1-8　十字接头试验

小铁研式试验和刚性固定法试验是两种相似的试验方法,适用于试验焊缝和热影响区的裂纹倾向;可变刚性试验的刚性条件比前两种方法小一些,如果产品刚性小时,可选用这一方法;十字接头试验是一种试验角焊缝的抗裂试验方法,当钢结构中有 T 形,十字形接头时,应选用这种试验方法。

(2)裂纹敏感性的碳当量的判断法

凡是含有促使钢材产生淬硬的元素,如 C,Mn,Ni,Cr,Mo 等,都是能增强热影响区的裂纹倾向。

钢中的含碳量越高,其可焊性越差,钢中的其他元素对可焊性也有不同程度的影响,但都比较小。根据它们对可焊性影响的大小,折算或相当于碳元素含量,并和碳的含量相加,得到该钢种的碳当量。即用碳当量来判断可焊性的好坏,国际焊接学会推荐的公式

$$Ce = w(C) + \frac{w(Mn)}{6} + \frac{w(Cr) + w(Mo) + w(V)}{5} + \frac{w(Ni) + w(Cu)}{15}(\%) \qquad (1-5)$$

一般,$Ce < 0.25\%$ 可焊性良好;$Ce = 0.25\% \sim 0.35\%$ 时可焊性一般;$Ce = 0.35$ 时 ~ 0.45 时可焊性较差;$Ce > 0.45\%$ 时可焊性差。

用碳当量法判断钢材的可焊性只是近似的估计,并不能完全代表材料的可焊性,因为它没有考虑工艺因素和结构因素。

(3)焊接接头使用性能试验

①焊接接头塑性试验

a.纵向焊道弯曲试验,如图 1-9 所示。

评定方法:断面为纤维状时称为"塑性断裂",断面为结晶状时称为"脆性断裂",断面为纤维状和结晶状混合时称为"混合断裂",如塑性断裂便认为焊接接头的塑性优良,当它弯曲一定角度时,也可认为合格。

b.热影响区的硬度试验

试件:300 mm × 150 mm;检测位置,见图 1-10,用(HV)韦氏硬度计量。

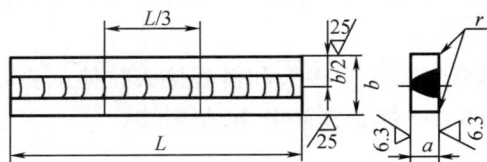

图 1-9　纵向焊道弯曲试验

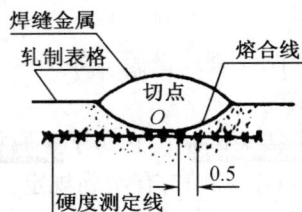

图 1-10　热影响区的硬度试验
硬度的测试位置

②焊接接头韧性试验

目前,海洋石油平台、钢结构桥梁、大型船舶(如 FPSO,即浮式生产储油卸油装置,可对原油进行初步加工并储存,被称为"海上石油工厂"。)等许多钢结构呈大型化、厚壁化的趋势,且越来越多地采用中高强度钢。在这些大型厚壁钢结构的设计建造过程中,存在一个与强度、刚度和稳定性同等重要的问题,对韧性要求越来越高。

夏比(Charpy)冲击试验,广泛用于材料验收和焊接接头的工艺评定。试件 10 × 10 × 65,如图 1-11 所示。

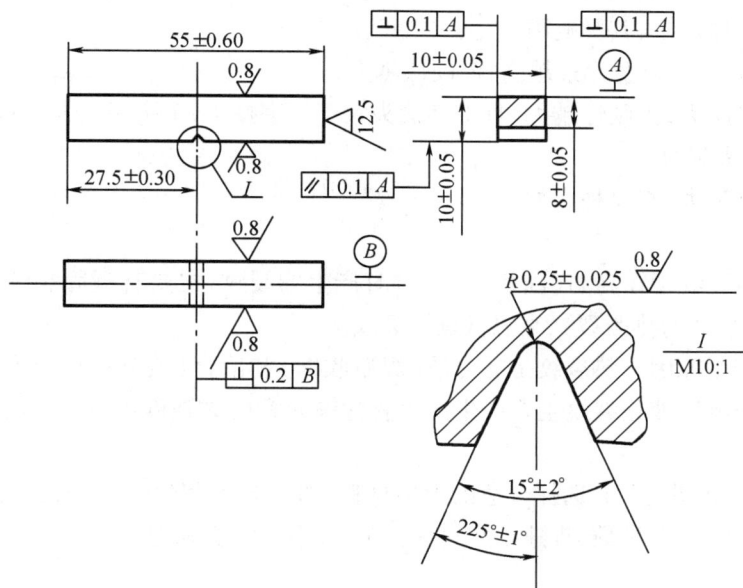

图1-11　焊接接头韧性试验——冲击实验的标准试样

应当指出,对于较薄的钢板及其焊接接头,它简便、有效。但对厚钢板,特别是对厚钢板焊接接头,直接运用夏比冲击试验的结果,是偏于危险的。仅用夏比冲击试验进行材料验收、评定焊接接头的韧性,可能会在结构中留下安全隐患。因为在厚钢板焊接接头中取夏比冲击试样,采用的是"厚板薄取,分层取样"方法。

此外,CTOD即裂纹尖端张开位移,是其英文名称 Crack Tip Opening Displacement 的首字母缩写,指的是裂纹体受张开型载荷后原始裂纹尖端处两表面所张开的相对距离。CTOD值的大小,反映了裂纹尖端材料抵抗开裂的能力。CTOD值越大,表示裂纹尖端材料的抗开裂性能越好,即韧性越好;反之,CTOD值越小,表示裂纹尖端材料的抗开裂性能越差,即韧性越差。

1.3　钢材及相关金属的焊接工艺

1.3.1　普通低合金结构钢的焊接

普通低合金钢称作普低钢,除含 C 以外还含有 Mn,Si,Mo,Ti,V,Al,Mo,Cn,P,Re 等。我国普通钢大致分为四类,即强度钢、耐热钢、耐蚀钢、低温钢和强度钢。

1.3.1.1　普通低合金钢焊接时易出现的问题

强度级别大于 50 kg/mm(490 N/mm)或大厚度、刚性大的焊件,焊接时易出现以下问题:

(1)热影响区的淬硬

普通低合金钢焊接的重要特点之一是:热影响区有比较大的淬硬倾向,随着强度等级

的提高,热影响区的淬硬倾向也相应增大,同时随着淬硬倾向的增加,产生冷裂纹的倾向也会加剧。有马氏体产生,其影响因素是:

①化学成分、C 和合金元素越高,淬硬性越大;

②冷却速度越大,淬硬性越大,且十字接头大于丁字接头,丁字接头大于对接接头。

(2)焊接接头裂纹

裂纹危险性最大,裂纹种类如下:

①热裂纹

a.定义　热裂纹指在高温(固相线附近)时产生的裂纹,主要有凝固裂纹(结晶裂纹)、液化裂纹(热影响区的热撕裂)、高温低延性裂纹。

b.热裂纹产生原因　热裂纹是在力学(焊后收缩)和冶金(成分偏析)两个原因作用下产生的。而热影响区液化裂纹主要产生于含有锰镍元素的高强度钢、奥氏体钢和某些镍基合金的焊缝区。

c. 热裂纹防止措施　i.选择合适的焊接材料,如用 H08 焊丝,这样的低碳焊丝 S,P 低。ii. 采用恰当的焊接工艺参数,焊速不宜过大。iii.采用引弧板和熄弧板;iv.降低焊接接头的刚性拘束条件。

②冷裂纹（占 90%）

a.定义　冷裂纹是焊接时在 Ar_3 以下的温度冷却过程中或空气冷却以后所产生的裂纹。在马氏体转变点 Ms 时,即 200～300 ℃以下出现,或延时几天、几周甚至更长的时间出现,称为延迟裂纹。冷裂纹主要有氢脆裂纹(延性裂纹)和层状裂纹。还有在焊缝中发生的纵裂纹、横向裂纹和在热影响区中发生的横向裂纹、纵向裂纹。

b.影响冷裂纹形成的因素　i. HAZ 中的淬硬组织;ii. 扩散氢;iii. 内应力。在分析裂纹时应找出主要因素,以便采取适当的措施。

c.冷裂纹的防止措施　i. 选择合适的焊姿材料,一般选择低氢型焊条 Cr—Ni—Mn 焊条。ii. 采用减低氢含量的措施,焊条烘干:J422 150～250 ℃,1～2 h,J507 350～450 ℃,2～4 h。此外应清理坡口表面。iii. 采用预热、控制焊接层间温度、适当提高焊接电流等,碳当量 $Ce >0.4\%$ 不预热;碳当量 Ce 在 0.4%～0.6% 时预热;$Ce >0.6\%$ 时需较高预热温度,实践中应严格控制碳当量(Ce),预热温度可参考的公式:$T = Ce \times 360$ 确定。iv. 缓冷措施:后热(即再加热 200～300 ℃保温、缓冷)。⑤改进接头设计,减少应力集中。⑥焊后热处理,为消除内应力,去氢和回火。

③焊后热处理裂纹(再热裂纹和消除应力裂纹),在钢结构工程中不常见。

1.3.1.2　普通低合金钢的焊接工艺

这里从减少裂纹和降低热影响区淬硬倾向两方面,论述焊接材料和焊接工艺参数选择问题及焊接要求。

(1)焊接材料的选择

焊接材料的选择必须根据母材的化学成分、机械性能及裂纹的敏感性等方面综合考虑。焊接材料必须满足母材、温度及其他性能指标的要求。常用的焊条、焊丝和焊剂的搭配,见表 1 –7。

表 1 - 7　常用的焊条、焊丝和焊剂的搭配

母材金属	焊条	焊丝 + 焊剂
Q235 - B	E4303	H08A + 焊剂 431
16MnR	E5015,E5016	H08A + 焊剂 431 或焊剂 430
Cr18Ni9		H0Cr21Ni10 + 焊剂 HGJ151
1Cr18Ni9Ti		H0Cr20Ni10Ti + 焊剂 HGJ151Nb

（2）焊接工艺参数的确定

①线能量（HAZ 脆化和冷裂）对低碳钢从提高加热后塑性和韧性出发，线能量较小为好。16 Mn 钢线能量偏大；对强度级别要求较高的 15MnTi 等偏小；对强度级别较高的 18MnMoNb 选用大的线能量。

②预热　预热与下列因素有关：i. 材料的淬硬倾向；ii. 焊件的冷却速度（视环境温度和板厚而定）；iii. 焊件的拘束度。

（3）典型普通低合金钢的焊接

①16 Mn 的焊接

a. 16 Mn 的可焊性　综合加工性能良好，维氏硬度 $HVmin > 350$，能冷弯和热压成型，可用 $700 \sim 800 \ ℃$ 加热，$T \not> 900 \ ℃$，可焊性较好，淬硬倾向比 A3 稍大些，冷裂纹倾向也较大些，它采用较大的焊接输入热和较小的焊速，填满弧坑。厚板或结构刚性大时，可适当预热。

b. 16Mn 的手弧焊　一般采用碱性低氢型焊条 J506,J507 对厚度小、坡口窄、强度要求不高的可选用 J426,J407 焊条。一般构件可用 J502,J503，加入 Cu 可增加抗蚀性能。16MnCu 可用 J507 焊条。

c. 16Mn 的埋弧自动焊焊接材料，即焊丝和焊剂的选用见表 1 - 7。

d. CO_2 气体保护焊，焊丝为 H08Mn2Si。

②15MnV,15MnTi 的焊接　和 16 Mn 大致相同，$\delta > 32 \ mm$ 厚度较大时，预热 $100 \sim 150 \ ℃$。可选用强度与板材相同的焊条，对厚度不大、坡口不深的可用 J506（E5016）,J507（E5015），对于厚度较大的可用 J557（E5515）。

1.3.2　不锈钢的焊接

1.3.2.1　不锈钢的焊接性

（1）焊接接头的腐蚀

①整体腐蚀。任何不锈钢在腐蚀性介质作用下，其工作表面总会有腐蚀现象产生，这种腐蚀叫整体腐蚀。

②晶间腐蚀易发生在奥氏体不锈钢中。晶间腐蚀发生于晶粒边界，所以叫晶间腐蚀。这种腐蚀可以发生在热影响区、焊缝或熔合线上，是奥氏体金属最危险的破坏形式之一。

（2）热裂纹

热裂纹是不锈钢焊接时比较容易产生的一种缺陷，包括焊缝的纵向和横向裂纹、弧坑裂纹、打底焊的焊根裂纹和多层焊的层间裂纹等。奥氏体不锈钢更易产生热裂纹。

1.3.2.2　不锈钢板的焊接工艺

焊前准备要求：4 mm 以下的厚度可不用开破口，直接焊接，单面一次焊透。4 ~ 6 mm 厚

度对接焊缝可采用不开破口接头双面焊。6 mm 以上，一般开 V 或 U，X 形坡口。另外对焊件，填充焊丝进行除油和去氧化皮，以保证焊接质量。

焊接参数的选择：主要焊接参数包括：焊接电流，钨极直径，弧长，电弧电压，焊接速度，保护气流，喷嘴直径等。

①焊接电流是决定焊缝成形的关键因素。通常根据焊件材料，厚度，及坡口形状来决定的。

②焊条直径根据焊接电流大小决定，电流越大，直径也越大。

③焊弧长和电弧电压，弧长范围为 0.5 ~ 3 mm，对应的电弧电压为 8 ~ 10 V。

④焊接速度选择时要考虑到电流大小，焊件材料敏感度，焊接位置及操作方式等因素决定。

（1）手工电弧焊

①焊前准备　当板厚≥3 mm 时要开坡口，坡口两侧 20 ~ 30 mm 范围内用丙酮擦净清理，并涂石灰粉，防止飞溅损伤金属表面。

②焊条的选用　不锈钢焊条见图 1 - 12，可分为铬不锈钢焊条和铬镍不锈钢焊条，这两类焊条中凡符合国标的，均按国标 GB/T983—1995 规定考核。铬不锈钢具有一定的耐酸（氧化性酸、有机酸、气蚀）和耐热性能。通常被选作电站、化工、石油等设

图 1 - 12　不锈钢焊条

备材料。但铬不锈钢一般情况下可焊性较差，应注意焊接工艺、热处理条件及选用合适的电焊条。铬镍不锈钢焊条具有良好耐腐蚀性和抗氧化性，广泛应用于化工、化肥、石油、医疗机械制造。为防止由于加热而产生晶间腐蚀，焊接电流不宜太大，比碳钢焊条小 20% 左右，电弧不宜过长，层间快冷，以窄焊道为宜。不锈钢电焊条的基本性能及用途见表 1 - 8。

表 1 - 8　不锈钢电焊条的基本性能及用途

牌号	型号	熔敷金属力学性能（≥）		特点与用途
		R_m/MPa	A/%	
G202	E410 - 16	450	20	用于焊接 0Cr13 及 ICr13 不锈钢结构也可用于耐蚀耐磨的表面的堆焊（熔敷及时热力学性能试样在 860 ℃×2 h 缓冷至 600 ℃ 然后空冷
G207D	E410 - 15	520	35	主要用于阀门密封件的堆焊
A002	E308L - 16	520	35	焊接超低碳 00Cr9Ni11 不锈钢 00Cr18Ni9 钢结构，如合成纤维，化肥石油等设备
A022	E316L - 16	490	30	焊接尿素及合成纤维等设备及相同类型的不锈钢结构
A032	E317Mo	540	25	焊接合成纤维等设备，如在稀、中浓度硫酸介质中工作的同类型超低碳不锈钢结构的焊接
A042	E309MoL - 16	540	25	焊接同类型超低碳不锈钢结构及异种钢的焊接

表 1 - 8（续）

牌号	型号	熔敷金属力学性能（≥）		特点与用途
		R_m/MPa	A/%	
A052	—	490	25	焊接化学耐硫酸、醋酸、磷酸中的反应器、分离器等,也可用于抗海水腐蚀用钢的焊接
A062	E309L - 16	520	25	用于合成纤维、石油、化工等设备制造的同类型不锈钢结构,复合钢和异种钢的焊接
A072	—	540	25	用于00Cr25Ni20Nb 钢的焊接,如核燃料设备等
A092	E385 - 16	520	30	多用于制造塔、槽、管道、换热器等设备,对各种强酸、热酸有良好的抗点蚀的性能
A102	E308 - 16	550	35	焊接工作温度低于 300 ℃耐蚀的 Cr19Ni9,0Cr19Ni11Ti 的不锈钢结构
A107	E308 - 15	550	35	焊接工作温度低于 300 ℃耐腐蚀的 0Cr19Ni9 型不锈钢结构,也可焊接一些可焊性较差的钢材以及堆焊不锈钢表面层
A112	—	540	25	焊接一般耐腐蚀要求不高的 Cr19Ni9 型不锈钢结构
A122	—	540	25	焊接工作温度低于 300 ℃要求抗裂耐腐蚀性较高的 0Cr19Ni9 型不锈钢结构
A132	E347 - 16	520	25	焊接重要的耐腐蚀含钛稳定的 0Cr19Ni11Ti 型不锈钢结构
A137	E347 - 15	520	25	焊接重要的耐腐蚀含钛稳定的 0Cr19Ni11Ti 型不锈钢结构
A 146	—	540	20	焊接重要的耐腐蚀含钛稳定的 0Cr20Ni10Mn6 型不锈钢
A172	E307 - 16	590	30	适用于 ASTM307 钢及其他异种钢焊接。也可用于耐冲击腐蚀钢和过渡层的堆焊
A202	E316 - 16	520	30	焊接在有机酸和无机酸介质中工作的 0Cr18Ni2Mo2 不锈钢结构和异种钢结构
A207	E316 - 15	520	30	用于低碳的 0Cr18Ni12Mo2 不锈钢结构或高铬酸钢以及异种钢的焊接
A 212	E318 - 16	550	25	焊接重要的 0Cr18Ni12Mo 等不锈钢设备如尿素合成塔,维尼纶设备等接触强腐蚀介质的部件
A232	E318V - 16	540	25	焊接一般耐热耐腐蚀的 Cr19Ni10 及 Cr18Ni12Mo2 不锈钢结构
A237	E318V - 15	540	25	焊接一般耐热耐腐蚀的 Cr19Ni10 及 Cr18Ni12Mo2 不锈钢结构的多层焊接
A242	E317 - 16	550	25	焊接同类型不锈钢材料以及复合钢、异种钢
A302	E309 - 16	550	25	焊接同类型的不锈钢结构以及异种钢、高铬钢、高锰钢等
A307	E309 - 15	550	25	焊接同类型的不锈钢结构以及异种钢高铬钢高锰钢等
A312	E309Mo - 16	550	25	焊接耐硫酸介质（硫氨）腐蚀的同类型不锈钢容器以及复合钢异种钢

表 1-8(续)

牌号	型号	熔敷金属力学性能(≥)		特点与用途
		R_m/MPa	A/%	
A402	E310-16	550	25	焊接高温条件下工作的同类型耐热不锈钢,也可用于硬化性较大的铬钢(Cr13)以及异种钢的焊接
A407	E310-15	550	25	焊接高温条件下工作的同类型耐热不锈钢,也可用于硬化性较大的铬钢以及异种钢的焊接
A412	E310Mo-16	550	25	焊接高温条件工作的同类型耐热不锈钢以及异种钢、不锈钢衬里
A502	E16-25MoN-16	420	30	焊接呈淬火状态下的低合金、中合金和异种钢,如 30CrMnSi 等,不锈钢和碳钢的焊接
A507	E16-2MoN-15	420	30	焊接呈淬火状态下的低合金、中合金和异种钢,如 30CrMnSi 等,不锈钢和碳钢的焊接
A802	—	540	25	焊接硫酸浓度50%和一定工作温度和压力制造的合成橡胶的管道以及 Cr18Ni18Mo2Cu2Ti 等钢种
AF312	E312-16	660	22	可用于高碳钢、工具钢、高温钢、装甲钢、异种钢等的焊接

③常采用的焊接工艺措施　采用小规范可防止晶间腐蚀、热裂纹及变形的产生,焊接电流比低碳钢低 20%;为保证电弧稳定燃烧,采用直流反接;短弧焊收弧要慢,填满弧坑,与介质接触的面最后焊接;多层焊时要控制层间温度,焊后可采取强制冷却;不要在坡口以外的地方起弧,地线要接好;焊后变形只能用冷加工矫正。

(2)氩弧焊

一般不锈钢用钨极氩弧焊或熔化极氩弧焊都可以。不锈钢采用氩弧焊时,由于保护作用好,合金元素不易烧损,过渡系数较高,故焊缝成形好,没有渣壳,表面光洁,因此焊成的接头具有较高的耐热性和良好的力学性能。目前在氩弧焊中应用较广的是手工钨极氩弧焊,用于焊接 0.5~3 mm 的不锈钢薄板,焊丝的成分一般与焊件相同,保护气体一般采用工业纯氩气,焊接时速度应适当地快些,尽量避免横向摆动。对于厚度大于 3 mm 的不锈钢,可采用熔化极氩弧焊。熔化极氩弧焊的优点是生产率高,焊缝的热影响区小,焊件的变形小和耐腐蚀性好,并易于自动化操作。

(3)气焊

由于气焊方便灵活,可焊各种空间位置的焊缝,对一些薄板结构和薄壁管等不锈钢部件,在没有耐腐蚀要求下有时可采用气焊。为防止过热,焊嘴一般比焊接同样厚度的低碳钢时要小,气焊火焰要使用中性焰,焊丝根据焊件成分和性能选择,气焊粉用气剂 101,焊接时最好用左焊法,焊接时焊炬焊嘴与焊件倾角成 40°~50°,焰芯距熔池应不小于 2 mm,焊丝端头与熔池接触,并与火焰一起沿焊缝移动,焊炬不做横向摆动,焊速要快,并尽量避免中断。

（4）埋弧焊

埋弧焊适用于中等厚度以上的不锈钢板（6～50 mm）的焊接,采用埋弧焊生产率高,焊缝质量好,但易引起合金元素及杂质的偏析。

（5）不锈钢的焊后处理

为增加不锈钢的耐腐蚀性,焊后应进行表面处理,处理的方法有抛光法和钝化法。

1.3.2.3　不锈钢管的焊接

（1）不锈钢管道采用手工氩弧焊接

（2）管道的切割采用机械切割

如果采用等离子以及其他热加工的方法进行切割时,应对切割口进行机械处理,保证切割口处整齐、干净。加工过程应严格控制环境以及操作,避免不锈钢管道内壁受到污染。

（3）坡口采用机械加工或采用磨光机磨削。

（4）管道预制的长度不得过长,避免安装过程中管道变形

（5）管道的焊接工艺

①焊管道壁厚≥3 mm 时,焊接坡口采用 V 形 60°～65°形式。

②对口间隙和坡口钝边参照表 1-9。

③焊接操作　管道对接时错口量不得大于管道壁厚度 10%。引弧点要接近焊接点。

表 1-9　对口间隙和坡口钝边

钢管壁厚/mm	间隙 C/mm	钝边 P/mm
3～9	2～2.5	0～2

并应在坡口内引弧,防止焊件电弧击伤。

（6）焊接清理及检查

第一层焊完后,应趁焊缝高温时用不锈钢钢丝刷将焊缝表面刷干净。并立即用湿布速冷后检查焊接质量。层间温度应小于 60 ℃,方能焊接第二层。焊接完毕后,同样趁高温时用不锈钢钢丝刷将焊缝表面刷干净,立即用湿布速冷。焊缝表面不得有裂纹、气孔、夹渣、未焊透。咬边深度≤0.5δ,且≤0.5 mm,连续长度≤100 mm,且两侧咬边总长≤10%焊缝全长。焊缝内表面应全焊透,外表面焊缝应饱满,不得有咬肉、夹渣、气孔等缺陷。

【思考题】

1. 焊接钢结构用材主要有哪几类?

2. 碳素钢板按用途分有哪几种?

3. 常用合金钢结构有哪几种?

4. 常见船用结构钢有哪几种,它是如何规定质量等级的?

5. 不锈钢有哪几种,常用的型号有哪几种?

6. 简述不锈钢的品种和规格。

7. 型钢是如何分类的?

8. 简述角钢的特征和用途。

9. 如何进行角钢的质量计算?

10. 简述 H 型钢的特征及用途。

11. 如何进行 H 型钢的质量计算？

12. 工字钢有哪几类,有何用途？

13. 如何进行工字钢的质量计算？

14. 常用钢板型号或牌号有哪些？

15. 什么是焊接性,如何判断钢材的焊接性？

16. 常用的焊接性试验方法有哪些？

17. 普通低合金钢的焊接问题是什么？

18. 如何焊接普通低合金钢？

19. 不锈钢的焊接问题是什么？

20. 如何焊接不锈钢？

【作业题】

1. 某工程需工字钢 12 件,规格为:$450 \times 200 \times 9 \times 14$;H 型钢 24 件,规格型号为：40 b,试计算它们的质量。

2. 编制板厚为 18 mm 的 16 Mn 钢板的对接焊接工艺。

3. 编制板厚为 10 mm 的不锈钢板 1Cr18Ni9Ti 的对接焊接工艺。

项目2 小型钢结构件的焊条电弧焊

知识目标

1. 小型钢结构的类型及结构特点；
2. 焊接电弧的产生过程及燃烧特点；
3. 焊接电弧的构造及其静特性；
4. 焊接熔池的有效热功率、焊条金属的熔化和过渡；
5. 焊接接头的金属组织与性能；
6. 焊接接头的机械性能；
7. 焊条的构成及特点；
8. 焊条、焊丝的型号及选用；
9. 焊剂的型号及选用。
10. 焊接接头和焊缝形式；
11. 手工焊条电弧焊对接焊焊接技术；
12. 小型钢构件钢板对接焊、薄板焊接、厚板焊接、对接立焊的焊接工艺。

能力目标

1. 通过介绍焊接性的含义，懂得相关知识与技能；
2. 掌握电弧的引燃能力；
3. 掌握电弧的引燃、燃烧、熄弧的规律，在操作过程中控制电弧；
4. 通过熔池学习，能控制熔池大小；
5. 学习焊条熔化，能控制焊条金属的过渡；
6. 掌握焊接接头的金属组织，学会控制焊缝金属的性能；
7. 通过焊接材料的学习，掌握常用焊接材料的型号，能够正确选用焊条、焊丝、焊剂的焊接材料；
8. 通过介绍焊条电弧焊工艺，了解手弧焊对接焊焊接技术，增强学生操作技能；
9. 动手体会不同板材的焊条电弧焊的焊接技术；
10. 掌握焊条电弧焊的基本操作技能；
11. 掌握典型小型钢结构的焊接技能；
12. 学会焊接接头的外观评价。

素质目标

1. 要求学生养成求实、严谨的科学态度；
2. 培养学生热爱行业，乐于奉献的精神；
3. 培养与人沟通，通力协作的团队精神。

2.0　项目导论

　　小型钢结构构件是指质量相对较轻,尺寸相对较小,厚度相对较薄的钢结构件,可以借助于人工或小车运输的构件,作为建筑工程中的附属构件,或大型钢结构工程中的零部件,如钢结构构架节点、建筑物中的楼梯,空中廊道,船舶主机基座或底盘、支架或吊杆等,见图2-1。本项目主要讨论在钢结构工程中广泛应用的小型钢结构件的现场焊接方法,图中的小型钢结构构件也是现代钢结构工程中常见的几种,如何加工小型钢结构构件,以便建设成现代钢结构工程,则需要焊接工艺环节,其中焊条电弧焊焊接技术是不可缺少的关键技术,要实现小型钢结构构件的焊接,首先要了解焊条电弧焊的基本理论和操作方法。

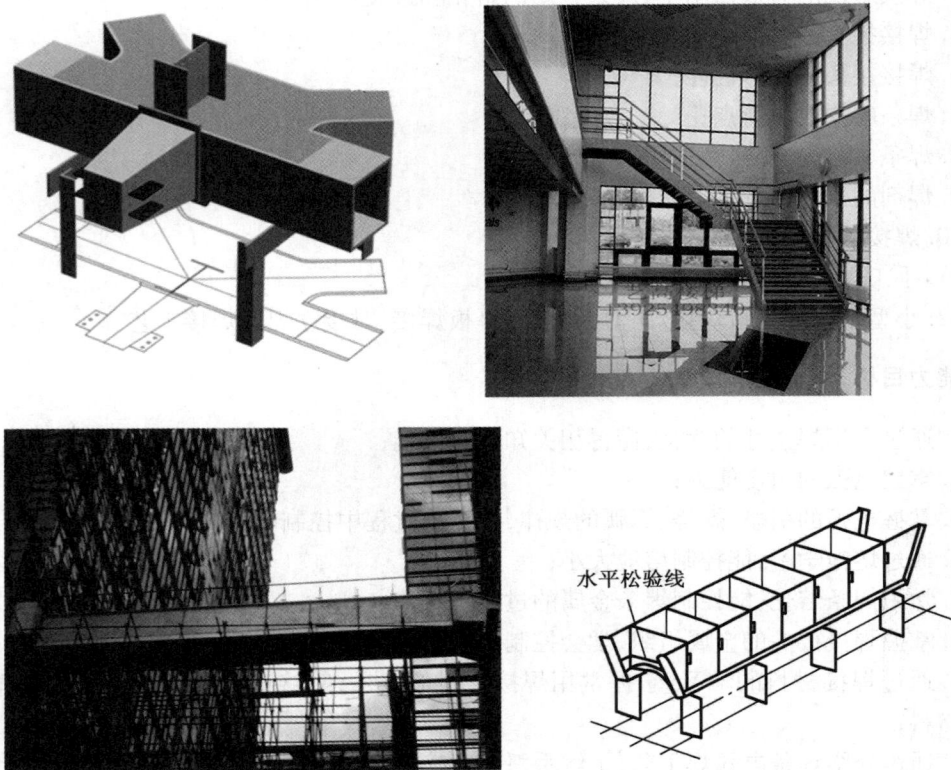

图 2-1　常见楼梯等小型钢结构

2.1　焊条电弧焊的基本理论

2.1.1　焊接电弧

　　电弧是焊接的热源,它所产生的高温能将被焊金属和填充金属熔化,冷却凝固后形成焊缝。

2.1.1.1　焊接电弧的产生过程

如图 2－2 所示,电弧是一种气体放电现象。它是气体的中性质点(分子和原子)离解为带电荷的电子和正离子,即电离。

使气体电离所需要能量叫作电离电位(或电离功),不同的气体或元素,由于原子构造不同,其电离电位也不同,电离电位越低的物质越易电离。

焊接电弧的产生可分为"短路——空载——燃烧"三个极短的阶段。

(1)短路　开始接触点的电流密度增大,产生电阻热,使温度升高,两接触处的金属熔化并蒸发,为电离创造物质条件,阴极表面能增加并逸出电子(即热发射),电子只有得到足够的能量才能逸出阴极表面,这个能量叫作"逸出功"(电子伏特)。各种物质的构造不同,它们的逸出功也就各不相同,逸出功越低的物质,热发射的能力越强。表面杂质多,逸出功会大大降低。

图 2－2　焊接电弧的产生

总之,在短路过程中在比正常焊接电流大得多的短路电流的作用下,产生大量的电阻热,从而使阴极表面的电子迅速进行热发射,与此同时还生成大量金属元素的蒸气,这就是短路阶段的主要作用。

(2)空载　短路后拉开的瞬间空载时的电压较高,$U_0 = 50 \sim 70$ V,$l = 10^{-5} \sim 10^{-6}$ cm 形成电场产生电子的自发射(或场致发射)。

(3)燃弧　由阴极所发射的电子射向阳极,与气体中性质点碰撞,将其电子撞出轨道,形成所谓撞击电离(离子增多)。

在电弧高温(弧柱中心温度达到 5 000 ~ 8 000 K)作用下,电子由低能级跳到高能级,甚至脱离轨道形成为自由电子,原子失去电子而成为正离子,这就是气体的热电离。

这种连锁反应的电离过程使电极间的中性质点变成带电的电子和正离子。电子和正离子分别跑向两极,进行中和放电,于是产生了电弧。

上述三个阶段的连续过程称为引弧。

在电弧燃烧的过程中仍继续进行着热发射和自发射。

负离子的生成使自由电子数量降低,从而削弱了电弧的导电性,降低了稳定性。

2.1.1.2　焊接电弧的构造及其静特性

(1)焊接电弧的构造及其温度

如图 2－3 所示,它由阴极区、阳极区和弧柱区组成。电弧电压由三部分组成,即:

$$U_h = U_y + U_a + U_z = a + b \cdot I_h, (20 \sim 40 \text{ V/cm}) \quad (2-1)$$

式中　U_h——电弧电压,V;

U_y——阴极电压,V;

U_a——阳极电压,V;

U_z——弧柱电压,V;

其中:$a = U_y + U_a$,b 为熔化系数;I_h 为焊接电流,A。

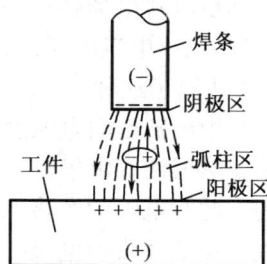

图 2－3　焊接电弧示意图

（2）焊接电弧的静特性

见图 2-4，在电极材料、气体介质和弧长一定的情况下，电弧稳定燃烧时，焊接电流与电弧电压变化的关系，称为焊接电弧的静特性。整个静特性曲线可分为下降段、水平段和上升段三部分。小电流区间 ab 段，即 1 区间：U 曲线呈下降趋势；中电流区间 bc 段，即 2 区间：U 曲线呈水平趋势；大电流区间 cd 段，即 3 区间：U 曲线呈上升趋势。电弧静特性曲线的形状，决定了它对焊接电源的要求。

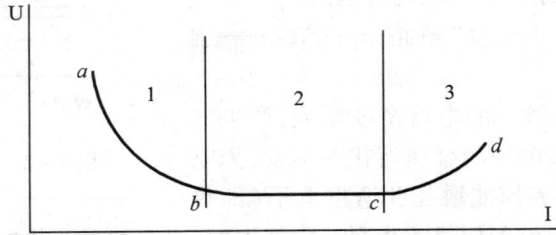

图 2-4　焊接电弧的静特性

各种弧焊方法的电弧静特性曲线是不同的。它们是在一定条件下求得的，所以其静特性只是图 2-4 曲线中的一部分，如图 2-5 所示。

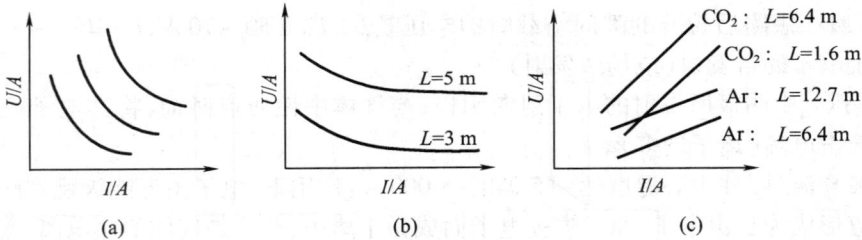

图 2-5　各种弧焊方法的电弧静特性曲线

①小电流区间电弧静特性呈下降特性。如图 2-5（a）所示，在小电流区间，因电弧电流较小，弧柱的电流密度基本不变，弧柱断面将随电流的增加而按比例增加。如果电流增加到原来电流的 4 倍，则弧柱断面面积也增加到原弧柱的 4 倍，而弧柱周长却只增加 2 倍，使电弧向周围空间散失热量也只增加 2 倍。总之，减小了散热，提高了电弧温度和电离度，所以必然使电弧电场强度下降，弧柱压降也呈下降趋势。同时阴极与阳极压降也为下降特性，于是在小电流区间，电弧电压 U_a 呈下降趋势，也就是电弧静特性呈负阻特性。小电流 TIG 焊接属于这种。

②中电流区间电弧静特性呈水平特性。如图 2-5（b）所示，电流较大时，焊丝金属将产生金属蒸气和等离子流。金属蒸气以一定速度喷射和等离子流将对电弧产生附加的冷却作用。此时电弧的产热不但有周边散热损失，而且还有金属蒸气与等离子流的附加损耗。这些能量消耗将随电流的增加而增加，因此在某一电流区间，可以保持电弧电场强度 E 不变，使电弧静特性呈平特性，如埋弧焊、焊条电弧焊和大电流 TIG 焊都是这种情况。

③大电流区间电弧静特性呈上升特性。如图 2-5（c）所示，当电流进一步增大时，特别

是用细焊丝 GMAW 焊接时,电弧弧柱区尺寸受焊丝直径的限制,随着焊接电流的增加,电弧柱电流密度增大。同时,金属蒸气的喷射和等离子流冷却作用进一步加强以及电磁收缩力的作用,电弧断面不能随电流的增加而成比例地增大,使得电弧电导率减小,要保证一定的电流通过则要求较大的电场强度 E。所以在大电流区间,随着电流的增加,弧柱的电场强度增大。另外,阴极压降和阳极压降在这种情况下影响不大。所以电弧压降 U_a 主要受弧柱压降的影响,它随着电流的增加而升高,使得电弧静特性呈上升趋势。如 GMAW 焊的电弧特性大多为上升特性。

（3）焊接电弧的稳定性

焊接电弧的稳定性是指电弧电压和焊接电流能否保持相对稳定,同时也要保持一定的弧长,不偏吹,不摇摆,不熄灭。影响电弧稳定性的因素有以下几个方面。

①焊接电源,直流电比交流电稳定,空载电压 U_0 大比 U_0 小稳定,有良好的动特性易稳定。碱性焊条宜采用直流反接。

②焊条药皮,含低电离电位元素多的易稳定,焊条偏心不稳。

③气流,外界空气流对电弧的影响较大,一方面冷却电弧,带走热量,另一方面,造成电弧的偏吹。

④焊接处不清洁。

⑤电弧产生磁偏吹,见图 2－6,磁偏吹是焊条两侧磁力线分布不均匀所致,会导致熔滴过渡恶化。减少磁偏吹的措施:a. 改变接地线位置;b. 调整焊条角度;c. 短弧焊。

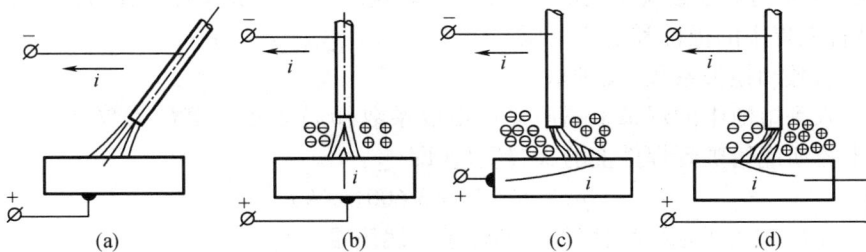

图 2－6　正常的焊接电弧和电弧的磁偏吹

(a),(b)正常的焊接电弧;(c),(d)电弧的磁偏吹

2.1.2　焊缝的形成过程

在焊接电弧的高温作用下,焊条端部金属熔化形成熔滴,母材（或焊件）也局部熔化,形成熔池,熔池经熔滴填满,冷却后形成焊缝,见图 2－7。

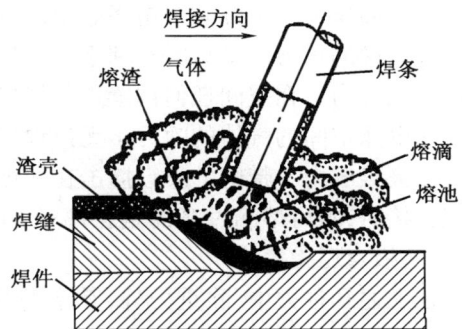

图 2－7　焊缝的形成过程

2.1.2.1　焊接熔池的有效热功率

单位时间内（秒）焊接电弧所产生的热量叫做焊接电弧的热功率,即

$$q_0 = 0.24 U_h I_h \qquad (2-2)$$

考虑热效率,则

$$q = q_0 \eta_M = 0.24 U_h I_h \eta_M \tag{2-3}$$

式中　q_0——电弧热功率,J;

　　　q——电弧有效热功率,J;

　　　η_M——电弧有效系数;

　　　U_h——电弧电压,V;

　　　I_h——焊接电流,A。

不同焊接方法 η_M 不同,见表 2-1,失效的热功通过传导、弧光和飞溅带走或流失。

表 2-1　不同焊接方法 η_M 值

焊接方法	SMAW	TIG	MIG
热效率(功率有效系数)	$0.77 \sim 0.87$	$0.77 \sim 0.99$	$0.66 \sim 0.69$

2.1.2.2　焊条金属的熔化和过渡

(1)焊条金属的熔化系数

焊条金属在焊缝中所占的比例约在30%~80%范围内。通常把这个称为熔合比。

①熔化系数

焊条熔化系数是指在一小时内每一安培电流所熔化的焊芯(或焊丝)的质量。

$$A_p = (G_p / I_h t) \times 3\,600 (\text{g/Ah}) \tag{2-4}$$

其中 G_p 在 t 时间内焊条金属熔化的质量(克),影响焊条熔化系数的因素主要是焊条药皮类型,其次是直流焊中的极性和电弧电压。

②熔敷系数和损失系数(飞溅率)

实际落入到熔池中的焊条金属质量用熔敷系数(a_H)表示。熔敷系数是指单位时间内每一安培电流所能熔敷到焊件上的金属质量,即

$$a_H = G_H / I_h t \times 3\,600 (\text{g/A}) \tag{2-5}$$

其中,G_H 在 t 时间内实际过度到焊件上的焊条金属质量(克)。

损失系数($\cent$):表示焊条金属飞溅损失的程度,用下式表示

$$\cent = (G_P - G_H) / G_P \times 100\% \tag{2-6}$$

上述三个系数中能够反映生产率的是熔敷系数 a_H。

(2)熔滴过渡的作用力

①表面张力　平焊时对熔滴起阻碍过渡作用。仰焊时有利于熔滴过渡。

②熔滴的重力　平焊时有利于熔滴过渡,仰焊立焊阻碍熔滴过渡。

③电磁力　在空间任何位置进行焊接时,起促进熔滴过渡的作用。

④电弧空间的气体的吹力　无论焊接的空间位置怎样都有利于熔滴过渡。

⑤极点压力　带电的质点撞击在两极的斑点上,便产生了机械压力,它阻碍熔滴过渡。直流正接时,阻碍熔滴过渡的是正离子,引起极点压力,直流反接时,阻碍熔滴过渡的是电子,引起极点压力。

在上述几种力中,除重力外,其余都受电流的影响。还受焊条直径的影响以及药皮成分的影响。

（3）熔滴的过渡形式

①短路过渡 当电弧长渡小于焊条直径时,焊条熔化的金属在焊条末端与熔池之间形成液体金属小桥,并随之而向熔池过渡,这种过渡即是短路过渡,见图 2-8。

②滴状过渡 当电弧长渡大于焊条直径时,焊条金属以颗粒熔滴形式向熔池过渡,见图 2-9。

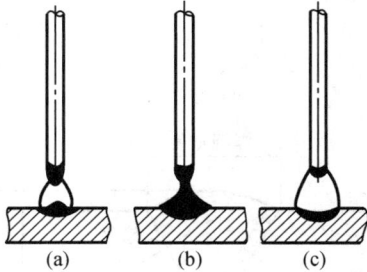

图 2-8 短路过渡形式

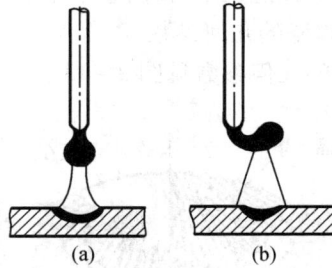

图 2-9 滴状过渡形式
（a）轴向滴状过渡;（b）非轴向滴状过渡

③射流过渡 在细焊丝、大电流,即电流密渡超过一定临界值时,熔滴不在是较大的滴状,而以及细小的颗粒向熔池喷射,这种过渡称为射流过渡,见图 2-10。具有电弧稳定、熔深大、焊接成形好及生产率高等优点。射流过渡时的指状熔深,见图 2-11,常产生在熔化极氩弧焊中,当采用大电流,反极性的情况下,熔滴常以射流形式过渡。

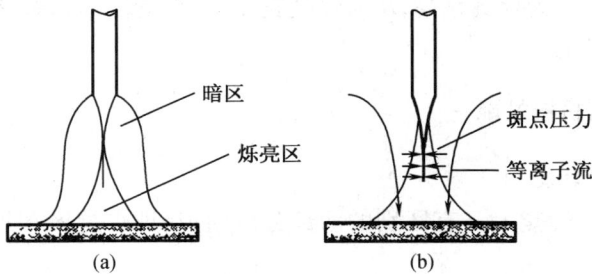

图 2-10 射流过渡的电弧形态及受力特点
（a）射流过渡的电弧形态;（b）射流过渡的受力特点

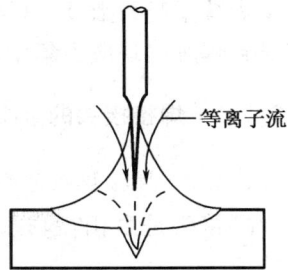

图 2-11 射流过渡时的指状熔深

2.1.2.3 焊缝金属的形成

（1）焊缝金属的结晶特征

焊接熔池是由焊条熔滴金属和熔化了的母材金属组合而成。随着电弧的移动,焊接熔池不断形成又不断结晶,从而形成了焊缝,如图 2-12 所示。焊缝金属结晶的主要特征如下:

①焊缝金属是在运动状态中结晶的。

②有现成的结晶核心,熔池边缘未熔化并产生结晶。

③散热方向、结晶方向均垂直于熔合线,并指向焊缝中心。最后树枝状结晶汇集于焊缝中心。

④枝晶偏析导致焊接热裂纹,粗大的树枝状结晶也易导致焊接裂纹。

（2）提高焊缝金属质量的措施

为提高焊缝金属性能,使焊缝金属的晶粒细化是非常重要的,主要措施有:

①减少焊接电流,以防金属过热而降低机械性能。

②提高焊接速度,以减小液体金属在高温的停留时间,加快液体金属的结晶速度,细化晶粒尺寸。

③在焊接过程中,要防止夹杂物和气体的产生,严格清理焊道,保证使用优质焊条。

（2）焊缝的几何参数

焊缝的几何参数见图2－13。

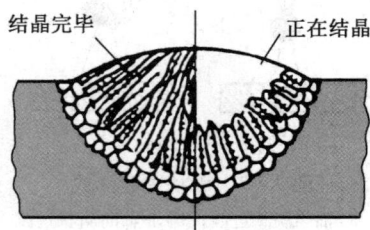

图2－12　焊缝金属结晶示意图　　　　　　图2－13　焊缝形状

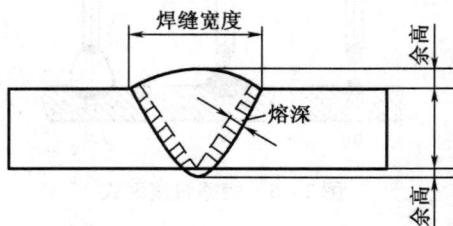

①成形系数 ϕ　$\phi = B/H$　（其中 B 为焊缝宽度,H 为焊缝的熔化深度）,成形系数 ϕ 大可能产生未焊透,ϕ 小、杂质不易出来,易产生焊接缺陷。一般 ϕ 为 $1 \sim 1.2$。

②焊缝增高系数 A　$A = a/B$（其中 a 为焊缝余高,B 为焊缝宽度）,焊缝增高系数 A 大可能导致焊趾出现应力集中,易引发裂纹。

2.1.3　焊接接头的金相组织及其机械性能

2.1.3.1　焊接接头的金属组织与性能

焊接接头是由相互联系,在组织和性能上又有区别的两部分所组成,即焊缝区和焊接热影响区。

（1）焊缝金属

焊缝金属是由熔池冷却凝固后形成的固态金属。熔池冷凝后为铸态组织,在冷却过程中,液态金属自熔合区向焊缝的中心方向结晶,形成柱状晶组织。结晶示意图如图2－12所示,右侧正在结晶;左侧结晶结束。

焊缝金属的性能一般不低于母材的性能(因其化学成分控制严格,且可通过渗合金调整焊缝化学成分),但易产生裂纹。

（2）焊接热影响区

焊接热影响区指焊缝两侧因焊接热作用而发生组织性能变化的区域。低碳钢的热影响区分为熔合区、过热区、正火区和部分相变区(图2－14)。

①热影响区(HAZ)的组织　焊缝两侧受焊接热作用,发起了组织变化和机械性能变化的母材部分称为热影响区。又可分为几个小区。各区的特征如下:

a. 熔合区:又称半熔化区,是焊缝与母材的交界区。加热温度:1 490 ~ 1 530 ℃(固、液相线之间)。组织:(未熔化但因过热而长大的)粗晶组织和(部分新结晶的)铸态组织。其特点是该区很窄,组织不均匀,强度下降,塑性很差,是产生裂纹及局部脆断的发源地。

b. 过热区:紧靠熔合区,加热温度:1 100 ~1 490 ℃(1 100 ℃~固相线)。组织:粗大的过热组织。其特点为:宽度为 1~3 mm,塑性和韧性下降。在焊接刚度大的结构时,该区易产生裂纹。

c. 正火区:靠近过热。加热温度:850 ~1 100 ℃(AC₃ 至 1 100 ℃)。组织:均匀细小的铁素体(F)和珠光体(P)组织(近似于正火组织)。其特点为:宽度为 1.2~4.0 mm,力学性能优于母材。

d. 部分相变区。加热温度:AC_1 ~ AC_3 之间。相变的铁素体(F)变细小;组织:F + P(F 粗、细不均),未相变的铁素体(F),变粗大,其特点是部分组织发生相变,晶粒不均匀,力学性能差。

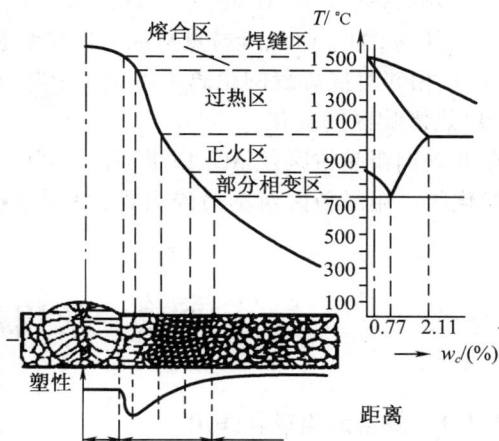

图 2 - 14　低碳钢的焊接接头组织示意图

在热影响区中,熔合区和过热区的性能最差,产生裂纹和局部破坏的倾向也最大,是焊接接头中机械性能最差的薄弱部位,热影响区宽度越窄越好,若焊缝宽度增加,焊缝冷却速度下降,晶粒变得粗大,且变形严重。

②影响热影响区组织的因素　HAZ 各部分的大小和总宽度受很多因素影响,其中包括焊接方法,焊接工艺参数,焊件厚度以及材料品种等。主要因素有:

a. 焊接材料方面,一是材料的加热温度高低;二是热量是否集中;三是保护措施如何。

b. 焊接方法方面,不同的焊接方法有不同的焊接效果。

c. 焊接工艺方面,焊接工艺不同焊缝熔深和焊接变形效果有较大的差异。

d. 焊后热处理,对焊后变形要求严格的焊件,应做焊后热处理。

e. 接头形式和工件厚度都影响导热和冷却速度。

f. 施工环境,如温度、湿度、通风情况等。

(3)提高焊接接头质量的措施

①合理的选用焊接方法以减少热影响区的影响。焊接方法应优先采用手工电弧焊、气体保护焊、埋弧焊等,少用气焊和电渣焊等。

②合理采用焊接规范,采用小直径焊条(或焊丝)、小电流、快速焊、多层焊等。

③焊前预热、焊后热处理以细化晶粒,清除硬化组织。

④加强对焊缝金属的保护。

2.1.3.2　焊接接头的机械性能

(1)焊缝金属的机械性能

影响焊接金属的机械性能的因素有焊接材料(焊条、焊丝、焊剂),母材的化学成分,焊接方法及焊接工艺参数,焊件的尺寸及冷却速度,焊缝金属的塑性变形等。

(2)热影响区金属的机械性能

热影响区的机械性能与母材的化学成分和焊接工艺有关。晶粒越粗,强度越高,塑性降低;热影响区的硬度,在熔合线附近的粗晶区,硬度值最高。焊接船用碳素钢时,硬度升高 20% ~30%;为了避免母材重复或多次受焊接影响而使性能(塑性及韧性)降低,一般规范中规定,相邻对接焊缝的距离不得小于 100 mm。

(3)热影响区的脆化

在低碳钢粗晶粒区及 AC_1 以下温度(400 ~1 000 ℃)的区域冲击值最低,形成两个谷,称为脆化区。粗晶粒区对不易淬火钢,易形成粗大的组织;对易淬火钢易产生硬脆的淬火组织。

2.2　常用焊接材料

2.2.1　焊条的组成和作用

(1)焊条的组成

焊条就是涂有药皮的供焊条电弧焊使用的熔化电极,焊条由焊芯及药皮两部分构成。焊条是在金属焊芯外将涂料(药皮)均匀、径向压涂在金属焊芯上。焊条种类不同,焊芯也不同。焊芯即焊条的金属芯,为了保证焊缝的质量与性能,对焊芯中各金属元素的含量都有严格的规定,特别是对有害杂质(如硫、磷等)的含量,应有严格的限制,其成分优于母材。焊芯成分直接影响着焊缝金属的成分和性能,所以焊芯中的有害元素要尽量少。

焊接碳钢及低合金钢的焊芯,一般都选用低碳钢作为焊芯,并添加锰、硅、铬、镍等成分(详见焊丝国家标准 GB1300—77)。采用低碳的原因一方面是含碳量低时钢丝塑性好,焊丝拉拔比较容易,另一方面可降低还原性气体 CO 含量,减少飞溅或气孔,并可增高焊缝金属凝固时的温度,对仰焊有利。加入其他合金元素主要是为保证焊缝的综合机械性能,同时对焊接工艺性能及去除杂质,也有一定作用。

高合金钢以及铝、铜、铸铁等其他金属材料,其焊芯成分除要求与被焊金属相近外,同样也要控制杂质的含量,并按工艺要求常加入某些特定的合金元素。

在焊条前端药皮有 45°左右的倒角,这是为了便于引弧。在尾部有一段裸焊芯,约占焊条总长 1/16,便于焊钳夹持并有利于导电。焊条的直径实际上是指焊芯直径,通常为2 mm、2.5 mm、3.2 mm 或 3 mm,4 mm,5 mm 或 6 mm 等几种规格,最常用的是 φ3.2,φ4,φ5 三种,其长度"L"一般在 200 ~550 mm。

(2)焊条的作用

焊条药皮是在焊芯表面的涂料。药皮在焊接中容易分解熔化形成气体和熔渣,主要是保护熔池、冶金处理、改善工艺性能的作用。药皮组成有矿物、铁合金、金属粉类、有机物、化工产品等。焊条药皮是决定焊缝质量的因素,在焊接中有以下作用。

①提高电弧燃烧稳定性　没有药皮的光焊条不易引燃电弧。即便引燃也不能稳定燃烧。焊条药皮中,一般含有钾、钠、钙等电离电位低的物质,可以提高电弧稳定性,保证焊接过程持续进行。

②保护焊接熔池　因为焊接过程中,空气中的氧、氮及水蒸气浸入焊缝,会给焊缝带来不利的影响。不仅形成气孔,而且还会降低焊缝的机械性能,甚至导致裂纹。而焊条药皮熔化后,产生的大量气体笼罩着电弧和熔池,会减少熔化的金属和空气的相互作用。焊缝冷却时,熔化后的药皮形成一层熔渣,覆盖在焊缝表面,保护焊缝金属并使之缓慢冷却、减

少产生气孔的可能性。

③焊缝脱氧、去磷硫杂质　焊接过程中虽然进行了保护，难免有少量氧气进入熔池，金属和合金元素氧化，烧损合金元素，降低焊缝质量。因此，需在焊缝中加入焊剂，使进入熔池的氧化物还原。提高电弧燃烧的稳定性。

④给焊缝弥补合金元素

由于电弧的高温作用，焊缝金属的合金元素会蒸发烧毁，引起的金属损失，使焊缝的机械性能下降。因此需通过药皮向焊缝加入合金元素，弥补合金元素的烧损，为焊缝补充合金元素，提高焊缝的机械性能。特别是合金焊缝，需通过药皮向焊缝渗入合金，使焊缝金属成分与母材金属成分相近，机械性能赶上甚至超过基本金属。

⑤提高焊接生产率，减少飞溅　药皮具有使熔滴增加而减少飞溅的作用。药皮的熔点低于焊芯熔点，焊芯处于电弧中心，温度较高，所以焊芯先熔化，药皮稍微迟一点熔化。在焊条端头形成小段药皮套管，使焊接过程中发尘量会减少，加上电弧吹力的作用，熔滴径直射到熔池上，有利于仰焊和立焊。在焊芯涂了药皮后，电弧热量集中。由于减少了飞溅，所以提高了熔敷系数，提高了焊接生产率。

2.2.2　焊条类型和型号

（1）焊条的分类

根据不同情况，电焊条有三种分类方法：按焊条用途分类、按药皮的主要化学成分分类、按药皮熔化后熔渣的特性分类。

①按照焊条的用途可以将电焊条分为：结构钢焊条、耐热钢焊条、不锈钢焊条、堆焊焊条、低温钢焊条、铸铁焊条、镍和镍合金焊条、铜及铜合金焊条、铝及铝合金焊条以及特殊用途焊条。

②按照焊条药皮的主要化学成分来分类可以将电焊条分为：氧化钛型焊条、氧化钛钙型焊条、钛铁矿型焊条、氧化铁型焊条、纤维素型焊条、低氢型焊条、石墨型焊条及盐基型焊条。

③按照焊条药皮熔化后熔渣的特性分类，根据焊条药皮的性质不同，焊条可以分为酸性焊条和碱性焊条两大类。药皮中含有多量酸性氧化物（TiO_2，SiO_2等）的焊条称为酸性焊条。药皮中含有多量碱性氧化物（CaO，Na_2O等）的称为碱性焊条。

酸性焊条能交直流两用，焊接工艺性能较好，但焊缝的力学性能，特别是冲击韧度较差，适用于一般低碳钢和强度较低的低合金结构钢的焊接，是应用最广的焊条。碱性焊条脱硫、脱磷能力强，药皮有去氢作用。焊接含氢量很低，故又称为低氢型焊条。碱性焊条的焊缝具有良好的抗裂性和力学性能，但工艺性能较差，一般用直流电源施焊，主要用于重要结构（如锅炉、压力容器和合金结构钢等）的焊接。

（2）焊条的型号、牌号

①焊条型号编制方法

焊条字母"E"表示焊条；前两位数字表示熔敷金属抗拉强度的最小值；第三位数字表示焊条的焊接位置，"0"及"1"表示焊条适用于全位置焊接（平、立、仰、横），"2"表示焊条适用于平焊及平角焊，"4"表示焊条适用于向下立焊；第三位和第四位数字组合时表示焊接电流种类及药皮类型。在第四位数字后附加"R"表示耐吸潮焊条，附加"M"表示耐吸潮和力学性能有特殊规定的焊条，附加"-1"表示冲击性能有特殊规定的焊条。碳钢焊条型号的划分，见表2-2。

表 2 - 2　碳钢焊条型号的划分

焊条型号	药皮类型	焊接位置	电流种类
E43 系列——熔敷金属抗拉强度≥420 MPa（43 kgf/mm²）			
E4300	特殊型	平、横、立、仰	交流或直流正、反接
E4301	钛铁矿型		
E4303	钛钙型		
E4310	高纤维钠型		直流反接
E4311	高纤维钾型		交流或直流反接
E4312	高钛钠型		交流或直流正接
E4313	高钛钾型		交流或直流正、反接
E4315	低氢钠型		直流反接
E4316	低氢钾型		交流或直流反接
E4320	氧化铁型	平	交流或直流正、反接
		平角焊	交流或直流正接
E4322	氧化铁型	平	交流或直流正接
E4323	铁粉钛钙型	平、平角焊	交流或直流正、反接
E4324	铁粉钛型	平、平角焊	交流或直流正、反接
E4327	铁粉氧化铁型	平	交流或直流正、反接
		平角焊	交流或直流正接
E4328	铁粉低氢型	平、平角焊	交流或直流反接
E50 系列 - 熔敷金属抗拉强度≥490 MPa（50 kgf/mm²）			
E5001	钛铁矿型	平、横、立、仰	交流或直流正、反接
E5003	钛钙型		直流反接
E5010	高纤维素钠型		交流或直流反接
E5011	高纤维素钾型		交流或直流正、反接
E5014	铁粉钛型		直流反接
E5015	低氢钠型		交流或直流反接
E5016	低氢钾型		交流或直流反接
E5018	铁粉低氢钾型		直流反接
E5018M	铁粉低氢型		
E5023	铁粉钛钙型	平、平角焊	交流或直流正、反接
E5024	铁粉钛型	平、平角焊	交流或直流正、反接
E5027	铁粉氧化铁型	平、平角焊	交流或直流正接
E4324	铁粉钛型	平、平角焊	交流或直流反接
E5048	铁粉低氢型	平、仰、横、立向下	交流或直流反接

②焊条牌号编制方法

在焊条牌号中字母"J"表示结构钢焊条。第一、第二位数字表示熔敷金属抗拉强度的最小值，单位为 kgf/mm²（应换算成相应的 MPa），共分 10 个等级：42,50,55,60,70,80,85,90,10(100)。第三个数字表示药皮类型和焊接电源种类。第三位数字后的符号，表示某种特殊用途，如："Fe"表示铁粉焊条。"X"表示立向下焊专用焊条。"G"表示管道焊接专用焊条。"GM"表示盖面专用焊条。"D"表示底层焊专用焊条。"Z"表示重力焊条。"GR"表示高韧度焊条。"LMA"表示耐潮焊条。"H"表示超低氢焊条。"R"表示韧度焊条。"DF"表示低氟焊条。"RH"表示高韧超低氢焊条。

其他焊条的表示方法：铸铁焊条用 Z 开头表示、低温钢镍合金焊条用 WNi 表示、耐热钢焊条用 R 示、堆焊焊条用 D 表示、铬不锈钢焊条用 GA 表示、特种焊条用 TS 表示、银基焊条用 HL 表示、铜及铜合金焊条用 T 表示、铝及铝合金焊条用 L 表示、气焊条用 HS 表示。

2.2.3　焊条的选用原则

焊条的种类繁多，每种焊条均有一定的特性和用途。选用焊条是焊接准备工作中一个很重要的环节。在实际工作中，除了要认真了解各种焊条的成分、性能及用途外，还应根据被焊焊件的状况、施工条件及焊接工艺等综合考虑，必要时还需做焊接性实验。选用焊条一般应考虑以下原则：

（1）焊接材料的力学性能和化学成分

①对于普通结构钢，通常要求焊缝金属与母材等强度，应选用抗拉强度等于或稍高于母材的焊条。

②对于合金结构钢，通常要求焊缝金属的主要合金成分与母材金属相同或相近。

③在被焊结构刚性大、接头应力高、焊缝容易产生裂纹的情况下，可以考虑选用比母材强度低一级的焊条。

④当母材中碳（C）及 硫（S），磷（P）等元素含量偏高时，焊缝容易产生裂纹，应选用抗裂性能好的低氢型焊条。

（2）焊件的使用性能和工作条件

①对承受动载荷和冲击载荷的焊件，除满足强度要求外，还要保证焊缝具有较高的韧性和塑性，应选用塑性和韧性指标较高的低氢型焊条。

②接触腐蚀介质的焊件，应根据介质的性质及腐蚀特征，选用相应的不锈钢焊条或其他耐腐蚀焊条。

③在高温或低温条件下工作的焊件，应选用相应的耐热钢或低温钢焊条。

（3）焊件的结构特点和受力状态

①对结构形状复杂、刚性大及大厚度焊件，由于焊接过程中产生很大的应力，容易使焊缝产生裂纹，应选用抗裂性能好的低氢型焊条。

②对焊接部位难以清理干净的焊件，应选用氧化性强，对铁锈、氧化皮、油污不敏感的酸性焊条。

③对受条件限制不能翻转的焊件，有些焊缝处于非平焊位置，应选用全位置焊接的焊条。

（4）施工条件及设备

①在没有直流电源，而焊接结构又要求必须使用低氢型焊条的场合，应选用交、直流两

用低氢型焊条。

②在狭小或通风条件差的场所,应选用酸性焊条或低尘焊条。

(5)改善操作工艺性能

在满足产品性能要求的条件下,尽量选用电弧稳定、飞溅少、焊缝成形均匀整齐、容易脱渣的工艺性能好的酸性焊条。焊条工艺性能要满足施焊操作需要。如在非水平位置施焊时,应选用适于各种位置焊接的焊条。如在向下立焊、管道焊接、底层焊接、盖面焊、重力焊时,可选用相应的专用焊条。

(6)合理的经济效益

在满足使用性能和操作工艺性的条件下,尽量选用成本低、效率高的焊条。对于焊接工作量大的结构,应尽量采用高效率焊条,如铁粉焊条、高效率不锈钢焊条及重力焊条等,以提高焊接生产率。

(7)异种钢焊接时焊条选用要点

①强度级别不同的碳钢 + 低合金钢(或低合金钢 + 低合金高强钢)一般要求焊缝金属或接头的强度不低于两种被焊金属的较低强度,选用的焊条熔敷金属的强度应能保证焊缝及接头的强度不低于强度较低的母材的强度,同时焊缝金属的塑性和冲击韧性应不低于强度较高而塑性较差的母材的性能。因此,可按两者之中强度级别较低的钢材选用焊条。但是,为了防止焊接裂纹,应按强度级别较高、焊接性较差的钢种确定焊接工艺,包括焊接规范、预热温度及焊后热处理等。

②低合金钢 + 奥氏体不锈钢应按照对熔敷金属化学成分限定的数值来选用焊条,一般选用铬和镍含量较高的、塑性和抗裂性较好的 Cr25 - Ni13 型奥氏体钢焊条,以避免因产生脆性淬硬组织而导致的裂纹。但应按焊接性较差的不锈钢确定焊接工艺及规范。

③不锈复合钢板应考虑对基层、复层、过渡层的焊接要求选用三种不同性能的焊条。对基层(碳钢或低合金钢)的焊接,选用相应强度等级的结构钢焊条;复层直接与腐蚀介质接触,应选用相应成分的奥氏体不锈钢焊条。关键是过渡层(即复层与基层交界面)的焊接,必须考虑基体材料的稀释作用,应选用铬和镍含量较高、塑性和抗裂性好的 Cr25 - Ni13 型奥氏体钢焊条。

(8)常用钢号和焊材的匹配

常用钢号推荐选用的焊条见表 2 - 3,不同钢号相焊时推荐选用的焊条见表 2 - 4。

表 2 - 3　常用钢号推荐选用的焊条

钢 号	焊条型号	对应牌号	钢 号	焊条型号	对应牌号
Q235 - A·F Q235 - A,10,20	E4303	J422	12CrLMoV	E5515 - B2 - V	R317
20R,20HP,20g	E4316	J426	12Cr2Mo 12Cr2MoL 12Cr2MoLR	E6015 - B3	R407
	E4315	J427			
25	E4303	J422			
	E5003	J502			
Q295(09Mn2V、09Mn2VD、 09Mn2VDR)	E5515 - Cl	W707Ni	1Cr5Mo	E1 - 5MoV - 15	R507

表 2 - 3（续）

钢　号	焊条型号	对应牌号	钢　号	焊条型号	对应牌号
Q345(16Mn,16MnR,16MnRE)	R5003	J50Q	1Crl8Ni9Ti	E308 - 16	A102
	E5016	J506		E308 - 15	A107
				E347 - 16	A132
	E501 5	J507		E347 - 15	A137
Q390(16MnD,16MnDR)	E5016 - G	J506RH	0Cr19Ni9	E308 - 16	A102
	E5015 - G	J507RH		E308 - 15	A107
Q390(15MnVR 15MnVRE)	E5016	J506	0Crl8Ni9Ti 0Crl9Ni11Ti	E347 - 16	A132
	E5015	J507		E347 - 15	A137
	E5515—G	J557			
20MnMo	E5015	J507	00Crl8Ni10 00Crl9Ni11	E308L - 16	A002
	E15—6	J557			
151MnVNR	E6016 - D1	J606	0Crl7Nil2Mo2	E316 - 16	A202
	E6015 - D1	J607		E316 - 15	A207
15MnMoV,18MnMoNbR, 20MnMoNb	E7015 - D2	J707	0Crl8Ni12Mo2Ti 0Crl8Ni12Mo3Ti	E316L - 16	A022
12CrMo	E5515 - B1	R207		E318 - 16	A212
15CrMo,15CrMoR	E5515 - B2	R307	0Crl3	E410 - 16	G202
				E410 - 15	6207

表 2 - 4　不同钢号相焊时推荐选用的焊条

类　别	接　头　钢　号	焊条型号	对应牌号
碳素钢、低合金钢和低合金钢相焊	Q235 - A + Q345(16Mn)	E4303	J422
	20,20R + 16MnR,16MnRC	E4315	J427
	Q235 - A + 18MnMoNbR	E5015	J507
	16MnR + 1MnMoV 16MnR + 18MnMoNbR	E5015	J507
	15MnVR + 20MnMo	E5015	J507
	20MnMO + 18MnMoNbR	E5515 - G	J557
碳素钢、碳锰低合金钢和铬钼低合金钢相焊	Q235 - A + 15CrMo Q235 - A + 1Cr5Mo	E4315	J427
	16MnR + 15CrhMo 20,20R,16MnR + 12CrlMoV	E5015	J507
	15MnMo + 12CrMo,15CrMo 15MnMoV + CrlMoV	E7015 - D2	J707

表 2 - 4(续)

类 别	接头钢号	焊条型号	对应牌号
其他钢号与奥氏体高合金钢相焊	Q235 - A,20R,16MnR,20MnMo + 0Cr18Ni9Ti	E309 - 16 E309Mo - 16	A302 A312
	18MnMoNbR,15CrMo + 0Cr18Ni9Ti	E310 - 16 E310 - 15	A402 A407

2.2.4　结构钢焊条使用说明

(1)在焊缝冷却速度较大,使强度增高,焊缝接头容易产生裂纹的不利情况下,可选用比母材强度低一个级别的焊条。如厚板多层焊或焊后进行正火处理等情况,则需要防止强度过低的情况发生。

(2)对同一强度等级的酸性焊条或碱性焊条的选用。对要求塑性好、冲击韧性高、低温性能好,抗裂能力强的选用碱性焊条。如直流电源有困难,可选用交直流两用的碱性焊条。

(3)对低碳钢与低合金钢之间或低合金钢与低合金钢之间的异种钢焊接接头,一般选用与强度等级较低的钢材相适应的焊接材料。

(4)中碳钢的焊接。由于中碳钢含碳量较高,焊接裂纹倾向大,可选用低氢焊条或焊缝金属具有良好塑性及韧性的焊条,并将焊件预热和缓冷处理。

(5)铸钢的焊接。铸钢含碳量较高,厚度大,形状复杂,极易产生裂纹,特别是铸钢中合金元素含量较高时。可选用低氢焊条,并采取预热和合适的合金化工艺。

(6)工件如经预热,焊接电流比不预热时可减少 5% ~ 15%;采用直流时比交流时可减少 10%;立焊及仰焊时比横焊时减少 10% ~ 15%。

(7)室内焊接时,需注意排风;户外焊接时,操作人员应在上风口,以减少焊接烟尘的吸入。

(8)牌号中带有"B"(RH)及"Ni"的焊条,是高韧性超低氢系列焊条,用于重要结构件的焊接。

2.3　钢板焊条电弧焊工艺

2.3.1　焊接接头和焊缝形式

(1)焊接接头的形式

焊接接头见图 2 - 15 根据工件间的相互位置不同,分为对接接头、搭接接头、角接接头、及 T 形接头(或十字接头),见图 2 - 16。

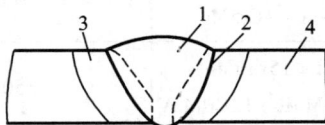

图 2 - 15　焊接接头

1—焊缝;2—熔合区;3—热影响区;4—母材

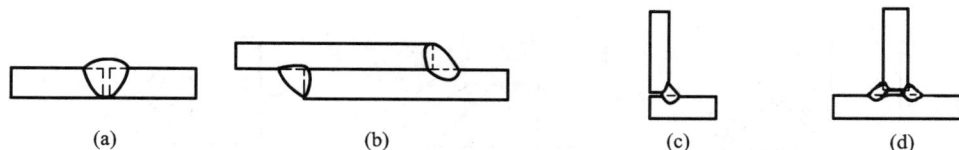

图 2 – 16　焊接接头形式

（a）对接接头；（b）搭接接头；（c）角接接头；（d）T 形接头

（2）焊缝的形式

焊缝的形式是由焊接接头的形式而定的,钢结构中的焊缝可归纳为三类:即对接焊缝、角焊缝、塞焊缝。

①对接焊缝

根据板厚及施工要求板也常开坡口,坡口形式常有 I 形、V 形、X 形、U 形和双 U 形等数种,见图 2 – 17。

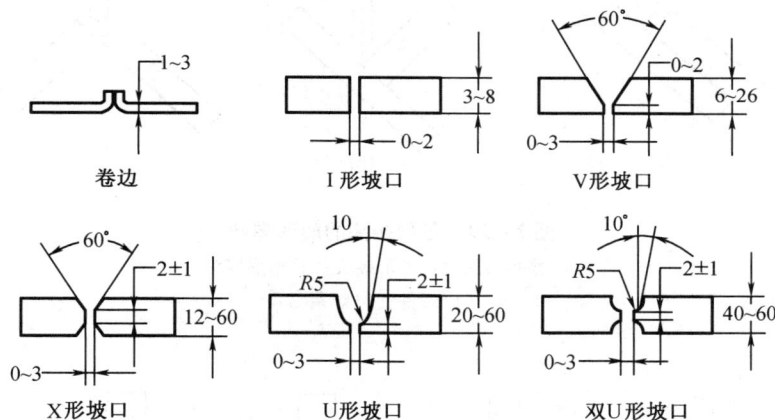

图 2 – 17　对接坡口形式

坡口形状参数,单边斜角 B,坡口角度 a,钝边 p,间隙 b,这些参数对焊缝的良好成形具有重要作用。国家标准 GB985—88 手工电弧焊接头的基本形式和尺寸。GB986—88《焊剂层下自动焊与半自动焊接头的基本形式和尺寸》中,分别对手弧焊,自动焊及半自动焊焊缝坡口及尺寸做了规定。

②角接焊缝

焊缝表面有凸、平（等边或不等边）、凹三种,见图 2 – 18。其承载性能有较大差异。在实际中又由于不同空间位置的角焊缝（为仰焊、立焊和平焊之类的角焊缝）很难得到平的,而大多数是呈现凸形的,角焊缝的尺寸可用焊角高度 K 来表示（设计计算中常用 h 表示）。所以通常采用“船形焊”的得到平的或凹的角焊缝,见图 2 – 19。T 形接头和角形接头的角焊缝的坡口形式见图 2 – 20。也有连续角焊缝和间断角焊缝,间断角焊缝还分为交错角焊缝和链式间断角焊缝,如图 2 – 21 所示,间断角焊缝:l 为焊缝长度;e 为焊缝间距;d 为节距;一般 $e ≤ 150$ mm;有单面角焊缝和双面角焊缝,有腹板熔透的角焊缝和腹板未完全熔透的角焊缝。

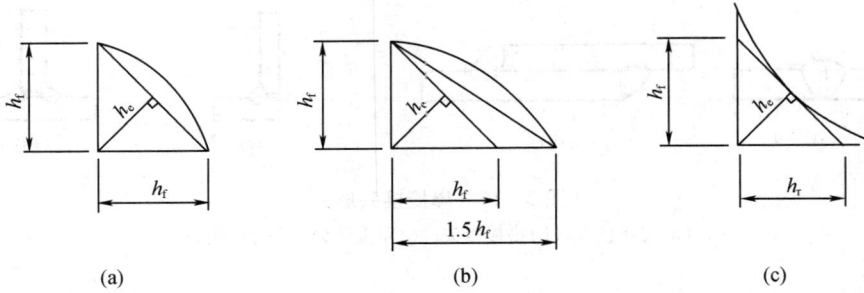

图 2-18　三种焊缝表面

（a）凸焊缝；（b）平或不等边焊缝；（c）凹焊缝

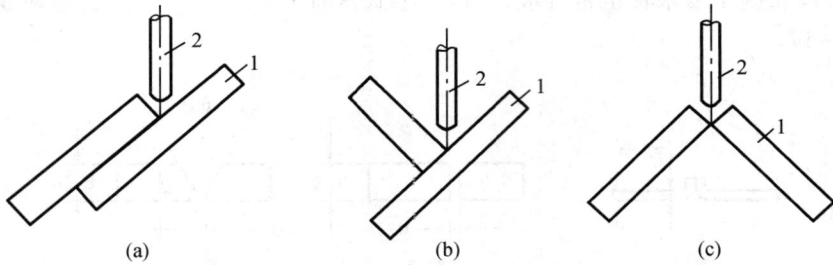

图 2-19　各种接头的船形焊法

（a）搭接接头；（b）T 形接头；（c）角形接头

（1）焊件；（2）焊条

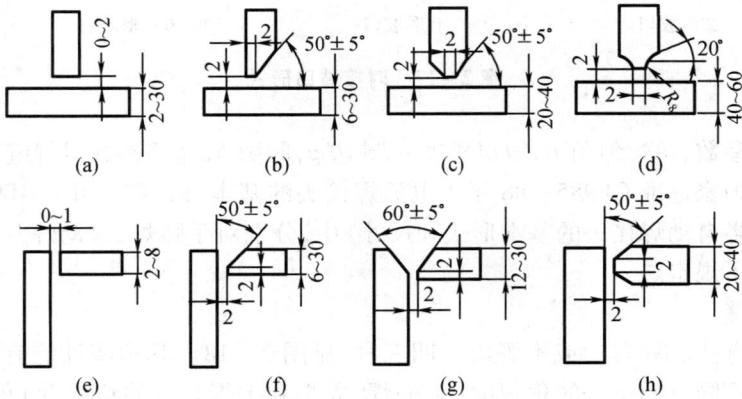

图 2-20　T 形接头和角形接头

（a）T 形接头不开坡口；（b）T 形接头单边 V 形坡口；（c）T 形接头双边 V 形坡口；（d）T 形接头 K 形坡口；（e）角形接头不口坡口；（f）角形接头单边 V 形坡口；（g）角形接头双边 V 形坡口；（h）角形接头双边 K 形坡口

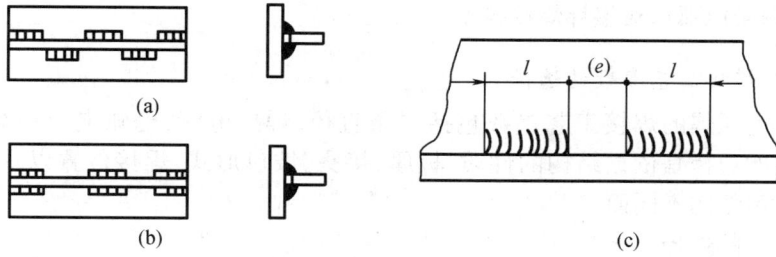

图 2 – 21 间断焊

(a)交错间断焊;(b)对称间断焊;(c)间断焊尺寸

③塞焊缝

主要是根据坡口形式尺寸确定的,见图 2 – 22。塞焊缝应用于两块钢板的叠合连接中,板材与骨架连接,且从骨架一侧难以进行焊接的场合,也可采用塞焊缝作为增强连接的手段。如:船尾柱与外壳板连接,美人架与外壳板连接处的加强腹板,舵板与其骨架面板的连接等。

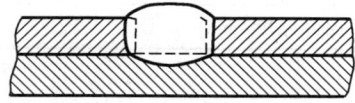

图 2 – 22 塞焊缝

(2)焊缝与焊接接头形式的关系

焊缝的形式取决于接头的形式,接头的形式决定了焊缝形式,见图 2 – 23。

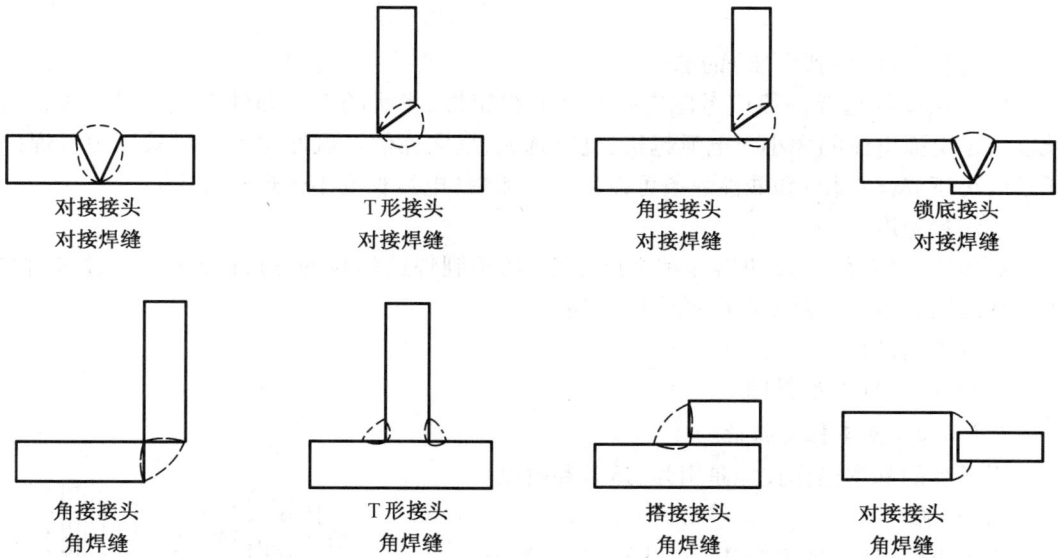

| 对接接头 | T形接头 | 角接接头 | 锁底接头 |
| 对接焊缝 | 对接焊缝 | 对接焊缝 | 对接焊缝 |

| 角接接头 | T形接头 | 搭接接头 | 对接接头 |
| 角焊缝 | 角焊缝 | 角焊缝 | 角焊缝 |

图 2 – 23 焊缝与焊接接头形式的关系

2.3.2　焊条电弧焊对接焊焊接技术

2.3.2.1　焊接工艺参数的选择

手工焊条电弧焊的焊接工艺参数包括焊条直径,焊接电流,电弧电压和焊接速度等。焊接工艺参数的选择是依据结构的性质、板厚、接头、坡口形式、焊接位置以及焊接操作技术熟练程度和习惯的不同而定。

①焊条直径的选择

主要取决于焊件厚度、接头形式、位置、焊缝层数等,见表2-5。

表2-5　焊条直径的选择

焊条直径/mm	2	3.2	3.2~4	4~5	4~6
焊件厚度/mm	2	3	4~5	6~12	≥13

②焊接电流的选择

主要取决于焊条直径、焊件厚度、位置和接头形式等,见表2-6。

表2-6　焊接电流的选择(平焊时)

焊接电流/A	25~40	40~60	50~80	100~130	160~210	200~270	260~300
焊条直径/mm	1.6	2.0	2.5	3.2	4.0	5.0	5.8

③电弧长度(电弧电压)的选择

电弧长度的选择一般应考虑电弧燃烧的稳定性、飞溅的大小和外界气流等因素,电弧长度决定电弧电压的大小。电弧越长,电压越大,反之亦然。碱性焊条一般采用短弧焊(电弧长度小于焊丝直径)和酸性焊条可以采用长弧焊(电弧长度小于焊丝直径)。

④焊接速度

焊接速度应适中,过快熔深和宽度过小,达不到焊透的目的;过慢焊接热量过多,相当于加热时间长,焊缝容易焊穿,或焊肉过高。

⑤焊条的倾角

前倾65°~80°,参见图2-25。

2.3.2.2　基本操作技能

手弧焊的基本操作技能是引弧、运条和收尾。

(1)引弧

①垂直引弧法(或敲击法)见图2-24(a)。

②划擦引弧(或叫擦划法)见图2-24(b)。

(2)运条

运条时焊条要做三个方向的运动,见图2-25。

①焊条不断向熔池前进。图2-25剪线1所示。

②焊条沿焊缝方向移动。图2-25剪线2所示。

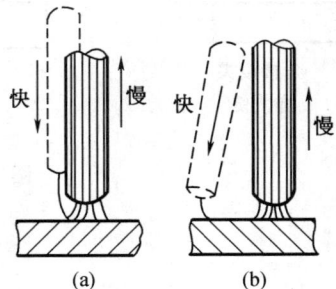

(a)　　　　(b)

图2-24　焊条引弧法

③焊条横向摆动。图 2-25 剪线 3 所示运条主要是横向摆动的形式不同,如图 2-26 所示,有直线往复运条法、锯齿形、月牙形、斜三角形、正三角形、环形和斜环形等。在运条时要分清是熔渣还是铁水,控制熔渣的形状与大小,才有可能焊出好的焊缝。

（3）焊缝的连接与收尾

①焊缝的连接　焊缝连接方法,主要是连接处要盖过焊缝接头处或收尾处,即在焊缝头处或尾处的圆弧中心起弧连接,如图 2-27 所示,共有四种连接形式。即首尾连接法、相对连

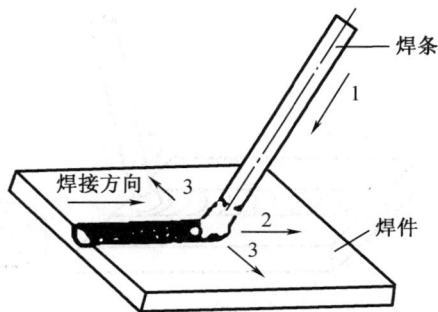

图 2-25　运条时的三个运动

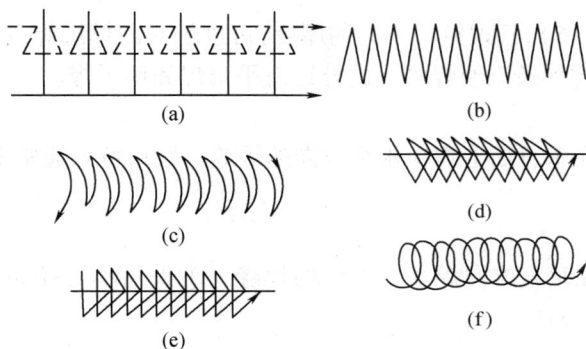

图 2-26　焊条的运条
（a）直线往复运条法；（b）锯齿形运条法；（c）月牙形运条法
（d）斜三角形运条法；（e）正三角形运条法；（f）圆圈形运条法

接法、尾首连接法、相背连接法。

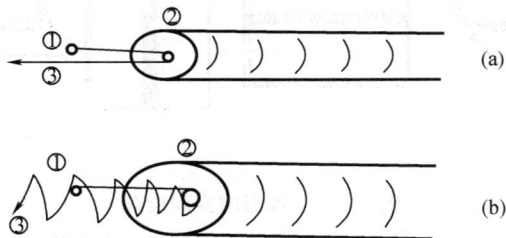

图 2-27　焊缝连接示意图

②焊缝的收尾　为避免弧坑,一般收尾有三种方法,见图 2-28。

2.3.2.3　各种位置对接焊缝的焊接

焊缝的空间位置:平焊缝、立焊缝、横焊缝、仰焊缝,如图 2-29 所示。

（1）平焊

见图 2-29(a),平焊可使用较粗焊条和较大焊接电流以提高生产率,但对薄板装配间隙要严,电流适当小些以防板材烧穿。对中厚板应开坡口,要求焊透的焊缝,焊件反面应用

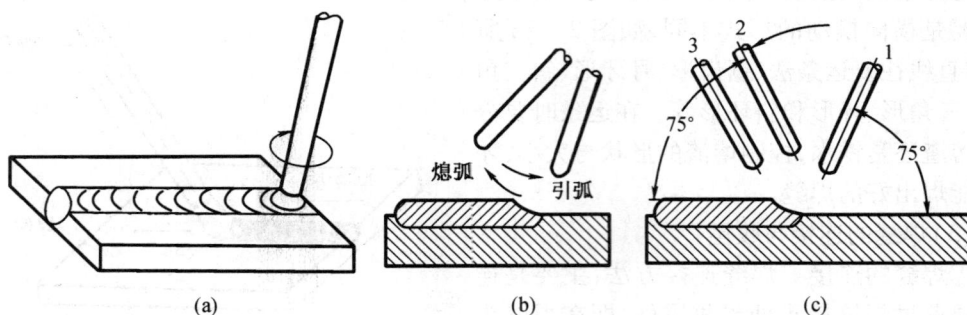

图 2 - 28　焊缝的收尾
(a)画圈收尾法;(b)反复填补法,即反复断弧收尾法;(c)后移收尾法,即回焊收尾法

碳弧气刨法清除(即开槽),根据钢板不同的厚度,可进行双面单层焊或双面多层焊,一般第一层打底焊要用较细的焊条以便焊透。此外还有平角焊和船形焊。

(2)横焊

见图 2 - 29(b),在垂直面上焊接水平方向的焊缝。坡口特点通常下面的段不开坡口或开小角度坡口。

(3)立焊

见图 2 - 29(c),在垂直方向焊垂直方向的焊缝。①采用小直径的焊条;②采用短弧焊接;③采用合适的操作方法。

(4)仰焊

见图 2 - 29(d),焊条位于焊件下方焊件仰放焊接。仰焊用细的焊条、较小的电流和较短的电弧长度。

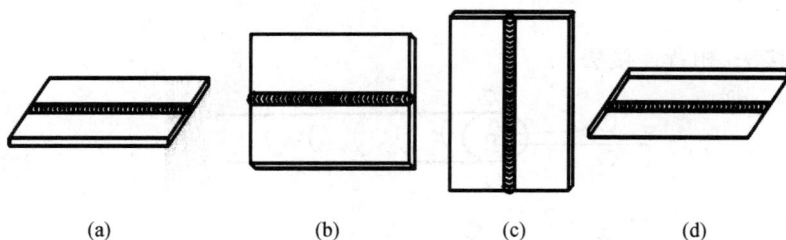

图 2 - 29　焊缝的空间位置
(a)平焊缝;(b)横焊缝;(c)立焊缝;(d)仰焊缝

2.3.2.4　特殊焊缝的焊接技术

(1)定位焊缝的焊接

定位焊缝所用焊条要与正式焊缝所用焊条一样。

焊缝长度和间距随板厚而改变。焊缝长度:薄板 10 ~ 20 mm,中厚板 30 ~ 70 mm。间距:薄板 30 ~ 80 mm,中厚板 50 ~ 200 mm。

定位焊的高度不能高于正常焊的一半。但熔深一般较大,所以要求采用较大的焊接电流。随着板厚的增大,定位焊缝的长度也应增加,否则会因冷却过快,造成夹渣、气孔和裂纹,而且上述缺陷有可能在正式焊接的焊缝中存在焊缝中存在或有所发展,因此,定位焊时,热裂纹易先产生。在几条焊缝交叉的地方不应布置定位焊,见图 2 - 30,而应离 50 mm 以上或≥10δ。

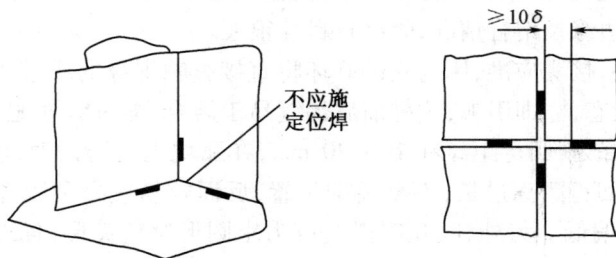

图 2 - 30　交叉的焊缝的定位焊

(2)长缝的焊接

在长缝焊接时,如果焊接方法不当,往往引起较大的焊接变形。有五种焊接方法:即直通焊、对称焊、分段焊、对称分段焊和分段跳焊,每段长度为 200 ~ 400 mm,如图 2 - 31 所示。

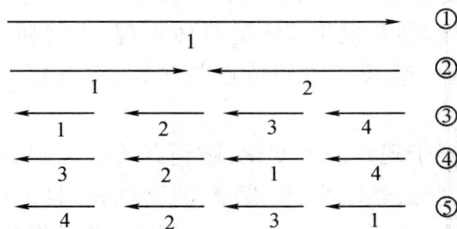

图 2 - 31　长焊缝的焊接

①—直通焊;②—对称焊;③—分段焊;④—对称分段焊;⑤—分段跳焊

(3)单面焊双面成形

单面焊双面成形操作技术是采用普通焊条,以特殊的操作方法,在坡口的正面进行焊接,焊后保证坡口正反两面都能得到双面成形焊缝的一种操作方法。这种焊接技术在钢结构的特殊或关键部位才用,如:在桥梁、船舶等仰焊部位,压力管道或锅炉压力容器等关键钢结构焊接中得到应用,该技术操作方法主要有断弧焊法和连弧焊法。简要介绍如下。

①基本功的练习

a. 引弧应在焊缝中,要做到一"引"便"着",一"落"便"准"。由于电缆及焊钳对手腕存在一个重力矩,焊工手持焊钳不易稳定,因此引弧时焊工要蹲稳,手臂要用力持钳,手腕微微用力做点画动作。另外,焊工心情要放松,紧张则僵硬,僵硬则动作机械而抖动大,极易产生"粘住"和"拉熄"现象。练习时,从摩擦法开始,逐渐缩短摩擦距离及焊条头与工作面的距离。轻落轻起,克服惯性,快慢适中,使焊钳运动轨迹逐渐达到近似垂直的效果。

b. 要懂得焊条在空间三个方面均有运动,向熔池方向递进要与熔化速度相一致,以保持弧长不变。快了弧长缩短,甚至"粘住";慢了弧长拉长,增加飞溅,降低保护作用,影响熔滴过渡。横向运动的目的在于搅拌熔池,以增加熔宽,应中间快两端慢。它与向前运动紧密相连,变化很多,应视熔池的形状及熔敷金属量来决定。只有三个方向上的运动有机的结合,才能确保焊缝的一定高度和宽度,确保高质量的焊缝质量。

c. 分清熔渣和铁液,是提高操作技能的一个关键。一般铁液超前,熔渣滞后,电弧下的铁液温度高,油光发亮处于下层。而熔渣温度低,较暗,在铁液上游动。分不清熔渣和铁液,就不能看清焊缝边缘及熔合情况,焊接盲目性很大。

d. 更换焊条要快,接头应准,因为它的好坏将直接影响焊缝的质量。快,即在前道焊缝收尾处尚处于红热状态,立即引弧,这样前后焊缝易于熔合,能有效地避免气孔和夹渣等缺陷。准,即接头恰到好处,回行距离在 10 ~ 20 mm,在弧坑上运行的时间稍快(也就是说熔敷金属的量较少)。回行距离过长,不易摸准位置,反而容易重叠和脱离,运弧时间掌握不好,接头就会偏高或偏低。另外,收弧时弧坑应力求圆形避免尖形,且焊肉适中,不能太深或太浅,这样才便于接头。

e. 准确的调节电流,尤其是立、横、仰位置焊接,对于获得良好的焊接内在质量和美观的焊缝成形是至关重要的。调电流要一听、二看、三比较,即听电弧声音,看电弧燃烧状况,比较熔池形状及焊缝成形情况。

f. 要克服重力对焊缝成形的不利影响。焊接时,熔融的铁液和熔渣始终受重力作用,且这个作用总是垂直向下的,但不一定都是通过焊缝中心的。为此,要通过采用调整焊条的角度,改变熔池的形状及电弧在熔池上部压低和稍作停留等方法来克服重力的不利影响。

g. 掌握多种运条方法。运条是操作技术的具体表现,焊缝质量好坏和外形的优劣主要由运条方法来决定,懂得各种运条方法的特点与区别,多掌握几种,才能得心应手,运用自如。

h. 要有热量的概念,要善于观察温度变化,做到有效地控制熔池的形状及其相对位置。温度对焊接的影响很大,温度低,熔池小、铁液暗,流动性差,且易产生夹渣和虚焊;温度高,则熔池大、铁液亮,流动性好,易于熔合;但过高易下淌,成形难控制,且接头塑性下降。温度与电流大小及运条方式(如圆圈形的运条温度高于月牙形,月牙形运条温度又高于锯齿形运条)、电焊条夹角大小及停留电弧时间长短等均有密切关系。

i. 收弧要求焊缝饱满,无裂纹、气孔及夹渣等缺陷。弧坑深,焊肉薄,应力集中,极易产生裂纹。采用反复断弧"收尾法"(又叫点弧法),可克服收尾温度高,难以填满的困难,但易产生气孔,尤其是碱性焊条更甚。因此使用酸性焊条时,可用"画圈收尾法"和"点弧法";而使用碱性焊条时,可用"画圈收尾法"和"回焊收尾法",回焊的距离视结尾处温度高低而定,一般以 2 ~ 3 m 为宜。

②断弧焊法的技巧

断弧焊法是通过控制电弧的不断燃烧和灭弧的时间以及运条动作来控制熔池形状、熔池温度以及熔池中液态金属厚度的一种单面焊双面成形技术。断弧焊法的背面成形机理主要是靠电弧的穿透力和熔池的表面张力及电磁收缩力。当电弧穿透坡口间隙后熔化坡口两侧和前一个熔池,从而形成一个新的熔池,通过熄弧和熔池的表面张力来控制熔池温度、形状和位置。由于这种方法使熔池前方出现一个大于坡口间隙的熔孔,渣气均能有效地保证从正、背面焊缝熔池逸出。

断弧焊的操作方法有两点法和一点法两种,现简述如下。

a. 两点法的操作要点 先在距离焊件端部前方约 10 ~ 15 mm 处的坡口面上引弧,然后将电弧拉回至始焊处稍加摆动,对焊件进行 1 ~ 2 s 的预热。当坡口根部产生"汗珠"时,立即将电弧压低约 1~1.5 s 后,可听到电弧穿透坡口而发出的"噗"声,看到定位焊缝以及相接的两侧坡口面的金属开始熔化,并形成第一个熔池时,就立即抬起熄弧。当金属尚未完全凝固,熔化中心还处于半熔化状态,护目镜下呈黄亮颜色时,重新引燃电弧,并在该熔池前方接近钝边的坡口面上,以一定的焊条倾角和电弧吹力击穿焊件根部,击穿时先以短弧对焊件根部加热 1~1.5 s,然后再迅速将焊条朝焊接方向挑划。当听到焊件被焊条击穿的"噗"声时(说明已形成第一个熔孔),应快速使一定长度的弧柱带着熔滴穿过熔孔,使其与熔化金属分别形成背面与正面焊道熔池,此时要迅速抬起灭弧,动作如稍有迟缓,可能会造成根部烧穿。约 1 s 后,当上述熔池还未完全凝固,尚有比所用焊条直径稍大的黄亮光电时,快速引燃电弧并在第一个熔池右前方进行击穿焊。然后继续按上述方法施焊,便可完成两点法单面焊双面成形的焊缝。

　　b. 一点法的操作要点　一点法建立与第一个熔池的方法相同。施焊时应使电弧同时熔化焊件坡口听两侧钝边,听到"噗"声后,果断灭弧。为防止一点击穿焊接过程中产生缩孔,应使灭弧频率保持在 50~60 次/min。

　　③连弧焊法的技巧

　　连弧焊法是在焊接过程中电弧连续燃烧,不熄灭,采取较小的坡口钝边和间隙,选用较小的焊接电流,始终保持短弧连续施焊的一种单面焊双面成形技术。

　　基本操作要点:引弧后先将电弧压缩到最低程度,并在施焊处以小齿距的锯齿形运条法作横向摆动,对焊件进行加热。当坡口根部产生"出汗"现象时,尽力将焊条往根部送下做一个击穿动作,待听到"噗"的一声形成熔孔后,迅速将电弧移到任一坡口面,随后在坡口间以一定的焊条倾角做微小摆动,时间约为 2 s,使电弧将坡口根部两侧各熔化 1.5 mm 左右,然后将焊条提起 1~2 mm,以小齿距的锯齿形运条作横向摆动,使电弧边熔化熔孔前沿,边向前施焊。施焊时一定要将焊条中心对准熔池的前沿与母材交界处,使每个新熔池与前一个熔池相重叠。

　　收弧时,缓慢地把焊条向熔池后方的左侧或右侧带一下,随后将焊条提起收弧。接头时,先在距弧坑 10~15 mm 处引弧,以正常运条速度运至弧坑的 1/2 处,将焊条下压,待听到"噗"的一声后,就做 1~2 s 的微小摆动,然后将焊条前起 1~2 mm,使其在熔化前沿的同时向前运条施焊。连续焊法的施焊过程中,由于采用了较小的根部间隙与焊接参数,并在短弧条件下有规则地进行焊条摆动,因而可造成熔滴向熔池均匀过渡的良好条件,使焊道始终处于缓慢加热和冷却的状态,这样不但能获得温度均匀分布的焊缝和热影响区,而且还能得到成形整齐、表面细密的背面焊道,因此连弧焊法是一种能保证焊缝具有良好力学性能和内在质量的单面焊双面成形操作技术。

2.4　小型钢构件焊条电弧焊焊接工艺

　　【工程实例】主要通过钢结构工程中的实例——轴泵挂架,来说明小型钢结构件的焊条电弧焊工艺过程和要求,为编制相应的焊接工艺奠定基础。

2.4.1　轴泵挂架构件

　　轴泵挂架结构,见图 2-32,相应的结构要求、焊接要求和技术要求见图中标注及说明。

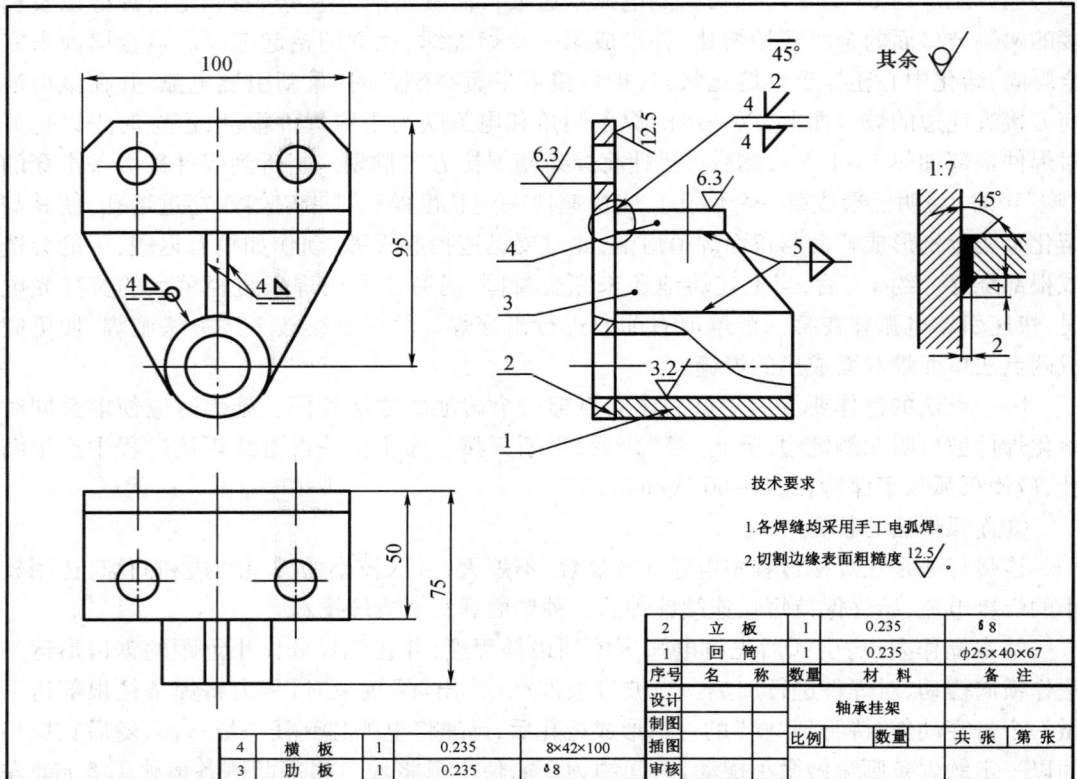

图 2 - 32　轴泵挂架加工图

2.4.2　加工工艺流程

　　轴泵挂架的加工应遵循焊接工艺规程。轴泵挂架加工工艺流程,见图 2 - 33。其中焊接工艺应遵循前述焊接工艺规程和要求。

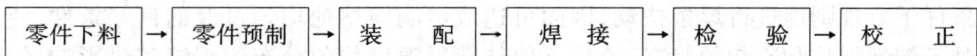

　　零件下料　→　零件预制　→　装　配　→　焊　接　→　检　验　→　校　正

图 2 - 33　小型钢结构件加工流程图

2.4.3　构件下料及坡口准备

　　(1)下料　在毛坯料上画线后,采用氧乙炔切割或机械剪切的方法。

　　(2)坡口准备及清理　如需开坡口,小型钢结构件可按图 2 - 34 的坡口类型开坡口,对无坡口的非机械加工的断面应用砂轮机打磨平整,对端面及坡口附近约 25 mm 的范围应清理油污等污物,必要时需打磨干净。如遇不同板厚的对接,应按图 2 - 35 做削斜处理。

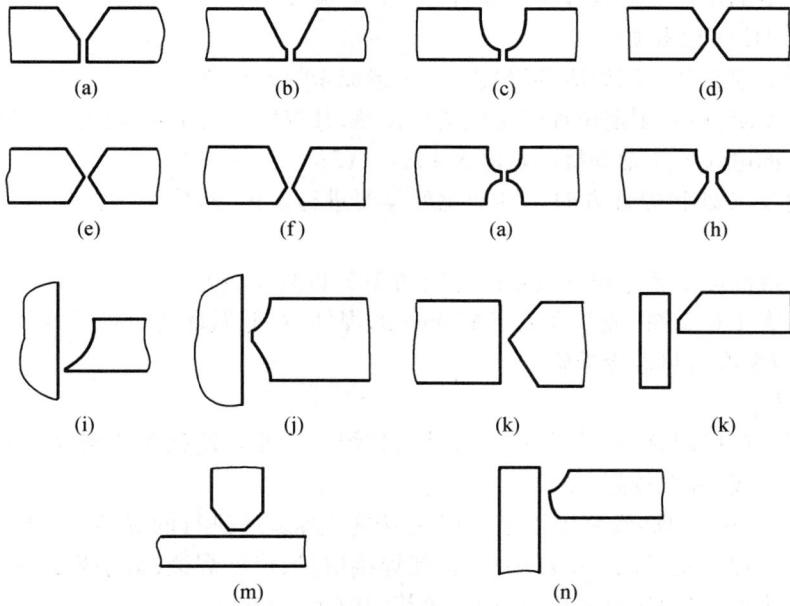

图 2－34　各种组合坡口

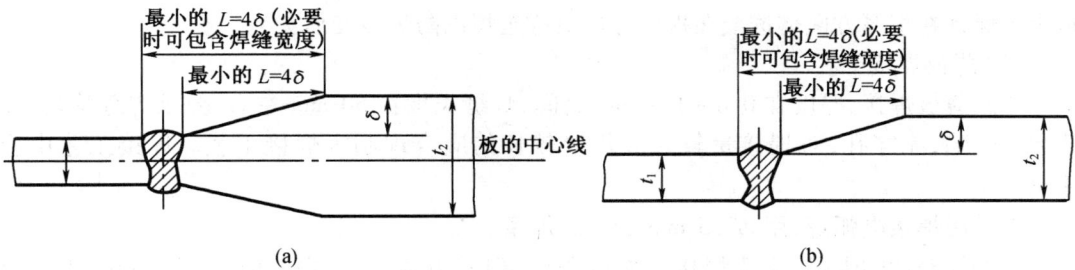

图 2－35　不同板厚对接的削斜处理

（a）对称对接；（b）单边对齐对接

2.4.4　装配焊接

（1）对接装配

钢板对接装配时需用定位焊来连接固定,定位焊是装配和固定焊件接头的位置而进行的焊接。定位焊要求如下:

①定位焊的质量要求及工艺措施应与正式焊缝相同。

②一、二类焊缝定位焊由持有效合格证书的焊工承担。

③定位焊缝应有一定的强度,但其厚度一般不应超过正式焊缝的二分之一,通常为 4～6 mm,定位焊缝的长度一般为 30～60 mm,间距以不超过 400 mm 为宜,冬季施工的低合金钢其定位焊缝的厚度可增加至 8 mm,长度为 80～100 mm。

④定位焊的引弧和熄弧应在坡口内进行。

　⑤熔入焊道的定位焊缝其焊条必须符合正式焊缝要求。

（2）定位焊接注意事项

　①定位焊的起头和结尾处应圆滑，否则，易造成未焊透现象。

　②焊接件要求预热，则定位焊时也应进行预热，其温度应与正式焊接温度相同。

　③定位焊的电流比正常焊接的电流大 10% ~ 15% 。

　④在焊缝交叉处和焊缝方向急剧变化处不要进行定位焊，确需定位焊时，宜避开该处 50 mm 左右。

　⑤定位焊缝高度不超过设计规定的焊缝的 2/3，以越小越好。

　⑥含碳量大于 0.25% 或厚度大于 16 mm 的焊件，在低温环境下定位焊后应尽快进行打底焊，否则应采取后热缓冷措施。

（2）焊接方法

　①单层焊　单层焊就是在被焊的连接件上只焊一层或一遍就能达到规定要求的焊接。单层焊因一次焊成，效率较高。

　②多层焊　多层焊熔敷两个以上焊层完成整条焊缝所进行的焊接。多层焊是在同一个位置焊多层。焊接变形比一次焊的小，保证焊接质量，保证焊透，减小焊接缺陷的产生是多层焊的最大优点，但焊接效率相对较低，尤其的中途清渣困难。

　实际过程中，多采用多层多道焊，即第一、二层往往是单道焊，三、四层可能平行两到三道焊缝，以此类推。

　③双面焊接　双面焊接就是在第一个面焊完后，将工件翻转到背面再焊另一面。往往是为了保证在板厚方向熔透或在板厚方向对称施焊以防焊接变形。

（3）薄板焊接

　金属薄板焊接，厚度在 0.8 ~ 1.2 mm 之间，焊缝长度在 50 mm 左右，要求焊缝均匀，无凸起或凹陷，无穿孔，对焊接量较大或焊缝较长的应合理制定焊接工艺。焊接工艺中应注意：

　①采用焊条电弧焊，用 $\phi2.5$ mm 的 422 焊条。

　②选择合适的焊机，交流焊接虽然应用广，但其电流不易调得太低，否则起弧不太容易，一不小心就会烧穿。选用直流电焊机比较好。

　③焊口的宽度即间隙不宜太大，太大易击穿（1.5 ~ 2 mm）为宜。如果太大可以采用加入焊剂（类似气焊）。

　④焊接时，熔池的色度不要太深，连续焊、点焊都可以清楚地看到焊件的被焊部位、焊条的铁水流动的位置。

　⑤焊接姿势要平稳，关键是手要稳，焊条在焊口上运行时不要停留，更不要在焊口的边缘处（薄板的边缘处停留），应一带而过即可。

　⑥焊接薄件不要图快，不能急于求成，但也不能太慢，速度应适中。

　关于薄板的更多焊接技术见项目三。

（4）厚板焊接

　在钢结构加工过程中，会涉及到板厚大于 40 mm 板材的焊接，由于大于 40 mm 的板材焊接难度较大，焊接成形后检验也较难，需制定厚板焊接作业指导书，以保证焊接质量，并控制其焊接所带来的变形。

　下列工艺适应于钢结构焊接连接中板厚大于 40 mm 板材的焊接。

①作业前的准备

a. 人员的准备　明确现场管理人员与操作者对焊接施工各工序的责任人,明确工作内容及责任范围,焊接作业前要对焊接人员进行培训,必须持证上岗,并对焊接作业人员采取必要的安全保护措施,各相关部门作业前对质量、安全、环保方面进行技术交底。

b. 材料的准备　所有钢材进厂前必须附有出厂质量说明书和检验报告单,分批抽取试件进行相关试验,以确定是否合格,严禁不经检验就进厂进行加工作业,对焊接过程中所使用的各种焊条、焊剂要严格按照要求进行使用。

c. 机具的准备　进行焊接作业前对各种焊机工作性能进行检查,防止存在安全隐患,尽量采用低噪声、低污染的焊接器具,且专门的焊机要由专人负责管理及使用。

②厚板操作工艺

钢结构焊接件板厚一般≤40 mm,但是有些工程中也有时会出现板厚大于40 mm的情况,根据具体的工程情况需制定合理的焊接参数,既满足焊接质量又能最大限度地控制焊接变形。

a. 焊接要求　所有厚板对接要求全熔透,即国内 I 级焊缝质量;应极大限度地控制焊接变形,厚钢板一旦变形,矫形将非常困难。

b. 焊接方法　厚板焊接采用埋弧自动焊焊机进行,辅助采用手工电弧焊机、碳弧气刨和角向磨光机等工具。

c. 焊接特点　板厚 $\delta \geqslant 40$ mm 板要求开双面 X 形破口,随钢板厚度的增加,坡口角度增大(如板厚70 mm、80 mm 钢板坡口开到了70°);厚板焊接前必须预热100 ~ 120 ℃;厚板需采用多层多道焊接,应严格控制层间温度,防止钢板收缩过大,导致变形量增大;焊接前坡口用角磨机打磨干净;为防止第一遍焊接击穿,采用 $\phi 3.2$ 焊条手工打底。

(5)对接立焊

V 形坡口对接立焊单面焊双面成形,见图 2 –36,掌握 V 形坡口对接立焊单面焊双面成形,技术要求:(1)立位单面焊双面成形;(2)对接间隙 $b = 3.2 ~ 4.0$ mm;坡口角度 $\alpha = 60°$,钝边 $p = 0.5 ~ 1$ mm;(3)焊接变形3°。

①焊前准备

a. 试件材料:20 g 或 16 MnR。

b. 试件尺寸:300 mm × 200 mm × 12 mm,60°V 形坡口。

c. 焊接要求:单面焊双面成型或双面焊。

d. 焊接材料:E4315(结 427)或 E5015(结 507)。

焊条烘焙 350 ~ 4 000 ℃,并恒温 2 h,随用焊取。

e. 焊机:ZX5—400 型或 ZX7—400 型,如图 2 –37 所示。

②试件装配

a. 修磨钝边 0.5 ~ 1 mm,无毛刺。

b. 试件焊前应清理干净。

c. 装配始端间隙为 3.2 mm,终端为 4.0 mm,错边量≤1.2 mm。

e. 定位焊采用与正式焊接相同的焊条,在试件反面距两端 20 mm 之内进行,焊缝长度为 10 ~ 50 mm,并将试件固定在焊接支架上。

f. 预置反变形量为 3° ~ 4°。

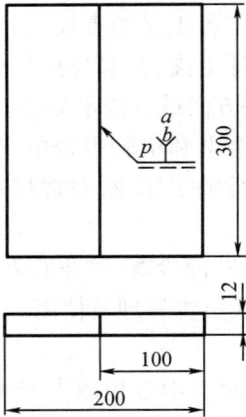

图2-36　V形坡口对接立焊焊件图　　　　图2-37　ZX5—400焊机

③焊接工艺参数

V形坡口对接立焊接工艺参数选择见表2-7。

表2-7　V形坡口对接立焊接工艺参数选择

焊接层次	焊条直径/mm	焊接电流/A	焊接电弧/V
打底层(1)	3.2	90~110	22~24
填充层(2,3)	4.0	100~120	22~26
盖面层(4)	4.0	100~110	22~24

④操作要点及注意事项

采用单面焊双面成型时,可立向上焊接,始端在下方。

a.打底焊　打底层焊接,可采用挑弧法或灭弧法,现介绍挑弧法。

i.在定位焊缝上引弧,当焊条移至定位焊缝尾部时,应稍加预热,将焊条向根部顶一下,听到"噗噗"击穿声(表明坡口根部已被熔透,第一个熔池已形成),此时熔池前方应有熔孔,该熔孔向坡口两侧各深入0.5~1 mm。

ii.采用月牙形或锯齿形横向运条方法,短弧操作(弧长小于焊条直径)。

iii.焊条的下倾角为70°~75°。并坡口两侧稍作停留,以利于填充金属与母材熔合良好,其交界处不易形成夹角并便于清渣。

iv.操作要领归纳为"一看、二听、三准"。一看:观察熔池形状和熔孔大小,并基本保持一致。当熔孔过大时,应减小焊条与试板的下倾角,让电弧多压向熔池,少在坡口上停留。当熔孔过小时,应压低电弧,增大焊条与试板的下倾角度。二听:注意听电弧击穿坡口根部发出的"噗噗"声,如没有这种声音则表示没焊透。一般保持焊条端部离坡口根部1.5~2 mm为宜。三准:施焊时熔孔的端点位置要把握准确,焊条的中心要对准熔池前与母材的交界处,使后一个熔池与前一个熔池搭接2/3左右,保持电弧的1/3部分在试件背面燃烧,以加热和击穿坡口根部。

v. 打底焊道需要更换焊条而停弧时,先在熔池上方做一个熔孔,然后回焊 $10 \sim 50$ mm 再熄弧,并使其形成斜坡形。

vi. 接头可分热接和冷接两种方法。

热接法:当弧坑还处在红热状态时,在弧坑下方 $10 \sim 15$ mm 处的斜坡上引弧,并焊至收弧处,使弧坑根部温度逐步升高,然后将焊条沿预先做好的熔孔向坡口根部顶一下,使焊条与试件的下倾角增大到 90°左右,听到"噗噗"声后,稍作停顿,恢复正常焊接。停顿时间一定要适当,若过长,易使背面产生焊瘤;若过短,则不易接上头。另外焊条更换的动作越快越好,落点要准。

冷接法:当弧坑已经冷却,用砂轮或扁铲在已焊的焊道收弧处打磨一个 $10 \sim 15$ mm 的斜坡,在斜坡上引弧并预热,使弧坑的根部温度逐步升高,当至斜坡最低处时,将焊条沿预先做好的熔孔向坡口根部顶端,听到"噗噗"声后,稍作停顿,并提起焊条进行正常焊接。

b. 填充层焊接

i. 对打底焊缝仔细清渣,应特别注意死角处的焊渣清理。

ii. 在距离焊缝始端 10 mm 左右处引弧后,将电弧拉回到始端施焊。每次都应按此法操作,以防止产生缺陷。

iii. 采用横向锯齿形或月牙形运条法摆动。焊条摆动到两侧坡口处要稍作停顿,以利于熔合及排渣,并防止焊缝两边产生死角,见图 2 – 38。

iv. 焊条与试件的下倾角为 70°～80°。

v. 最后一层填充层的厚度,应使其比母材表面低 $1 \sim 1.0$ mm,且应呈凹形,不得熔化坡口棱边,以利于盖面层保持平直。

c. 盖面层焊接

i. 引弧及盖面引弧同填充焊。盖面时采用月牙形或锯齿形运条,焊条与试件的下倾角为 70°～75°。

ii. 焊条摆动到坡口边缘 a,b 两点时,要压低电弧并稍作停留,这样有利于熔滴过渡和防止咬边。摆动到焊道中间的过程要快些,防止熔池外形凸起产生焊瘤,见图 2 – 39。

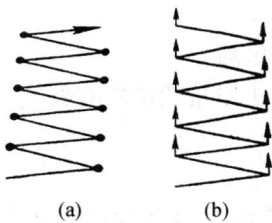

图 2 – 38 锯齿形运条法示意图
(a)两侧停顿;(b)两侧提升

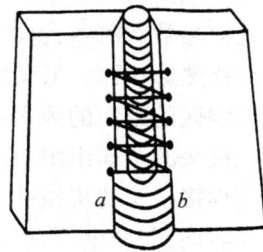

图 2 – 39 盖面焊焊接运条法
(a)两侧稍作停顿;(b)两侧稍作上、下摆动

iii. 焊条摆动频率应比平焊稍快些,前进速度要一致,使每个新熔池覆盖前一个熔池的 2/3 – 3/4 均匀,以获得薄而细腻的焊缝波纹。

iv. 更换焊条前收弧时,应对熔池填些熔滴,迅速更换焊条后,再在弧坑上方 10 mm 左右的填充层焊缝金属上引弧,并拉至原弧坑处填满弧坑后,继续施焊。

d. 操作过程应注意事项：

i. 清理试件，修磨坡口钝边，按要求间隙进行定位焊，预置反变形量。

ii. 用3.2 mm焊条打底焊，保证背面成形。

iii. 层间清理干净，用直径4.0焊条进行以后几层的填充焊，采用锯齿形或月牙形运条法，两侧稍停顿，以保证焊道平整，无尖角和无渣等缺陷。

iv. 用直径4.0 mm的焊条，采用锯齿形或月牙形运条法进行盖面层焊接，焊条摆动中间快些，两侧稍停顿，以保证盖面焊缝余高、熔宽均匀，无咬边、夹渣等缺陷。

v. 焊后清理熔渣及飞溅物，检查焊接质量，总结经验，分析问题。

e. 焊接质量要求

i. 试件的外观检查及评分标准应参照技术要求。其中焊缝余高为0~4 mm。

ii. 试件X射线探伤和弯曲试验标准见V形坡口对接平焊的有关内容和质量要求。

iii. 焊件上非焊道处不得有引弧痕迹。

【思考、讨论题】

1. 什么是小型钢结构，大型钢结构中有小型钢结构吗，为什么？

2. 你对焊接电弧有何认识，电弧的本质是什么？

3. 说明焊接电弧的产生过程及燃烧特点。

4. 焊接电弧的构造如何？

5. 什么是焊接电弧的静特性，它包括哪几段，各段的应用特点旧什么？

6. 什么是磁偏吹，是什么原因导致磁偏吹，如何防止磁偏吹？

7. 你对焊条熔化有何认识？

8. 什么是焊接熔池的有效功率？

9. 说明焊条金属的熔化和过渡特点。

10. 什么是熔滴过渡的作用力，它有哪几种？

11. 熔滴过渡的形式有哪几种？

12. 焊缝金属结晶的特征有哪些？如何提高焊缝金属质量？

13. 焊缝的几何参数有哪些，这些参数起什么作用？

14. 什么是焊接热影响区？低碳结构钢有哪几个特征区域？

15. 影响热影响区的组织的因素有哪些？提高焊接接头质量的措施有哪些？

16. 说明焊接接头的金属组织与性能。

17. 如何提高焊接接头的机械性能？

18. 解释下列名词：空载电压，引弧，电弧电压，电弧稳定性，短路电流，熔化系数，损失系数，飞溅率，热影响区。

19. 你对焊接材料有何认识？

20. 焊条作用是什么？

21. 焊条是如何分类的？

22. 常用的焊条有哪些牌号？

23. 焊接接头与焊缝形式有何关系？

24. 小型钢构件焊接接头和焊缝形式各有哪些？

25. 如何选择对焊接工艺参数？

26. 说明焊条电弧焊的基本操作技能要点。

27. 说明手工焊条电弧焊平焊单面焊双面成形的焊接技能要点。

28. 多种位置的焊接应注意什么？

29. 说明小型构件焊接方法的特点。

30. 钢板开 V 形坡口对接立焊单面焊双面成形中的打底焊、填充焊和盖面焊的操作要点有哪些？

【作业题】

1. 写出试板对接装焊的工艺要点。

2. 编写图 2-32 轴泵挂架的装焊程序。

项目 3　中薄板的 CO_2 气体保护焊

知识目标

1. 中薄板结构的焊接特点及焊接方法的应用；
2. 气体保护焊和 CO_2 气体保护焊；
3. CO_2 气体保护焊的冶金特点；
4. CO_2 气体保护焊的焊接材料；
5. CO_2 气体保护焊的设备；
6. CO_2 气体保护焊的工艺参数；
7. CO_2 气体保护焊填角焊；
8. CO_2 气体保护焊带陶瓷衬垫单面焊工艺；
9. CO_2 气体保护焊特殊工艺。

能力目标

1. 通过介绍 CO_2 气体保护焊原理，懂得相关知识与技能；
2. 选择 CO_2 气体保护焊焊接材料；
3. 通过介绍 CO_2 气体保护焊的设备，懂得设备构造与拆装技能；
4. 识别 CO_2 气体保护焊的工艺参数并判断其大小；
5. 通过介绍 CO_2 气体保护焊填角焊，懂得相关知识与技能；
6. 能操作 CO_2 气体保护焊的陶瓷衬垫单面焊工艺；
7. 熟悉 CO_2 气体保护焊特殊工艺过程。

素质目标

1. 要求学生养成求实、严谨的科学态度；
2. 培养学生热爱行业，乐于奉献的精神；
3. 培养与人沟通，通力协作的团队精神。

3.0　项目导论

在现代工业中，薄板型钢结构因其经济性良好，加工方便，造型容易等优点而得到了广泛的应用，它是质量相对较小，面积相对较大，厚度相对较薄的钢结构，作为建筑工程中的表面工程或附属构件，可以利用小型加工设备来制作和安装。如建筑物中的简易厂房、活动工棚、部分容器等，主要结构见图 3 - 1。本项目主要讨论薄型钢结构——薄板的现场焊接方法，图中的薄型钢结构也是现代钢结构工程中常见的几种，如何加工焊接薄型钢结构，以便建设成现代钢结构工程，则需要焊接工艺环节，对于中薄板的焊接采用气体保护焊是现代焊接工艺的主要手段。

(a)　　　　　　　　　　　　　　　(b)

(c)　　　　　　　　　　　　　　　(d)

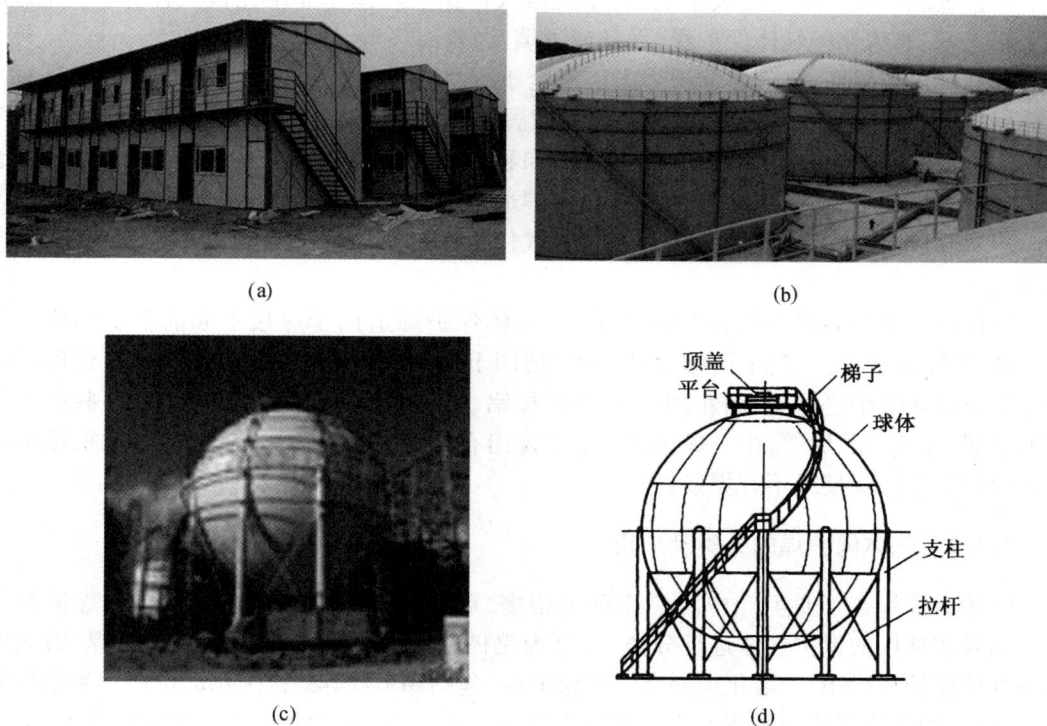

图 3 – 1　常见薄型钢结构工程
（a）活动房；（b）储油罐群；（c）球罐实景图；（d）球罐外形图

3.1　中薄板的焊接特点及气体保护焊的应用

3.1.1　中薄板结构的焊接特点

（1）中薄板的结构特点

①中薄板与民众生活设施联系比较密切，因而应用面较广，焊接量也相对较大。

②中薄板的屈强比相对较低，容易加工，容易焊接，因而易于制作各种形状复杂的构件。

③中薄板断面尺寸相对较小，结构刚性较弱，故易于产生变形，尤其是应用焊接方法加工构件，易产生焊接变形。

（2）气体保护焊的特点

①气体保护焊方法因电流密度大，热量集中，焊接热影响区小，特别适合于焊接薄板。无论是熔化极气体保护工艺还是非熔化极气体保护焊工艺，都可以成功地焊接厚度不足 1 mm 的薄板。采用气体保护焊工艺焊接中厚板有一定的限制。一般来说，当厚度超过一定限度后，其他电弧焊方法（如埋弧焊或电渣焊）的生产效率和成本比气体保护焊高。

②气体保护焊根据实际生产中应用材质的具体情况，也可焊接厚板材料。例如在铝合金焊接中，厚度 75 mm 的工件采用大电流熔化极惰性气体保护焊（MIG 焊），双面单道焊可

完成铝合金的焊接。从生产效率上看,熔化极气体保护焊高于非熔化极气体保护焊,从焊缝美观上看,非熔化极气体保护焊(填丝或不填丝)没有飞溅,焊缝成形美观。

③就焊接位置而言,气体保护焊方法适合于焊接各种位置的焊缝的焊接。特别是 CO_2 气体保护焊,由于电弧有一定吹力更适合全位置焊接。由于各种气体保护焊采用的保护气体不同,每种方法具体的适应性也不同。比如氩气比空气的密度大,因而氩弧焊更适合于水平位置的焊接。氦气比空气密度小,氦弧焊适合于空间位置焊接,特别是仰焊位置的焊接。但实际应用较少,大量的仍然是采用氩气作为保护气体进行焊接,这将在后面章节详细叙述。

④根据所采用的保护气体的种类不同,气体保护焊适用于焊接不同的金属结构。例如: CO_2 气体保护焊(工程上简称为 CO_2 焊)适用于焊接碳钢、低合金钢,而惰性气体保护焊除了可以焊接碳钢、低合金钢外,也适用于焊接铝、铜、镁等有色金属及其合金(某些熔点较低的金属,如锌、铅、锡等,由于焊接时易于蒸发出有毒的物质或污染焊缝)。因此很难采用气体保护焊进行焊接或不宜焊接。

3.1.2　气体保护焊的分类及应用

气体保护焊在工业生产中的应用种类很多,可以根据保护气体、电极、焊丝等进行分类。如果按选用的保护气体进行分类,可分为钨极氩弧焊(TIG)、 CO_2 气体保护焊、熔化极惰性气体保护焊(MIG)、熔化极混合气体保护焊(包括 MAG)等。按采用的电极类型进行分类,可分为熔化极气体保护焊和非熔化极气体保护焊。按采用的焊丝类型进行分类,可分为实芯焊丝气体保护焊和药芯焊丝气体保护焊等。各种气体保护焊方法的分类见图 3 - 2。气体保护焊是通过电极(焊丝或钨极)与母材间产生的电弧熔化焊丝(或填丝)及母材,形成熔池和焊缝金属的一种先进的焊接方法。电极、电弧和焊接熔池是靠焊枪喷嘴喷出的保护气体来保护,以防止周围大气的侵入,从而对焊接接头区域形成良好的保护效果。随着科学技术的突飞猛进和现代工业的迅速发展,各种新的金属材料和新的产品结构对焊接技术要求的提高,促进了新的、更加优越的气体保护焊方法的推广应用。

与手弧焊、埋弧焊相比,气体保护电弧焊有以下应用特点:不采用药皮焊条,容易实现自动化、半自动化焊;热量集中,热影响区小,焊接变形小;明弧焊的电弧和熔池的加热熔化情况清晰可见,便于操作和控制;焊缝表面没有渣,厚件多层焊时可节省大量的层间清渣工作,生产率高、产生夹渣等焊缝缺陷的可能性少;容易实现全位置焊接;焊接质量高;适用范围广。

3.1.3　CO_2 气体保护焊的应用范围

CO_2 气体保护焊不仅可以焊接低碳钢、低合金钢、不锈钢材料,还可以用于磨损零件和有缺陷零件的修复焊补。 CO_2 气体保护半自动焊可以用于短焊缝、曲线焊缝和空间焊缝的焊接,也适用于薄板焊件的点焊和定位焊。

目前已经在造船、汽车、拖拉机、机车车辆、石油化工、冶金和航空工业中得到了广泛的应用。 CO_2 气体保护焊主要适用范围:

(1)较薄板材工件的高速焊接;

(2)车、船、桥梁、建筑管件及其他结构件焊接;

(3)汽车、造船、桥梁、建筑及其他结构件焊接;

（4）大电流的厚板结构焊接；

（5）高强度钢的焊接，常用于建筑、桥梁结构件及压力容器焊接。

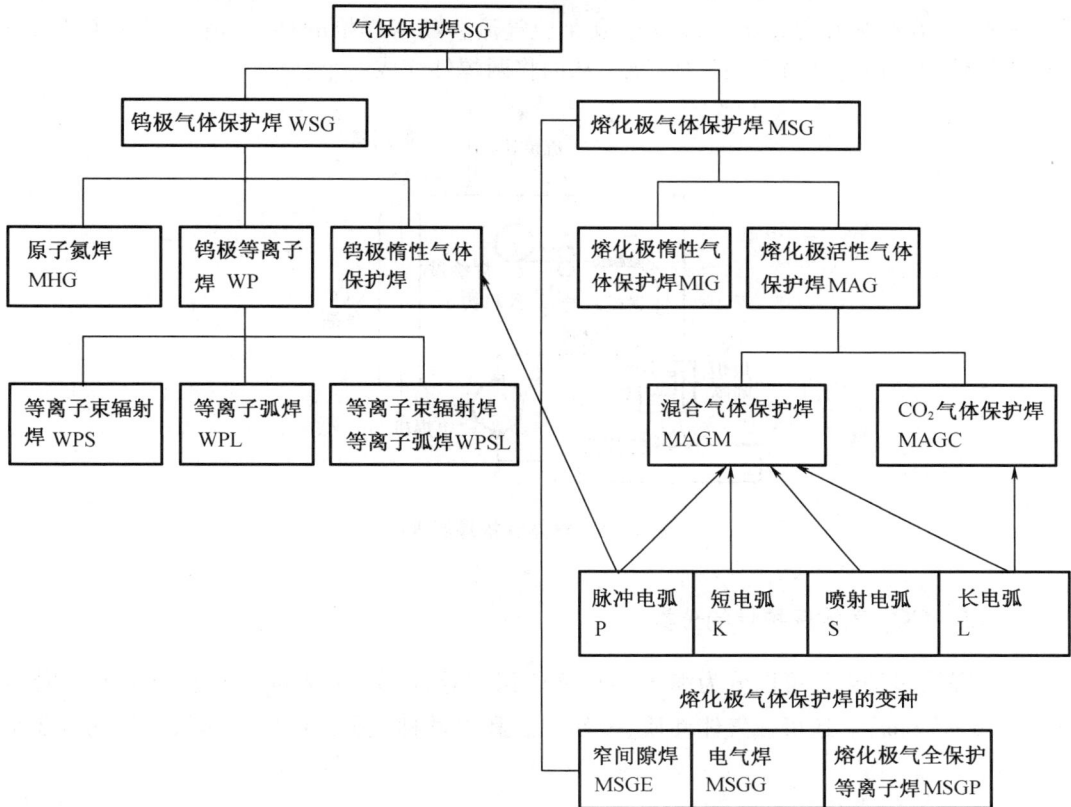

图 3 - 2　气体保护焊的分类

3.2　CO_2 气体保护焊过程、分类及特点

CO_2 气体电弧焊是在 20 世纪 50 年代初出现的一种熔化焊方法，现已被迅速推广使用，已经成为一种重要的熔化焊方法，在我国，从 1964 年开始批量生产 CO_2 焊机，自推广应用以来，在机车车辆制造、汽车制造、船舶制造及采煤机械制造等方面应用的十分普遍。CO_2 气体保护焊焊接技术是不可缺少的关键技术，要实现薄型钢结构件的焊接，首先要了解气体保护焊和 CO_2 气体保护焊的基本理论和操作方法。

CO_2 气体保护焊（也称 CO_2 焊）已逐步取代焊条电弧焊而成为一种广泛应用的焊接方法。

3.2.1　CO_2 气体保护焊的过程

CO_2 焊是用 CO_2 作为保护气体，依靠焊丝与焊件之间产生的电弧来熔化金属的一种电弧焊接法。CO_2 气体的密度比空气大，受电弧加热分解后体积增大，所以在保护电弧和焊接熔池避免空气侵入方面,效果相当良好。

CO_2 焊的基本原理如图 3 - 3 所示。直流电源的两极分别接在焊枪和焊件上。焊丝由焊丝盘经送丝机构带动通过焊枪不断地向电弧区域给送;同时,CO_2 气体以一定的压力和流量送入焊枪,在电弧和焊接熔池周围形成保护气流。随着焊枪的移动,熔化的焊丝和母材所组成的熔池金属冷却凝固而形成焊缝,从而将两焊件连成一个整体。

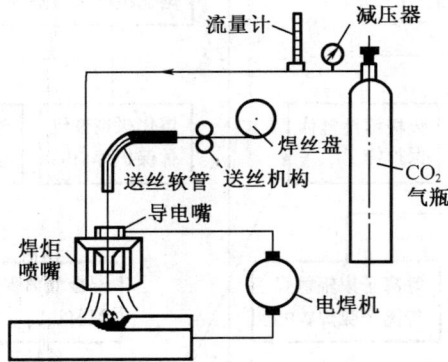

图 3 - 3   气体保护焊原理

3.2.2 CO_2 气体保护焊的分类

CO_2 焊按焊丝粗细可以分为细丝 CO_2 气体保护焊(0.5 ~ 1.2 mm)和粗丝 CO_2 气体保护焊(1.6 ~ 5 mm)。还可按气体性质、操作方法和焊丝种类分。CO_2 气体保护焊的分类见图 3 - 4。

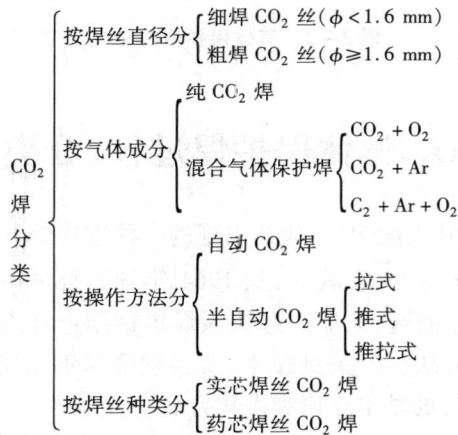

图 3 - 4 CO_2 焊的分类

3.2.3　CO_2 气体保护焊的优缺点

（1）CO_2 焊的主要优点

①焊接成本低　CO_2 气体是酒精厂的副产品，来源广，价格低，而且消耗的焊接电能少，所以 CO_2 焊成本低，只有埋弧焊或焊条电弧焊的 40% ~ 50%。

②生产效率高　因使用细焊丝焊接，焊接电流密度高达 100 ~ 200 A/mm^2，使熔深增大，焊丝熔化率高，熔敷速度快；另外，焊后没有焊渣，特别是在进行多层焊时，节省了清渣时间。所以此种方法的生产效率通常比焊条电弧焊高 2 ~ 4 倍。

③抗锈能力强　CO_2 焊中，熔池具有剧烈的沸腾现象，有利于气体逸出；同时采用了高锰高硅型焊丝，使焊缝金属的还原作用大为增加，对铁锈敏感性大为降低。因此，焊缝中不易产生气孔，而且含氢量也很少，其强度和抗裂性能好。

④焊接变形小　由于电弧热量集中，加热面积小，焊速快，同时 CO_2 气流具有较大的冷却作用，因此焊接热影响区和焊件变形较小，特别适于焊接薄板。

⑤操作性能好　由于是明弧焊，可以看清电弧和熔池情况，能随时发现问题而加以调整，有利于实现机械化和自动化。

⑥适用范围广　CO_2 半自动焊具有手弧焊的灵活性，可实现全位置的焊接，并且对于薄板、中板甚至厚板（采用多层焊）都能焊接。

（2）CO_2 焊的不足之处

①金属飞溅较多，焊缝表面成形差，这是主要缺点。

②很难用交流电焊接，焊接辅助设备较多。

③不能在有风的位置施焊，否则容易出现气孔。

④不能焊接易氧化的金属材料。

CO_2 焊是一种高效率、低成本的节能焊接方法，不仅可用于焊接低碳钢、低合金钢，在对焊缝性能要求不高的情况下还可焊接耐热钢、不锈钢。此外，CO_2 焊还可用于耐磨零件的堆焊、铸钢件的补焊以及异种金属材料的焊接。同时，CO_2 半自动焊可用于短焊缝、曲线焊缝和空间位置焊缝的焊接，也适于薄板的点焊和定位焊；长直缝和环缝则宜采用 CO_2 自动焊。因此，CO_2 焊在造船工业、汽车制造、工程机械及航空航天工业中都得到广泛地应用。

3.3　CO_2 气体保护焊的冶金特点

3.3.1　CO_2 焊的熔滴过渡复杂

CO_2 焊的熔滴过渡特性（如熔滴大小、过渡速度、过渡形式）对焊接过程的稳定性、合金元素的烧损、焊缝成形、飞溅以及焊接接头的质量有很大影响。目前 CO_2 焊的熔滴过渡形式可分为短路过渡、大颗粒过渡和喷射过渡三种，见图 3 – 5。

1. 短路过渡

细丝 CO_2 气体保护焊（直径小于 1.6 mm）焊接过程中，因焊丝端部熔滴非常大，与熔池接触发生短路，从而使熔滴过渡到熔池形成焊缝。短路过渡是一个燃弧、短路（熄弧）、燃弧的连续循环过程，焊接热源主要由电弧热和电阻热两部分组成。短路过渡的频率由焊接电流、焊接电压控制，其特征是小电流、低电压、焊缝熔深大，焊接过程中飞溅较大。短路过渡

主要用于细丝 CO_2 气体保护焊,薄板、中厚板的全位置焊接。

2. 颗粒状过渡

粗丝 CO_2 气体保护焊(直径大于 1.6 mm)焊接过程中,焊丝端部熔滴较小,过渡到熔池不发生短路现象,电弧连续燃烧,焊接热源主要是电弧热。其特征是大电流、高电压、焊接速度快。颗粒状过渡,主要用于粗 CO_2 气体保护焊,中厚板的水平位置焊接。

3. 射流过渡

当粗丝 CO_2 气体保护焊或采用混合气体保护细丝焊,焊接电流大到超过临界电流值,焊接时,焊丝端部呈针状,在电磁收缩力、电弧吹力等作用下,熔滴呈雾状喷入熔池,焊接过程中飞溅很小,焊缝熔深大,成形美观。射流过渡主要用于中厚板,带衬板或带衬垫的水平位置焊接。

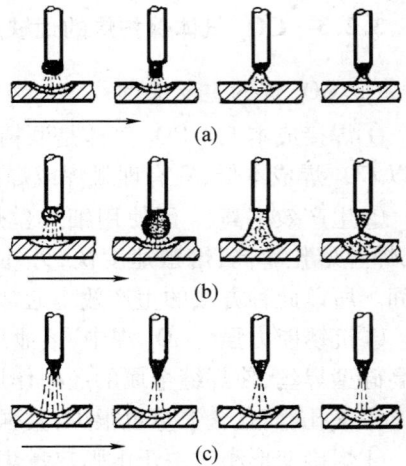

图 3 - 5   熔滴过渡形式示意图
(a)短路过渡;(b)大颗粒状过渡;(c)喷射过渡

由以上三种过渡形式来看,影响过渡的主要因素除焊丝直径、保护气体成分以外,主要是焊接电流和电弧电压两个参数。所以,在实际工作中,主要是通过调节焊接电流、电弧电压来控制熔滴的过渡形式。

3.3.2 CO_2 焊的冶金缺陷多

3.3.2.1   合金元素烧损

焊接过程中在电弧高温作用下,CO_2 能进行分解,以致使电弧气氛具有强烈的氧化性,从而使金属元素氧化烧损,降低焊缝的机械性能。

$$Fe + O \Longrightarrow FeO \quad Si + 2O \Longrightarrow SiO_2 \quad Mn + O \Longrightarrow MnO$$

目前是通过在焊丝中加一定的硅、锰等脱氧元素来解决这一问题的。

3.3.2.2   气孔问题

在焊接过程中容易产生 CO 气孔,H_2 气孔,N_2 气孔,这是导致焊接质量差的主要原因。

(1)CO 气孔的产生

$$FeO + C \Longrightarrow Fe + CO \uparrow (CO\ 从熔池逸出会产生\ CO\ 气孔)$$

(2)H_2 气孔的产生

焊件表面大量的水、油锈等容易产生 H_2 气孔。

(3)N_2 气孔的产生

CO_2 气体保护焊在有风时会产生 N_2 气孔。CO_2 气体不纯,也含有 N_2 气。

焊缝中,产生气孔的主要原因与防止措施,见表 3 - 1。

表 3 - 1　产生气孔的主要原因与防止对策

		产　生　的　原　因	防　止　措　施
保护状态	自然风	①风速≥2 m/s 时,也没有采取防风措施 ②风扇的风直接或间接地对着工作 ③风从结构件的间隙局部地吹着	①室外采取不产生间隙风的防风措施(风速 2 m/s) ②室内有风时,关闭百叶窗、门。焊接时避免使用风扇
	保护气体流量	对于施工条件,气体流量小,混入空气,相反,流量过大时,带入空气	①没有风的影响时,流量为 20～25 L/min ②施工条件下,根据气体软管改变流量
	导电嘴的飞溅沾附	没有除去导电嘴、喷嘴上黏附着过多的飞溅	①除去飞溅 ②选择最佳的焊接参数,抑制飞溅的发生 ③调整角度和导电嘴高度,减少飞溅的黏附量
母材表面状态	锈、油	①未除去坡口加工时黏附的油污 ②除去锈未净	①对坡口黏附的油进行脱脂 ②用刷子或者砂轮机除去锈脂
	氧化膜	①没有除去氧化膜 ②氧化膜厚	①用砂轮机等除去氧化膜 ②对厚氧化膜进行管理
	水分	没有除去坡口和端面上黏附的水分	①用破布等除去水分 ②用喷灯等加热烘干

3.3.2.3　飞溅问题

（1）CO_2 气体保护焊产生飞溅的主要原因

CO_2 气体保护焊时有较大的飞溅,产生飞溅一是影响表面成形,增加辅助清理时间;二是影响熔敷效率,造成焊丝金属的浪费,见图 3 - 6。

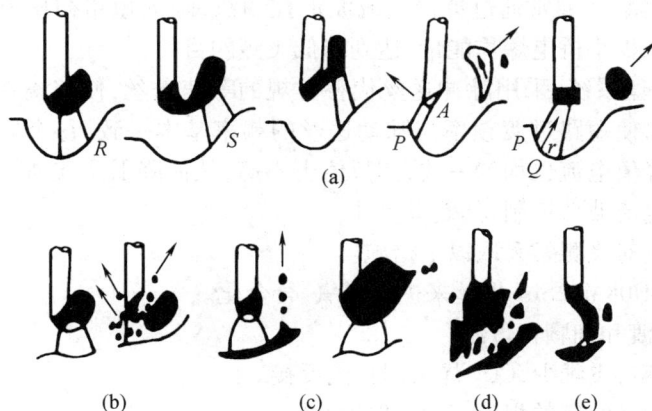

图 3 - 6　颗粒状过渡时飞溅的主要形式

(a)由极点压力引起的飞溅;(b),(c)由冶金反应而引起的飞溅;
(d),(e)由熔滴短路时引起的飞溅

CO_2 焊产生飞溅的主要原因有以下几个方面。

①由冶金反应而引起的飞溅。CO_2 气体保护焊时,冶金反应会生成 CO 气体,CO 气体在高温下要升压、膨胀,结果是使熔滴和熔池产生爆破,其中一部分破碎的金属滴飞出熔池外,造成了飞溅。

②由极点压力而产生的飞溅。焊件接正极,焊丝接负极,称为直流正接。CO_2 气体保护焊用直流正接时,由于焊丝是阴极,电弧中质量大的正离子向阴极撞击(撞击力称为极点压力),焊丝上熔滴受到过大的极点压力作用,形成粗大的熔滴,且被撞击而产生非轴向过渡,由此出现大颗粒的飞溅。直流反接(焊件接负极,焊丝接正极)焊接时,撞击焊丝的是质量很小的电子(带负电),极点压力明显减小,飞溅也少。

③由熔滴短路时引起的飞溅。短路过渡时飞溅的大小,很大程度上与熔滴短路时的短路电流增长速度有关。当短路电流增长速度过慢时,熔滴缩颈处不能很快熔化平稳过渡,而焊丝伸出部分在电阻热作用下会成段发红软化,甚至熔化爆断,结果伴随有较大的飞溅。当短路电流增长速度太快时,焊丝末端熔滴与熔池一接触,短路电流迅速增大,在接触处由于短路电流的剧烈加热和很大电磁力的作用,熔滴金属也会发生爆破而产生大量飞溅。只有短路电流增长速度适当,才能使飞溅减少。

(2)防止飞溅的措施

根据不同熔滴过渡形式下产生飞溅的不同成因,应采用降低飞溅的不同措施和方法。

①在熔滴自由过渡时,应选择合理的焊接电流与焊接电压参数,避免使用大滴排斥过渡形式;同时,应选用优质焊接材料,如选用含 C 量低、具有脱氧元素 Mn 和 Si 的焊丝 H08Mn2SiA 等,避免由于焊接材料的冶金反应导致气体析出或膨胀引起的飞溅。

②在短路过渡时,可以采用(Ar + CO_2)混合气体代替 CO_2 以减少飞溅。如加入 $\varphi(Ar) = 20\% \sim 30\%$ 的 Ar。这是由于随着含氩量的增加,电弧形态和熔滴过渡特点发生了改变。燃弧时电弧的弧根扩展,熔滴的轴向性增强。一方面使得熔滴容易与熔池会合,短路小桥出现在焊丝和熔池之间。另一方面熔滴在轴向力的作用下,得到较均匀的短路过渡过程,短路峰值电流也不太高,有利于减少飞溅率。

③在纯 CO_2 气氛下,通常通过焊接电流波形控制法,降低短路初期电流以及短路小桥破断瞬间的电流,减少小桥电爆炸能量,达到降低飞溅的目的。

④通过改进送丝系统,采用脉冲送丝代替常规的等速送丝,使熔滴在脉动送进的情况下与熔池发生短路,使短路过渡频率与脉动送丝的频率基本一致,每个短路周期的电参数的重复性好,短路峰值电流也均匀一致,其数值也不高,从而降低了飞溅。如果在脉动送丝的基础上,再配合电流波形控制,其效果更佳。

⑤此外,工程上对飞溅常采取以下措施:

a. CO_2 焊常用 H08Mn2SiA 焊丝来进行脱氧,合金化。

b. 采用短路过渡和细颗粒过渡。

c. 为使电弧稳定,飞溅少,CO_2 焊采用直流反接。

d. 采用含硅、锰、钛、铝的焊丝,防止铁的氧化。

e. 采用药芯焊丝。

3.4 CO_2 气体保护焊的焊接材料

3.4.1 CO_2 气体

(1)CO_2 气体的性质

纯 CO_2 是无色、无味的气体。密度为 $1.98\ kg/m^3$，比空气重(空气为 $1.29\ kg/m^3$)，是空气的 1.5 倍。

CO_2 有三种状态:固态、液态、气态。

不加压力冷却时，CO_2 直接由气体变成固体，叫作干冰。温度升高时，干冰升华直接变成气体。因空气中的水分不可避免地会凝结在干冰上，使干冰升华时产生的 CO_2 气体中含有大量水分，所以固态 CO_2 不能用于焊接。

常温 CO_2 加压至 $5\sim7\ MPa$ 时变成液体。常温下液态 CO_2 比水轻，其沸点为 $-78\ ℃$。在 $0\ ℃$ 和 $0.1\ MPa$ 时，$1\ kg$ 的液态 CO_2 可产生 $509\ L$ 的 CO_2 气体。

(2)CO_2 纯度对焊缝质量的影响

CO_2 气体的纯度对焊缝金属的致密性和塑性有很大的影响。CO_2 气体中的主要杂质是水分和氮气。氮气一般含量较少，危害较小。水分的危害较大。随着 CO_2 气体中水分的增加，焊缝金属中的扩散氢含量也增加，焊缝金属的塑性变差，容易出现气孔，还可能产生冷裂纹。

根据 CO_2 气体保护焊工艺规程 JB/Z286—87 要求，焊接用 CO_2 气体的纯度不应低于99.5%(体积法)，其含水量不超过 0.005%(质量法)。近年来有些国家要求焊接用 CO_2 的纯度 >99.8%，露点低于 $-40\ ℃$。

(3)瓶装 CO_2 气体

工业上使用的瓶装液态 CO_2 既经济又方便。规定钢瓶主体喷成银白色，用黑漆标明"二氧化碳"字样。

容量为 $40\ L$ 的标准钢瓶，可灌入 $25\ kg$ 液态的 CO_2，约占钢瓶容积的 80%，其余 20% 的空间充满了 CO_2 气体，气瓶压力表上指示的就是这部分气体的饱和压力，它的值与环境温度有关。温度高时，饱和气压增高;温度降低时，饱和气压降低。$0\ ℃$ 时，饱和气压为 $3.63\ MPa(35.57\ kgf/cm^2)$;$20\ ℃$ 时，饱和气压为 $5.72\ MPa(56.06\ kgf/cm^2)$;$30\ ℃$ 时，饱和气压达 $7.48\ MPa(73.30\ kgf/cm^2)$;因此，应防止 CO_2 气瓶靠近热源或让烈日曝晒，以免发生爆炸事故。当气瓶内的液态 CO_2 全部挥发成气体后，气瓶内的压力才逐渐下降。

液态 CO_2 中可溶解约 0.05%(按质量)的水，多余的水沉在瓶底，这些水和液态 CO_2 一起挥发后，将混入 CO_2 气体中一起进入焊接区。溶解在液态 CO_2 中的水也可蒸发成水蒸气混入 CO_2 气中，将影响气体的纯度。水蒸气的蒸发量与气瓶中气体的压力有关，气瓶内压力越低，水蒸气含量越高。

(4)CO_2 气体的提纯

目前国内焊接使用的 CO_2 气体，主要是酿造厂、化工厂的副产品，含水分较高，纯度不稳定。为保证焊接质量，应对这种瓶装气体进行处理，以减少其中的水分和空气。

焊接现场采取以下措施，可有效地降低 CO_2 气体中水分的含量:

①更换新气时，先放气 $2\sim3\ min$，以排除装瓶时混入的空气和水分。

②将气瓶倒置 1~2 h 后,打开阀门,可排出沉积在下面的自由状态的水。根据瓶中含水量的不同,每隔 30 min 左右放一次水,需放水 2~3 次。然后将气瓶放正,开始焊接。

③使用时应在气路中安装加热器,对气体加热。

④气瓶中液态 CO_2 用完后,气体的压力将随气体的消耗而下降。

气瓶中压力降到 1 MPa 时,CO_2 中所含的水分将增加 1 倍以上,应停止使用。如果继续使用,焊缝中将产生气孔。焊接对水比较敏感的金属时。瓶中气压降至 1.5 MPa 时就不宜再用了。

3.4.2　CO_2 焊丝

气体保护焊丝采用先进的镀铜工艺,见图 3-7。焊丝表面光滑平整,铜层均匀,牢固,采用顺排技术,具有优良的焊接工艺性能,电弧稳定,飞溅较少,有良好的抗气孔能力。熔敷效率高,焊缝平整美观,送丝顺利,工效高的优点,适用于自动,半自动焊机全方位的焊接。

工程上多采用符合美标 ER70S-4,ER70S-6,ER80S-B2,ER90S-B3 等不同规格的产品。CO_2 气体保护焊焊丝牌号见表 3-2 和表 3-3,焊丝化学成分见表 3-2,熔敷金属机械性能见表 3-3,焊丝规格参考电流、电压、质量见表 3-4。

图 3-7　CO_2 气体保护焊焊丝

表 3-2　焊丝化学成份(%)

焊丝牌号	C	Mn	Si	S	P	Cr	Cu	Mo
GB ER49-1 (H08Mn2SiA)	≤0.11	1.80~2.10	0.65~0.95	≤0.03	≤0.03	≤0.20	≤0.50	≤0.30(Cr)
ER70S-4	0.07~0.15	1.0~1.5	0.65~0.85	≤0.035	≤0.025	–	≤0.50	–
ER70S-6	0.10	1.54	0.90	0.020	0.018	–	0.10	–
ER80S-B2	0.08	1.10	0.60	0.011	0.015	1.35	0.175	0.5
ER90S-B3	0.09	1.05	0.65	0.012	0.013	2.25	0.21	1.01

表 3-3　熔敷金属机械性能

牌号 JR	国标 GB	各国标准	抗拉强度 /MPa	屈服强度 /MPa	延伸率 /%	温度	冲击值 J
H08Mn2SiA	ER49—1		≥490	≥372	≥20	常温	≥47
ER50—4	ER50—4	AWS ER70S—4	≥500	≥420	≥22		
ER50—6	ER50—6	AWS ER70S-6 JIS YGW12	≥500	≥420	≥22	-29℃	≥27
ER50—7	ER50—7	AWS ER70S-7	≥500	≥420	≥22	-29℃	≥27

表 3 - 4 焊丝规格、参考电流、电压、质量

焊丝直径/mm	0.6	0.8	0.9	1.0	1.2	1.6
焊丝电流/A	25 ~ 110	40 ~ 140	50 ~ 200	70 ~ 250	80 ~ 350	170 ~ 450
焊丝电压/V	12 ~ 19	16 ~ 21	17 ~ 25	17 ~ 27	18 ~ 30	23 ~ 43
质量/kg	1/5/10	15/20	15/20	15/20	20	20

3.5 CO_2 气体保护焊的焊接设备

在现代工程生产中 CO_2 气体保护焊应用已经很普遍,其中应用最为广泛的是细实芯焊丝小规范焊接。CO_2 气体保护焊设备主要由焊接主电源、控制系统、送丝机构、供气系统和半自动焊枪组成,见图 3 - 8。此外,CO_2 气体保护自动焊还配有小车及其控制系统。CO_2 气体保护焊设备虽然较焊条电弧焊设备复杂,但实际成本并不高,且不占用场地,不影响操作,由于其优点显著,很快得到广泛的应用。在实际生产中,半自动 CO_2 焊设备使用最为普遍,其设备主要由三部分组成。即焊接电源及焊枪及送丝系统和 CO_2 气体的供给装置。自动 CO_2 焊设备仅多一套焊枪与焊件相对运动的机构,或者采用焊接小车进行自动操作。

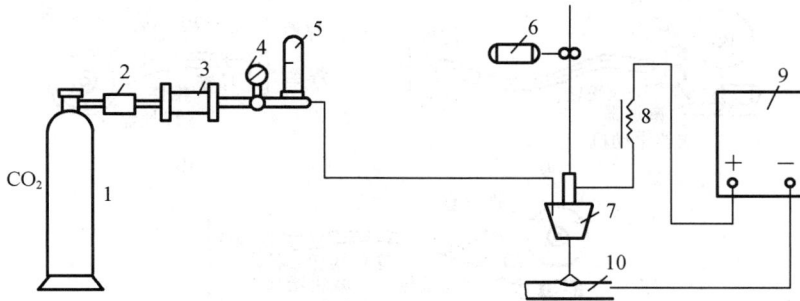

图 3 - 8 CO_2 气体保护焊设备示意图

1—钢瓶(气源);2—预热器(CO_2 气体保护焊用);3—高压干燥器(CO_2 气体保护焊用);
4—减压阀;5—气体流量计;6—送丝机;7—焊嘴;8—电感器;9—焊接电源

3.5.1 CO_2 气体保护焊焊接电源

CO_2 焊所用的设备有半自动 CO_2 焊设备和自动 CO_2 焊设备。CO_2 气体保护焊的电弧静特性曲线是上升的,所以要求焊接电源的外特性曲线应为平的或者是下降的。目前常用的是硅弧焊整流器和晶闸管弧焊整流器。图 3 - 9 所示为半自动 CO_2 焊设备示意图。

3.5.2 CO_2 气体保护送丝系统

CO_2 气体保护半自动焊的送丝系统有:拉丝式、推丝式和推 - 拉丝式三种,见图 3 - 10所示。推丝式最为普遍。

在拉丝中,焊丝盘、送丝机构都有装于焊枪上,因此焊枪结构复杂、质量大,只宜采用细

焊丝(直径 $0.5 \sim 1$ mm),操作的活动范围在十几米。在推丝式中,焊丝盘及送丝机构与焊枪分离,因此焊枪结构简单、质量轻,但焊丝的定向需通过软管来控制,故软管不能太长或扭曲,否则焊丝不能顺利送出,而所采用的焊丝直径宜在 0.8 mm 以上,以便能由软管顺利的送出。推式丝焊枪的操作范围在 $2 \sim 4$ m 以内。推 - 拉丝送丝机构具有前两种送丝机构的优点,而克服了它们的缺点,可以在离焊接电源 10 m 以外的工作场地进行焊接,但是结构复杂一些。长距离送丝机构,采用三钢球送丝机构,焊丝直径为 $0.8 \sim 1.2$ mm,最远可以送 30 m。

推丝式 CO_2 焊枪在生产中是一种最为普遍的形式,其送丝机见图 $3 - 11$(a),推丝焊枪有两种类形:一种是鹅颈式焊枪,见图 $3 - 11$(b),特点是操作比较方便、灵活,国内多数采用这种形式;另一种是手枪式焊枪有直颈式和鹅颈式两种,见图 $3 - 11$(c)和(d),它的特点是送丝阻力较小,但重心在手握部分,操作时不太灵活,应用较少。

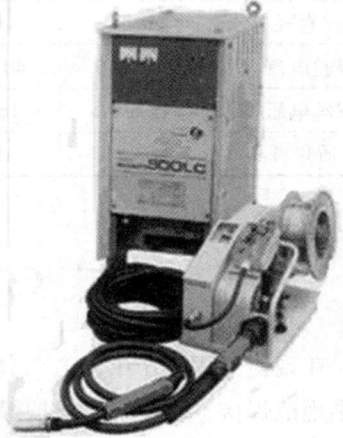

图 3 - 9   半自动 CO_2 焊设备图

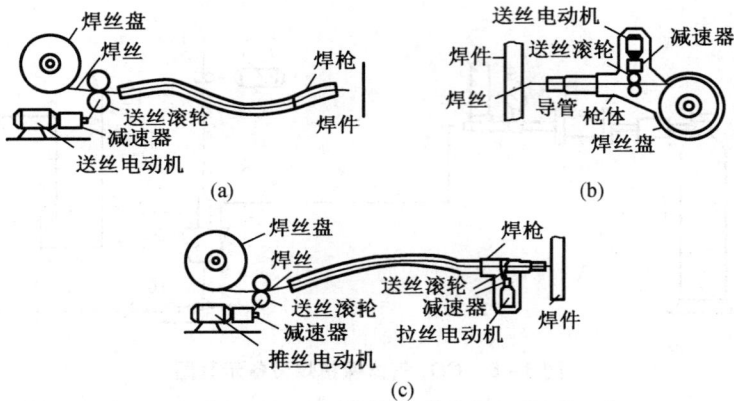

图 3 - 10   半自动 CO_2 焊的送丝方式
(a)推丝式;(b)拉丝式;(c)推 - 拉式

3.5.3 CO_2 气体保护焊的供气系统

CO_2 气体保护焊的供气系统由钢瓶、干燥器、预热器、调压器和流量计等组成。见图 $3 - 8$ 前半部分。瓶装的液态 CO_2 气化时要吸热,其中所含水分可能结冰,因此需经预热器加热。在输送到焊枪之前,应经过干燥器排除所含水分,以保证焊接质量。流量计用以控制气体流量,以保证能形成良好的气体屏蔽,避免大气的侵入。

3.5.4 CO_2 气体保护焊的主要机型

我国生产的半自动 CO_2 焊机有:NBC - 200,NBC - 300,NBC1 - 500 等型号,自动 CO_2 焊机有 NZC - 1000 等。其中 NBC—300 焊机见图 $3 - 12$(a)。

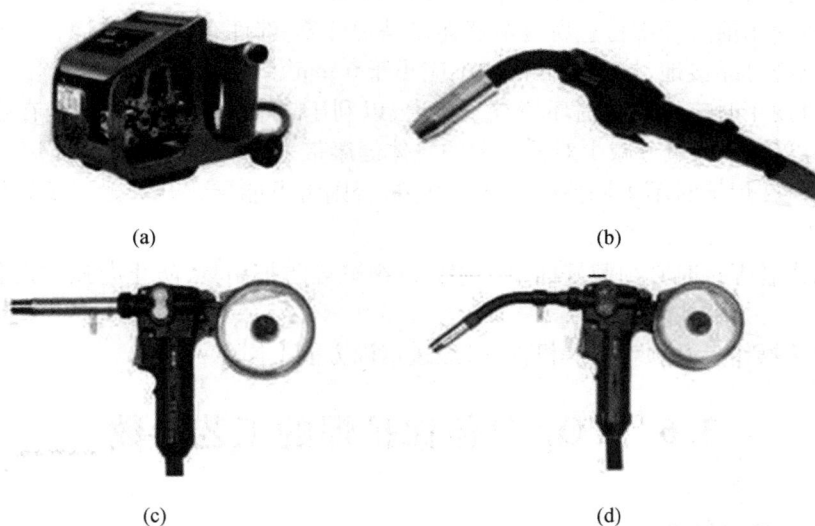

(a)　　　　　　　　　　　　　　　(b)

(c)　　　　　　　　　　　　　　　(d)

图 3 – 11　CO₂ 焊送丝机及焊枪

（a）送丝机；（b）鹅颈式焊枪；（c）带有焊丝盘的拉丝式焊枪；

（d）带有焊丝盘的拉丝鹅颈式焊枪

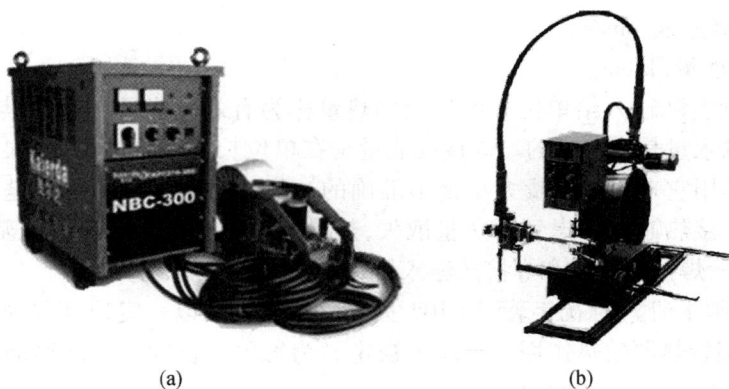

(a)　　　　　　　　　　　　　　　(b)

图 3 – 12 小车式全自动 CO₂ 气体保护焊机

（a）NBC – 300 焊机；（b）小车式全自动 CO₂ 气体保护焊机

目前小车式全自动 CO₂ 气体保护焊机见图 3 – 12（b），应用较广，使用时应注意事项如下：

（1）使用焊机前请仔细阅读本说明书。

（2）焊机应置于防止日光直射、风雨侵淋的场所。

（3）焊机储存和使用环境温度应在 – 20 ～ + 40 ℃范围内，相对温度应小于 90%。

（4）焊机使用的海拔高度不应超过 1 000 m。

（5）焊机使用环境周围应无严重影响绝缘性能和引起腐蚀的气体、蒸发及爆炸性、腐蚀性的介质存在。

（6）焊机使用的环境周围应无严重的振动和颠簸。

（7）焊机使用前应仔细检查所有电器连接是否可靠,部件有无损坏。

（8）焊机应可靠接地,接地线截面积不应小于 6 mm²。

（9）焊机使用时应保证周围环境空气流通,以利于二氧化碳气体和氩气在空气中的扩散,避免因为空气中的氧分减少对操作者的身体健康带来影响。

（10）焊机在焊接时不可调整电压选择开关,否则将可能导致开关毁损及焊机主变压器线圈烧坏。

（11）操作者焊接时必须戴好面罩、手套、绝缘鞋等防护用具,防止电弧灼伤和焊机漏电伤人。

（12）焊接操作者必须掌握焊机性能,经过培训方能上岗。

3.6 CO_2 气体保护焊的工艺参数

3.6.1 焊接线能量

熔焊时由焊接能源输入给单位长度焊缝上的热量,又称为线能量。线能量的计算公式

$$Q = IU/v \qquad (3-1)$$

式中　I——焊接电流,A;

　　　U——电弧电压,V;

　　　v——焊接速度,cm/s;

　　　Q——线能量,J/cm。

人们通常把实际输入给单位长度焊缝的热量称为有效线能量,也称为热输入,焊接线能量和焊接热输入量是有区别的。焊接线能量是在单位长度上总的能量,很多教科书和论文上用到。但是用它来说明能量大小是不准确的,因为热量要散失,也就是不可能全部被焊缝吸收。而焊接热输入考虑到了热量散失,热量的散失主要有飞溅。光辐射和热传导。不同的焊接方法,焊接线能量和焊接热输入量是不同的。

《焊接工程师手册》（陈祝年著）第 107 页:熔焊时,热源以一定速度移动。一般用热输入（线能量）来衡量热源的热作用。热输入被定义为每单位长度焊缝从移动热源输入的能量。电弧焊时,热输入的表达式为

$$E = UI\eta/v \qquad (3-2)$$

式中　E——热输入,J/cm;

　　　U——电弧电压,V;

　　　I——焊接电流,A;

　　　v——焊接速度（即电弧移动速度,cm/s）;

　　　η——热效率。

实际上,热输入是热源的总有效输入功率 W(J/s) 与热源移动速度 v(cm/s) 之比,它综合了焊接主要工艺参数对焊件热的影响。

3.6.2 焊接工艺参数

在 CO_2 焊中,为了获得稳定的焊接过程,熔滴过渡通常有两种形式,即短路过渡和细滴

过渡。这两种熔滴过渡的焊接工艺参数是不同的。

3.6.2.1 短路过渡时工艺参数的选择

短路过渡焊接时的主要特点是电压低、电流小,适合于焊接薄板及全位置焊接。焊接薄板时,生产率高,变形小,焊接操作容易掌握,对焊工的技术要求水平不高。因而短路过渡的 CO_2 焊在生产中的应用最为广泛。

短路过渡焊接主要采用细焊丝,常用焊丝直径为 $0.6 \sim 1.2$ mm,随着焊丝直径增大,飞溅颗粒和飞溅数量都相应增大。

短路过渡焊接时,主要的工艺参数有焊接电流、电弧电压、焊接速度、焊丝干伸长度、气体流量以及电源的极性等。

(1)焊接电流

焊接电流是重要的焊接参数,对焊接过程的稳定性、焊缝成形、焊接质量以及焊接生产率将产生直接的影响,焊接电流的大小主要根据焊件厚度、焊丝直径、送丝速度和焊接位置等综合选择。

通常细丝 CO_2 焊使用等速送丝式,电流的调节主要通过改变焊丝的给送速度。焊丝给送速度越快,焊接电流就越大。一般情况下,焊丝直径一定时,焊接电流的增加,使焊缝的熔深、熔宽、余高都有所增加,而以熔深增加最为明显。短路过渡焊接时,焊接电流通常在 $50 \sim 230$ A 内,如图 3-13(a)所示。

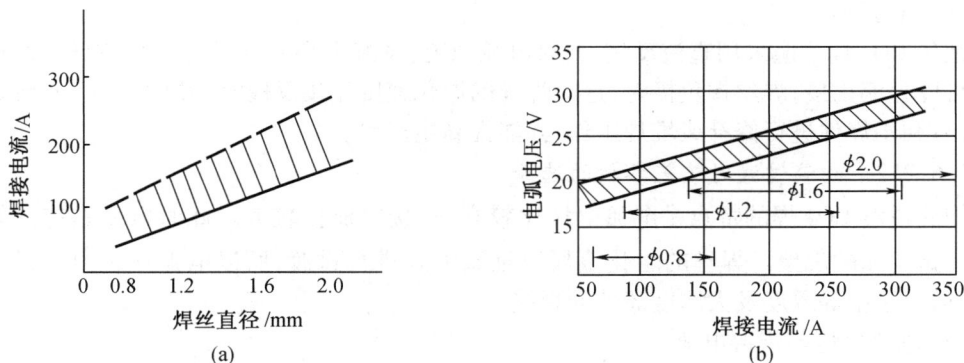

图 3-13 焊丝直径、焊接电流与电弧电压的匹配关系
(a)不同直径适用的焊接电流范围;(b)电弧电压与焊接电流的关系

(2)电弧电压

电弧电压是一个非常关键的焊接参数。短路过渡要求保持短电弧,即低电压。如果电弧电压选的过高(如大于 29 V),则无论其他参数如何选择都不能得到稳定的短路过渡过程。

通常电弧电压在 $17 \sim 24$ V 范围内,必须与一定的焊丝直径和焊接电流配合适当,且允许电压波动只在 $1 \sim 3$ V 内波动,见图 3-13(b)所示。电弧电压过高过低都影响电弧的稳定性和飞溅增加。短路过渡时不同直径焊丝选用的焊接电流与电弧电压的数值范围见表 3-5。

表 3 - 5　　不同直径焊丝选用的焊接电流与电弧电压

焊丝直径/mm	焊接电流/A	电弧电压/V	焊丝直径/mm	焊接电流/A	电弧电压/V
0.5	30 ~ 70	17 ~ 19	1.2	90 ~ 200	19 ~ 23
0.8	50 ~ 100	18 ~ 21	1.6	140 ~ 300	22 ~ 26
1.0	70 ~ 120	18 ~ 22	—	—	—

（3）焊接速度

焊接速度对焊接成形,接头性能都有影响。速度过快会引起咬边、未焊透及气孔缺陷。速度过慢则效率低、输入焊缝的热量过多、接头晶粒粗大、变形大、焊缝成形差。一般半自动焊速度为 15 ~ 40 m/h。

（4）焊丝干伸长度

干伸长度应为焊丝直径的 10 倍(5 ~ 15 mm 范围内)。干伸长度过大,焊丝会成段熔断,飞溅严重,气体保护效果差;过小,不但易造成飞溅物堵塞喷嘴,影响保护效果,还会影响焊工视线。

（5）气体流量及纯度

流量过大,会产生不规则湍流,保护效果反而变差。通常焊接电流在 200 A 以下时,气体的流量选用 10 ~ 15 L/min;焊接电流大于 200 A 时,气体流量选用 15 ~ 25 L/min。

（6）电源极性

细丝 CO_2 焊普遍采用直流反接,此时电弧稳定,飞溅也小,焊件熔深大。粗丝大电流焊时也可以直流正接,焊丝接负极时,这时焊丝的熔化速度比接反极时要快 1.5 ~ 1.6 倍,而熔深浅,有利于焊件进行修补或堆焊工作,并能提高生产率。

3.6.2.2　细滴过渡时工艺参数的选择

细滴过渡 CO_2 焊的特点是电弧电压比较高,焊接电流比较大。此时电弧是持续的,不发生短路熄弧的现象。焊丝的熔化金属以细滴形式进行过渡,所以电弧穿透力强,焊缝熔深大,适合于中等厚度及大厚度焊件的焊接。

（1）电弧电压与焊接电流

为实现滴状过渡,电弧电压必须选取在 34 ~ 45 V 的范围内。焊接电流则根据焊丝直径来选择,对于不同的焊丝直径,实现细滴过渡的焊接电流下限是不同的。表 3 - 6 列出几种常用的焊丝直径电流下限值。这里也存在焊接电流与电弧电压的匹配关系,在一定焊丝直径下,选用较大的焊接电流,就要匹配较高的电弧电压。因为随着焊接电流的增大,电弧对熔池金属的冲刷作用增加,势必恶化焊缝的成形。只有相应地提高电弧电压,才能减弱这种冲刷作用。

表 3 - 6　　细滴过渡的电流下限及电压范围

焊丝直径/mm	电流下限/A	电弧电压/V	焊丝直径/mm	电流下限/A	电弧电压/V
1.2	300		3.0	650	
1.6	400	34 ~ 45	3.0	650	34 ~ 45
2.0	500		4.0	750	

（2）焊接速度

细滴过渡 CO_2 焊的焊接速度较高。与同样直径焊丝的埋弧焊相比，焊接速度高 0.5 ~ 1 倍。常用的焊速为 40 ~ 60 m/h。

（3）保护气体流量

应选用较大的气体流量来保证焊接区的保护效果。保护气体流量通常比短路过渡的 CO_2 焊提高 1 ~ 2 倍。常用气体流量范围为 25 ~ 50 L/min。

粗丝 CO_2 气体保护焊是一种自动焊接方法，适用于中厚板在水平位置的焊接，因为 CO_2 气体保护焊的熔化系数高，电弧穿透力强，熔深大，在相同条件下，生产率较埋弧焊高，焊接成本也比较低。焊接时也可采用"潜弧"焊法。

3.6.2.3　"潜弧"焊法

大电流 CO_2 焊时，在电弧力作用下，电弧深入到熔池底部，排开液态金属形成空腔，同时电弧深入到该空腔内形成潜弧形态。在这种状态下完成的弧焊过程称为潜弧焊。见图3 – 14，其特征是焊丝低于母材表面，飞溅较小。

CO_2 焊潜弧焊的主要特点有：

（1）潜弧焊时电弧空腔内充满金属蒸气，改变了明弧时的 CO_2 电弧气氛。从而改变了熔滴过渡特点，形成射滴过渡，甚至射流过渡。但是由于空腔内电弧气氛经常受外界影响而发生改变，所以潜弧中的熔滴过渡也常常发生变化，不像 MIG 焊射流过渡那么稳定。

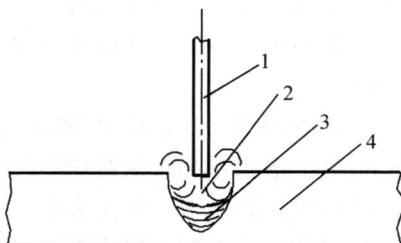

图3 – 14　潜弧焊形态
1—焊丝；2—潜弧；3—熔池金属；4—母材

（2）焊缝熔深大。大电流时在电弧力挖掘作用下，将熔池液态金属排开，电弧直接作用到熔池底部，形成较大熔深。

（3）熔敷效率高。与其他焊接方法比，焊丝的电流密度大，如 $\phi 1.6$ mm 焊丝可达到 100 ~ 250 A/mm^2，而焊条电弧焊时仅为 20 A/mm^2，所以焊丝的熔化速度大和熔敷效率高。

（4）焊接飞溅小。潜弧时常常利用其射滴过渡形式。大家知道，稳定的射滴过渡飞溅极少，但是由于潜弧射滴过渡的不稳定，往往还要产生一些飞溅。由于电弧被熔池凹坑所包围，所以飞溅金属大都被凹坑内壁所捕获，实际上飞溅很少。

那么为什么能形成潜弧呢？形成潜弧的条件是大电流、低电压、反极性、CO_2 气氛和粗焊丝。其中电流是主要的条件，粗焊丝使得在同样大小的电流值下有较小的电流密度。大电流可以产生较大的挖掘力，而较小的电流密度却保证了电弧轴向压力能够较均匀地施加到熔池底部，这样即可以排开液态金属，又不至于将液态金属抛出熔池。同时，CO_2 气氛由于高温分解而产生的氧化性气氛和对电弧的冷却压缩作用，一方面能使阴极斑点不断在熔池表面产生，也就是阴极斑点能够较稳定地被固定在电弧下方，从而使得电弧静压力比较集中；另一方面在电弧下潜之前，由于 CO_2 气体的压缩作用，电弧电场强度增大使得弧长变短，特别是在电弧电压较低时，弧长变短有利于电弧集中和产生较大的挖掘力，并在熔池出现弧坑后，焊丝端头自然跟进，而呈潜弧状态。

潜弧后的状态是一个稳定的状态。由于熔池金属包围了电弧，电弧的热量更充分地加热焊丝和母材，使得电弧空间充满了金属蒸气。这样一来，电弧电场强度又要降低。焊丝表面的阴极斑点由集中向分散变化，即电弧将由焊丝端头向上爬。由于电弧形态的改变，改变了焊丝端头的受热及受力特点,从而出现了射滴或射流过渡形式。

3.7　CO_2 气体保护半自动焊的操作技术

3.7.1　CO_2 气体保护半自动焊的基本操作技术要点

3.7.1.1　焊前检查

(1)检查焊接电流　在等速送丝下使用平硬特性直流电源,极性采用直流反接。

(2)检查送丝系统　推丝式送丝机构要求送丝软管不宜过长(2~4 m 之间),确保送丝无阻。

(3)检查焊枪　检查导电阻是否磨损,若超标则更换。出气孔是否出气通畅。

(4)检查供气系统　预热器、干燥器、减压器及流量计是否工作正常,电磁气阀是否灵活可靠。

(5)检查焊材　检查焊丝,确保外表光洁,无锈迹、油污和磨损。检查 CO_2 气体纯度(应大于 99.5%,含水量和含氮量均不超过 0.1%),压力降至 0.98 MPa 时,禁止使用。

(6)检查施焊环境　确保施焊周围风速小于 2.0 m/s。

(7)清理工件表面　焊前清除焊缝两侧 100 mm 以内的油、污、水、锈等,重要部位要求直至露出金属光泽。

(8)检查焊接工艺指导书(或焊接工艺卡)是否与实际施焊条件相符,严格按工艺指导书调节施焊焊接规范。

3.7.1.2　施焊操作工艺要点

(1)CO_2 气体保护半自动焊根据焊枪不同按说明书操作。

(2)引弧采用直接短路法接触引弧,引弧前使焊丝端头与焊件保持 2~3 mm 的距离,若焊丝头呈球状则去掉。

(3)施焊过程中灵活掌握焊接速度,防止未焊透、气孔、咬边等缺陷。

(4)熄弧时禁止突然切断电源,在弧坑处必须稍作停留待填满弧坑后收弧以防止裂纹和气孔。

(5)焊缝接头连接采用退焊法。

(6)尽量采用左焊法施焊。

(7)摆动与不摆动参照工艺指导书或根据焊件厚度及材质热输入要求定。

(8)对 T 型接头平角焊,应使电弧偏向厚板一侧,正确调整焊枪角度以防止咬边、未焊透、焊缝下垂并保持焊角尺寸。

(9)严格按工艺指导书要求正确选择焊接顺序,减小焊接变形和焊后残余应力。

(10)焊后关闭设备电源,用钢丝刷清理焊缝表面,目测或用放大镜观察焊缝表面是否有气孔、裂纹、咬边等缺陷,用焊缝量尺测量焊缝外观成形尺寸。

3.7.1.3　焊接参数的调试

(1)焊接工艺参数控制　在焊接工艺指导书中的重要焊缝必需严格按工艺卡所示参数施焊。对未明确指定工艺参数的焊缝施焊时按如下要求施焊。

(2)焊丝直径　根据焊件厚度、焊接位置及生产进度要求综合考虑。焊薄板采用直径

1.2 mm 以下焊丝,焊中厚板采用直径 1.2 mm 以上焊丝。

(3)焊接电流　根据焊件厚度、坡口型式、焊丝直径及所需的熔滴过渡形式选择。短路过渡在 50~230 A 内选择,颗粒过渡在 250~500 A 内选择。

(4)焊接电压　短路过渡在 16~24 V 选择,颗粒过渡在 25~36 V 选择。并且电流增大时电压相应也增大。

(5)焊丝伸出长度　一般取焊丝直径的 10 倍,且不超过 15 mm。

(6)CO_2 气体流量　细丝焊时取 8~15 L/min,粗丝焊时取 15~25 L/min。

(7)电源极性　对低碳钢与低合金钢的焊接一律用直流反接。

(8)回路电感　通常随焊丝直径增大而调大,但原则上应力求使焊接过程稳定,飞溅小,可通过试焊确定。

(9)焊接速度　全自动焊根据工艺卡确定,半自动焊根据保护效果、焊缝成形确定。

3.7.1.4　焊接准备工作

CO_2 气体保护半自动焊的准备工作相对焊条电弧焊来说,复杂一点,主要准备工作如下:

(1)焊丝盘的安装　将符合规定的成盘焊丝装入送丝机的轴上,请注意焊丝的出丝方向要正确,旋紧轴端的挡板旋扭。

(2)送丝机压把的调整　按方向穿好焊丝,焊丝要进入送丝轮的槽中,压紧压臂,调节压紧把手到合适的位置。

(3)开机

a. 在开机前检查三相 380 V 电压是否正确,地线连接应当牢固可靠。

b. 检查焊接电源、送丝机、焊枪、控制盒、气瓶、减压流量计连接是否正确。

c. 闭合焊机电源开关、指示灯亮,机内的冷却风扇转。

(4)检查气体流量　先将流量计开关调整下降至松动位置,后打开 CO_2 气瓶顶部的气阀(反之会造成流量损坏)将焊接电源前面板上气体检查开关打到"检查"位置;调整气体流量开关至合适位置,此时,则有气体由焊枪端部出口处喷出。

(5)手动送丝　将送丝机上的送丝开关搬到手动送丝位置,即可实现手动送丝,调节遥控盒焊接电流旋扭,可改变送丝速度的快慢,当焊枪导电嘴处焊丝伸出 10~15 mm 时,立即将送丝开关搬到自动位置,送丝停止。

(6)在焊接操作开始前规范调整。

a. 焊接方式开关置于 CO_2 位置。

b. 气体保护开关置于焊接位置。

c. 控制盒电流调节旋钮,电压调节旋钮旋至一定刻度。

按下焊枪开关,引弧后调节遥控盒上的电压调节和电流调节旋钮,使电弧燃烧稳定、柔和、根据不同的焊接条件,调节焊接电流和焊接电压。

(7)工作位置的组织

CO_2 气体保护焊适合于全位置焊接,但在不同位置焊接时,焊接参数是有较大变化的,一个焊接钢结构就包含了平、立、横、仰等多个焊接空间位置,因此合理的组织焊接位置,减少调节焊接参数的工作量,对于提高生产效率是很有意义的。

虽然 CO_2 气体保护焊适合于全位置焊接,但各种空间焊接位置可供选择的情况下,平焊位置仍然是首选的焊接位置,其次在多种焊接位置并存的情况下,应考虑焊缝长的为平焊位置,尽可能减少电流的调节次数。

3.7.1.5　焊接姿势

在正式焊接前,应掌握正确的焊接姿势,见图 3 – 15。由于 CO_2 焊枪比焊条电弧焊钳重,而且后面拖着一根沉重的送丝导管,焊工操作时感到很吃力。为了能长时间坚持生产,焊工应用身体的某一部分来承担焊枪的重力,便于手臂能处于自然状态。

手腕能灵活地带动焊枪平移或转动,焊接中既不感到太累,又不感觉别扭,同时又能稳定地进行焊接。所以,操作者都不能忽视持枪的姿势,应视焊接位置来确定正确的持枪姿势。

3.7.1.6　引弧和收弧技术

（1）引弧

引弧时,焊丝伸出长度不宜过长,应将多余部分剪去。尤其应把焊丝端头的球形头去掉,否则引弧困难,飞溅增多,引弧处易造成缺陷。通常都采用短路接触引弧,由于平外特性弧焊电源的空载电压较低,又是实芯焊丝,所以引弧时,电弧稳定燃烧点不易建立,焊丝容易产生大段飞暴现象。又因焊接开始时焊件温度低,引弧处容易出现缺陷。因此要求引弧时一定要选好位置,焊丝端头与焊件保持约 3 mm 的距离,见图 3 – 16,对需要在焊件端头引弧的场所,为了避免焊缝始端出现未焊透的焊缝或焊缝堆得过高的现象,应在离端头 10～20 mm 处先引弧,然后缓慢地移向端头,待金属熔合后,再以正常速度焊接前进。几种引弧方式见图 3 – 17。

图 3 – 15　CO_2 气体保护焊焊接姿势

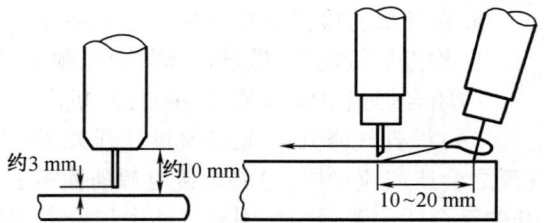

图 3 – 16　引弧示意图

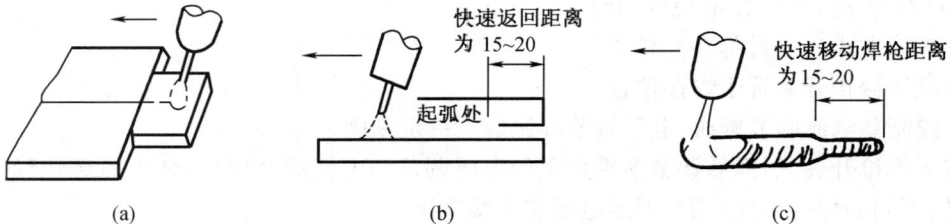

图 3 – 17　几种引弧方式
（a）使用引弧板；（b）倒退引弧法；（c）考虑到焊道连接的引弧法

（2）收弧

收弧的目的是要填满弧坑,采用的方法有回转法、熄弧法、短弧法。

回转法参考图 3-16,焊丝焊至末端时,再转向 180°,填满弧坑后,再抽出熄弧。

熄弧法就是焊至末端时,抽出焊丝,待熔池未完全冷却时,再次施焊,重复数次,直到填满弧坑,再结束,此法适合于粗丝焊。

短弧法就是焊至末端时,压低电弧,焊丝前倾,一方面降低电压和能量,另一方面加快把熔化金属送入熔池,再迅速抽出焊丝,离开焊件。

3.7.1.7　焊缝的连接

焊缝的连接形式主要有焊缝首连接焊缝末,如连续接长焊缝;焊缝末连接焊缝首,如起头焊至另一焊缝开始处;焊缝首连接焊缝首,如分中对称焊法;焊缝末连接焊缝末对称相对焊法的接头。

在以上四种焊缝接头中,无论哪一种接头,后焊的接到先焊的焊缝上,都要压过焊缝端点 10~20 mm,压在起点焊缝即焊缝首部,可取下限值,压在焊缝末端,即收尾焊缝处,取上限值,保证接头覆盖,且成形良好。

3.7.3　基本焊接空间位置的操作技术

3.7.3.1　平焊

根据焊枪的运动方向分为左焊法和右焊法两种,见图 3-18。对不开坡的平对接用小电流焊接时,常用左焊法;对开坡口的平对接,用较大焊接电流焊接时,常用右焊法。

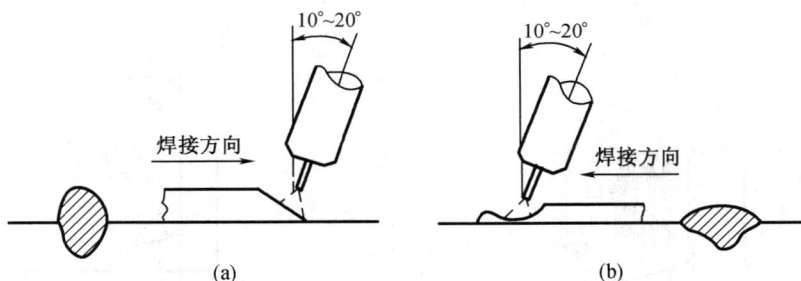

图 3-18　CO₂ 半自动焊的焊枪位置
(a)右焊法;(b)左焊法

(1)平角焊

对焊角尺寸较小的薄板平角焊接宜采用单道焊和左焊法,焊枪角度见图 3-19,焊丝端头对准焊缝的中心部位。如焊接中、厚板,焊脚≤5 mm 时,焊枪与垂直板的夹角为 40°~50°,截面图见图 3-20(a),焊丝端头仍应对准焊缝中心部位。当焊脚>5 mm 时,焊枪与垂直板的夹角应为 35°~45°,焊丝端头应偏移夹角中心 1~2 mm,见图 3-20(b),并稍作横向摆动,见图 3-21。单道平角焊的焊脚尺寸最好不超过 8 mm,否

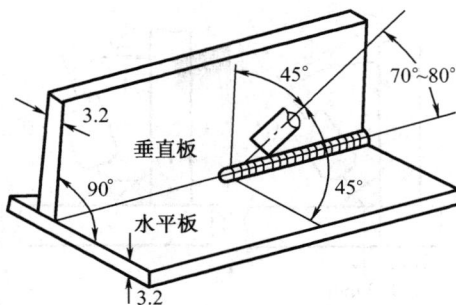

图 3-19　薄板平角焊焊枪角度示意图

则,易在垂直板上产生咬边,而在水平方向出现焊瘤,见图3-22。因此,焊脚为8 mm时,必须采用多道焊,在焊接各道焊缝时,焊枪与垂直板的角度和焊丝端头位置见图3-23和图3-24所示的两层三道焊缝,两层四道焊缝焊枪位置,焊接规范见表3-7。

(2)平对接

薄板平对接时,宜采用左向焊法,焊枪以直线运条或略作横向摆动,摆动幅度不能太大(2~4 mm),以免产生气孔。

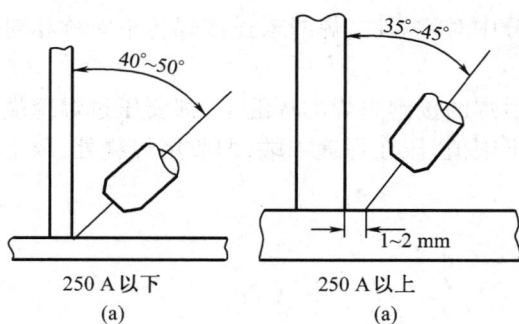

图3-20　中、厚板平角焊焊枪角度示意图
(a)焊脚≤5 mm;(b)焊脚>5 mm

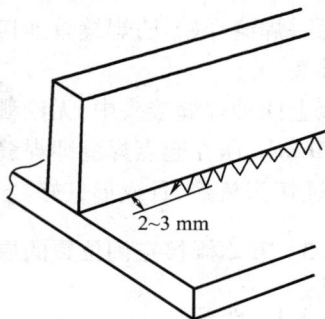

图3-21　大焊脚焊枪位置摆动

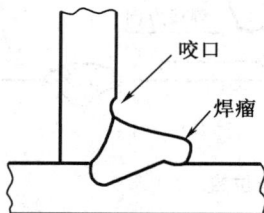

图3-22　单层平角焊后的大焊脚

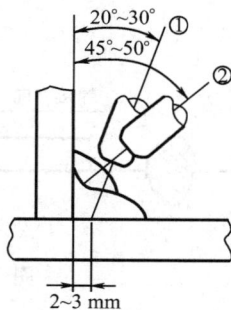

图3-23　多道焊焊枪位置

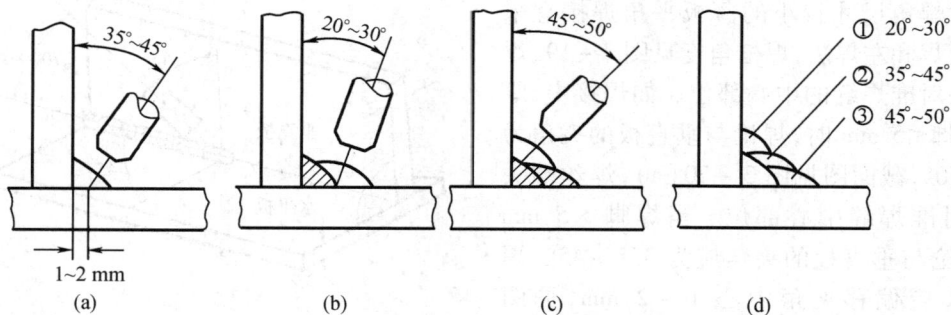

图3-24　多道焊焊枪位置

表3－7 角焊焊接规范

位置	焊脚 /mm	截面形状	焊丝直径 /mm	焊接电流 /I	焊接电压 /V	气体流量 /(L/min)
平角焊	4		1.2	160～180	20～24	10～15
	5		1.2	160～180	20～24	10～20
	6		1.2	220～240	22～26	15～20
	7		1.2	250～290	26～32	20～25
	8		1.2	250～290	26～32	20～25
	9		1.2	250～290	26～32	20～25
	10		1.2	250～290	26～32	20～25
	12		1.2	250～290	26～32	20～25
立角焊（向上焊）	4		1.2	120～150	15～22	15～25
	5		1.2	120～150	15～22	15～25
	6		1.2	130～170	15～22	15～25
	7		1.2	130～170	15～22	15～25
	8		1.2	140～190	18～22	15～25
	9		1.2	140～190	18～22	15～25
	10		1.2	140～190	18～22	15～25
	12		1.2	140～190	18～22	15～25
立角焊（向下焊）	4		1.2	180～230	14～22	15～25
	5		1.2	180～230	14～22	15～25
	6		1.2	180～230	14～22	15～25
	7		1.2	170～220	14～22	15～25
	8		1.2	170～220	14～22	15～25
	9		1.2	170～220	14～22	15～25
	10		1.2	170～220	14～22	15～25
	12		1.2	170～220	14～22	15～25

中厚板平对接时，一般开30°的 V 型坡口，钝边为 1.0～1.5 mm。第一层打底焊采用左向焊法，焊丝运动方法见图3－25，在间隙大的区域摆动略宽些；第二层以后的各层可用左向焊法或右向焊法，焊丝运动方法见图3－26，在两边缘稍作停顿，中间部分快速运动，这样就既保证了边缘的充分熔透，又不至于焊缝中间部分过高。

3.7.3.2 立焊

CO_2 气体保护焊半自动立焊时，按焊丝的运动方向分立向上焊法和立向下焊法两种。采用立向上焊法时，由于熔滴的重力作用，会使熔深略微增大，使焊缝高而窄，成形不美观，同时焊接速度慢，效率低，一般用于较厚板的焊接，而薄板采用的较少。立向下焊法的焊缝成形美观，生产率高，但熔深较浅，多用于薄板的焊接。

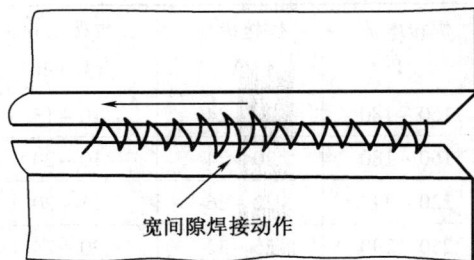

图 3 - 25　打底焊焊丝运动方向

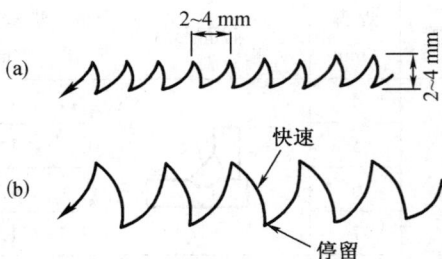

图 3 - 26　直焊缝丝枪运动方向

（1）立向上对接焊法

焊丝与焊件的夹角见图 3 - 27，焊丝的运动走向见图 3 - 28，其中（a），（b）用于第一层打底焊，（c），（d）用于二层以后的多层焊。横向摆动在坡口两边稍作停留，穿过中间部分应加快摆动。多层焊时，焊枪的角度见图 3 - 29，操作人员的姿势见图 3 - 30。

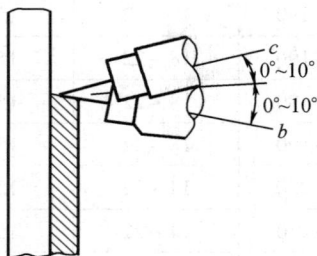

图 3 - 27　立向上对接焊法焊丝与焊件的夹角

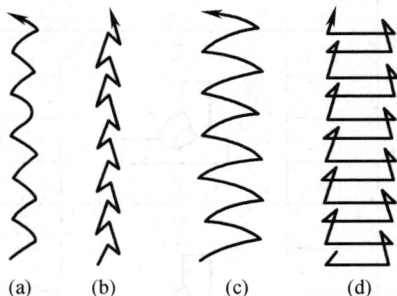

图 3 - 28　立向上对接焊法焊丝的运动走向

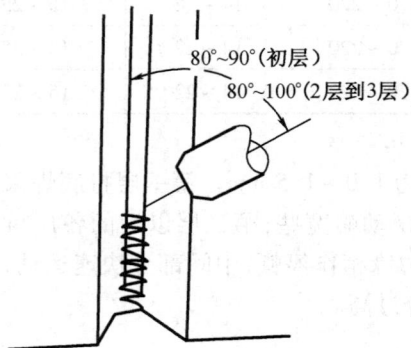

图 3 - 29　立向上对接多层焊的焊枪夹角

图 3 - 30　CO_2 立向上手工焊

（2）立向上角焊

其操作方法与手工焊条电弧焊相似。根据焊脚尺寸大小，焊枪可作左右摆动，见图 3 - 31。

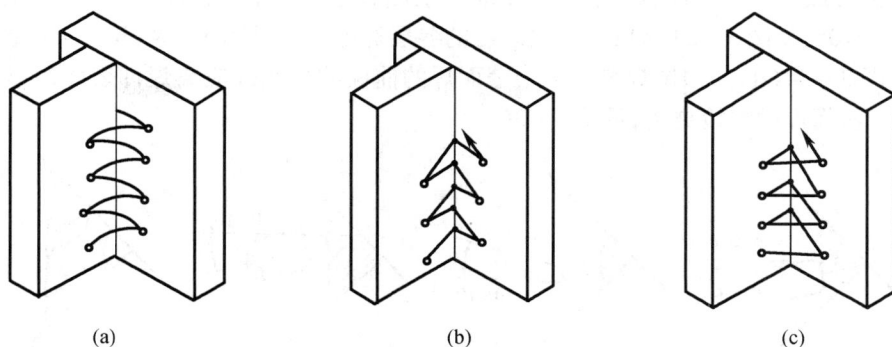

图 3 – 31 立向上角接焊焊丝走向

(a)焊脚 5 ~ 9 mm;(b)焊脚 5 ~ 9 mm,两边停留 0.5 ~ 1.0 s;(c)焊脚 5 ~ 9 mm

（3）立向下对接焊法

焊枪与焊件的夹角见图 3 – 32,焊接薄板时,焊枪不做横向摆动,而中、厚板焊接时,焊枪略做横向摆动。

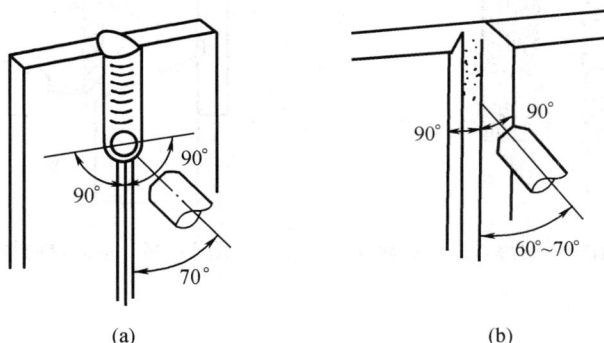

图 3 – 32 立向下对接焊法焊枪工件的夹角

（a）薄板;（b）中厚板

（4）立向下角焊

立向下角焊时,特别应注意选择合适的焊接规范,如焊接电流过大,会引起焊缝下陷,呈现凹陷型焊缝,影响焊缝的承载能力,如焊接电流过小,焊缝比较饱满,但熔深较浅。同样影响焊缝的承载能力,所以,立向下角焊时,单道焊缝的焊脚尺寸不得超过 6 ~ 8 mm。

3.7.3.3 横焊及仰焊

（1）横焊

横焊可采用左焊法或右焊法,焊接时,由于金属下垂,焊枪摆动的方向不能垂直于焊接方向,而

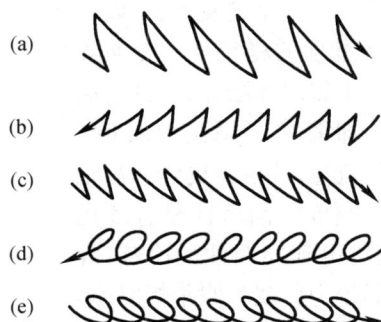

图 3 – 33 横向焊丝的走向

应做斜锯齿形或斜环形摆动,见图3-33,焊枪与工件夹角见图3-34,在第一层焊时焊枪向下倾斜0°～10°,见图3-34(a);第二层以后的各层焊枪夹角见图3-34(b),(c);各层焊道的排列见图3-34(d)。多层焊最后一层盖面焊的前面的打底焊应离焊件表面2～3 mm,见图3-35。盖面焊的焊枪夹角,见图3-36。

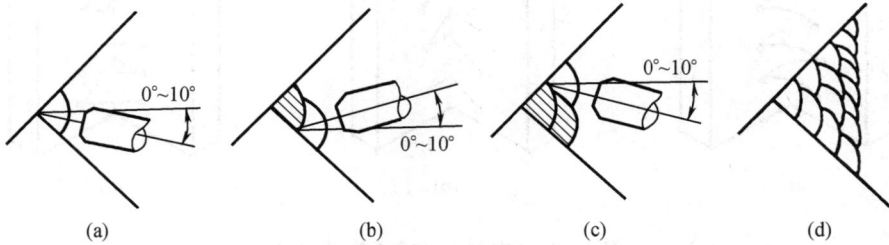

图3-34 横句焊丝与工件夹角

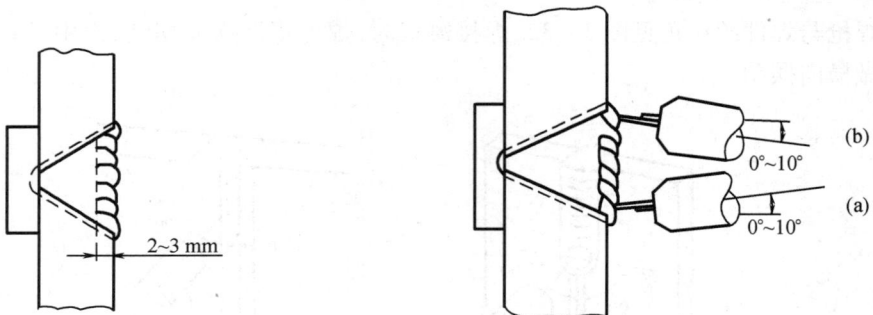

图3-35 盖面层焊前焊缝离焊件表面的距离

图3-36 盖面焊时焊丝与焊件的夹角

(2)仰焊

仰焊应尽量使用较细的焊丝,并选择较小的焊接电流,焊接规范(焊接电流和焊接电压)严格控制在短路过渡状态,以增加焊接过程的稳定性。左向焊法略优于右向焊法,因为其熔滴金属冷却稍快,并适当增加 CO_2 气体的流量,效果会更佳。焊枪可做小幅度的前后往复直线运动,熔池得到周期性的冷却,焊缝成形较为美观。仰角焊时,焊丝的位置见图3-37,焊丝与垂直工件的夹角为45°～50°,并向焊接方向倾斜5°～10°。

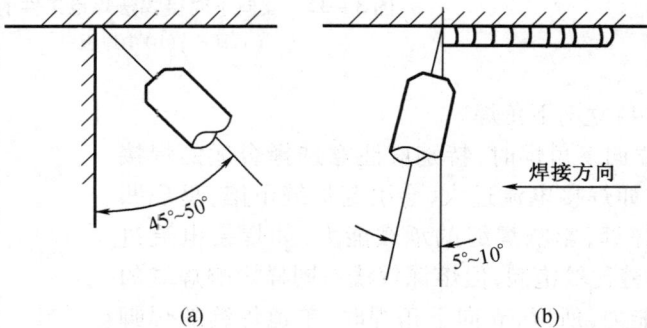

图3-37 仰角焊的焊丝角度
(a)焊丝与垂直工件的夹角为45°～50°;
(b)焊枪向焊接方向倾斜5°～10°

3.7.4　CO_2 气体保护半自动焊单面焊工艺

3.7.4.1　无衬垫板对接 CO_2 气体保护半自动单面焊

MAG／CO_2 焊接单面焊双面成型有加垫强制背面成型和不加任何衬垫背面自由成型两种,加衬垫的有紫铜衬垫和陶瓷垫块,此方法成本高,且需增加一定的辅助设施,而且必须使焊缝间隙加大,增加施焊工作量和材料消耗,成本增大。

（1）单面焊背面自由成型原理

工件开切坡口,两工件之间留有一定的间隙,采用小电流低电压在坡口上两边均匀横向摆动,此时由于焊缝的张力大于焊缝的重力,即可双面成型。

（2）影响背面自由成型的变化关系的因素

①装配间隙大小,是决定焊接自由成型的主要因素之一,如根部间隙过小,成型焊缝无法突出,而至根部产生未焊透现象,根部间隙过大,增加了焊缝的张力,甚至无法成型,产生严重焊瘤或焊穿,根部间隙为 3～4 mm。

②由于成型焊缝是靠根部熔化后同时成型,如钝边过大,无法击穿根部小孔即不能产生成型焊缝。所以考虑坡口不留钝边,坡口按角度直接割斜,便于击穿根部形成小孔焊接。

3.7.4.2　MAG/CO_2 气体保护焊带陶瓷衬垫单面焊

本工艺指无衬垫板对接 CO_2 气体保护半自动单面焊工艺,在现有设备方法情况下,不增加任何设备和设施,实现在单面焊接全厚度根部焊透成型,重点是第一层（底层）焊接时击穿根部,焊接前方处形成小孔,使之焊透成型,然后进行各层焊接,也可以底层双面成型后,用埋弧自动焊盖面焊接,其焊缝达到与母材等强度、等塑性,可确保焊接质量要求。

（1）单面焊背面自由成型原理

工件开切坡口,两工件之间留有一定的间隙,采用小电流低电压在坡口上两边均匀横向摆动,此时由于焊缝的张力大于焊缝的重力,即可双面成型。

（2）影响背面自由成型的变化关系的因素

①装配间隙大小,是决定焊接自由成型的主要因素之一,如根部间隙过小,成型焊缝无法突出,导致根部产生未焊透现象,根部间隙过大,增加了焊缝的熔滴的下垂力成型,甚至无法成型产生严重焊瘤或焊穿。根部间隙为 3～4 mm 为宜。

②由于成型焊缝是靠根部熔化后同时成型,如钝边过大,无法击穿根部,小孔不能产生成型焊缝。所以考虑坡口不留钝边,坡口按角度直接割斜,便于击穿根部形成小孔焊接。

（3）焊接工艺

①装配要求

a. 对接型式接头分别开切 30°坡口。

b. 工件装配间隙:3～4 mm。

c. 采用圆钢粒放置在坡口上点固焊,见图 3－38。

根据工件不同板厚使用不同的圆钢粒要求,见表 3－8 所示,圆钢粒是作为临时过渡性点固焊,当焊至圆钢粒位置时,即铲去圆钢粒,继续焊接。

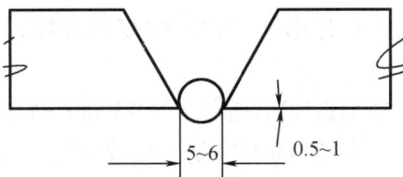

图 3－38　圆钢粒放置在坡口上点固焊

表 3 - 8　不同板厚使用不同的圆钢粒要求

序号	工件厚度/mm	圆钢尺寸/mm
1	6	6 × 10
2	8	8 × 10
3	10	10 × 10
4	12	10 × 10

d. 采用圆钢粒作为临时点圆固焊,可使焊接坡口保持完整性而不损坏坡口根部,此为半软刚性扣束法固定装配法,可保证对间隙一致性,可克服底层纵向焊接时的横向收缩,其圆钢粒对坡口的横向收缩起点固控制作用。

e. 在工件两端分别装上引、灭弧板,与工件相同板厚,规格为 100 mm × 100 mm。

f. T 形接头形式角焊缝全厚度焊透在立板焊接边缘开切 45°角单边坡口,装配间隙为 3 ~ 4 mm装配点固焊方法与对接型式相同,此种方法的点固焊可克服直接在坡口上点固焊焊接底层时会产生在点焊处的各种缺陷。

②焊接规范

焊接底层双面成型规范,可适用于开切单边坡口的各种板厚焊接及各种不同管子直径的重要结构焊接,压力管道焊接重点也是底层根部焊透,焊机选用 NBK - 350,焊丝选用 HO8Mm2SiA,ϕ1.2 mm。

a. 底层焊接规范

焊接电流:100 ~ 120 A;电弧电压:20 ~ 22 V;气体流量度:14 ~ 16 升/分;不同板厚焊接速度有所不同,平均为 200 ~ 400 mm/分,规范调试应在工艺板焊接确认准确后才焊接,并需进行专项培训后方可焊接,确保焊接质量稳定。

b. 平焊位置各层焊接,焊接电流:180 ~ 200 A;电弧电压:24 ~ 26 V;气体流量 14 ~ 16 升/分;焊速和焊接层数视实际工件厚度而定,如板为立焊、横焊及管子全位置焊接,可按底层焊接规范进行。

c. 可采用 MAG / CO_2 焊 + 埋弧焊焊接,底层 MAG / CO_2 焊接后,可使用埋弧自动焊焊接各层及盖面层,焊接规范见埋弧焊焊接工艺。

③单面焊双面成型底层焊接操作要点

a. 焊接燃弧点位置,如果燃弧位置间隙过小时,背面成型焊缝有漏出现象,但不是熔合焊缝,且成型焊缝两交界处由于金属液体的张力的收缩作用呈现明显的凹痕界线尚未成形背面焊缝。当间隙过大时,即产生焊瘤,甚至焊穿,无法正常成型,所以燃弧点位置掌握是非常关键的操作技术,即燃弧点每次焊接都要在距底部 1 ~ 2 mm 处进行连续燃弧焊接。

b. 用月牙形横向摆动手法,在两边坡口处稍停留运条焊接,当装配间隙大于 4 mm 时,可采用月牙形增大往后回复弧度摆动手法,使背面焊缝能正常成型,可视背面焊缝的技术要求而定。

根部击穿小孔在 0.5 ~ 1 mm 范围内,击穿小孔是确保背面焊透成型的重要方法,其根部击穿小孔,即可控制背面成型焊缝高度尺寸。

c. 多层焊缝接头方法,应在弧坑前 2 ~ 3 mm 处引弧,后焊至弧坑前方边界时,即把焊枪向下压 1 ~ 2 mm,使焊缝增加重力,背面焊缝接头处重新熔出接上,不会产生内凹或脱节现象,也可在弧坑上进行斜削打磨,减薄弧坑也可接上。

　　d. 当管道焊接环形密封接头时,应先在已焊弧坑处用砂轮打磨一个斜度,当焊接此斜度时焊枪向下压 1～2 mm,即可接上背面,成型焊缝无内凹和脱节现象。

　　e. 为使焊接小规范稳定,焊机选用 NBK-350 焊机和使用较轻巧的焊枪。

　　f. 由于在坡口内焊接根部时,焊丝伸出长度会增加,此时焊枪导电芯与喷嘴内缩为 0.5～1 mm,以便使焊接过程稳定。

　　g. 使用混合气体,Ar+CO_2 混合比为 80:2,焊接时可使焊接电弧更稳定和飞溅明显减少,且颗粒细小。

　　h. 由于采用短路过渡、小电流低电压焊接尤其是焊机的外部接线必须牢固可靠,尤其接工件回路线。

　　i. 采用反极性接法,即"-"接工件;"+"接焊枪,否则极点压力增大,产生严重飞溅。

　　j. 不能吹风焊接,如自然穿堂风较大时,应加活动防风挡板,否则,焊缝产生气孔。

　　k. 合理选用焊丝直径,当板厚≤6 mm 时,应使用焊丝直径 1 mm,当板厚>6 mm 时,应使用焊丝直径 1.2 mm,根据不同空间位置焊接,调节最佳规范焊接。

　　④焊接工艺要求

　　a. 此工艺可确保底层焊接及各层焊接后达到全工件厚度焊透,其余各层焊接均采用常规的焊接工艺,焊后整个外表焊缝和内部焊缝均可保证焊接质量,焊缝与母材达到等强度、等塑性的技术要求,内部超探达到纵缝和环缝 I 级技术准标要求。

　　b. 板厚 3 mm 及 3 mm 以下可不开坡口焊接,直接拼装 0～0.5 mm。单面焊双面焊成型焊接工艺参数如表 3-9 所示。带陶瓷衬垫对接 CO_2 气体保护半自动单面焊工艺也可参考此焊接规范。

表 3-9　单面焊双面焊成型焊接工艺参数

板厚 /mm	焊丝直径 /mm	装配间隙 /mm	焊接电流 /A	电弧电压 /V	气体流量 /(L/min)	焊接速度 /(m/h)
1	0.8	0～0.5	35～40	18～19	12～14	25
1.5	1.0	0～0.5	60～80	20～21	14～16	30
2	1.0	0～0.5	85～95	21～22	14～16	30
3	1.0	0～0.5	95～100	21～22	14～16	30

3.8　CO_2 气体保护自动焊工艺方法

　　CO_2 气体保护自动焊的焊接速度是手工焊条电弧焊的 3～4 倍,目前有各种自动焊接机械已被大量应用于钢结构建造中,图 3-12 是典型焊机之一。目前 CO_2 气体保护自动焊在钢结构生产中的主要工艺有:自动水平角焊、自动对接立焊、自动对接横焊、全位置自动角焊、衬垫单面自动平对接焊等。其中实芯焊丝应用最早、最广;而药芯焊丝 CO_2 气体保护焊,由于具有焊缝质量好、焊接飞溅小、防风能力强、熔敷效率更高而得到了越来越多的应用。下面主要以船体结构 CO_2 气体保护自动焊的应用来说明其工艺要点。

3.8.1　CO_2 水平角焊应用工艺要点

CO_2 水平角焊是钢结构件、船体（零、部件、分段、总段）焊接中应用最多的焊接工艺方法,见图 3 – 39。

（1）采用对称与分散焊接

对于钢结构件和船体零部件的 CO_2 自动焊来说,凡是焊接具有对称结构特点的工件、部件或组件出于减小构件变形的考虑,应尽量采用双焊头或双焊机的自动焊方案,见图 3 – 40、图 3 – 41。

图 3 – 39　船体甲板 CO_2 自动平角焊

图 3 – 40　双焊头或双焊机 CO_2 自动平对接焊

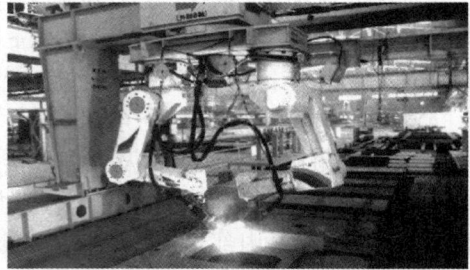

图 3 – 41　船体零件的机器人 CO_2 自动焊

（2）采取平行施焊的方法

筋板结构件在钢结构、船体零部件中占有相当大的份额,为了焊接质量的一致性,根据筋板结构的特点,其平角 CO_2 自动焊以采用龙门式机架最适宜,见图 3 – 42;而增加焊头数量可进一步提高生产效率,见图 3 – 43。

图 3 – 42　龙门式焊接机架 CO_2 自动平角焊机

（3）水平角焊时的焊枪调整

无论自动焊还是半自动焊,为了获得等焊脚焊缝（图 3 – 44（b）,（c））,应根据焊接钢板厚度和焊脚大小适当调整焊枪角度、指向位置;同时调整电弧电压、焊接电流和焊接速度,采用单道或多道焊方式焊接。

其中焊接电流尤为重要,应严格控制在一定限度内。若焊接电流过大,铁水容易流淌(图3-44(a)),使得垂直边的焊脚小且出现咬边,水平板上焊脚较大并出现焊瘤,影响焊缝质量。对于具体的钢结构焊接,一般工厂焊接技术部门都会给出具体工艺参数文件,这些工艺参数文件,是工厂技术部门通过钢结构大量焊接工艺评定和经验得到的。

对于大量应用的工字钢结构件,诸如图3-45所示的工字梁,除了采用双面 CO_2 水平角焊工艺外,为保证尺寸精度,还应采用具有强迫定位作用、减小焊接变形的机械装夹机构。

图3-43 龙门式三头 CO_2 自动焊机

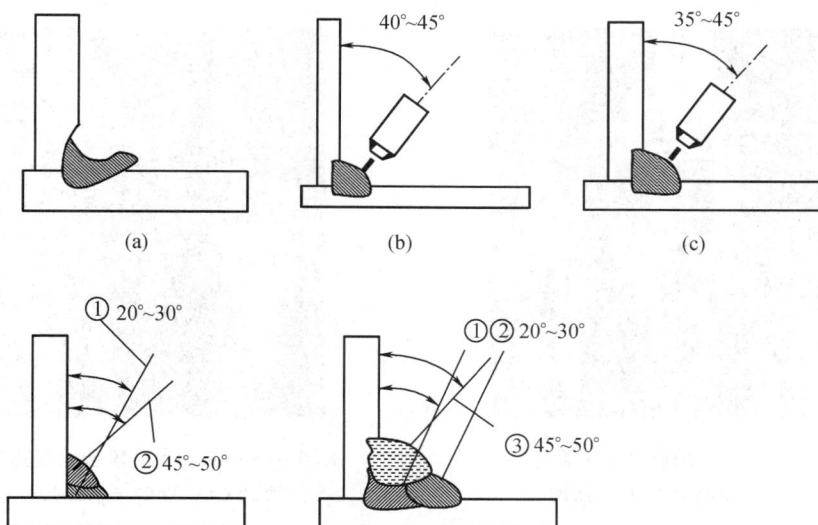

图3-44 CO_2 水平角焊时的焊枪角度

3.8.2 CO_2 立向上焊的应用与工艺要点

CO_2 立向上焊工艺熔深大,操作比手工焊条电弧焊容易,特别适合于船体厚度较大工件与分段合龙的缝的焊接,见图3-46。由于向上立焊时,熔池铁水下淌,容易产生焊缝凸起、成形不良和焊缝咬边缺陷,焊接时应采取正确的焊接方法。

CO_2 立向上自动焊时,焊接机头的导轨一般为直向,如图3-47、图3-48所示,也可能遇到有一定斜

图3-45 自动水平角焊机

度或有曲率的焊接状态,如图 3 - 49、图 3 - 50 所示,使用 CO_2 气体保护焊都能得到满意的焊接质量,这也正是 CO_2 气体保护焊在钢结构或船体焊接中的优势。

船侧内板合拢缝

船侧外板合拢缝

船舺外板合拢缝

船底外板合拢缝

图 3 - 46　船体大分段合龙缝

图 3 - 47　船侧分段大合龙缝
直导轨立向上自动焊

图 3 - 48　船侧大分段合龙缝药芯
焊丝 CO_2 立向上自动焊

图 3 - 49　有斜度的 CO_2 立向上自动焊

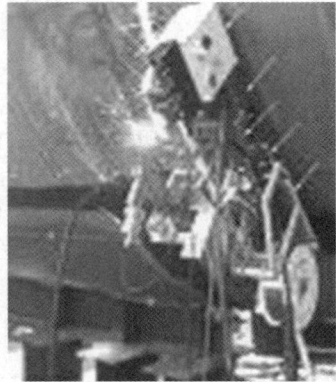

图 3 - 50　有斜度的 CO_2 立向上自动焊

CO₂ 立向上自动焊的工艺要点是：

（1）一般要选用药芯焊丝，其目的是使背面成形良好，这是因为药芯焊丝，见图 3-9 所述，形成的熔化焊剂可进到焊缝背面，形成有保护作用的焊缝液态熔敷层。

（2）应使用脉冲弧焊电源，以确保良好的熔滴过渡和连续稳定的焊接过程。

（3）焊接机头要求适当摆动，以保证焊根熔透和焊缝表面的成形。

（4）要配备先进的轨道系统、数字式焊接电源系统、多种焊接机头摆动方式（曲线）、整机微机控制系统和焊接参数专家软件，见图 3-51，以利操作。

手工焊时，为使焊缝平整，焊接时不宜使用大规范，也不宜进行不摆动的直线式焊接。摆动焊接见图 3-52，应根据所焊板厚适当调整摆动方式，一般是在均匀摆动情况下快速向上移动，即较快焊接。在要求较大焊脚时，应在焊道中心部分快速移动，而在两侧少许停留，避免摆线向下弯曲，引起铁水流淌和产生咬边。

图 3-51　配备数字式焊接电源、微机控制
系统的 CO₂ 立向上自动焊

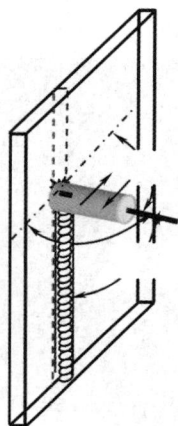

图 3-52　立向上焊焊枪位置与
摆动示意图

3.8.3　CO₂ 横向自动焊的应用与工艺要点

CO₂ 横向自动焊大量应用在船舷外板、舱壁板的焊接，见图 3-53 和图 3-54。由于焊接质量不依赖焊工的操作经验和水平，其焊接质量稳定可靠。这里，仅就船体焊接的实际工艺要点做几点说明：

（1）选择 CO₂ 横向自动焊小车时，见图 3-55，最重要的是注意焊接机头能否提供多种横向摆动轨迹的形式，见图 3-56，以满足不同焊道要调整横向摆动轨迹的要求，因为对厚板的 CO₂ 横向自动焊，焊缝是由多道焊完成的，而每道焊道焊接时，对焊枪的横向摆动轨迹的形式要求不同，如果焊机能提供较多的摆动轨迹形式，那么现场实际调节就很方便。

图 3-53　船侧 CO₂ 横向自动焊

图 3 – 54   船体部件围板的 CO_2 横向自动焊

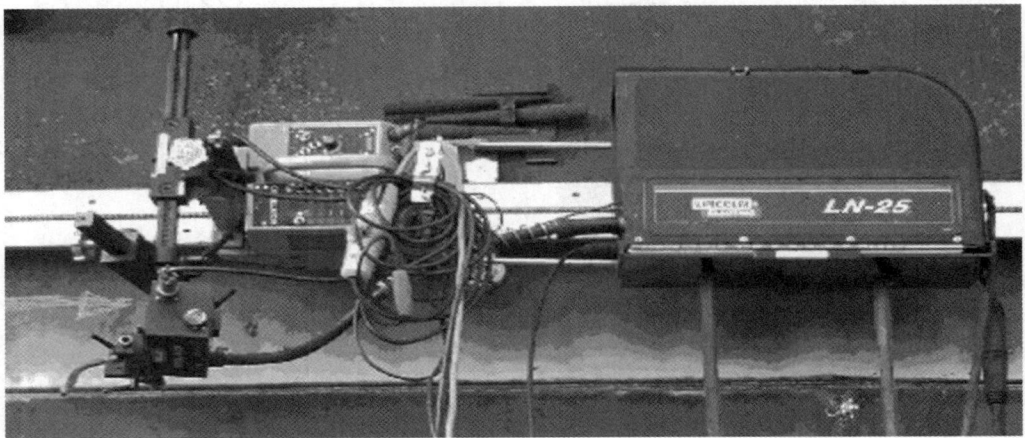

图 3 – 55   船侧 CO_2 横向自动焊小车

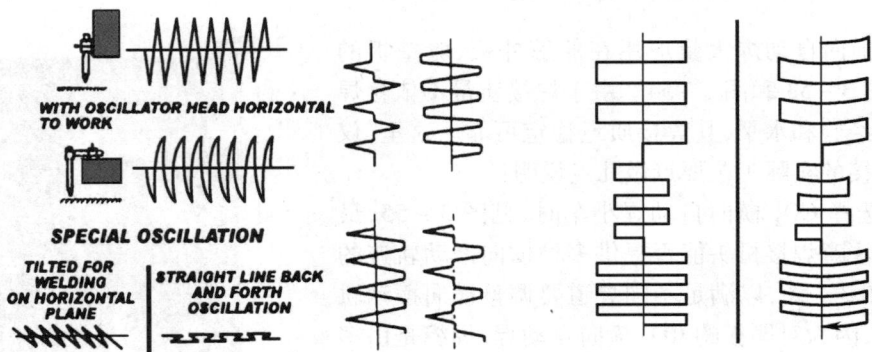

图 3 – 56   焊枪横向摆动轨迹的形式

（2）自动焊小车的行走轨道的安装与拆卸都要求方便灵活，同时，轨道的刚性要好。这是因为有些简易型的 CO_2 横向自动焊系统中，并未包括焊缝自动跟踪系统，这时焊缝跟踪的精度就全靠轨道的精度。

（3）横向焊接时熔池金属受重力作用下淌，在焊道上方易产生咬肉，焊道下方易形成焊瘤。为此应限制每道焊缝的熔敷金属量，采取低电压、小电流的短路过渡。

（4）当焊缝宽度较大时，应采取多层焊。多层焊时，应适时调整焊枪角度，适当排列焊道，见图 3－57。应由里而外、由下而上逐层焊平，从而保持焊缝的大小一致和表面平滑。

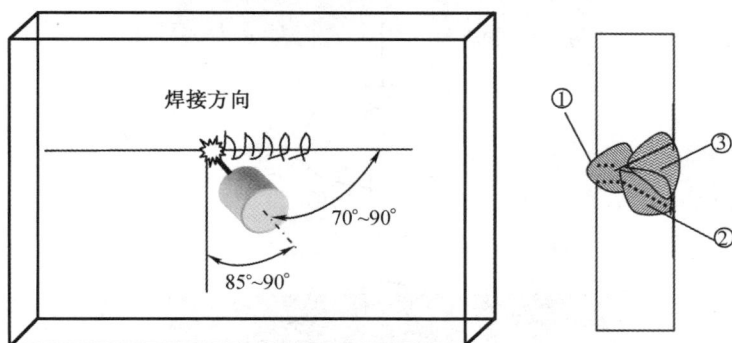

图 3－57　横向焊接焊枪角度与焊道顺序

3.8.4　CO_2 仰面自动焊的应用与工艺要点

船体结构焊接的一条重要通则是尽量避免仰面焊。但实际上，还会碰到必须进行仰面焊的场合，见图 3－58、图 3－59，这时，应用自动 CO_2 仰面焊一般应注意以下工艺要点：

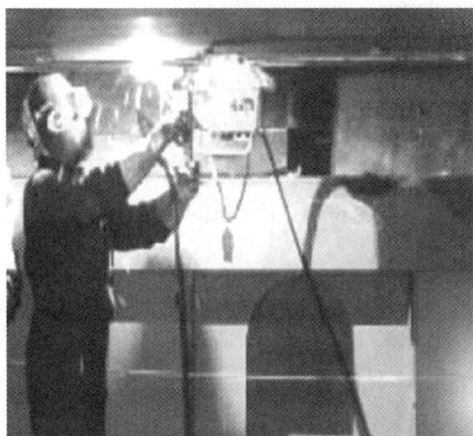

图 3－58　舱顶板的 CO_2 仰面自动焊

图 3－59　船底仰面自动焊

（1）采用药芯焊丝，可以使焊缝背面成形良好，见 3.9 节所述。这是因近代对药芯焊丝的研究表明，焊接过程中，药芯焊丝的液体焊剂可以浸润到焊缝背面去，从而通过焊剂与焊缝背面液体金属的相互物理和化学作用，达到焊缝背面的良好成形，同时获得正焊缝合金成分的良好性能。

（2）采用脉冲 CO_2 弧焊电源，以确保良好的熔滴过渡。

（3）对厚板的焊接，要有合理的焊道安排和合适的焊嘴摆动与角度，见图 3 – 60，以确保焊根的良好熔合质量。

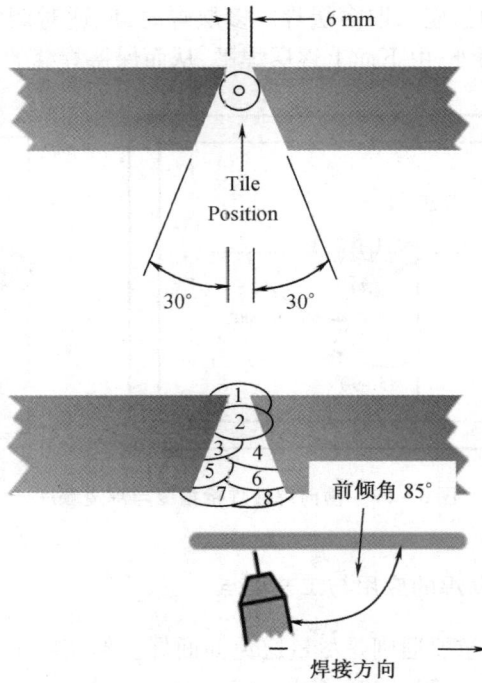

图 3 – 60　CO_2 仰面自动焊焊嘴角度

（4）CO_2 仰面自动焊的轨道要安装牢固，不然，容易出现焊机坠落事故。为此，有使用马铁将轨道直接焊于工件上的做法，见图 3 – 61，或用螺栓焊将若干螺栓焊接在船体需要仰位焊接的焊缝旁，在这些螺栓上再安装轨道，见图 3 – 62；而对采用磁铁块的轨道安装法，则须注意经常检查磁铁块的吸力，尽早发现因时间长而造成磁铁磁力减弱的情况。

3.8.5　陶瓷衬垫 CO_2 单面焊双面成形工艺

近代的船体焊接工程，在上述的几种 CO_2 自动焊工艺方法、也包括手工 CO_2 焊接工艺中，一般均采用带陶瓷衬垫的 CO_2 单面焊双面成形技术，其主要技术优势有以下几点：

（1）这种工艺方法可以降低对焊接接头的装配要求。

（2）适用范围大。不论是薄板还是厚板，也不管是何种焊位（平、立、横焊位），对接或角接都可以使用，因此特别适用于焊接船体钢结构。

（3）焊接材料选择范围大，使用的焊丝可以是实芯焊丝，也可以是药芯焊丝，常用焊丝的规格为 1.2 mm，1.4 mm，1.6 mm。前两种规格的焊丝可用于平、立、横各种位置焊接，后一种适用于平焊。药芯焊丝由于电弧柔和、飞溅少、表面成形光滑、综合成本低，因此正在逐渐替代实芯焊丝。全位置型和金属药芯型焊丝都可在该工艺中使用，理想的搭配是在平角焊选用熔敷率高的金属芯药芯焊丝,在立焊位置选用成形好的全位置型药芯焊丝,效果突出。

图 3-61　CO_2 仰面自动焊的轨道要牢固　　　图 3-62　船体仰位焊接焊缝轨道的螺栓焊接

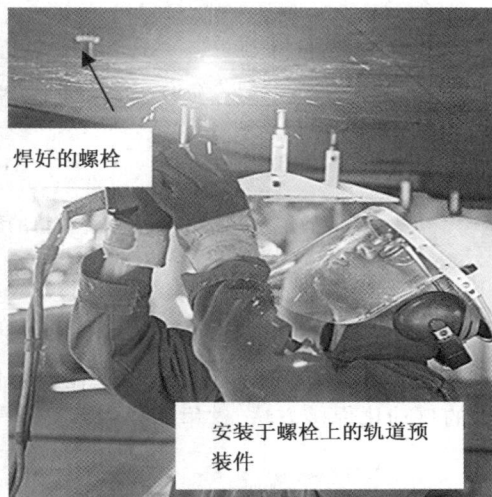

(4)使用带陶瓷衬垫的 CO_2 单面焊双面成形技术后,可以有条件逐步淘汰船体焊接中的仰焊,例如图 3-63 所示的船底焊接,就是船底外表面采用陶瓷衬垫、而在内表面施焊的方法,就需要船底结构内表面焊接位置有足够大的空间便于焊接设备的放置,或采用手工药芯焊丝施焊。

图 3-63　船底外表面热衬垫、在内表面施焊法

(5)陶瓷衬垫的型式多样化,便于各种坡口类型和焊接位置的焊接,见图 3-64;但不同型式的陶瓷衬垫与不同坡口类型配合后,究竟能有何种背面焊缝的型式,其影响因素较多,为此,船厂应通过焊接试验来确定陶瓷衬垫的型式和焊接规范。

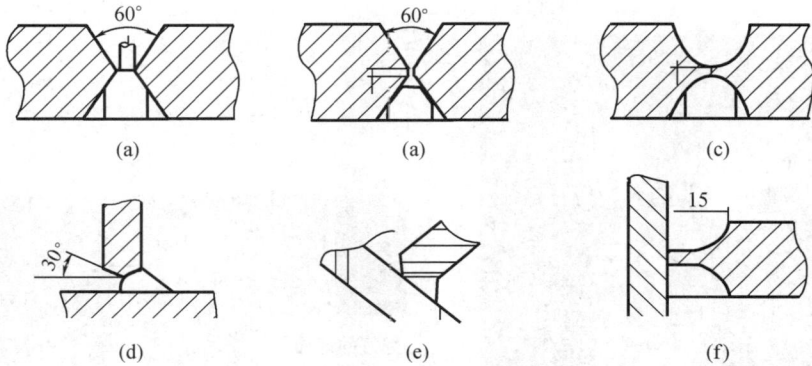

图 3 - 64　陶瓷衬垫的型式与适用的坡口类型

3.8.6　船体的气电立焊

气电立焊(EGW)工艺方法近年来在船体长立向上焊缝焊接中广泛采用,见图3 - 65、图 3 - 66 的自动化焊接方法,这里简要说明几点气电立焊设备使用要点。

图 3 - 65　油轮船侧合龙缝的气电立焊

(1)齿条轨道的安装与调整要方便、可靠,用于船体长立向缝焊接时,整个气电自动焊机都要牢固地安置于船侧或立向钢板上,而铝合金齿条轨道可能要接长数十米,为此,要求可靠,固定(一般用永久磁体吸盘)在船体钢板上。

(2)由于焊接电源、送丝系统、控制箱、循环冷却器等都装在焊机整体机架内,焊机的整体机架质量较大,轨道尽头必须考虑机架自动锁定装置,以使船体焊接高空作业时,确保焊机、人员的安全可靠,并方便操作人员观察焊接熔池状态。

(3)焊接小车的提升牵引要稳定可靠,瑞典 ESAB 公司采用悬挂在焊缝顶部的牵引电机的动链条牵引机头上升的方案,既节省了磁力轨道及其装卸工时费用,又减轻了工人的劳动强度。

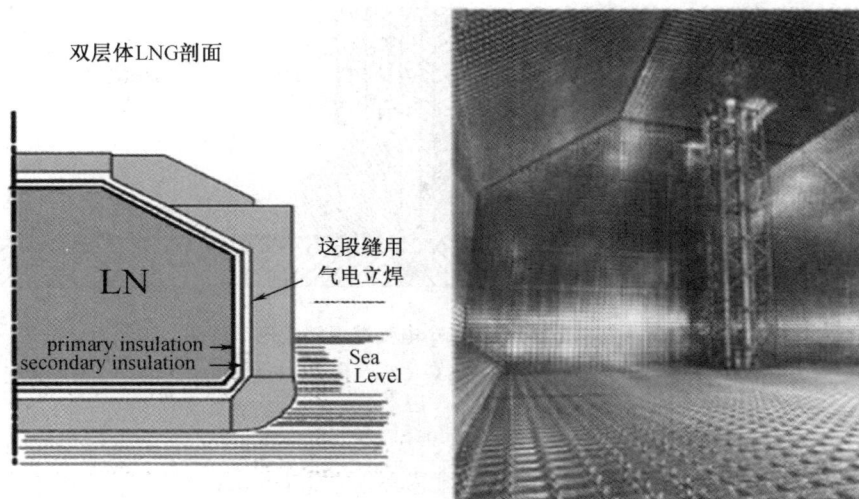

图 3 - 66　LNG 船内长立缝的气电立焊

（4）尽量采用各种焊接功能和焊接参数控制与显示系统，因为船体总段大合龙缝是船体焊接中最重大的焊缝，尽量一次成功，否则返修工作量更大，且不易保证焊接质量。为此，船体电气自动焊机要求采用各种焊接功能和焊接参数控制与显示系统。例如有电压电流传感器，以自动适应焊接坡口变化；设置供气控制传感器和循环冷却水压指示调节器，保证焊接质量控制。

3.9　药芯 CO_2 气体保护焊自动焊

3.9.1　药芯焊丝 CO_2 保护焊概述

（1）药芯焊丝 CO_2 保护焊工作原理

药芯焊丝 CO_2 焊是采用新型的焊接材料，即以药芯焊丝作为电极，外加 CO_2 气体保护的一种焊接方法。它既有 CO_2 焊的优点，又有焊条电弧焊的特点，由于它采用气 - 渣联合保护，所以基本上克服了飞溅大、成形差的情况和焊接中易产生气孔的缺点，其焊接过程和焊缝成形过程见图 3 - 67。

（2）药芯焊丝 CO_2 焊的特点

①由于是气 - 渣联合保护，电弧稳定，飞溅少，且飞溅颗粒细，容易清理，熔池表面覆盖有熔渣，因此焊缝成形美观。

②生产效率高，是手工焊条电弧焊的 3 ~ 6 倍。

③对钢材的适应性强，只需要调整焊芯中的粉剂成分就可以焊接或堆焊不同成分的钢材，所以，适应性比实芯焊丝强。

④由于受到气 - 渣联合保护，所以抗气孔能力比实芯焊丝强。

⑤对焊接电源无特殊要求，交、直流，平或陡降外特性电源均可。

药芯焊丝 CO_2 焊的主要缺点是焊丝制造比较复杂，送丝也比实芯焊丝困难，焊丝外表

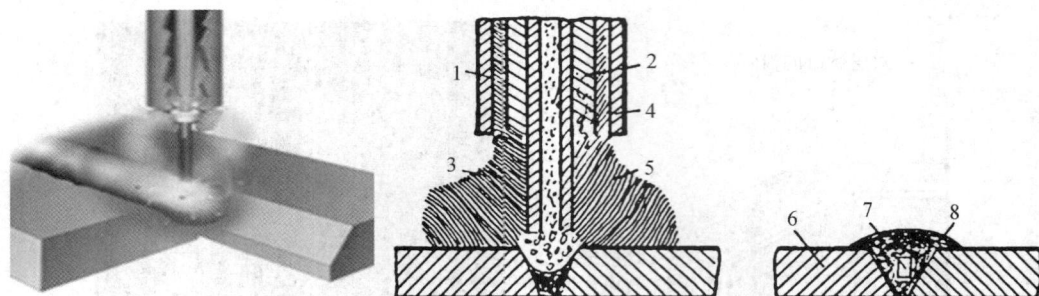

图 3 – 67　药芯焊丝 CO_2 电弧焊焊缝成形示意图

1—气体喷嘴;2—导电嘴;3—CO_2 气体;4—药芯物质;

5—焊丝钢皮;6—工件;7—焊缝金属;8—渣壳

易生锈,焊芯粉剂易受潮。所以使用前焊丝焊芯必须在 $250 \sim 300$ ℃温度下进行烘干。否则焊接后,焊缝中易产生气孔。

3.9.2　药芯焊丝的结构及牌号

(1)药芯焊丝的结构

药芯焊丝由 08A 冷轧薄钢带,经轧机纵向折叠加粉剂后拉拔成所需规格直径的焊丝,药芯焊丝的截面形状种类很多,大致分为两类:简单截面的"O"型(管状)焊丝和复杂断面的折叠焊丝。折叠焊丝中又有"T"型、"E"型、"梅花"型和"中间填丝"型等。"O"型焊丝断面的焊丝通常称为管状焊丝。见图 3 – 68 所示,由于它的芯部粉剂不导电,电弧容易沿四周的钢皮旋转,因此电弧的稳定性较差。折叠焊丝因钢皮在整个断面上分布比较均匀,焊丝芯部也能导电,所以电弧燃烧稳定,焊丝熔化均匀,冶金反应完善。

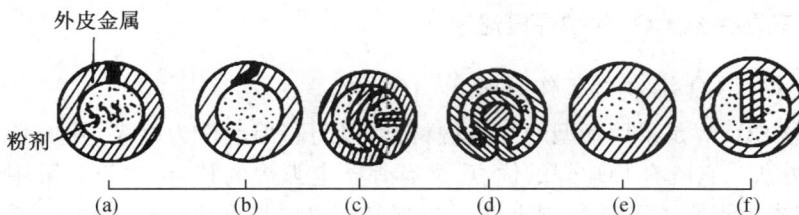

图 3 – 68　药芯焊丝的截面形状示意图

由于小直径折叠焊丝制造比较困难,因此一般直径小于或等于 2.4 mm 时,焊丝制成"O"型;直径大于 2.4 mm 时,焊丝制成折叠形。直径规格有 2.0 mm,2.4 mm,2.8 mm,3.2 mm 几种。焊芯(焊丝芯部粉剂)的成分和焊条药皮相似,含有稳弧剂、脱氧剂、造渣剂和合金剂等。按粉剂成分可分为钛型、钙型和钛钙型等几种。粉剂中一般含有较多的铁粉,其目的在于增加焊丝的熔敷系数。目前国内生产的药芯焊丝多属钛型,主要用于低碳钢和低合金钢的焊接。

药芯焊丝的制造质量对焊接过程的稳定性和焊缝质量有很大的影响。粉剂中的各种成分必须搅拌均匀,沿焊丝长度粉剂的致密度也应均匀。另外焊丝外壳的接缝必须吻合紧密,不应有局部开裂。焊丝拔制后应有一定的刚度,以保证在软管中输送畅通。

(2)药芯焊丝的牌号及型号

我国的不锈钢药芯焊丝牌号有新、旧两个类型。旧类型是历史比较早的药芯焊丝厂家习惯使用的,其编制方法基本与手工焊条牌号相同,只是牌号前的字母不同(如"Y"),用以区别手工焊条;新类型是新发展起来的药芯焊丝厂家习惯使用的,其编制方法基本与国家标准 GB/T17853—1999《不锈钢药芯焊丝》相同,只是牌号前用不同的字母表示不同的厂家。

国家标准 GB/T17853—1999 中规定了不锈钢药芯焊丝的型号分类、技术要求、试验方法及检验规则等。该标准规定,所适用的不锈钢药芯焊丝熔敷金属中铬含量应大于10.50%,铁的含量应超过其他任何元素。此外,标准还规定焊丝芯部所含非金属组分应不小于焊丝总重的 5%。

GB/T17853—1999 中规定的不锈钢药芯焊丝型号编制方法如下:第一位是字母"E"或字母"R","E"表示焊丝,"R"表示填充焊丝;后面用三位或四位数字表示熔敷金属化学成分分类代号,如有特殊要求的化学成分,将其元素符号附加在数字后面,或者用"L"表示碳含量较低、"H"表示碳含量较高、"K"表示焊丝应用于低温环境;再后面用"T"表示药芯焊丝,之后用一位数字表示焊接位置,"0"表示焊丝适用于平焊位置或横焊位置焊接,"1"表示焊丝适用于全位置焊接;后接"-","-"后面用数字表示保护气体及焊接电流类型,见表3-10。

表 3 - 10　各型号不锈钢药芯焊丝的保护气体、电流类型及焊接方法

型号	保护气体	电流类型	焊接方法
E×××T×-1	CO_2		
E×××T×-3	无(自保护)	直流反接	PCAW
E×××T×-4	75%~80% Ar + CO_2		
E×××T1-5	100% Ar	直流正接	GTAW
E×××T×-G	不规定	不规定	FCAW
E×××T1-G			GTAW

注:FCAW 为药芯焊丝电弧焊,GTAW 为钨极惰性气体保护焊。

3.9.3　药芯焊丝 CO_2 电弧焊和焊接规范参数

药芯焊丝 CO_2 电弧焊,由于焊丝中粉剂改变了电弧特性,因而直流、交流、平特性或陡降特性电源均可使用,只是采用直流时仍用直流反接。要求电弧电压在 25~35 V 之间,焊接电流按焊丝直径的不同,可在 200~700 A 之间选择,既可采用半自动焊也可采用自动焊。利用不同的分级成分来控制熔渣的黏度,不仅可以进行平焊,也可以进行全位置焊接。

药芯焊丝 CO_2 电弧焊已在我国造船、冶金结构、汽车制造、机械制造等工业部门中得到广泛的推广应用。

3.10 CO₂ 气体保护焊焊接质量及安全操作

3.10.1 CO₂ 气体保护焊的缺陷及防止措施

在 CO_2 气体保护焊过程中,由于焊接材料、焊接参数选择不当等原因,会造成气孔、飞溅、裂纹、咬边、烧穿、未焊透等缺陷,严重时将影响焊缝的质量。下面就各缺陷的产生原因及防止措施简要分析如下:

(1)焊缝成形不良

①产生原因 焊缝成形不良主要表现在焊缝弯曲不直、成形差等方面,主要原因有:

a. 电弧电压选择不当;

b. 焊接电流与电弧电压不匹配;

c. 焊接回路电感值选择不合适;

d. 送丝不均匀,送丝轮压紧力太小,焊丝有卷曲现象;

e. 导电嘴磨损严重;

f. 操作不熟练。

②防止措施 选择合理的焊接参数,检查送丝轮并做相应调整,更换导电嘴,提高操作技能。

(2)飞溅

①产生原因 飞溅是 CO_2 气体保护焊中的一种常见现象,但由于各种原因会造成飞溅较多。产生的主要原因如下:

a. 短路过渡焊接时,直流回路电感值不合适,过小会产生小颗粒飞溅,过大会产生大颗粒飞溅;

b. 电弧电压选择不当,电弧电压太高会使飞溅增多;

c. 焊丝中含碳量太高也会产生飞溅;

d. 导电嘴磨损严重和焊丝表面不干净也会使飞溅增多。

②防止措施 选择合适的回路电感值,调节电弧电压,选择优质的焊丝,更换导电嘴。

(3)气孔

①产生原因 CO_2 气体保护焊产生气孔的原因为:

a. 气体纯度不够,水分太多;

b. 气体流量不当,包括气阀、流量计、减压阀调节不当或损坏,气路有泄漏或堵塞,喷嘴形状或直径选择不当,喷嘴被飞溅物堵塞,焊丝伸出长度太长;

c. 焊接操作不熟练,焊接参数选择不当;

d. 周围空气对流太大;

e. 焊丝质量差,焊件表面清理不干净。

②防止措施 彻底清除焊件上的油、锈、水,更换气体,检查或串接预热器,清除堵在喷嘴内壁的飞溅物,检查气路有无堵塞和弯折处,采取防风措施减少空气对流。

(4)裂纹

①产生原因 CO_2 气体保护焊裂纹的原因如下:

a. 焊件或焊丝中 P,S 含量高,Mn 含量低,在焊接过程中容易产生热裂纹;

b. 焊件表面清理不干净;

c. 焊接参数选择不当,如熔深大而熔宽窄以及焊接速度快,使熔化金属冷却速度增加,都会产生裂纹;

d. 焊件结构刚度过大也会产生裂纹。

②防止措施　严格控制焊件及焊丝的 P、S 等含量,严格清理焊件表面,选择合理的焊接参数,对结构刚度大的焊件可更改结构或采取焊前预热、焊后消氢处理。

(5)咬边

①产生原因　CO_2 气体保护焊产生咬边的主要原因如下:

a. 焊接参数选择不当,如电弧电压过大、焊接电流太大、速度太慢都会造成咬边;

b. 操作不熟练。

②防止措施　选择合适的焊接参数,提高操作技能。

(6)烧穿

①产生原因　CO_2 气体保护焊产生烧穿的主要原因如下:

a. 焊接参数选择不当,如焊接电流太大、焊接速度太慢等;

b. 根部间隙太大;

c. 操作不当。

②防止措施　选择合适的焊接参数;尽量采用短弧焊接;提高操作技能,在操作时,焊丝可做适当的直线往复运动,保证焊件的装配质量。

(7)未焊透

①产生原因　CO_2 气体保护焊产生未焊透的主要原因如下:

a. 焊接参数选择不当,如电弧电压太低,焊接电流太小,送丝速度不均匀,焊接速度太快等均会造成未焊透;

b. 操作不当,如摆动不均匀等;

c. 焊件坡口角度太小,钝边太大,根部间隙太小。

②防止措施　选择合适的焊接参数,提高操作技能;保证焊件坡口加工质量和装配质量。

CO_2 气体保护焊的缺陷产生原因及防止措施归纳为表格,见表 3 - 11。

表 3 - 11　CO_2 气体保护焊的缺陷及防止措施

缺陷名称	产生原因	防止措施
裂纹	焊缝深宽比太大	增高电弧电压或减小焊接电流以加宽焊道而减小熔深
	焊道太小(特别是角焊缝和根部焊道)	减慢行走速度以加大焊道横截面
	焊缝末端处的弧坑冷却快	采用衰减措施以减小冷却速度;适当地填满弧坑
夹渣	采用短路电弧多道焊;存在熔渣型夹杂物	在焊接下一道焊道之前清除掉焊道上发亮的渣壳
	高的行走速度,存在氧化膜型夹杂物	减小行走速度;采用含脱氧剂较高的焊丝;提高电弧电压

表 3 – 11（续）

缺陷名称	产生原因	防止措施
气孔	气体保护不足	增加保护气体的流量,以排除焊接区的全部空气。流量过大时,减少保护气体流量,以防止空气在保护气流搅动中卷入。清除气体喷嘴内部的飞溅,避免空气流(由风扇、开门等引起的)吹入焊接区,采用较慢的行走速度,减小喷嘴与焊件的距离,焊枪在焊缝的尾部要一直保持到弧坑凝固为止
	焊丝被污染	采用清洁而干燥的焊丝;清除焊丝在送丝装置中或导丝管中黏附上的润滑剂
	工件被污染	焊前清除工件表面上的全部油脂、锈、油漆和尘土;采用含较高脱氧剂的焊丝
	电弧电压太高	减小电弧电压
	喷嘴与工件的距离太大	减小焊丝伸出长度
未熔合	焊接区表面有氧化膜或锈皮	焊前清理全部坡口面和工件表面上的轧制氧化皮或杂质
	线能量不足	提高送丝速度和电弧电压;减小行走速度
	焊接技术不合适	采用摆动操作以使在坡口面上有瞬时停歇,焊丝的指向保持在焊接熔池的前沿
	接头设计不合理	开坡口接头的夹角要保持足够大,以便采用合适的焊丝伸出长度和电弧特性来达到坡口的底部。坡口设计改 V 形为 U 形
未焊透	坡口加工不合适	接头的设计必须合适,以便熔深能达到坡口的底部;同时要保持喷嘴与工件的距离及电弧特性合适。减小钝边。设置或增大对接接头中的根部间隙
	焊接技术不合适	使焊丝定位在适当的行走角度上以达到最大熔深;电弧保持在焊接熔池的前沿
	线能量不合适	提高送丝速度以获得较高的焊接电流;保持喷嘴与工件的适当距离
烧穿	未焊透线能量过大	减小送丝速度和电弧电压
	坡口加工不当	减小过大的根部间隙;增大钝边

3.10.2　CO_2 气体保护焊的安全操作技术

CO_2 气体保护焊的安全操作技术有特定的如下几点:

(1)CO_2 气体保护焊时,电弧光辐射比手工焊条电弧焊强,因此更应加强防护措施,采用较好的护目镜。

(2)CO_2 气体保护焊时,飞溅较大,尤其是粗丝 CO_2 气体保护焊时,更会产生大颗粒飞溅,因此,防护用具完善,穿戴好工作服和手套,防止烧伤人体。

（3）CO_2 气体在高温下会分解出对人体有害的气体，焊接时还会排除其他有害气体和金属烟尘，特别在狭小舱室或容器内施焊，更应加强通风，且要有人在外面监护。

（4）CO_2 气体预热器所使用的电压不得高于 36 V。

（5）再使用 CO_2 气体瓶时，必须遵守"气瓶安全监察规程"的规定。

（6）大电流粗丝 CO_2 气体保护焊时，应防止焊枪水冷系统漏水破坏绝缘，发生触电事故。

【工程实例】

CO_2 气体保护焊在压力钢管管道中的应用

某水利枢纽工程压力管道共 1 192 吨，管径有 1 400 mm，2 500 mm，3 600 mm，600 mm，6 700mm 等五种规格，另外还有两根弯管和三个盆管，板材有 12 mm，14 mm，16 mm，18 mm，20 mm，24 mm 和 30 mm，焊接工作量大，焊接质量要求高，技术难度较大。由于 CO_2 气体保护焊被认为是当前焊接质量好、高效益、低成本、节省能源的一种焊接方法，所以优先选用 CO_2 气体保护焊作为主要焊接方法，辅以焊条电弧焊盖面。

1. 焊前准备

1.1　坡口加工

坡口形状和尺寸的正确选择和设计是极为重要的，施工工艺人员必须考虑焊接方法、焊接位置、板材厚度、接头类型、变形大小和熔透要求以及经济性等因素，制定焊接工艺，采用半自动切割机加工板材坡口，坡口形式见图 3 – 69。

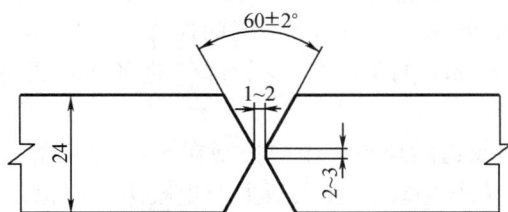

图 3 – 69　坡口形式

1.2　表面清理

焊接前将坡口两侧各 50 mm 范围的油污、铁锈及水分等清理干净，并在表面涂上一层飞溅防粘剂，在焊枪喷嘴上涂一层喷嘴防堵剂。

1.3　将 CO_2 气瓶倒置 1 ~ 2 h，使水分下沉，每隔 0.5 h 放水一次，放 2 ~ 3 次。

1.4　根据焊接工艺试验编制焊接工艺，焊丝 ER5026，$\phi 1.0$ mm，$\phi 1.2$ mm，焊机 KRII350。

1.5　采用左焊法

2.0　焊接操作工艺

2.1　对接焊缝操作工艺

2.1.1　由于 CO_2 气体保护焊熔深大，在板厚小于 12 mm 时，均可用 I 型坡口（不开坡口）双面单道焊接，例如加劲环的焊接。对于开坡口的对接接头，若坡口较窄，可多层单道焊;若坡口较宽,可采用多层多道焊。

2.1.2　焊接过程中,焊枪横向摆动时,要保证两侧坡口有一定熔深,使焊道平整。有一定下凹,避免中间凸起,这样会使焊缝两侧与坡口面之间形成夹角,产生未焊透、夹渣等缺陷。

2.1.3　要控制每层焊道厚度,使盖面焊道的前一层焊道低于母材 1.5～2.5 mm,并一定不能熔化坡口两侧棱边,这样盖面时可看清坡口,为盖面创造良好条件。

2.1.4　盖面焊焊接时,焊前应将前一层凸起不平的地方磨平。焊枪摆动的幅度比填充层要大一些,摆动时应幅度一致,速度均匀,要特别注意坡口两侧熔化情况,保证熔池边缘超过坡口两侧棱边,并不大于 2 mm,以免咬边。

2.1.5　若每层用多道焊时,焊丝应指向焊缝与坡口面、焊缝与焊缝的角平分线位置,并且焊缝彼此重叠不小于焊缝宽度的 1/3 倍。

2.2　角焊缝操作工艺

2.2.1　角焊缝焊接时,易产生咬边、未焊透、焊缝下垂等缺陷,所以应控制焊丝的角度。等厚板焊接时,焊丝与水平板的夹角为 40°～50°。不等厚板时,焊丝的倾角应使电弧偏向厚板,板厚越厚,焊丝与其夹角越大。

2.2.2　对于焊脚为 6～8 mm 的角焊缝,采用单道焊,焊枪指向焊丝距根部 1～2 mm 处。对于焊脚为 6 mm 的焊缝,采用直线移动法焊接,对于焊脚为 8 mm 的焊缝,焊枪应做横向摆动,可采用斜圆圈形运丝法焊接。

2.2.3　对于焊脚为 10～12 mm 的角焊缝,由于焊脚较大,应采用多层焊,焊 2 层。焊接时,第一层操作与单层焊相同,焊枪与垂直板夹角减少,并指向距根部 2～3 mm 处,这时电流比平常时稍大,目的是为了获得不等焊脚的焊道;焊接第二层时,电流比第一层稍小,焊枪应指向第一层焊道的凹陷处,直至达到所需的焊脚。

2.2.4　对于焊脚为 15 mm 的角焊缝(岔管部位的 30 mm 月牙肋板)应采用多层多道焊,即焊 3 层。

需要注意的是操作时每道的焊脚大小应控制在 6～7 mm 左右,否则焊脚过大,易使熔敷金属下垂,在水平板上易产生焊瘤,在立板上产生咬边。焊枪角度及指向应保证最后得到等脚和光滑均匀的焊缝。

3.0　制作、安装焊接

3.1　制作(CO_2 气体保护焊)环缝焊接工艺参数见表 3－12。

表 3－2　制作环缝焊接工艺参数

焊层	焊丝直径/mm	焊接电流/A	电弧电压/V
打底焊	1.2	110～120	20～24
填充焊、盖面焊	1.2	130～140	22～24

3.2　安装焊接

安装环缝的焊接步骤如图 3－70 所示。

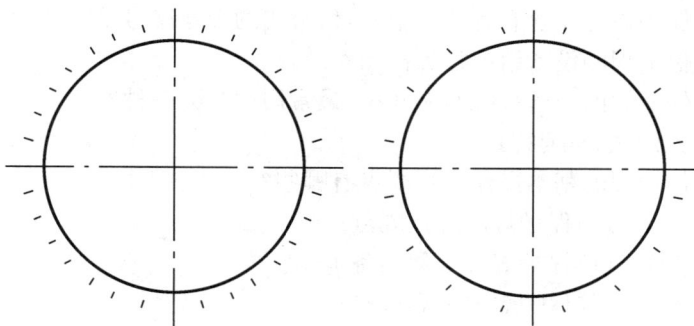

图 3 - 70　环缝分段退步跳焊

安装环缝采用手工电弧焊,焊机采用 BX - 500A 交流焊机,焊条采用 E4316,安装环缝焊接工艺参数见表 3 - 13。每条焊缝采用多层多道焊。每层之间应严格控制层间温度为 100 ~ 200 ℃,相邻层焊道间接头应错开 50 mm,每条环缝应连续焊完。为了减少焊接应力和焊接变形,采用先焊内缝后焊外缝的方法,并由 4 名焊工分别由相应位置向 Y 轴方向(钢管顶部)进行封端退步跳焊,采用相同的焊接工艺参数同时起焊,同时焊完。第一层、第二层分段的长度短些,第三层以后可以加大分段的长度,盖面层不分段以利于减少焊接接头,使焊缝表面美观。

安装(手工电弧焊)环缝焊接工艺参数见表 3 - 13。

表 3 - 13　安装(手工电弧焊)环缝焊接工艺参数

焊层	焊条直径/mm	焊接电流/A	电弧电压/V
打底焊	3.2	110 ~ 120	20 ~ 24
填充焊、盖面焊	4.0	130 ~ 140	22 ~ 24

4.0　焊后检查

钢管焊接完成后,为了消除焊接应力,防止产生冷裂纹,进行焊后热处理,后热温度为 250 ℃时保温 2 h。加热范围为焊缝两侧 100 mm 以上。按 DL/T5017—2007/GB10854—89 标准焊后进行外观检查,焊缝焊完后 48 h 按超声波标准检查。

【讨论、思考题】

1. 薄板焊接的主要特点是什么?

2. 为什么中薄板采用 CO_2 气体保护焊效率较高?

3. CO_2 气体保护焊原理是什么?

4. CO_2 气体保护焊是如何分类的?

5. CO_2 气体保护焊有何优点?

6. 熔滴过渡形式有几种,细丝 CO_2 气体保护焊的熔滴过渡有哪几种?

7. CO_2 气体保护焊的焊接主要问题有哪些,原因是什么?

8. CO_2 气体纯度对焊接质量有何影响?

9. 说明使用 CO_2 气体时应注意什么？

10. CO_2 气体保护焊焊丝含有哪些合金元素,常用的焊丝牌号是哪几种？

11. CO_2 气体保护焊的设备组成是怎样的？

12. CO_2 气体保护焊的送丝系统有哪几种,最常用的是哪一种？

13. 什么是潜弧焊法,有何特点？

14. CO_2 气体保护焊的基本操作技术要点有哪些？

15. 如何调节 CO_2 气体保护焊的焊接规范？

16. 如何做好 CO_2 气体保护焊的施焊准备工作？

17. 如何进行 CO_2 气体保护焊的平焊操作？

18. 如何进行 CO_2 气体保护焊的立焊操作？

19. 如何进行 CO_2 气体保护焊的横焊操作？

20. 如何进行 CO_2 气体保护焊的仰焊操作？

21. 如何进行无衬垫对接 CO_2 气体保护半自动焊的单面焊？

22. 如何进行 MAG/CO_2 气体保护焊带陶瓷衬垫单面焊的操作？

23. 如何调整 CO_2 气体保护自动焊多层角焊缝焊接时的焊丝角度？

24. CO_2 气体保护自动焊的平角焊的工艺要点是什么？

25. CO_2 气体保护自动焊的立向上焊的工艺要点是什么？

26. CO_2 气体保护自动焊的横焊的工艺要点是什么？

27. CO_2 气体保护自动焊的仰焊的工艺要点是什么？

28. CO_2 气体保护自动焊的船体气电立焊的设备选用要点是什么？

29. 药芯焊丝 CO_2 气体保护焊的优点是什么？

30. 药芯焊丝的构造如何？ 常用药芯焊丝的牌号有哪些？

31. CO_2 气体保护焊常见的缺陷有哪些,防止措施是什么？

32. CO_2 气体保护焊的安全操作要点是什么？

【作业题】

1. 编写 $\delta = 8$ mm 的 A_3 钢板的无衬垫对接 CO_2 气体保护半自动焊单面焊工艺。

2. 编写 $\delta = 14$ mm 的 16Mn 钢板的 MAG/CO_2 气体保护焊带陶瓷衬垫单面焊工艺。

3. 编写图 3 - 37 所示结构的 CO_2 气体保护自动焊的平角焊的工艺要点。

4. 编写图 3 - 63 所示结构的船体气电立焊的焊接工艺要点。

项目4 中厚板的埋弧自动焊

知识目标

1. 埋弧焊的实质及其优越性；
2. 钢结构厂常用埋弧焊设备；
3. 埋弧焊焊接材料；
4. 埋弧焊的工艺参数对焊缝形状和尺寸的影响；
5. 埋弧自动焊操作工艺；
6. 埋弧自动焊操作工艺——埋弧焊填角焊；
7. 单面焊双面成型埋弧焊工艺(带钢板衬垫、带陶瓷衬垫、带焊剂衬垫)；
8. 埋弧焊特殊工艺过程。

能力目标

1. 通过介绍埋弧焊原理、设备,掌握相关知识与技能；
2. 能正确选择埋弧焊焊接材料；
3. 通过介绍埋弧焊的设备,掌握埋弧焊设备构造与拆装技能；
4. 掌握埋弧焊的基本操作技能,能识别埋弧焊的工艺参数,并判断其大小；
5. 通过介绍埋弧焊填角焊,掌握操作技能；
6. 能正确操作陶瓷衬垫单面焊工艺；
7. 熟悉埋弧焊特殊工艺过程；
8. 能进行埋弧自动焊的常规操作。

素质目标

1. 要求学生养成求实、严谨的科学态度；
2. 培养学生热爱行业、乐于奉献的精神；
3. 培养与人沟通、通力协作的团队精神。

4.0 项目导论

埋弧焊目前主要用于焊接各种钢板结构见图4-1。可焊接的钢种包括碳素结构钢、不锈钢、耐热钢及其复合钢材等。埋弧焊还适用于压力容器的环缝焊和直缝焊,锅炉冷却壁的长直焊缝焊接,船舶和潜艇壳体的焊接,起重机械(行车)和冶金机械(高炉炉身)的焊接等。此外,用埋弧焊堆焊焊耐磨耐蚀合金或用于焊接镍基合金、铜合金也是较理想的。从各种熔焊方法的熔敷金属质量所占份额的角度来看,埋弧焊约占10%左右,且多年来一直变化不大。

图4－1　钢板的埋弧自动焊拼接

　　埋弧焊机是指采用熔剂层下自动焊接的设备,它配用交流焊机作为电弧电源,它适于水平位置或与水平位置倾斜不大于10度的各种有、无坡口的对接焊缝、搭接焊缝和角焊缝。与普通手工弧焊相比,埋弧焊具有生产效率高、焊缝质量好,节省焊接材料和电能,焊接变形小及改善劳动条件等突出优点。在造船、压力容器、桥梁、铁路车辆、管道、海洋结构等领域有广泛的应用。进入21世纪,科学技术突飞猛进的发展,高效化焊接已提上日程,埋弧焊接高效化已是国内外焊接加工技术研究和应用的重要趋势。

　　我国钢产量大幅度增长,给工业采用钢结构建筑创造了有利条件,高层建筑、桥梁、体育场馆、车站、大型厂房、民用建筑等都采用钢结构。由于埋弧焊的高效率和高质量,使钢结构的制造大量采用埋弧焊焊接技术。

4.1　埋弧焊的实质及其优越性

4.1.1　埋弧焊的实质

　　埋弧焊是电弧在焊剂保护层下进行燃烧焊接的一种焊接方法。电弧被焊剂覆盖与空气隔离,焊接时没有弧光辐射,减轻对操作者身体的伤害。焊剂在燃烧时的冶金作用下,焊缝得到有效的保护,使焊缝不产生气孔、夹渣等缺陷,焊缝质量较高。埋弧焊的小车(焊车)都装有自动变速送丝机构和行走机构,焊接时自动送丝及行走,焊缝成型美观,生产效率高,因此,埋弧焊在工业中被广泛采用。

　　埋弧焊(含埋弧堆焊及电渣堆焊等)又叫焊层下自动焊,其具有焊接质量稳定、焊接生产率高、无弧光及烟尘很少等优点,使其成为压力容器、管道制造、箱型梁柱等重要钢结构制作中的主要焊接方法。近年来,虽然先后出现了许多种高效、优质的新焊接方法,但埋弧焊的应用领域依然未受任何影响。

　　埋弧自动焊与手工焊的区别在于焊丝的给送和电弧沿着焊接方向移动都是自动的。

　　埋弧自动焊的焊接过程见图4－2,埋弧焊接焊缝的形成过程见图4－3。

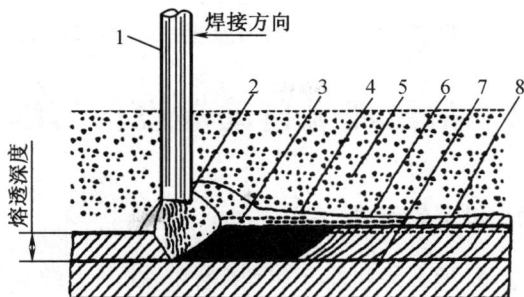

图 4-2 埋弧焊时的焊缝的形成过程

1—焊丝；2—电弧；3—熔池金属；4—熔渣；5—焊剂；6—焊缝；7—焊件；8—渣壳

4.1.2 埋弧焊的优越性和局限性

4.1.2.1 埋弧自动焊的主要优点

（1）生产率高 埋弧焊的焊丝伸出长度（从导电嘴末端到电弧端部的焊丝长度）远较手工电弧焊的焊条短，一般在 50 mm 左右，而且是光焊丝，不会因提高电流而造成焊条药皮发红问题，即可使用较大的电流（比手工焊大 5～10 倍），因此，熔深大，生产率较高。对于20 mm 以下的对接焊可以不开坡口，不留间隙，这就减少了填充金属的数量。

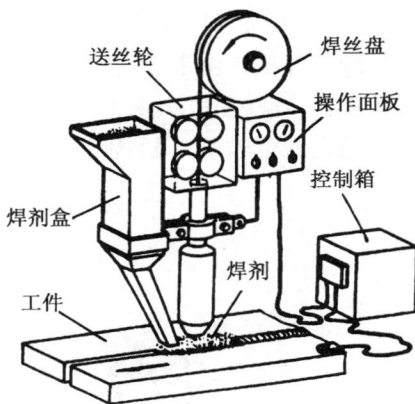

图 4-3 埋弧自动焊的焊接过程

（2）焊缝质量高 对焊接熔池保护较完善，焊缝金属中杂质较少，只要焊接工艺选择恰当，较易获得稳定高质量的焊缝。

（3）劳动条件好 除了减轻手工操作的劳动强度外，电弧弧光埋在焊剂层下，没有弧光辐射，劳动条件较好。埋弧自动焊至今仍然是工业生产中最常用的一种焊接方法。适于批量较大，较厚，较长的直线及较大直径的环形焊缝的焊接。埋弧焊广泛应用于化工容器、锅炉、造船、桥梁等金属结构的制造。

4.1.2.2 埋弧自动焊的局限性

埋弧自动焊方法也有不足之处，如不及手工焊灵活，一般只适合于水平位置或倾斜度不大的焊缝；工件边缘准备和装配质量要求较高、费工时；由于是埋弧操作，看不到熔池和焊缝形成过程，因此，必须严格控制焊接规范。

（1）机动灵活性差，埋弧焊采用颗粒状焊剂进行保护，一般只适用于平焊和角焊位置的焊接，其他位置的焊接，则需采用特殊装置来保证焊剂对焊缝区的覆盖和防止熔池金属的漏淌。焊接时不能直接观察电弧与坡口的相对位置，需要采用焊缝自动跟踪装置来保证焊嘴对准焊缝不焊偏。

（2）埋弧焊使用电流较大，电弧的电场强度较高，电流小于 100 A 时，电弧稳定性较差，因此不适宜焊厚度小于 1 mm 的薄件。

（3）难以用于焊接铝、钛等易氧化的金属及其化合物。

总之,埋弧自动焊适用于低碳钢和合金钢中厚板水平面上长直接缝的焊接。

4.2 常用埋弧自动焊设备与维修

4.2.1 埋弧焊自动焊设备的组成

埋弧焊设备由焊接电源、埋弧焊机小车、焊接电缆、控制电缆和控制线所组成。其电源可以使用交流、直流或交直流并用。根据施焊需要,还有一些辅助设备,如焊车行走轨道、铺放焊件的平台或电磁平台、移动焊件的胎架等,每部分都十分重要,只有配合得好才能充分发挥埋弧焊的优势。

埋弧焊机分为半自动焊机和自动焊机两大类。此外,还有各类专用埋弧焊机,现分述如下。

4.2.1.1 半自动埋弧焊机

半自动埋弧焊机是由带焊剂盒的焊接手把、埋弧焊机(焊接电源)组成,见图4-4,焊接手把靠人工操作,焊接速度由人工控制。半自动埋弧焊机的主要功能是:(1)将焊丝通过软管连续不断地送入电弧区;(2)传输焊接电流;(3)控制焊接启动和停止;(4)向焊接区铺施焊剂。

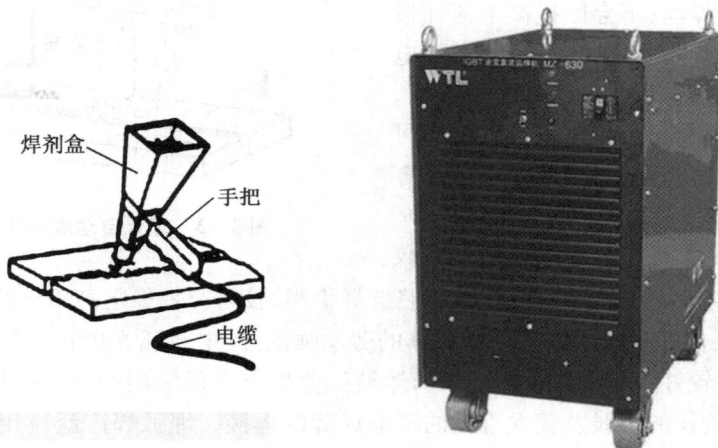

图4-4 MZ—630半自动埋弧焊机

半自动埋弧焊机系统主要由送丝机构、控制箱、带软管的焊接手把及焊接电源组成。软管式半自动埋弧焊机兼有自动埋弧焊的优点及手工电弧焊的机动性。在难以实现自动焊的工件上(例如中心线不规则的焊缝、短焊缝、施焊空间狭小的工件等),可用这种焊机进行焊接。

4.2.1.2 自动埋弧焊机

自动埋弧焊机是由埋弧焊机、辅助设备组成,可以达到自动焊接,自动埋弧焊机的主要功能是:(1)连续不断地向焊接区送进焊丝;(2)传输焊接电流;(3)使电弧沿接缝移动;(4)控制电弧的主要参数;(5)控制焊接的启动与停止;(6)向焊接区铺施焊剂;(7)焊接前调节焊丝端位置。

常用的自动埋弧焊机有等速送丝和变速送丝两种。它们一般都由机头、控制箱、导轨（或支架）以及焊接电源组成。等速送丝自动埋弧焊机采用电弧自身调节系统；变速送丝自动埋弧焊机采用电弧电压自动调节系统。

自动埋弧焊机按照工作需要，做成不同的形式。常见的有焊车式、悬挂式、机床式、悬臂式、门架式等。使用最普遍的是 MZ—1000 焊机，该焊机为焊车式。MZ—1000 焊机采用电弧电压自动调节（变速送丝）系统，送丝速度正比于电弧电压。

（1）电源的要求

一般采用下降特性电源。电源分交流和直流两种。直流电源有磁放大器式、晶闸管式和逆变式。由于晶闸管式体积适中、效率高、运行可靠、价格低廉，因此被广泛采用。直流电源的特点：电弧稳定、采用反极性连接、熔深较大、成型美观。

一般埋弧焊多采用粗焊丝，电弧具有水平的静特性曲线。按照前述电弧稳定燃烧的要求，电源应具有下降的外特性。在用细焊丝焊薄板时，电弧具有上升的静特性曲线，宜采用平特性电源。

埋弧焊电源可以用交流（弧焊变压器）、直流（弧焊发电机或弧焊整流器）或交直流并用。要根据具体的应用条件，如焊接电流范围、单丝焊或多丝焊、焊接速度、焊剂类型等选用。

一般直流电源用于小电流范围、快速引弧、短焊缝、高速焊接，所采用焊剂的稳弧性较差及对焊接工艺参数稳定性有较高要求的场合。采用直流电源时，不同的极性将产生不同的工艺效果。当采用直流正接（焊丝接负极）时，焊丝的熔敷率最高；采用直流反接（焊丝接正极）时，焊缝熔深最大。

采用交流电源时，焊丝熔敷率及焊缝熔深介于直流正接和反接之间，而且电弧的磁偏吹最小。因而交流电源多用于大电流埋弧焊和采用直流时磁偏吹严重的场合。一般要求交流电源的空载电压在 65 V 以上。

为了加大熔深并提高生产率，多丝埋弧自动焊得到越来越多的工业应用。目前应用较多的是双丝焊和三丝焊。多丝焊的电源可用直流或交流，也可以交、直流联用。双丝埋弧焊和三丝埋弧焊时焊接电源的选用及连接有多种组合。

（2）控制电缆

一般采用 16 芯电缆。埋弧焊长期处在运动之中，电缆长期弯曲，容易损坏。电缆的质量特别重要，电缆与插头的焊接一定要可靠。由于电缆内部断线造成设备不能工作的例子已经举不胜举，应该引起注意。

（3）小车（焊车）

小车是由电气控制箱、电机和机械传动装置组成。小车分为等速送丝和变速送丝两种。目前大部分采用变速送丝系统，较为先进的已采用无触点数字控制技术。小车工作平稳、可靠。见图 4-5，焊接过程中只有使焊丝的给送速度等于焊丝的熔化速度，电弧长度才能保证稳定不变。所谓焊丝给送速度是指在单位时间内送入焊接区的焊丝长度，所谓焊丝的熔化速度是指在单位时间内熔化送入焊接区的焊丝长度。

埋弧自动焊机有两种送丝方式。

（1）变速送丝制

MZ—1000 型自动焊机有三部分组成：带有焊接电流遥控装置的焊接变压器、控制和调节焊接工作的控制箱以及焊接小车。焊丝给送速度随电弧电压而变化，属于变速送丝制。

(a)

(b)

图 4 – 5 MZ—1000 型埋弧自动焊机

（a）MZ—1000 型埋弧自动焊机实图；（b）MZ—1000 型埋弧自动焊机结构图

（2）等速给送制

MZ$_1$—1000 型自动焊机也由焊接小车、控制箱和焊接电源组成。主要用来焊平位置以及斜度小于 15°的焊缝，也可以焊接直径大于 1 200 mm 的内环行的焊缝。焊丝给送速度在焊接过程中不变，属于等速给送制。

焊接速度和焊丝给送速度是通过改换齿轮的方法进行调节。所用焊丝直径为 1.6 ～ 5 mm，焊丝给送速度范围 0.87 ～ 6.7 m/min。焊接速度调节范围为 16 ～ 126 m/min。

4.2.1.3 专用自动埋弧焊机

各种专用自动化焊接设备的构成如下。

（1）焊接电源，其输出功率和焊接特性应与拟用的焊接工艺方法相匹配，并装有与主控制器相连接的接口。

（2）送丝机及其控制与调速系统，对于送丝速度控制精度要求较高送丝机，其控制电路应加测速反馈。

（3）焊接机头及其移动机构，它由焊接机头、焊接机头支承架、悬挂式拖板等组成，对于精密型焊头机构，其驱动系统应采用装有编码器的伺服电动机。

（4）焊件移动或变位机构，如焊接滚轮架，头尾架翻转机，回转平台和变位机等，精密型的移动变位机构应配伺服电动机驱动。

（5）焊件夹紧机构，大型埋弧焊机配有夹紧机构，有电磁吸铁式和压铁式等。

（6）主控制器，亦称系统控制器，主要用于各组成部分的联动控制，焊接程序的控制，主要焊接参数的设定，调整和显示。必要时可扩展故障诊断和人机对话等控制功能。

（7）计算机软件，焊接设备中常用的计算机软件有编程软件、功能软件、工艺方法软件和专家系统等。

（8）焊头导向或跟踪机构，弧压自动控制器，焊枪横摆器和监控系统。

（9）辅助装置，如送丝系统、循环水冷系统、焊剂回收输送装置、焊丝支架、电缆软管（包括拖链机构，结构设计、电气控制设计三大部分）。

各种专用自动化焊接设备见图 4 - 6。

(a)

(b)

(c)

(d)

(e)　　　　　　　　　　　　　　　(f)

(g)　　　　　　　　　　　　　　　(h)

图 4 - 6　专月自动化焊接设备

（a）直缝自动焊接设备；（b）过滤器水嘴自动焊机；（c）圆周自动焊机；
（d）立式环缝自动焊机（e）自动环缝焊机 HF - 500W；（f）仿形环缝焊机仿形自动焊机；
（g）立式环缝自动焊机 HF - 300L；（h）汽车三元催化器自动焊接设备

此外,为适应大型各构件的制作与安装、还有各种带辅助装置的成套焊接设备,如焊接中心,电渣焊装置,储油罐焊接装置等,见图 4 - 7,其他焊接设备结合大型钢结构将在后面相关部分讲述。

4.2.2　埋弧焊机的应用及维修

埋弧焊机主要供应对象是钢结构厂、造船厂、桥梁厂、压力容器厂等,使用后反映效果良好。但埋弧焊机是较复杂、较贵重的焊接设备,维护保养十分重要。

埋弧焊机纳入企业的设备管理范围,做好设备台账,实行分级管理,经常保养,定期维修,专人负责,谁操作谁维护,谁保管谁维修,确保埋弧自动焊设备的完好率和利用率。

4.2.2.1　埋弧焊焊机使用规则

（1）设备应专人使用,操作人员应对设备基本原理有所了解,合理使用焊接工艺规范进行焊接,人员应进行培训和考核;

(a)

(b)

(c)

(d)

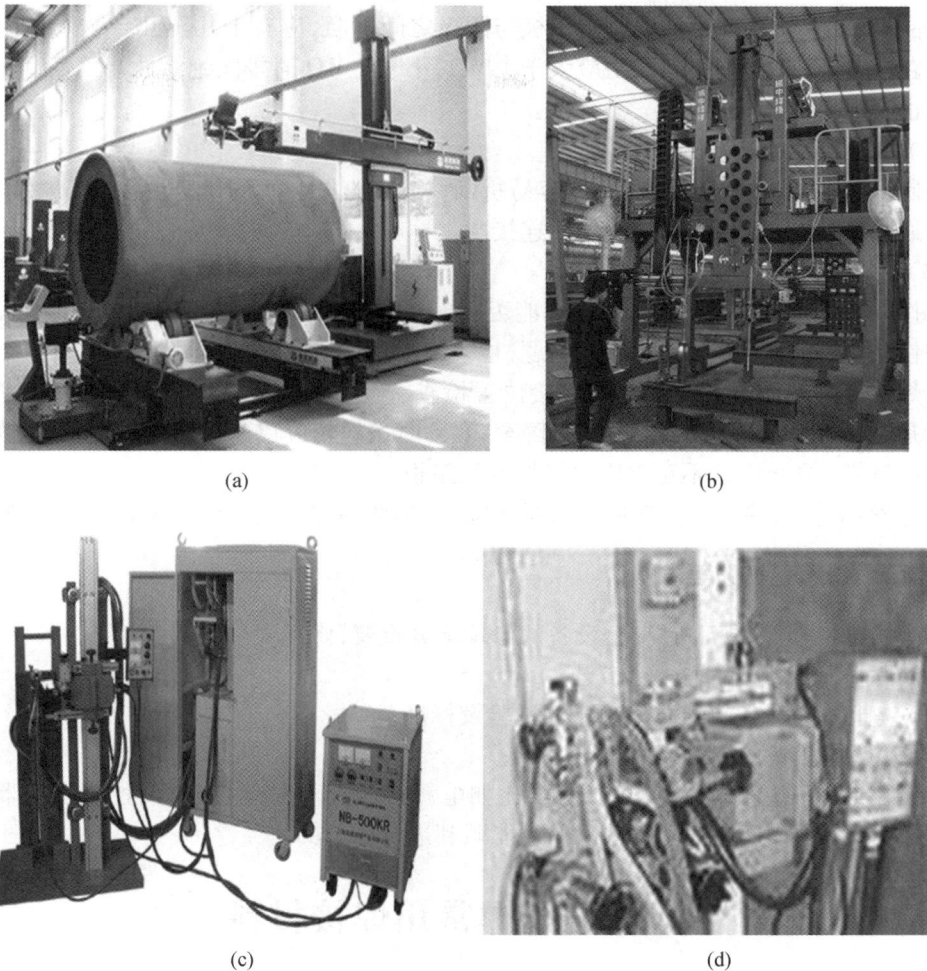

图 4 - 7 典型焊接成套设备

(a)焊接中心;(b) 电渣焊装置;(c)储油罐焊接装置;(d)储油罐焊机

(2)埋弧焊设备应定期进行清洁处理和更换导电嘴和送丝轮等;

(3)电源的进出线和接地线必须连接良好;

(4)控制电缆在小车端头应加以固定,不要使它严重弯曲损坏,出现故障。

4.2.2.2 埋弧焊设备的检修

设备出现故障,应从三方面检查,电源、控制电缆、小车。

(1)焊接电源检查

①打开电源开关,将转换开关放至手工焊位置,电源输出电压是否显示在规定值范围内,达不到规定的应更换控制线路板进行试验;

②检查熔断丝是否良好,输入三相电压是否(380 V ± 10%)正常,检查控制变压器各级电压是否在规定值内,如有问题,更换控制变压器;

③检查各继电器能否正常动作,出现问题更换器件;

④检查常温时温度继电器是否导通,冷却风扇运转是否正常,出现问题更换器件;

⑤晶闸管的检查,用万用表测量门极与阴极之间电阻,应有十几至几十欧姆电阻,否则门极短路或开路,阴与阳极间电阻应大于 1 MΩ,小于 1 MΩ 时极间绝缘性能不良,电阻值为零表示击穿。

(2)控制电缆检查

控制电缆长期处于运动状态,很容易折断,检查方法是用万用表电阻挡按电缆两端号码测量通断情况,有折断的可用备用线连接。

(3)小车故障的检查

①按下小车前进(后退)按键,小车能否行走,调节速度旋钮,能否改变行走速度。按下送丝按钮,送丝轮能否正反转。如有问题,检查熔断丝,检查小型继电器是否损坏。

②焊接——调整开关放在自动焊接位置检查。在不装焊丝时,按下焊接按钮,空载时送丝轮是否慢速旋转。当电压从 44 V 降至 28 V 时送丝轮应快速旋转,当短路电压为零时,送丝轮应反转(抽丝),若不正常应更换控制线路板。

③送丝不稳定,检查送丝轮的轮齿是否损坏,损坏的应更换。压紧装置是否调节得当。

4.2.3　修理人员的要求

弧焊机产品质量在不断提高,设备的修理十分重要,修理人员应具备的条件:

(1)熟悉弧焊机产品的生产工艺;

(2)应比较熟悉产品的质检、测试、试验及标准;

(3)一般应具备中专程度的电学基础;

(4)要准备一些修理用材料和工具,比如电源控制板、小车、控制板、控制变压器、继电器、开关,保险丝等,只有这样修理工作才能顺利进行。

4.3　埋弧焊常用焊接材料

埋弧焊焊接材料主要有焊丝和焊剂。

4.3.1　焊丝

焊接时作为填充金属或同时作为导电的金属丝叫焊丝。埋弧焊、气体保护焊、电渣焊中广泛使用焊丝作为熔化电极,焊丝与焊条焊芯同属一个国家标准。根据母材金属材质不同,施焊时与其相匹配的焊丝种类很多,如低碳钢焊丝、低合金结构钢焊丝、不锈钢焊丝等。

为了防止在焊缝中产生气孔,常在焊丝外表面镀上一层薄薄的防锈层——铜,这种焊丝叫镀铜焊丝。使用镀铜焊丝时,焊丝表面焊前不需要再做除锈处理,因此简化了工序。镀铜焊丝在埋弧焊、CO_2 焊中应用较多。镀铜焊丝的镀铜层很薄,微量的铜熔入焊缝中,不致引起裂纹。

焊丝与手弧焊焊条的焊丝相同。常用直径为 $\phi6,\phi5,\phi4,\phi3.2$ 等规格。常用焊丝牌号见表 4 – 1。

表4-1 常用焊丝牌号

牌号	GB标准	AWS标准	主要用途
JQ. H08A	H08A	EL8	与熔炼型焊剂431或烧结型焊剂301,501配合,50 kg级母材的高速焊接及填充焊接均可
JQ. H08E	H08E	EL8	与熔炼型焊剂431或烧结型焊剂301,501配合,50 kg级母材的高速焊接及填充焊接均可。
JQ. H08Mn2MoA			与烧结型焊剂101配合,可焊接60~70 kg级的母材。
JQ. H08MnA	H08MnA	EM12	与熔炼型焊剂350或烧结型焊剂101配合,50 kg级母材的高速焊接及填充焊接均可
JQ. H10Mn2	H10Mn2	EH14	与熔炼型焊剂350或烧结型焊剂101配合,50 kg级母材的高速焊接及填充焊接均可。具有非常稳定的熔敷金属机械性能
JQ. H10MnSi	H10MnSi	EM13K	与熔炼型焊剂350或烧结型焊剂101配合,50 kg级母材的高速焊接及填充焊接均可。多用于锅炉、压力容器、桥梁、船舶等工程的焊接
JQ. TH550-NQ-Ⅲ			与烧结型焊剂101配合,用于550 MPa抗拉强度等级耐候钢结构的焊接,如机车车辆、近海工程、桥梁等结构的焊接

4.3.2 焊剂

4.3.2.1 焊剂及其分类

（1）焊剂及其组成

焊剂是颗粒状焊接材料。在焊接时它能够熔化形成熔渣和气体,对熔池起保护和冶金作用。焊剂由大理石、石英、萤石等矿石和钛白粉、纤维素等化学物质组成。焊剂主要用于埋弧焊和电渣焊。用以焊接各种钢材和有色金属时,必须与相应的焊丝合理配合使用,才能得到满意的焊缝。

（2）焊剂分类

焊剂分为酸性、中性和碱性3种,按制造方法分为熔炼焊剂和非熔炼焊剂。熔炼焊剂是用各种矿石经电弧炉熔炼后粉碎而成。其中,酸性熔炼焊剂应用较多,它配以适当的焊丝,广泛用于碳钢和低合金结构钢的焊接。中性和碱性熔炼焊剂则用于强度较高的高强度钢焊接。非熔炼焊剂制造简单,劳动卫生条件较好,质量容易控制,并可加入各种所需合金元素来改善焊缝金属组织和性能,因而得到较广泛的应用。非熔炼焊剂烘干温度在400 ℃以下的,称为黏结焊剂;烘干温度在400~1 000 ℃的,称为烧结焊剂,后者强度好,成品率高,应用较多。

我国目前主要是按制造方法和化学成分分类,按制造方法可将焊剂分为熔炼焊剂、烧结焊剂和陶质型焊剂三种。

熔炼焊剂就是按配方将原料干混入炉熔炼,然后经过水冷粒化、烘干。筛选包装成成品;烧结焊剂和黏结焊剂都属于非熔炼焊剂,都是将原料粉按配方湿混,再经烘干、粉碎、筛选变成成品。所不同的是烧结焊剂是在 400 ~ 1 000 ℃温度下烘干而成(烧结而成)。而黏结焊剂是在 400 ℃温度下烘干而成。

焊剂特点及成分:

①熔炼焊剂

熔炼焊剂的特点是:成分均匀、颗粒强度高、吸水性小、易储存,是目前国内应用最多的焊剂。缺点是焊剂中无法加入脱氧剂和铁合金,因为熔炼过程中烧损十分严重。

常用熔炼型焊剂的组成成分见表 4 – 2。

表 4 – 2　常用熔炼型焊剂的组成成分

国标型号	牌号	焊剂类型	焊接电源	主要化学成分(%)(质量分数)	主要用途
HJ300—H10Mn2	HJ130	无锰高硅低氟	交直流	SiO_2 30 ~ 40,CaF_2 4 ~ 7 CaO 10 ~ 18,TiO_2 7 ~ 11 Al_2O_3 12 ~ 16,MgO 14 ~ 19 Fe O ≈ 2,S ≤ 0.05 P ≤ 0.05	熔炼型无锰焊剂,配合 H10Mn2 高锰焊丝或其他低合金钢焊丝,用于焊接低碳钢或普低钢,如 Q345 等结构
	HJ131	无锰高硅低氟	交直流	SiO_2 34 ~ 38,CaF_2 2 ~ 5 CaO 48 ~ 55,Al_2O_3 6 ~ 9 FeO ≤ 1,R_2O ≤ 3 S ≤ 0.05,P ≤ 0.08	熔炼型无锰高硅低氟焊剂,配合镍基焊丝焊接镍基合金薄板结构
	HJ150	无锰中硅中氟	直流	SiO_2 21 ~ 23,CaF_2 25 ~ 33 CaO 3 ~ 7,MgO 9 ~ 13 FeO ≤ 1,Al_2O_3 28 ~ 32 R_2O ≤ 3,S ≤ 0.08,P ≤ 0.08	熔炼型无锰焊剂,配合适当焊丝、如 2Cr13 或 3Cr2W8,可堆焊轧辊,也可焊接纯铜
	HJ151	无锰中硅中氟	直流	SiO_2 4 ~ 30,$Ca F_2$ 18 ~ 24 Al_2O_3 22 ~ 30,MgO 13 ~ 20 CaO ≤ 6,FeO ≤ 1, S ≤ 0.07,P ≤ 0.08	配合奥氏体型不锈钢焊丝或焊带进行带极堆焊或焊接,用于核容器及石化设备的耐蚀层堆焊和焊接
	HJ172	无锰低硅高氟	直流	SiO_2 3 ~ 6,$Ca F_2$ 45 ~ 55 Al_2O_3 28 ~ 35,FeO ≤ 0.8 MnO 1 ~ 2,R_2O ≤ 3 S ≤ 0.05,P ≤ 0.05 ZrO 2 ~ 4,MaF 2 ~ 3	熔炼型低硅高氟焊剂,配合适当焊丝,可焊接高铬马氏体热强钢,如 15Cr12MoWV 及含铌、含钛的铬镍不锈钢
HJ504—H10Mn2 F5042—H10Mn2	HJ211	低锰中硅含钛	交直流	SiO_2 + TiO_2 + Al_2O_3 51 ~ 58 CaO + MgO + BaO 24 ~ 28 CaF_2 20 ≤ 15	焊接海洋平台、船舶压力容器等重要结构,采用多道焊接工艺焊 16MnR 其焊缝金属的(– 40℃)可满足压力容器韧性要求

表 4 - 2（续）

国标型号	牌号	焊剂类型	焊接电源	主要化学成分（％）（质量分数）	主要用途
HJ300— H08MnA	HJ230	低锰高硅低氟	交直流	$SiO_2 40 \sim 46$，$CaF_2 7 \sim 11$ $CaO \approx 14$，$MnO\ 10 \sim 14$ $Al_2O_3 14 \sim 17$，$FeO \leqslant 1.5$ $MnO\ 4 \sim 10$，$S \leqslant 0.05$ $P \leqslant 0.05$	熔炼型低锰焊剂，配合 H08MnA，H10Mn2 焊丝及其他低合金钢焊丝，焊接低碳钢及低合金钢，如 Q345 钢等结构
	HJ250	低锰中硅中氟	直流	$SiO_2 18 \sim 22$，$CaF_2 23 \sim 30$ $CaO\ 4 \sim 8$，$MgO\ 12 \sim 16$ $MnO\ 5 \sim 8$，$R_2O \leqslant 3$ $S \leqslant 0.05$，$P \leqslant 0.05$	熔炼型低锰焊剂，配合适当焊丝，焊接低合金高强度钢，如 18MnMoNb 钢。配合含锰钼钒焊丝，焊接 - 70℃ 级的低温钢，如 09Mn2V 钢
	HJ251	低锰中硅中氟	直流	$SiO_2 18 \sim 22$，$CaF_2 23 \sim 30$ $MgO\ 14 \sim 17$，$Al_2O_3 18 \sim 23$ $FeO \leqslant 1$　$MnO\ 7 \sim 10$ $CaO\ 3 \sim 6$ $S \leqslant 0.08$，$P \leqslant 0.05$	熔炼型低锰焊剂，配合含铬钼元素的焊丝，焊接珠光体耐热钢，如用于汽轮机转子的焊接
	HJ260	低锰高硅中氟	交直流	$SiO_2 29 \sim 34$，$CaF_2 20 \sim 25$ $CaO\ 4 \sim 7$，$MgO\ 15 \sim 18$ $Al_2O_3 19 \sim 24$，$FeO \leqslant 1$ $MnO\ 2 \sim 4$，$S \leqslant 0.07$ $P \leqslant 0.07$	熔炼型低锰焊剂，配合不锈钢焊丝，如 Cr18Ni9，Cr18Ni9Ti 等，焊接相应牌号的不锈钢结构。也可用于轧辊堆焊
HJ301— H10Mn2	HJ330	中锰高硅低氟	交直流	$SiO_2 44 \sim 48$，$CaF_2 3 \sim 5.5$ $CaO \leqslant 3$，$MgO\ 16 \sim 20$ $Al_2O_3 \leqslant 4$，$FeO \leqslant 1.5$ $MnO\ 22 \sim 26$，$R_2O \leqslant 1$ $S \leqslant 0.07$，$P \leqslant 0.08$	熔炼型中锰焊剂，配合 H08MnA 及 H10Mn2 焊丝，焊接重要的低碳钢和低合金钢结构，如锅炉、压力容器等
HJ402— H10Mn2	HJ350	中锰中硅中氟	交直流	$SiO_2 30 \sim 35$，$CaF_2 14 \sim 20$ $CaO \leqslant 10 \sim 18$，$Al_2O_3 13 \sim 18$ $FeO \leqslant 1.0$，$MnO\ 14 \sim 19$ $S \leqslant 0.06$，$P \leqslant 0.07$	熔炼型中锰焊剂，配合适当焊丝，焊 Mn - Mo，Mn - Si 及含镍的低合金高强钢重要结构，如船舶、锅炉、压力容器等

表 4 – 2（续）

国标型号	牌号	焊剂类型	焊接电源	主要化学成分（%）（质量分数）	主要用途
	HJ360	中锰高硅中氟	交直流	$SiO_2$33～37, $CaF_2$10～19 CaO≤4～7, MgO5～9 $Al_2O_3$11～15, FeO≤1.5 MnO20～26, S≤0.10, P≤0.10	熔炼型中锰焊剂, 主要用于电渣焊接大型低碳钢及某些低合金钢结构, 如轧钢机架、大型立柱或轴等
HJ401—H08A	HJ430	高锰高硅低氟	交直流	$SiO_2$38～45, $CaF_2$5～9 CaO≤6, Al_2O_3≤5 FeO≤1.8, MnO38～47 S≤0.10, P≤0.10	熔炼型高锰焊剂, 配合 H08A 或 H08MnA 焊丝, 焊接重要的低碳钢及部分低合金钢结构, 如船舶、锅炉、压力容器、管道等
HJ401—H08A	HJ431	高锰高硅低氟	交直流	$SiO_2$40～44, $CaF_2$3～6.5 CaO≤5.5, Al_2O_3≤4 FeO≤1.8, MnO34.5～38 S≤0.10, P≤0.10	熔炼型高锰焊剂, 配合 H08A 或 H08MnA 焊丝, 焊接重要的低碳钢及低合金钢结构, 如船舶、锅炉、压力容器等。也可用于铜的焊接和电渣焊
HJ401—H08A	HJ433	高锰高硅低氟	交直流	$SiO_2$42～45, $CaF_2$2～4 CaO≤4, Al_2O_3≤3 FeO≤1.8, MnO44～47 R_2O≤0.5, S≤0.15 P≤0.10	熔炼型高锰焊剂, 配合 H08A 焊丝, 焊接低碳钢结构, 适宜于管道和容器的快速环缝和纵缝的焊接, 如石油、天然气体管道等
HJ401—H08A	HJ434	高锰高硅低氟	交直流	$SiO_2$40～45, $CaF_2$2～4 CaO≤4, Al_2O_3≤3 FeO≤1.8, MnO35～40 R_2O≤0.5, S≤0.06 P≤0.08	配合 H08A, H08MnA, H10MnSi 等焊丝, 焊接低碳钢及某些低合金钢结构, 如管道、锅炉、压力容器、桥梁等

②烧结焊剂

烧结焊剂的特点是：因每有高温熔炼过程, 焊剂中可以加入脱氧剂和铁合金, 向焊缝过渡大量合金成分, 补充焊丝中合金元素的烧损, 常用来焊接高合金钢或进行堆焊。另外, 烧结焊剂脱渣性能好, 所以大厚度焊件窄间隙埋弧焊时均用烧结焊剂。

烧结型焊剂的组成不同于熔炼型焊剂, 它和焊条药皮的组成极其相似。通常由三类物质组成, 即矿物、铁合金和化工产品。与焊条药皮不同的是在烧结焊剂中不需要有机物造气。焊剂与焊条药皮的作用相类似, 也起稳弧、造渣、脱氧、合金化等作用。常用烧结型焊剂的组成成分见表 4 – 3。

表 4 – 3　常用烧结型焊剂的牌号和用途

国标型号	牌号	主要化学成分(%)(质量分数)	主要用途
	SJ101	$SiO_2 + TiO_2$. 25, $CaF_2$20 $CaO + MgO$ 30 $Al_2O_3 + MnO$ 25	配合 H08MnA, H08MnMoA, H08Mn2MoA, H10Mn2 等, 可焊接多种低合金钢重要结构, 如锅炉压力容器、管道等。特别适合大直径容器双面单道焊
HJ402—H08MnA	SJ301	$SiO_2 + TiO_2$40, $CaF_2$10 $CaO + MgO$ 25 $Al_2O_3 + MnO$ 25	配合 H08MnA, H08MnMoA, H10Mn2 等, 可焊接普通结构钢、锅炉用钢等, 可多丝快速焊及大、小直径的钢管
HJ401—H08A	SJ401	$SiO_2 + TiO_2$ 45 $CaO + MgO$ 10 $Al_2O_3 + MnO$ 40	配合 H08A 焊丝可焊接低碳钢及某些低合金钢, 如机车车辆、矿山机械等金属结构
HJ401—H08A	SJ501	$SiO_2 + TiO_2$ 30 $CaF_2$5 $Al_2O_3 + MnO$ 55	配合 H08A, H08MnA 等焊丝, 焊接低碳钢及某些低合金钢 Q390(15MnV) 等, 如锅炉、船舶、压力容器等特别适合双面单道焊
HJ501 – H08A	SJ502	$Al_2O_3 + MnO$ 30 $TiO_2 + SiO_2$45 $CaO + MgO$ 10 $CaF_2$5	配合 H08A 焊丝焊接重要的低碳钢及某些低合金钢结构, 如锅炉、压力容器等。焊接锅炉膜式水冷壁焊接速度可达 6m/min 以上

　　从 20 世纪 40 年代初期出现埋弧焊和 20 世纪 50 年代初出现电渣焊以来,焊剂的品种增加很快,刚开始应用时以熔炼焊剂为主,随着焊接技术的发展,由于烧结型焊剂比熔炼型焊剂具有许多优越性,烧结型焊剂得到了大力的研制开发,其品种越来越多。目前,美国、西欧等工艺发达的国家已广泛使用烧结型焊剂,产量占总量的 70% 以上;在以使用熔炼型焊剂为主的苏联、捷克斯洛伐克原东欧国家,烧结型焊剂的应用也呈上升趋势,由于气体保护焊焊丝和药芯焊丝的发展,焊剂的产量在焊接材料总量中所占比例增长不大,但焊剂品种却发展很快。

　　与熔炼焊剂相比,烧结焊剂具有许多优点。

　　a. 在烧结焊剂里可以加脱氧剂,脱氧充分,而熔炼焊剂不能加脱氧剂。

　　b. 烧结型焊剂可以加合金剂,合金化作用强,用普通的低碳钢焊丝配合适当的焊剂可以方便地对焊缝金属合金化,而熔炼型焊剂只能配一定成分的焊丝才能对焊缝金属合金化。

　　c. 烧结型焊剂的碱度调节范围较大,当焊剂碱度大于 3 时,仍可具有较好的焊接工艺性能。采用高碱度的焊剂有利于获得高韧性的焊缝。

　　d. 烧结型焊剂的密度较小,适合于制造高速焊剂或大线能量焊接用焊剂。

　　e. 烧结型焊剂比熔炼型焊剂具有更好的抗锈、抗气孔能力。

　　但烧结型焊剂与熔炼型焊剂相比还存在以下缺点:焊接工艺参数的变化会影响焊剂的熔化量,致使焊缝金属的成分出现波动;烧结型焊剂的吸潮性较大,容易增加焊缝的含氢量;其存放条件及焊前烘干的要求比熔炼型焊剂严格。

4.3.2.2 焊剂的作用

焊剂和焊条中的药皮作用相似,它在埋弧焊中的主要作用表现在:

(1)造渣作用,使熔渣覆盖焊接区和熔池以隔绝空气。

(2)掺合金作用,控制焊缝金属的化学成分,对焊缝金属渗合金,改善接头性能,保证焊缝金属的力学性能。

(3)去氢作用,焊剂中掺有一定的萤石,可去除焊缝中的氢,防止气孔、裂纹和夹渣等缺陷的产生。

(4)衬垫作用,焊剂在单面焊双面成形中可作为衬垫起到反面保护作用,可防止焊接烧穿,并保证焊缝背面成形。

(5)稳弧作用,根据焊接工艺的需要,焊剂具有良好的焊接工艺性,即电弧能稳定燃烧,使焊缝成形美观。

(6)脱渣作用,焊剂应有一定的物理性能,不易吸潮,且形成的熔渣具有合适的密度、黏度、熔点、颗粒度和透气性,以保证焊缝获得良好的成型,最后熔渣凝固形成的渣壳具有良好的脱渣性能。

此外,焊剂与焊丝配合,能保证焊缝金属的化学成分及机械性能都符合要求。

4.3.2.3 焊剂的型号及牌号

(1)焊剂型号

①碳素钢埋弧焊用焊剂的型号 焊剂型号的表示方式见表4-4。

表4-4 焊剂型号的表示方式

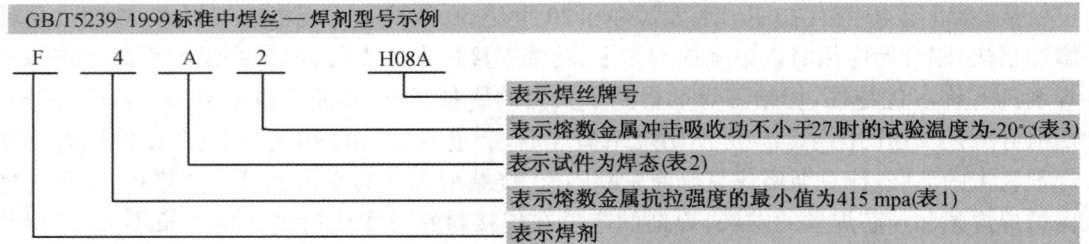

GB/T5239-1999标准中焊丝—焊剂型号示例

F 4 A 2 H08A

- 表示焊丝牌号
- 表示熔敷金属冲击吸收功不小于27时的试验温度为-20℃(表3)
- 表示试件为焊态(表2)
- 表示熔敷金属抗拉强度的最小值为415 mpa(表1)
- 表示焊剂

表1 拉伸试验

焊剂型号	抗拉强度Rm MPa	屈服强度Rah MPa	伸长率A %
F4XX-HXXX	415-550	≥330	≥22
F5XX-HXXX	480-650	≥400	≥22

表2 型号中A含义

焊剂型号	试件状态
A	焊态
P	焊后热处理状态

表3 冲击试验

焊剂型号	试验温度℃	冲击吸收功 J
FXX0-HXXX	0	
FXX2-HXXX	-20	
FXX3-HXXX	-30	≥27
FXX4-HXXX	-40	
FXX5-HXXX	-50	
FXX6-HXXX	-60	

a. 型号分类根据焊丝-焊剂组合的熔敷金属力学性能、热处理状态进行划分。

b. 焊丝-焊剂组合的型号编制方法如下:字母"F"表示焊剂;第一位数字表示焊丝-焊剂组合的熔敷金属抗拉强度的最小值;第二位字母表示试件的热处理状态,"A"表示焊态,"P"表示焊后热处理状态;第三位数字表示熔敷金属冲击吸收功不小于27J时的最低试验温度;"-"后面表示焊丝的牌号,焊丝的牌号按GB/T 5239。

②低合金钢埋弧焊用焊剂的型号

a. 型号分类根据焊丝—焊剂组合的熔敷金属力学性能,热处理状态进行划分。见表 4 – 5。

表 4 – 5 焊剂型号的表示方式

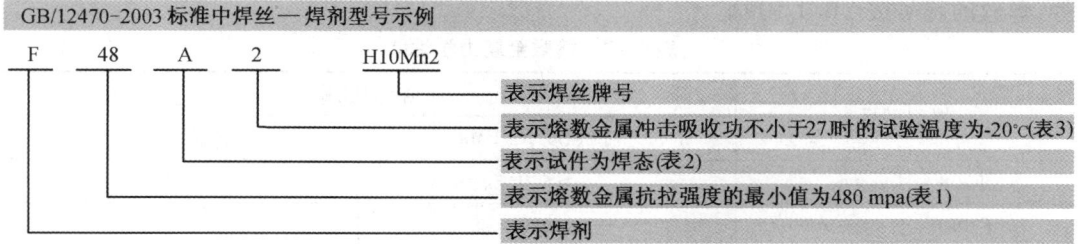

GB/12470-2003 标准中焊丝—焊剂型号示例

```
F    48    A    2    H10Mn2
```

— 表示焊丝牌号
— 表示熔数金属冲击吸收功不小于27J时的试验温度为-20℃(表3)
— 表示试件为焊态(表2)
— 表示熔数金属抗拉强度的最小值为480 mpa(表1)
— 表示焊剂

表 1 拉伸试验

焊剂型号	抗拉强度Rm MPa	屈服强度Rah MPa	伸长率A %
F48XX-HXXX	450-660	≥400	≥22
F55XX-HXXX	550-700	≥470	≥20
F62XX-HXXX	620-760	≥540	≥17
F69XX-HXXX	690-830	≥610	≥16
F76XX-HXXX	760-900	≥680	≥15
F83XX-HXXX	830-970	≥740	≥14

表 2 型号中A含义

焊剂型号	试件状态
A	焊态
P	焊后热处理状态

表 3 冲击试验

焊剂型号	冲击吸收功 J	试验温度 ℃
FXX0-HXXX		0
FXX2-HXXX		-20
FXX3-HXXX		-30
FXX4-HXXX	≥27	-40
FXX5-HXXX		-50
FXX6-HXXX		-60
FXX7-HXXX		-70
FXX10-HXXX		-100
FXXZ-HXXX		不要求

b. 焊丝—焊剂组合的型号编制方法为 FXXXX – HXXX。其中字母"F"表示焊剂;"F"后面的两位数字表示焊丝—焊剂组合的熔敷金属抗拉强度的最小值;第二位字母表示试件的状态,"A"表示焊态,"P",表示焊后热处理状态;第三位数字表示熔敷金属冲击吸收功不小于 27J 时的最低试验温度;"—"后面表示焊丝的牌号,焊丝的牌号按 GB/T 12470。如果需要标注熔敷金属中扩散氢含量时,可用后缀"Hx"表示。

采用焊剂后的熔敷金属的化学成分和力学性能分别见表 4 – 6 和表 4 – 7。

表 4 – 6 熔敷金属化学成分%

焊剂型号	化学成分							
	C	Si	Mn	P	S	Cr	Ni	Mo
F308 – H×××	0.08					18.0 ~ 21.0	9.0 ~ 11.0	——
F308L – H×××	0.04			0.040		18.0 ~ 21.0	9.0 ~ 11.0	——
F309 – H×××	0.15					22.0 ~ 25.0	12.0 ~ 14.0	
F309Mo – H×××	0.12	1.00	0.50 ~ 2.50		0.030	22.0 ~ 25.0	12.0 ~ 14.0	2.0 ~ 3.0
F310 – H×××	0.20			0.030		25.0 ~ 28.0	20.0 ~ 22.0	——
F316 – H×××	0.08					17.0 ~ 20.0	11.0 ~ 14.0	2.0 ~ 3.0
F316L – H×××	0.04			0.040		17.0 ~ 20.0	11.0 ~ 14.0	2.0 ~ 3.0
F316CuL – H×××	0.04					17.0 ~ 20.0	11.0 ~ 14.0	1.2 ~ 2.75

3. 不锈钢埋弧焊用焊剂的型号

a. 型号分类根据焊丝－焊剂组合的熔敷金属化学成分、力学性能进行划分。

b. 型号编制方法　字母"F"表示焊剂;"F"后面的数字表示熔敷金属种类代号,如有特殊要求的化学成分,该化学成分用元素符号表示,放在数字的后面;"－"后面表示焊丝的牌号,焊丝的牌号按 YB/T 5092。

表 4 - 7　熔敷金属力学性能

焊剂型号	拉伸试验	
	抗拉强度 R_m PMa	伸长率 A%
F308 - H × × ×	≥520	≥30
F308L - H × × ×	≥480	≥25
F309 - H × × ×	≥520	≥25
F309Mo - H × × ×	≥550	≥25
F310 - H × × ×	≥520	≥25
F316 - H × × ×	≥520	≥25
F316L - H × × ×	≥480	≥30
F316CuL - H × × ×	≥480	≥30

(2)焊剂牌号

①熔炼焊剂牌号的表示方法

焊剂牌号表示为"HJ × × ×",HJ 后面有三位数字,具体含义如下:

a. 第一位数字表示焊剂中 MnO 的平均含量,见表 4 - 8。

表 4 - 8　熔炼焊剂中 MnO 的含量

牌号	焊剂类型	MnO 平均含量 (质量分数,%)
HJ1 × ×	无锰	<2
HJ2 × ×	低锰	2 ~ 15
HJ3 × ×	中锰	15 ~ 30
HJ4 × ×	高锰	>30

b. 第二位数字表示焊剂中 SiO_2 和 CaF_2 的平均含量,见表 4 - 9。

表 4 - 9　熔炼焊剂中 SiO_2 和 CaF_2 的含量

牌号	焊剂类型	SiO_2 平均含量 (质量分数,%)	CaF_2 平均含量 (质量分数,%)
HJ × 1 ×	低硅低氟	<10	<10
HJ × 2 ×	中硅低氟	10 ~ 30	<10
HJ × 3 ×	高硅低氟	>30	<10

表 4 - 9（续）

牌号	焊剂类型	SiO$_2$ 平均含量 （质量分数,%）	CaF$_2$ 平均含量 （质量分数,%）
HJ×4×	低硅中氟	<10	10~30
HJ×5×	中硅中氟	10~30	10~30
HJ×6×	高硅中氟	>30	10~30
HJ×7×	低硅高氟	<10	>30
HJ×8×	中硅高氟	10~30	>30

c. 末位数字表示同类焊剂的不同序号。

②烧结焊剂的牌号表示方法　烧结焊剂的牌号表示方法,见表 4 - 10。

表 4 - 10　烧结焊剂的牌号

焊剂牌号	熔渣类型	主要组成范围
SJ1××	氟碱型	CaF$_2$≥15%　CaO + MgO + MnO + CaF$_2$ >50%　SiO$_2$≤20%
SJ2××	高铝型	Al$_2$O$_3$≥20%　Al$_2$O$_3$ + CaO + MgO45%
SJ3××	硅钙型	CaO + MgO + SiO$_2$ >60%
SJ4××	硅锰型	MnO + SiO$_2$ >50%
SJ5××	铝钛型	Al$_2$O$_3$ + TiO$_2$ >45%
SJ6××	其他型	

4.3.2.4　焊剂的选用

根据所焊材料来选用焊剂,且要配以合适的焊丝,方可得到质量优良的焊接接头。在焊接低碳钢时,多选用高锰高硅焊剂（如焊剂 430、焊剂 431、焊剂 433 等）配合低碳钢焊丝;或选用低锰或无锰型焊剂配合低合金钢焊丝均可得到满意的结果。在焊接低合金钢时,可选用高锰型或低锰型焊剂配合等焊丝。常用焊剂有以下主要用途。

（1）高硅型熔炼焊剂

根据含 MnO 量的不同,高硅焊剂又可分为:高锰高硅焊剂、中锰高硅焊剂、低锰高硅焊剂和无锰高硅焊剂等四种。由于 SiO$_2$ 含量高（>30%）,可通过焊剂向焊缝中过渡硅,其中含 MnO 高的焊剂有向焊缝金属过渡锰的作用。当焊剂中的 SiO$_2$ 和 MnO 含量加大时,硅、锰的过渡量增加。硅的过渡与焊丝的含硅量有关。当焊剂中含 MnO <10%（含 SiO$_2$ 为 42%~48%）时,锰会烧损。当 MnO 从 10% 增加到 25%~35% 时,锰的过渡量显著增大。但当 MnO >（25~30）% 后,再增加的 MnO 对锰的过渡影响不大。锰的过渡量不但与焊剂中 SiO$_2$ 含量有关,而且与焊丝的含锰量也有很大关系。焊丝含锰量越低,通过焊剂过渡锰的效果越好。因此,要根据高硅焊剂含 MnO 量的多少选择不同含锰量的焊丝。

（2）中硅型熔炼焊剂

由于这类焊剂含酸性氧化物 SiO$_2$ 数量较低,而碱性氧化物 CaO 或 MgO 数量较多,故碱度较高。大多数中硅焊剂属弱氧化性焊剂,焊缝金属含氧量较低,因而韧性较高。这类焊剂配合适当焊丝可焊接合金结构钢。为了减少焊缝金属的含氢量,以提高焊缝金属的抗冷裂的能力,可在这类焊剂中加入一定数量的 FeO。这样的焊剂成为中硅氧化性焊剂,是焊接高强钢的一种新型焊剂。

（3）低硅型熔炼焊剂

由 CaO,Al$_2$O$_3$,MgO,CaF$_2$ 等组成。这种焊剂对焊缝金属基本上没有氧化作用,配合相应焊丝可焊接高合金钢,如不锈钢、热强钢等。

（4）氟碱型烧结焊剂

这是一种碱性焊剂。可交、直流两用,直流焊时焊丝接正极。最大焊接电流可达1 200 A。所焊焊缝金属具有较高的低温冲击韧性。配合适当焊丝,可焊接多种低合金结构钢,用于重要的焊接产品,如锅炉压力容器、管道等。可用于多丝埋弧焊,特别适用于大直径容器的双面单道焊。

（5）硅钙型烧结焊剂

这是一种中性焊剂。可交、直流两用,直流焊时焊丝接正极。最大焊接电流可达1 200 A。配合适当焊丝,可焊接普通结构钢、锅炉用钢、管线用钢等。可用于多丝快速焊,特别适于双面单道焊。由于是"短渣",也可焊接小直径管线。

（6）硅锰型烧结焊剂

这种焊剂是酸性焊剂,可交、直流两用,直流焊时焊丝接正极。配合适当焊丝可焊接低碳钢及某些低合金钢,用于机车车辆、矿山机械等金属结构的焊接。

（7）铝钛型烧结焊剂（SJ501）

这是一种酸性焊剂,可交、直流两用,直流焊时焊丝接正极。最大焊接电流可达1 200 A。焊剂具有较强的抗气孔能力,对少量的铁锈膜及高温氧化膜不敏感。配合适当焊丝可焊接低碳钢及某些低合金钢结构,如锅炉、船舶、压力容器等。可用于多丝快速焊,特别适于双面单道。

常用埋弧焊焊剂实况,见图 4 – 11。

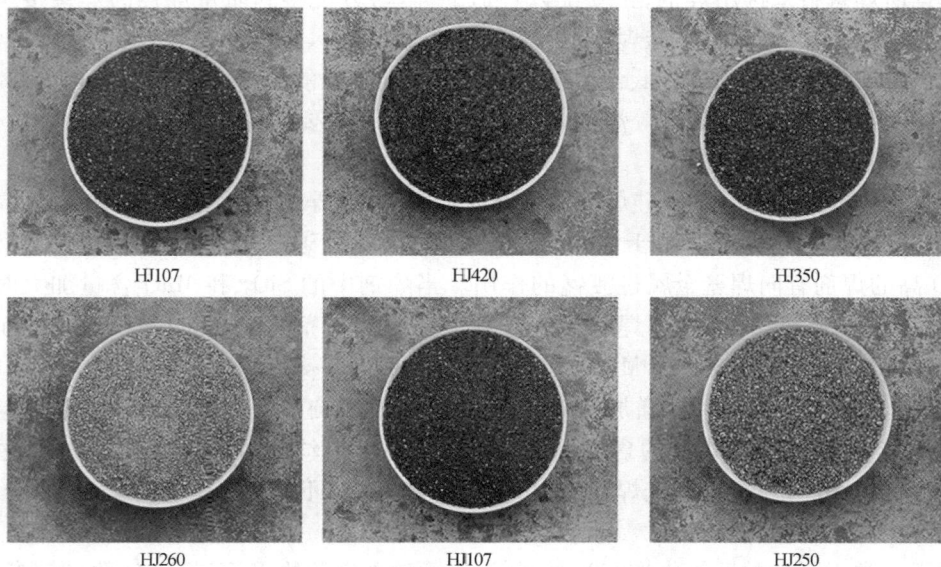

HJ107 HJ420 HJ350

HJ260 HJ107 HJ250

图 4 – 11 常用埋弧焊焊剂实况

常用焊剂与焊丝的配用及其焊剂的成分,用途及见表4-1,表4-2,表4-3。

4.4　埋弧焊工艺

4.4.1　焊前准备

焊前准备:埋弧焊在焊接前必须做好准备工作,包括焊件的坡口加工、待焊部位的表面清理、焊件的装配以及焊丝表面的清理、焊剂的烘干等。

(1)坡口加工

坡口加工要求按 GB986—1988 执行,以保证焊缝根部不出现未焊透或夹渣,并减少填充金属量。坡口的加工可使用刨边机、机械化或半机械化气割机、碳弧气刨等。也可用自动和半自动气割机(或手工气割)板厚小于 14 mm,可不开坡口,板厚大于 14 mm 时,一般应开坡口,坡口形式为 X,V 型。

(2)待焊部位的清理

焊件清理主要是去除锈蚀、油污及水分,防止气孔的产生。一般用喷砂、喷丸方法或手工清除,必要时用火焰烘烤待焊部位。在焊前应将坡口及坡口两侧各 20 mm 区域内及待焊部位的表面铁锈、氧化皮、油污等清理干净。清理方法,用风动砂轮机和风动钢丝刷等,如有水或油脂等可用氧－乙炔火焰加热消除。

(3)焊件的装配

清理后应及时装配,以免再次生锈,装配间隙为零,正偏差不应大于 1 mm,装配焊件时要保证间隙均匀,高低平整,错边量小,定位焊缝长度一般大于 30 mm,并且定位焊缝质量与主焊缝质量要求一致。必要时采用专用工装、卡具。

对直缝焊件的装配,在焊缝两端要加装工艺板,即引弧板和引出板,板为 150 mm 见方,厚度与焊件相同,见图 4-12,待焊后再割掉,其目的是使焊接接头的始端和末端获得正常尺寸的焊缝截面,而且还可除去引弧和收尾容易出现的缺陷。

(4)焊接材料的清理

埋弧焊用的焊丝和焊剂对焊缝金属的成分、组织和性能影响极大。因此焊接前必须清除焊丝表面的氧化皮、铁锈及油污等。焊剂保存时要注意防潮,使用前必须按规定的温度烘干待用。

图 4-12　焊接引弧板

4.4.2　埋弧焊的焊接参数

埋弧自动焊的焊缝成形是由焊接工艺参数和工艺因素决定的,因此焊接工艺参数的选择,对焊接质量具有重要意义。

埋弧焊的焊接参数主要有:焊接电流、电弧电压、焊接速度、焊丝直径、伸出长度和工艺因素等。

（1）焊接电流

当其他参数不变时,焊接电流对焊缝形状和尺寸的影响如图 4 - 13 所示。一般焊接条件下,焊缝熔深与焊接电流成正比。

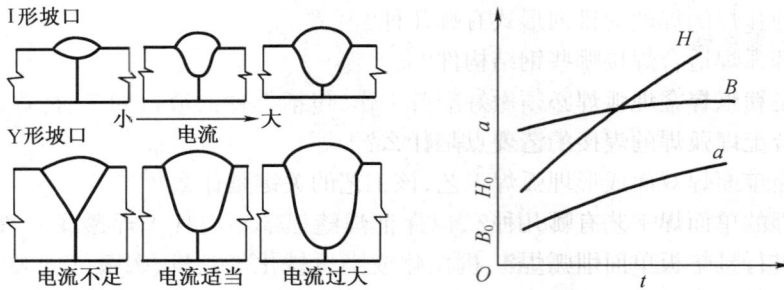

图 4 - 13　电流对焊缝的影响

随着焊接电流的增加,熔深和焊缝余高都有显著增加,而焊缝的宽度变化不大。同时,焊丝的熔化量也相应地增加,这就使焊缝的余高增加。随着焊接电流的减小,熔深和余高都减小。

（2）电弧电压

电弧电压的增加,焊接宽度明显增加,而熔深和焊缝余高则有所下降。但是电弧电压太大时,不仅使熔深变小,产生未焊透,而且会导致焊缝成形差、脱渣困难,甚至产生咬边等缺陷。所以在增加电弧电压的同时,还应适当增加焊接电流。

电弧电压和电弧长度成正比,在相同的电弧电压和焊接电流时,如果选用的焊剂不同,电弧空间电场强度不同,则电弧长度不同。如果其他条件不变,改变电弧电压对焊缝形状的影响（图 4 - 14）。电弧电压低、熔深大、焊缝宽度窄,易产生热裂纹;电弧电压高时,焊缝宽度增加,余高不够。埋弧焊时,电弧电压是依据焊接电流调整的,即一定焊接电流要保持一定的弧长才可能保证焊接电弧的稳定燃烧,所以电弧电压的变化范围是有限的。

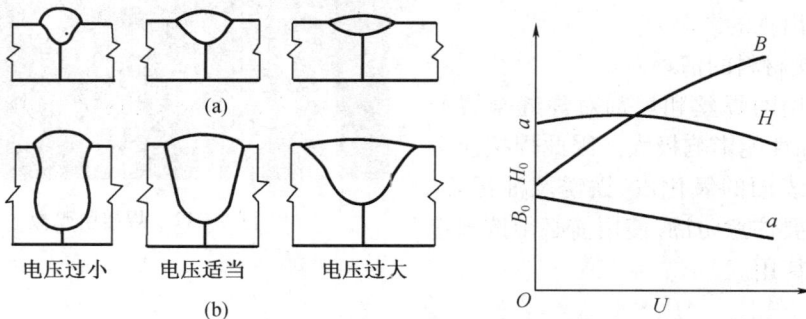

图 4 - 14　电压对焊缝的影响

（3）焊接速度

当其他焊接参数不变而焊接速度增加时,焊接热输入量相应减小,从而使焊缝的熔深也减小,见图 4 - 15。焊接速度太大会造成未焊透等缺陷。为保证焊接质量必须保证一定的焊接热输入量,即为了提高生产率而提高焊接速度的同时,应相应提高焊接电流和电弧电压。

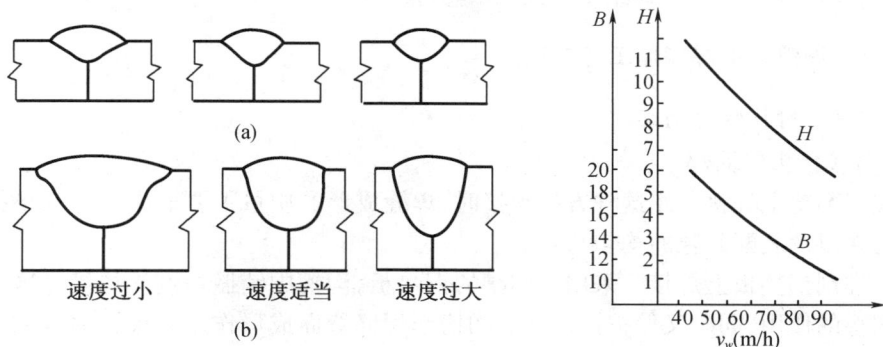

图 4-15　电压对焊缝的影响

(4)焊丝直径与伸出长度

当其他焊接参数不变而焊丝直径增加时,弧柱直径随之增加,即电流密度减小,会造成焊缝宽度增加,熔深减小。反之,则熔深增加及焊缝宽度减小。

当其他焊接参数不变而焊丝长度增加时,电阻也随之增大,伸出部分焊丝所受到的预热作用增加,焊丝熔化速度加快,结果使熔深变浅,焊缝余高增加,因此须控制焊丝伸出长度,不宜过长。

(5)工艺因素对焊缝形状和尺寸的影响

①焊丝倾斜的影响　焊丝的倾斜方向分为前倾和后倾。焊丝倾斜方向与焊接方向一致时称为前倾,反之倾斜为后倾。一般情况焊丝垂直于工件,但有时也倾斜,见图 4-16(a),(b)。倾角的方向和大小不同,电弧对熔池的力和热作用也不同,从而影响焊缝成形。当焊丝后倾一定角度时,由于电弧指向焊接方向,使熔池前面的焊件受到了预热作用,电弧对熔池的液态金属排出作用减弱,而导致焊缝宽而熔深变浅。反之,焊缝宽度较小而熔深较大,但易使焊缝边缘产生未熔合和咬边,并且使焊缝成形变差。前倾时,h 和 e 增加,b 减小,焊缝成形系数减小;后倾时,b 增加,h 减小,见图 4-16(c)。

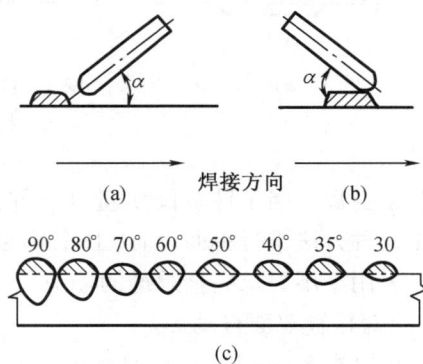

图 4-16　焊丝倾斜的影响

②焊件倾斜的影响　焊接中有时因工件处于倾斜位置而有所谓上坡焊和下坡焊,上坡焊与前倾相似,见图 4-16(a)这时 h,e 增大,b 减小,会出现咬边缺陷;下坡焊与后倾相似,见图 4-16(b),这时 h,e 减小,b 增大,会出现未熔合,未焊透缺陷。一般焊件的倾斜角度不超过 8°,其他工艺因素还有:a. 坡口形状 b. 根部间隙 c. 焊件厚度和焊件散热条件,对焊缝的成形都有影响,这里不一一述说。

（6）焊剂的影响

焊剂中有易电离物质时，电弧稳定，熔深 h 增大。焊剂颗粒度大时，焊缝宽度 b 增大、熔深 h 减小；反之，颗粒度小，熔深 h 增大，焊缝宽度 b 减小。

4.4.3　埋弧自动焊操作工艺方法

4.4.3.1　对接缝自动焊

（1）对接接头单面焊

①在焊剂垫上焊接　用这种方法焊接时，焊缝成形的质量主要取决于焊剂垫托力的大小和均匀度以及装配间隙的均匀与否。

②在焊剂铜垫板上焊接　采用带沟槽的铜垫板，沟槽中铺撒焊剂。焊接时这部分焊剂起到焊剂垫的作用，同时又保护铜垫板。沟槽起焊缝背面成形作用。板料用电磁平台或龙门压力架固定。

③在永久性垫板或锁底上焊接　当焊件结构允许焊后保留永久性垫板时，厚 10 mm 以下的工件可采用永久性垫板单面焊方法。垫板必须紧贴在待焊板缘上，垫板与工件板面间的间隙不得超过 1 mm。厚度大于 10 mm 的工件，可采用锁底接头焊接的方法。

④在临时衬垫上焊接　采用柔性的热固化焊剂衬垫贴合在接缝背面进行焊接。还有采用陶瓷材料制造的衬垫进行单面焊的方法。

衬垫形式有工艺垫，见图 4－17，其他衬垫如铜垫、焊剂垫、焊剂铜垫，热固化焊剂垫等的应用见后面的叙述。

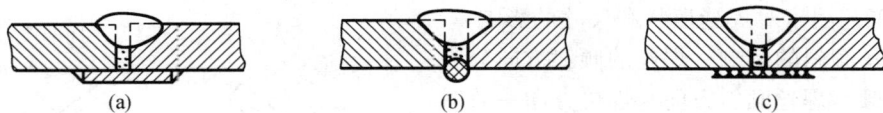

图 4－17　临时工艺垫结构
（a）薄钢板（b）石棉绳（c）石棉板

⑤悬空焊　当工件装配质量良好并且没有间隙的情况下，可以采用不加垫托的悬空焊。用这种方法进行单面焊时，工件不能完全熔透。一般的熔深不超过 2/3 板厚，否则容易烧穿。只用于不要求完全焊透的接头。

（2）对接缝双面自动焊

当板厚在 8 mm 以下时，对接板的工艺是双面焊接，第一面熔深为 1/2～2/3 板厚，见图 4－14 所示，当板厚在 8 mm 以上时，应按标准开坡口，主要是 V 型坡口。可采用无间隙和小间隙（装配间隙小于 1 mm）的双面自动焊。先焊的第一面熔深应达焊件厚度的 40%～50%，反面焊缝的熔深应达到 60%～70%；

工件厚度 12～14 mm 的对接接头，通常采用双面焊。对焊接工艺参数的波动和工件装配质量都较不敏感，能获得较好的焊接质量。当板厚在 16 mm 以上时，应开 X 型坡口。焊接工艺参数见有关手册。

焊接第一面采用的工艺方法有：悬空焊、在焊剂垫上焊、在临时垫板上焊等。

①悬空焊　装配时不留间隙或只留很小的间隙（一般不超过 1 mm）。第一面焊接达到的熔深（一般小于工件厚度的一半）。反面焊接的熔深要求达到工件厚度的 60%～70%，以

保证工件完全焊透。

②在焊剂垫上焊接　焊接第一面时,采用预留间隙不开坡口的方法最为经济。第一面的焊接参数应保证熔深超过工件厚度的 60 % ~70 %。焊完第一面后翻转工件,进行反面焊接,其参数可以与正面的相同以保证工件完全焊透。预留间隙双面的焊接条件,依工件的不同而不同。

③在临时衬垫上焊接　采用此法焊接第一面时,要求接头处留有一定间隙,以保证焊剂能填满其中。

临时衬垫的作用:托住间隙中的焊剂。

焊完第一面后,去除临时衬垫及间隙中的焊剂和焊缝根部的渣壳,用同样参数焊接第二面。要求每面熔深均达板厚 60% ~70% 。

（3）手工封底单面自动焊

先用手工仰焊进行封底焊,然后用自动焊焊接正面焊缝(见图 4 - 18),手工焊熔深达 30% ~35% 焊件厚度自动焊为 75% ~85% ;当间隙小时,也可先进行正面自动焊,然后在背面焊道进行碳弧气刨清根,再进行手工封底焊或自动封底焊。

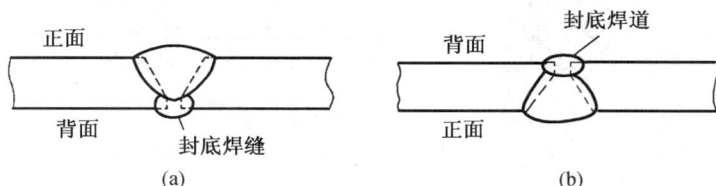

图 4 - 18　手工封底单面自动焊

(a)先手工封底焊后正面自动焊;(b)先正面自动焊后手工或自动封底焊

（4）对接接头环缝埋弧焊

制造圆筒形容器或大直径管道,常常需要焊接纵缝和环缝,纵缝和板的对接焊相似,环缝是较特殊的一种焊接形式,一般是先在专用的焊剂垫上焊接内环缝,然后再在滚轮转胎上焊接外环缝,如图 4 - 19(a)所示。

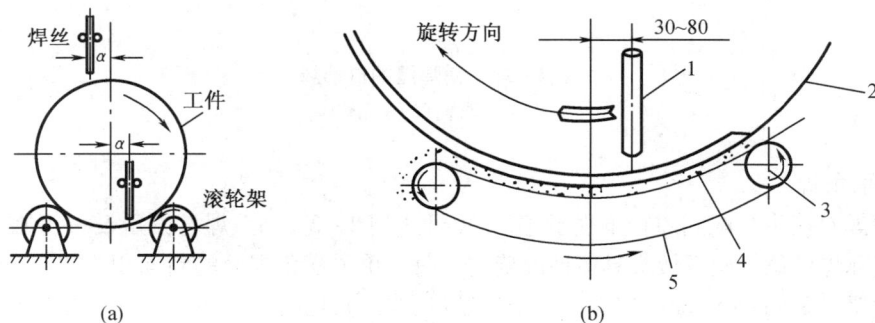

图 4 - 19　钢管双面自动焊

环缝坡口采用不对称布置,将主要焊接工作量放在外环缝,内环缝主要起封底作用。

环缝埋弧焊的焊接条件可参照平板双面对接的焊接条件选取,焊接操作技术也与平板对接时的基本相同。

为了防止熔池中液态金属和熔渣从转动的焊件表面流失,无论焊接内环缝还是外环缝,焊丝位置都应逆焊件转动方向偏离中心线一定距离,使焊接熔池接近于水平位置,以获得较好成形。焊丝偏置距离随所焊筒体直径而变,一般为 30~80 mm,如图 4-19(b)所示。

4.4.3.2　角焊缝的自动焊

T 形接头和搭接接头的焊缝均是角焊缝,用埋弧焊时可采用船形焊和平角焊两种形式。小工件及工件易翻转时多用船形焊;大工件及不易翻转时则用平角焊。

(1)船形焊

将工件角焊缝的两边置于垂直线各成 45°的位置,要求接头的装配间隙不超过1.5 mm;否则,必须采取措施,防止液态金属流失,见图 4-20(1)。

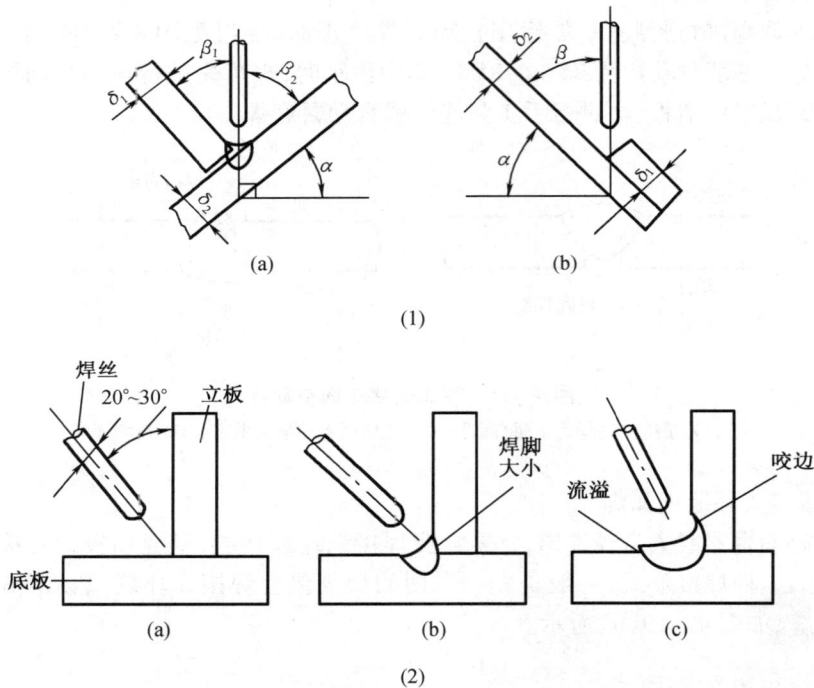

(1)

(2)

图 4-20　角焊缝的自动焊
(1)船型焊;(2)平角焊

(2)平角焊

平角焊对接头装配间隙较不很敏感,间隙可达到 2~3 mm。焊丝偏角 α 一般在 20°~30°之间。实际焊丝位置应视接头具体情况确定。每一单道横角焊缝的断面积为 40~50 mm^2,即焊脚尺寸超过 8 mm×8 mm 时,会产生金属溢流和咬边,见图 4-20(2)(c)。为保证焊缝的良好成形,焊丝与立板的夹角 α 应保持在 15°~45°范围内(一般为 20°~30°)。

4.4.4　高效埋弧焊接方法

焊接构件生产率的提高依赖于高效能的焊接方法,埋弧焊获得高效率的焊接方法就是对其做某些改进使生产率能得到进一步提高。高效埋弧焊接方法很多,改进方法包括采用多头焊、双电极焊以及加入金属粉末,这 3 种改进方法均已付诸实践,并在焊接文献中有过记载。多于 3 根焊丝的埋弧焊目前很少应用,且在杂志上也鲜见报导。

这里只介绍多丝埋弧焊,合金粉末的埋弧焊的焊接方法。

4.4.4.1　多丝埋弧焊

多丝埋弧焊就是使用两根或两根以上(2 ~ 10 根)焊丝完成同一焊缝的埋弧焊方法。有纵列式、横列式、整弧式。

双丝焊可以合用一个电源,也可单独使用电源。双丝焊以纵列式最为普遍,分为单熔池和双熔池两种。

(1)多丝焊工艺

多丝埋弧焊装置与单丝埋弧焊稍有不同,采用 4 丝焊的装置如图 4 - 21 所示。它由驱动机、调直机、焊丝接触管、电源和调节系统组成。所有焊丝都以同一速度且同时通过接触管向外送出,在熔剂复盖的待焊坡口中熔化。这些焊丝的直径可以相同也可以不相同;焊丝的化学成分可以相同也可以不相同。

焊丝在接触管中的几种排列方式如图 4 - 22 所示,针对焊接方向,焊丝可排成一条直线,一根在另一根的后面,或一根在另一根的旁边。多根焊丝也可构成一定的角度,如在 3 丝焊中排成三角形,在 4 丝焊中排成矩形,用 5,6 根焊丝时可排列成其他形状。焊丝的排列以及焊丝之间的距离影响焊缝的形成、金属粉末的消耗、焊接熔池中的化学冶金性能、金属熔化效率以及合金元素从粉末向焊缝金属过渡的方式。焊丝之间的距离及排列方式取决于焊丝的直径和焊接参数,焊接参数的选择应保证所有焊丝产生的电弧都对着坡口施焊。

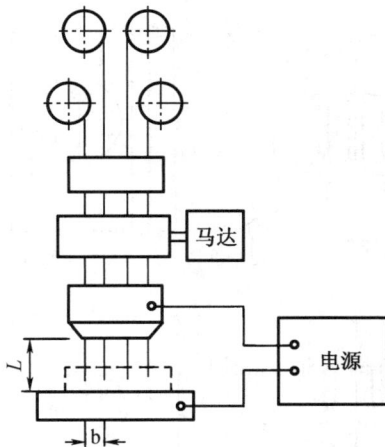

图 4 - 21　带有 4 根焊丝的埋弧焊示意图　　　图 4 - 22　在接触管中焊丝的各种排列方式

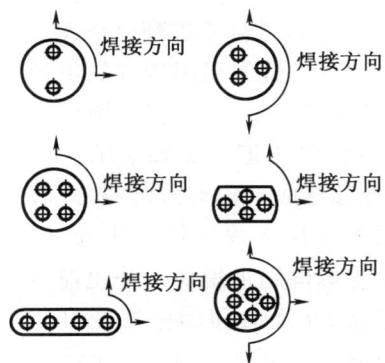

在焊接过程中,由于焊速快,坡口面应朝着焊接方向,由第 1 根焊丝形成的焊接熔池始终留在后面。第 1 个电弧的引燃是在焊丝和未熔化的工件之间产生,这样可以保证较深的穿透性。焊工件表面时,焊丝应垂直焊接方向成直线排列,焊接速度可低些,最大为 0.4 m/min,这样仍为带状焊条进行表面焊的 2 倍。表面焊可用 4 根或更多的细丝(0.8 ~ 1.2 mm),焊丝为负极,这样施焊可形成熔化不深且非常宽的焊道,其焊道不高,稀释也不

大,这对进行表面焊是有利的。

（2）沉积速度

沉积速度定义为在单位时间内沉积金属的数量。它主要受电流密度、焊丝的延伸长度及极性影响。在多丝焊中还受焊丝的数量、焊丝间距离的影响。其他焊接参数,如电压、焊接速度几乎对沉积速度没有影响。在多丝焊中,有几种化学－冶金和动力学－热学过程在焊丝和坡口之间的电弧中进行,结果使温度升高,产生较高的沉积速度。

图4－23显示了沉积速度随焊丝增加而增高的情况,两者之间不成直线关系,但成比例关系。用直径3.2 mm的3根焊丝,电流为700 A,焊丝为负极,焊丝之间的距离为8 mm,采用最佳的排列方式,可达到的最大沉积速度为35 kg/h。这一沉积速度是采用相同参数的单丝焊的沉积速度的3.3倍。

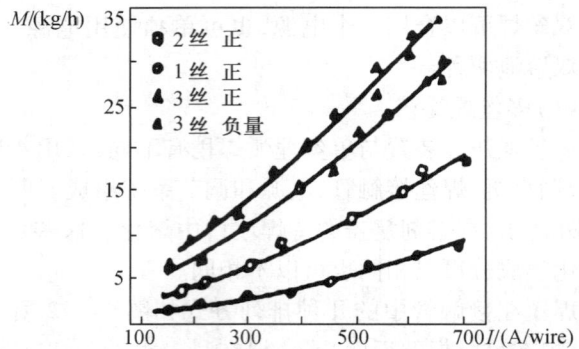

图4－23　焊丝数量,电流密度,焊丝极性对沉积速度的影响

（3）根部的搭接与缺口的填充

焊丝 ϕ3.2 mm,$U = 29 \sim 31$ V,$b = 8$ mm。上面已谈到,焊丝在接触管中的排列会影响焊缝的形成,这样形成的焊缝使焊根搭接上,并使坡口得以填充。高沉积速度导致焊缝根部快速填充。

图4－24、图4－25表示埋弧焊采用2丝、3丝焊的4种情况。在图4－24（a）中,我们看到了两个彼此相距10 mm的部件要焊到一个大工件上的情况。假如采用传统的单丝焊,必须分别焊每一个工件,填满焊根,至少要焊3道。如果采用3丝焊,焊丝如排成三角形,这样靠外面的两根焊丝用来焊工件的边缘,中间第三根焊丝用来焊缺口并使焊缝表面成型,从而只需焊一道便可获得成型焊缝。图4－24（b）显示的例子也是一种通常的焊接操作,它要求由薄板弯成的部件焊到工件上。如果采用常规的埋弧焊至少要焊3道,焊第一道时,存在薄板整个被熔化的危险,而在大工件上由于热能较大地被消散,有可能出现渗透性不好的缺陷。如果按图示采用3丝焊,只需焊一道可获得完好的成型焊缝,在焊接时,

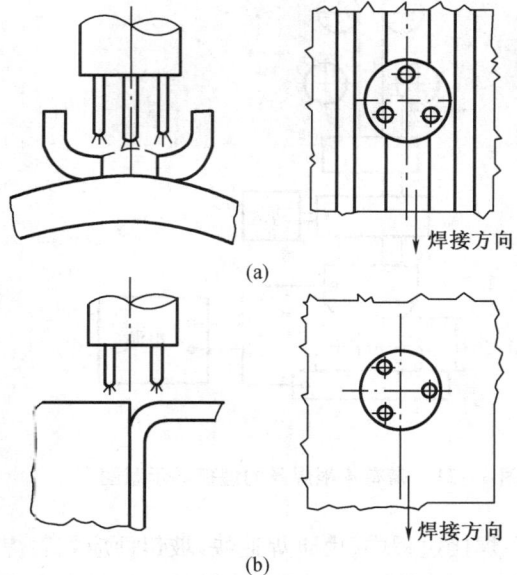

图4－24　特殊形式的焊缝

透性不好的缺陷。如果按图示采用3丝焊,只需焊一道可获得完好的成型焊缝,在焊接时,

两根焊丝沿着较厚的工件施焊,一根焊丝沿薄板施焊,由于采用了不对称的材料输入和能源输入,结果获得不对称的成型焊缝,使上述问题得到了理想的解决。

图 4 - 25 显示了连接宽焊根的两种情况。在采用单丝焊的情况下,如果单丝不作横向摆动,要完成根部焊道是不可能的,如果采用双丝焊,根部连接就很容易。只要两根焊丝间的距离、焊丝直径、焊接参数选择适当,那么,只需焊一道便可获得外观和质量都好的焊缝。在上述情况下,焊缝的形状会发生一些变化,焊接准

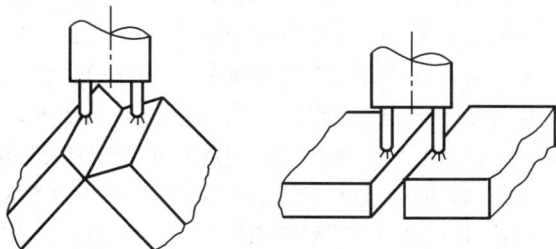

图 4 - 25　焊根宽的焊缝

备工作做得不好会出现返工,但是采用多丝焊一个较宽的根部焊缝会有效地迅速地完成。所要做的一切只不过是选择最佳的焊接参数,选用合适的焊丝数量,在接触管中作恰当的排列以及保持焊丝之间适当的距离。

(4)多丝焊的弧能效率

在熔化焊中,电弧的效率首先取决于焊接方法,其次是保护介质和焊接参数。虽然目前在文献中找不到一个统一的公式用来计算弧能效率,而且不同的焊接专家对弧能效率提供的数值也不尽相同,但是有一点是明确的,即弧能效率是相对低的。有多种方法提高弧能效率。埋弧焊的弧能效率可以通过增加冷丝或热丝、附加金属粉末以及采用多丝焊的方式来提高,因为没有一个统一的公式和定义计算弧能效率,因此,只得采用相对效率来表示。其公式定义如下

$$\eta = 1340 \cdot M/I \cdot u \cdot 100\% \qquad (4-1)$$

式中　1340——在 100% 的弧能效率情况下,熔化 1g 金属所需的能量,J/g;

　　　M ——在单位时间内熔化的基本金属和填充金属的数量,g/s;

　　　I ——焊接电流,A;

　　　u——电弧电压降,V。

利用上式不能计算弧能效率的绝对值,但对不同的焊接工艺而言,可获得非常好的对比值。在埋弧焊中采用单丝、双丝和三丝,在正负极两种情况下对弧能效率进行了测定与计算,其结果如图 4 - 26 所示。

传统的单丝埋弧焊装置可以很容易地采用多丝焊;在接触管中任意排列的几根焊丝可以同时通过接触管往外输出。多丝焊的沉积速度随焊丝的增多而成比例地增加;调整焊丝间的距离会影响焊缝的形状、沉积速度和能量输入;电能和熔剂的效率,埋弧多丝焊比单丝焊高得多。

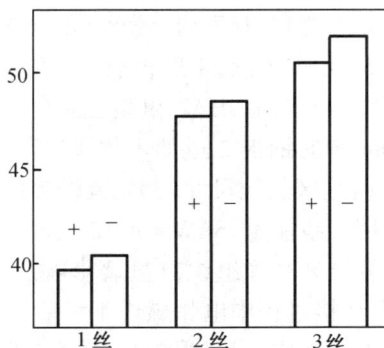

图 4 - 26　焊丝数量和极性不同时的
弧能效率对比图

$I = 500$ A;$U = 30 \sim 32$ V;$V = 1.5$ m/mm;
焊丝直径 2 mm,$L = 25$ mm

4.4.4.2　添加合金粉末的埋弧焊

用常规的埋弧焊(SAW)焊接中厚板结构,如果提高熔敷速率,就要加大焊接线能量,其结果是

焊接熔池变大，母材熔化量增加，焊缝化学成分变差，焊缝组织粗化，焊接热影响区扩大并且性能变坏。在满足焊接接头力学性能要求的前提下，提高熔敷速率可以提高生产率。添加合金粉末的埋弧焊(Submerged Arc Welding with Alloyed Metal Powders，SAW－AMP)是一种能够提高熔敷速率，又不使焊接接头性能变差的高效焊接技术。基本做法是在坡口中预先铺放一层金属粉末(或金属细粒、切断的短焊丝等)，然后进行埋弧焊。国外从 20 世纪 60 年代末期至今一直在研究、开发和应用这种技术，已研究了系列合金粉末、焊剂和合金粉末添加装置，广泛用于造船、压力容器、重型机器、桥梁、建筑和海洋石油平台等领域。

因此，添加合金粉末埋弧焊是一种高效焊接技术。采用该技术焊接了 Q235 钢和 16MnR 钢，并应用于实际焊接生产。用普通埋弧焊和添加合金粉末埋弧焊技术，焊接了 20 G 和 16 MnR 钢，结果表明，添加合金粉末埋弧自动焊技术能够采用大线能量(因为添加的合金粉末改善了焊缝组织，焊缝深宽比显著提高，而焊缝及 HAZ 组织晶粒没有粗化)，焊接工艺性能良好，焊接熔敷速率是传统埋弧焊的 2 倍，接头角变形明显减小，焊接接头的力学性能满足要求。

添加合金粉末埋弧焊的材料及焊接工艺如下：

(1)材料

母材板厚为 18 mm，试板尺寸为 300 mm×500 mm，焊丝直径为 4.0 mm，焊剂粒度为 8～60目，合金粉末粒度为 80～200 目。

(2)焊接工艺

对接，焊机为 MZ—1000，DCRP。V 型坡口，SAW 角度为 60°～65°，钝边为 4 mm；SAW－AMP 角度为 40°～45°，钝边为 2 mm。

(3)工艺效果

①焊缝化学成分　采用 SAW 和 SAW－AMP 技术焊接的 20G，16MnR 钢。结果表明，用 SJ301 焊接的焊缝，C、Si 和 Mn 元素增加，P 含量与 HJ431 焊缝相当，S 含量却没有减少。由于 SJ301 和 HJ431 本身的 S、P 含量对其焊缝中的 S 和 P 含量有相当显著的影响，而不同厂家生产的焊剂 S、P 含量有很大差别。SAW－AMP 焊缝的 S 含量与 SAW 焊缝相当，P 含量显著减少，但均低于 0.030%，焊缝的成分完全符合 GB6654－86 的要求。添加合金粉末有利于焊缝脱 S 和脱 P。

②焊缝和 HAZ 的显微组织　SAW 的线能量一般为 1.6 kJ/mm，焊接 18 mm 厚的钢板需要 5～6 道焊满，未经再热的焊缝组织细小，针状铁素体较多，先共析铁素体少且窄，柱状晶方向性不明显，HAZ 粗晶区晶粒尺寸较小。如果采用大线能量，线能量达到 3.6 kJ/mm，18 mm 厚的钢板 2 道即可焊满，但是焊缝组织粗大，几乎无针状铁素体，先共析铁素体宽，HAZ 粗晶区晶粒尺寸较大，有较多的魏氏组织。

用大线能量、SAW－AMP 技术，18 mm 厚的钢板一道就可焊满，但是，合金粉末的成分对焊缝抗裂性和组织有显著影响。合金粉末中 Mn，Ti 等合金元素含量非常少，其成本较低，但焊接过程中电弧燃烧不稳定，焊道忽宽忽窄，焊缝组织中几乎没有针状铁素体，先共析铁素体连成一片，焊缝与 HAZ 在熔合区明显分开。采用含有较少 Mn、Ti 元素的合金粉末焊接，焊缝中针状铁素体细小且多，金属组织符合使用要求。

4.5　单面焊双面成型埋弧焊工艺

单面焊双面成型埋弧焊实际上也属于高效埋弧焊,但它需要先进的设备支撑,多以成套焊接设备出现,现在国内外相关设备的品牌也很多。

单面焊双面成型自动焊实际上是采用较大电流,一次焊透。反面需用衬垫,这种方法的优点是:焊件不用翻身;省去了封底焊;操作安全。

要实现单面焊双面成型自动焊,必须解决两个关键问题,一是要有合适的衬垫,二是保证焊件与衬垫贴紧,以防熔化金属流失。衬垫常用热固化焊剂垫,见图 4 - 27(a),它是在一般焊剂中加入一定比例的热固化物质(酚醛树脂和铁粉)。这种焊剂垫在加热至 80 ~ 100 ℃时树脂软化(或液化),将周围焊剂黏接在一起,温度继续上升到 100 ~ 150 ℃时树脂固化使焊剂垫变成具有一定刚性的板条。焊接时只生成少量熔渣,能有效的帮助焊缝反面成形。焊件与衬垫贴紧常采用专用的加紧机构,见图 4 - 27(b)。

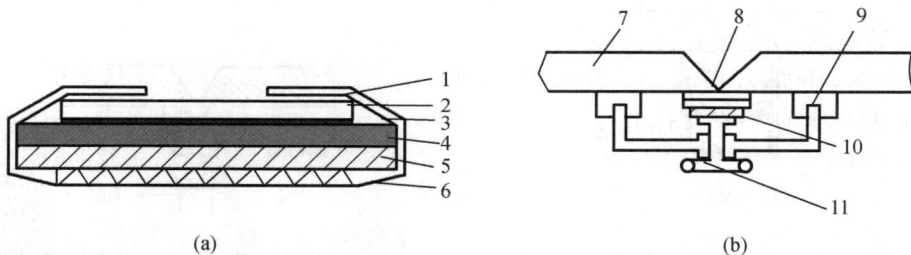

(a)　　　　　　　　　　　　　　　　　　(b)

图 4 - 27　热固化焊剂垫构造和装配示意图
(a)构造;(b)装配示意图
1—双面黏胶带;2—热收缩薄膜;3—玻璃纤维布;4—热固化焊剂;5—石棉布;
6—弹性垫;7—工件;8—焊剂垫;9—磁铁;10—托板;11—调节螺钉

自动单面焊双面成型一般应用于薄板焊接,主要应用于 V 形坡口,单面焊接并焊透,使反面成型,焊缝组对间隙一般都在 2.5 ~ 3 mm,所以在封底层一般不需摆动,随着焊缝盖面层数的增加,摆动应不断加大。

4.5.1　带钢板衬垫单面焊

带钢板衬垫单面焊属于大间隙单面焊它是在钢板的反面垫上一层较薄钢板,通常为4 ~ 6 mm,并与背面的母材贴紧,母材对接间隙较大,通常为 3 ~ 6 mm,在上面进行埋弧自动焊接的一种焊接方法。

在某些钢结构中,无法焊接反面,但要求熔透的对接板,可以采用此法。

4.5.2　带焊剂衬垫单面焊

埋弧焊接对于比较厚的钢板可以两面各焊一层来完成焊接,这是一种常规焊接方法,但一面焊接后,必须把工件翻身后再进行另一面焊接。这种场合,钢板翻身需要时间,而且等待翻身用的起重机也要耗费时间,使得高效率埋弧焊接法的燃弧率降低。如果钢板不翻身,仅以一面焊接,使熔深达 100% 而完成整个焊缝的话,那么效率就能大幅度提高。

这种方法便是单面埋弧焊接法。单面埋弧焊接法不仅能提高焊接效章,而且还具有使工程流水作业化、降低对厂房高度的要求、减小起重机起重量等一系列优点,从而大大节省费用。

带焊剂衬垫单面焊就是在钢板背面垫上焊剂衬垫,是焊剂紧贴焊道背面,在正面采用较大电流一次焊接,使反面焊缝也能成形的一种焊接方法,见图 4 – 28。为克服焊剂垫法的缺点,以后又开发的为 RF 单面埋弧焊接法。

4.5.3 铜衬垫单面焊法

如图 4 – 29 所示,把铜质衬垫紧贴在焊缝背面,并在铜垫上浅而狭的沟槽内形成背面焊道的方法;而前者,则是把粉末状的衬垫焊剂用一定的压力压紧在焊缝的背面,熔融金属由焊剂承托并形成背面焊缝的方法。铜衬垫容易产生铜垫与焊缝背面贴不紧,从而引起毛刺、咬口、熔合不良等缺陷。但是,铜垫贴紧了的话,则焊道外观光顺,焊缝均匀,且可使用大电流,效率也是高的。

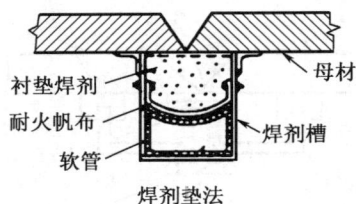

图 4 – 28　带焊剂衬垫单面焊

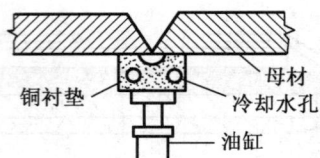

图 4 – 29　铜衬垫单面焊法

另一方面,焊剂垫法中的衬垫与焊缝背面贴紧性良好,不易产生毛刺(即熔融金属流出)、咬口等缺陷,但大电流焊接易造成背面焊缝成形不稳定,且焊接条件的允许范围比较窄。为改进铜衬垫法不足,以后又开发了 FCB 单面埋弧焊接法。

4.5.4 RF 法

RF 法是用简单的顶升机构把衬垫焊剂压紧到焊缝背面,从正面进行焊接而形成背面焊缝的方法。它以对钢板背面的板厚差等适应性好的焊剂垫法为基础,新开发的衬垫焊剂作为衬垫材料,从而克服了焊剂垫法的缺点。其原理如图 4 – 30 所示,把衬垫装置放在坡口的背面,向空气软管送进压缩空气,借软管的膨胀把衬垫焊剂压紧到坡口背面来实施单面焊接的方法。

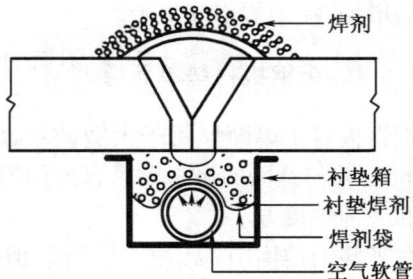

图 4 – 30　RF 法原理示意图

RF 法为保持焊剂垫法与钢板背面贴紧性良好的特长,衬垫采用粉末状。同时为弥补原方法背面焊道不均匀的缺点,需将衬垫的形状像铜衬垫那样使之固态化。为解决这一矛盾,贴紧在钢板背面的粉状衬垫在焊接时必须使其变为固化形态。为此,通过在衬垫中添加热硬化黏结剂使之达到这种形态变化。这样

RF 法就具有了衬垫贴紧性好,且能获得均匀的背面焊道的优点。

　　RF 法通常对形成背面焊道的先行焊丝采用直流电源,在形成健全的熔深形状和背面焊道之后,后行焊丝采用交流电源。因为先行焊丝用直流电源,有助于形成稳定的背面焊缝。

4.5.5　FCB 法

　　FCB 法(焊剂铜衬垫法)是在铜板上撒布厚度均匀的衬垫焊剂 PFI – 50R 或 MF – IR ,并用压缩空气软管等简单的顶升装置把上述敷好焊剂的铜板压紧到焊缝背面,从正面进行焊接而形成背面焊缝的一种单面埋弧焊接法。

　　图 4 – 31 是这种方法的原理图。用 FCB 法时,与钢板背面直接接触,形成背面焊缝的是衬垫焊剂。因此,与焊剂垫法一样,毛刺、咬口等不易产生。另外,焊剂下的铜板既不同熔融金属直接接触,也不受电弧作用,故不必用水冷却铜板,衬垫装置的顶升机构也较简单。由于焊剂层下有铜板,因此可以控制背面焊缝的大小(特别是余高),能使用大电流,对于坡口精度及焊接条件的变化其允许范围也较宽。这些优点都是利用铜衬垫法的特长之故。

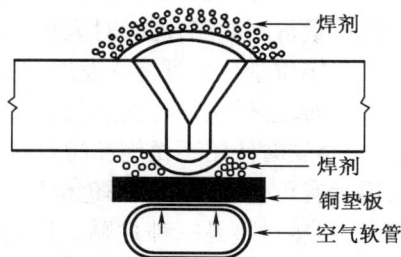

焊剂
焊剂
铜垫板
空气软管

图 4 – 31　FCB 法原理示意图

　　FCB 法通常采用双丝及多丝焊机。双丝焊接时,厚度最大为 25 mm 的板,一个焊程就可完成焊接,板厚超过 25 mm,难以确保稳定的熔敷金属量,正面和背面焊道外观恶化。因此,较厚的板(15mm 以上)宜采用 3 丝焊,从焊接接头质量和焊接效率来看都比较好。

　　FCB 法和 RF 法的特性比较,见表 4 – 11 。

表 4 – 11　FCB 法与 RF 法的特性比较

	项目	FCB 法	RF 法
	使用电流	全部交流	先行焊丝直流,其余交流
	坡口形状	Y 形	Y 形
	坡口精度	与两面焊接比较,要求一定的精度	与 FCB 法相比要求高精度
接头的实用性	适用板厚	10 ~ 55	10 ~ 30
	有板厚差接头	要注意衬垫的贴紧	与相同板厚接头一样适用
	板面有高差的接头	要注意衬垫的贴紧	与相同板厚接头一样适用

　　单面埋弧焊接法是不需要翻身钢板的,从一面使熔深达到 100% 来完成焊接的高效率焊接方法,与两面焊接法相比,焊接条件范围窄,若不充分注重施工管理,接头中往往会产生缺陷。另外,单面埋弧焊的缺点是终端裂纹,接头终点与两面埋弧焊接一样安装引弧板,把弧坑引至其上结束焊接的话,单面埋弧焊会在接头的终端部发生裂纹。但是,这种终端裂纹可运用已开发的防止方法加以解决。

4.5.6　高铝质陶瓷衬垫——单面焊接双面成型

焊接衬垫是为保证接头根部焊透和焊缝背面成形,沿接头背面预置的一种衬托装置。纯铜导热性好,做焊接衬垫有利于提高焊接强度,不锈钢做衬垫是考虑到反复使用和焊接面光洁度好的问题,其他材质如铝等因为熔点低不适合做焊接衬垫。而陶瓷焊接衬垫主要应用在高效焊接工艺中,起到单面焊接双面成型的作用。

陶瓷焊接衬垫是一种以氧化铝陶质材料为衬托,也有人称焊接衬底,是焊接工艺中使用广泛的一种陶瓷材料,主要是保证钢板接头根部焊透和焊缝背面成形,是作为沿接头背面预置的一种衬托装置,使焊缝强制成形的高效、优质、低成本的焊接方法。这种焊接方法避免了清根、仰焊及狭窄封闭环境内作业,减轻了焊工劳动强度,使焊接生产效率成倍提高,焊接质量得到保障,同时对人体及环境不会造成危害,与传统焊接方法相比,是一种工艺先进、焊接质量高的可持续发展的"绿色"焊接方法。

业内的普遍做法是焊接黑色金属时使用紫铜、陶瓷衬垫,主要是焊接完毕后容易分离,焊接有色金属时使用不锈钢和陶瓷衬垫,也是为了易于分离焊接衬垫和焊接后形成的背面焊缝,因为有色金属不易和黑色金属黏结在一起。

陶瓷焊接衬垫是一种黏贴式陶瓷焊接衬垫,采用多种陶瓷原料和焊剂配制烧结而成的,具有耐火度高,不易变形,机械强度大等特点。

陶瓷焊接衬垫的体积密度大于 1 750 kg/m^3,吸潮率小于 0.4%,耐火度大于 1 300 ℃。可大大提高劳动效率、提高焊接质量、降低焊接成本、改善劳动环境。所以被广泛应用于造船、桥梁、锅炉、压力溶器、钢结构、汽车配件等制造业。

埋弧焊是一种高效、高自动化的焊接技术。在高层建筑钢结构的制作过程中,大量的中厚板对接或管体制作都可采用埋弧焊焊接。海圣牌 HS 系列陶瓷焊接衬垫,见图 4 – 32,该产品通过权威认可,广泛应用于造船、桥梁、锅炉、压力溶器、钢结构、汽车配件等制造业。可大大提高劳动效率、提高焊接质量、降低焊接成本、改善劳动环境。海圣牌 HS 系列焊接衬垫是一种粘贴式陶瓷焊接衬垫。采用多种陶瓷原料(其中 AL_2O_3 大于 30%)和焊剂配制烧结而成

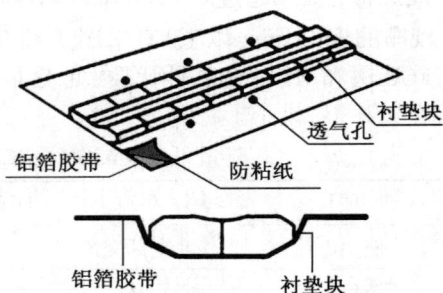

图 4 – 32　高铝质陶瓷衬垫

的。具有耐火度高,不易变形,机械强度大等特点。衬垫体积密度大于 1 750 kg/m^3,吸潮率小于 0.4%,耐火度大于 1 300 ℃。本产品硫,磷含量符合国际通用标准,使用后焊缝坚固,抗裂纹,韧性好,力学性能稳定。适用于一般钢结构平、立、横向位对接的单面焊接。即单面焊接、双面一次成型。且背面焊缝饱满、坚固美观。

该产品经中国船级社(CCS)、美国船级社(ABS)认证,产品质量和技术性能均符合造船和中华人民共和国船舶行业标准 GB/T3715—1995。

4.6　埋弧焊的安全操作技术

4.6.1　埋弧焊机安全操作规程

（1）埋弧焊机操作人员必须经过电弧焊接工作的专门培训，持证上岗，非本机操作人员，严禁擅自操作设备。

（2）作业前检查电缆绝缘情况，如有损坏立即停止使用，确认各部导线连接良好，控制箱外壳和接线板上的罩壳盖好。

（3）作业过程中，操作人员要精神集中，正确操作，注意机械情况，不得擅自离岗或将机器交给其他无证人员操作，严禁无关人员进入作业区。

（4）作业工程中，任何人员均不得蹬上龙门架顶层平台进行观察、检修或检查工作。如必须蹬顶作业，必须先停车断电。

（5）焊接进行中，不许铲药皮、清渣，铲药皮清渣时要戴护目镜。

（6）认真及时做好保养工作，保持机械完好状态，机械不得带病工作，运转中发现不正常，立即停机断电检查，排除故障方可使用。

（7）操作人员下班时，要将机械停放在待命位置，关机断电，锁好电闸箱，清理现场杂物，焊渣。

4.6.2　埋弧焊机操作注意事项

（1）埋弧自动焊机的小车轮子要有良好绝缘，导线应绝缘良好，工作过程中应理顺导线，防止扭转及被熔渣烧坏。

（2）控制箱和焊机外壳应可靠地接地（零）和防止漏电。接线板罩壳必须盖好。

（3）焊接过程中应注意防止焊剂突然停止供给而发生强烈弧光裸露灼伤眼睛。所以，焊工作业时应戴普通防护眼镜。

（4）半自动埋弧焊的焊把应有固定放置处，以防短路。

（5）埋弧自动焊熔剂的成分里含有氧化锰等对人体有害的物质。焊接时虽不像手弧焊那样产生可见烟雾，但将产生一定量的有害气体和蒸气。所以，在工作地点最好有局部的抽气通风设备。

【工程案例】

埋弧焊在管道上的应用

由于埋弧焊焊接中厚板，焊接质量好、速度快、节约焊材、工人劳动强度小、效率高，因而得到了广泛的应用。因此，对直径为 2 700 mm，材质 Q235 – A，板厚 25 mm 的输水管道采用埋弧焊进行焊接，见图 4 – 33。

由于国产焊机的电流、电压不稳定，送丝系统也不理想，因而选用林肯焊机 DC1000，送丝系统选用林肯 HA5 型，该送丝系统是等速送丝，外特性为平特式，熔深大，熔深与焊缝比为 1∶2（最佳规范），单面最大熔深可达 10 mm，机头是悬挂式，母材 Q235A，焊剂选用国产431，焊丝 H08A。采用自动切割机进行下料，卷制成 1.8 m 长的筒体。不开坡口，对口间隙

2～2.5 mm,清除自动切割留下的氧化物、水分、油污。焊剂在 150 ℃下保温 1 h。焊接电流太小,熔深不够,电流太大,外观成形差,易出现压坑气孔。电弧电压太大,深度也不够,电弧电压太小,会出现凹凸不平的焊缝;焊速太慢,焊缝太宽增大了线能量,焊缝的机械性能降低,不能满足设计要求,因此要严格执行工艺规范,即:内口埋弧焊时,焊接电流为 750 A,电弧电压 32 V;外口埋弧焊时,焊接电流为 880 A,电弧电压 34 V;均采用 $\phi4.8$ mm 的 H08A 焊丝及 HJ431,焊接速度为 16 m/h。

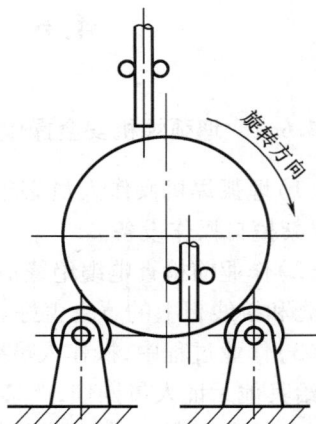

图 4-33　钢管筒的自动
焊接示意图

手工焊封底关键是不能有气孔、夹渣等。焊完内口后用气刨把封底层刨去,刨出一条深 6 mm,宽 10 mm 的 U 型坡口。内口埋弧焊可以达到 10 mm 的熔深,外口又刨去了 6 mm,外口熔深可达 13 mm 所以一定要焊透。手工焊用 J422$\phi4$ 焊条。

焊缝的机械性能:$R_{0.2} > 330$ MPa,$R_b > 430$MPa,$V_{AK}(-20℃) > 47$J。

全部焊缝经 X 射线探伤,按 GB332—87 标准 Ⅱ级合格,一次合格率为 95%;Ⅰ级为 90%。焊缝成形美观,焊缝余高 1 mm 左右,一般埋弧焊的余高是 3 mm 左右,因为采用气刨,刨去封底层所以余高低,环缝成形好,既减少了焊缝的内应力,又满足了焊缝的机械性能。

一般采用埋弧焊焊接 20 mm 以上的钢板大多开内坡口,这样填充金属多,浪费焊材,用刨边机浪费时间,不能提高效率。采用进口焊机及送丝系统能提高工作效率,保证焊接质量。在焊内环缝的同时还可以用气刨刨外环缝,这样可缩短焊接辅助时间,充分发挥埋弧焊的潜力,但一定要注意控制焊接速度,保证线能量和机械性能。

【讨论、思考题】

1. 埋弧焊原理是什么?为什么埋弧焊特别适合中厚板的焊接?

2. 埋弧焊优缺点是什么?

3. 埋弧焊的设备由哪些构成?

4. 埋弧焊机的功能有哪些?

5. 埋弧焊机有哪两种送丝方式,根据送丝方式的不同又有哪两种型号的焊机?

6. 请说明埋弧焊机的电源特性。

7. 专用埋弧焊机由哪几部分组成?

8. 如何检修埋弧焊设备?

9. 常用埋弧焊的焊丝规格和牌号有哪些,用途如何?

10. 埋弧焊剂主要由哪些成分组成的,分哪几类?

11. 埋弧焊剂的作用有哪些?

12. 常用的焊剂有哪些,主要牌号是什么?

13. 如何选用焊剂?

14. 如何进行中厚板的对接单面自动焊?

15. 如何进行中厚板的对接双面自动焊?

16. 如何进行中厚板的对接手工封底单面自动焊？

17. 如何进行中厚板的对接环缝单面自动焊？

18. 如何进行中厚板的船形位置自动焊？

19. 如何进行中厚板的平角自动焊？

20. 多丝埋弧焊的焊丝的排列形式有哪几种？

21. 多丝埋弧焊适合焊接哪些钢结构件？

22. 什么是粉末合金埋弧焊？

23. 粉末合金埋弧焊的焊接工艺要点是什么？

24. 什么是单面焊双面成形埋弧焊工艺，该工艺的关键是什么？

25. 埋弧焊的单面焊工艺有哪几种？

26. 如何进行带垫板单面埋弧焊？

27. 如何进行带焊剂衬垫单面埋弧焊？

28. 什么的铜衬垫单面焊？

29. 什么是 RF 法？

30. 什么 FCB 法？

31. 什么是高铝陶瓷衬垫单面焊工艺？

32. 埋弧焊的安全操作规程是什么？

【作业题】

1. 编写中厚板 Q235δ12 水平对接熔透埋弧焊的焊接工艺。

2. 编写中厚板 Q345δ16 钢管纵缝对接熔透埋弧焊工艺。

3. 编写中厚板 Q345δ16 钢管环缝对接熔透高效埋弧焊工艺。

项目5 大型钢结构的焊接

知识目标

1. 大型钢结构的焊接特点；
2. 大型钢结构厚板的焊接工艺；
3. 压力容器、建筑箱梁的电渣焊及其基本原理，特点和分类；
4. 电渣焊热过程和冶金过程的特点；电渣焊焊接材料；电渣焊设备；
5. 船舶舷侧板的气电焊的基本原理和应用；
6. 核电装置的窄间隙焊的基本原理和应用；
7. 海工钢结构的水下焊接的基本原理和应用；
8. 焊接方法的选择。

能力目标

1. 通过介绍大型钢结构，掌握相关知识与技能；
2. 能正确选择大型钢结构焊接设备；
3. 通过介绍大型钢结构焊接工艺，掌握相关技能；
4. 通过介绍压力容器的焊接，说明电渣焊操作过程，熟悉电渣焊的相关技能；
5. 通过介绍船舶舷侧板的焊接，掌握气电立焊的操作技能；
6. 通过介绍核电装置的焊接，熟悉窄间隙焊的操作技能；
7. 通过介绍海洋工程的水下焊接，熟悉水下焊接的操作技能；
8. 能独立进行焊接方法的选择。

素质目标

1. 要求学生养成求实、严谨的科学态度；
2. 培养学生热爱行业，乐于奉献的精神；
3. 培养与人沟通，通力协作的团队精神。

5.0 项 目 导 论

建筑钢结构具有自重轻、建设周期短、适应性强、外形丰富、维护方便等优点，其应用越来越广泛。从20世纪80年代以来，中国建筑钢结构得到了空前的发展。2005年我国已成为世界上最大的产钢国和用钢国，年钢铁消耗量已突破3亿吨，而其中钢结构的产量高达1.4亿吨，包括了能源、交通及基础设施等的钢结构产业。钢铁行业已成为国民经济建设的支柱。到目前为止我国已建成60多幢高层焊接钢结构建筑。大跨度空间钢结构已在各种体育馆、展览中心、大剧院、候机楼、飞机库和一些工业厂房中应用。桥梁钢结构方兴未艾，钢结构住宅在我国经过几年的深入研究和开发后也已进入一个新的发展阶段。建筑钢结构设计越来越先进、施工技术越来越成熟。建筑钢结构形成了以下特点:外观上,结构形状新颖独特标新立异与众不同,体现了这个时代个性张扬的特点。材料的选用上,趋向于越来越多的应用高强度钢。规模上,越来越多的超高层、大跨度世界级超大规模建筑在国内诞生。中央电视台大楼、上海国际金融中心、北京首都机场新航站楼、国家体育场"鸟巢"等典型的建筑钢结构焊接工程充分说明了建筑钢结构已经步入了兴旺发达的成熟期,见图5-1。

中央电视台新大楼　　　　　　　　　　上海国际金融中心

北京国家大剧院　　　　　　　　　　　北京体育场"鸟巢"

图5-1　大型钢结构工程

5.1　大型钢结构焊接工程的特征

5.1.1　大型钢结构发展的新特点

在建筑用材方面,目前,市场上常用的材料品种有中厚板、镀薄卷板、彩色涂层卷板、中小型钢、槽钢、角钢、热轧H钢、焊接H钢、焊管、冷弯型钢、钢管(无缝、焊接)、彩色涂层卷等,呈现多型号高强化趋势。

在建筑规模方面,大型钢结构随技术的不断成熟,逐渐向空间、高层转变。取得了跨度超过 1 000 m,高度超过 1 000 ~ 4 000 m 超高层的能力,如威海彩钢板房、日本的福冈室内体育场、加拿大的多伦多天空穹顶体育馆都是宏伟的建筑。

在能源方面,我国由于是传统的混凝土和砖砌大国,生产水泥和砖的生产量占到了世界比例的一半,每年都造成十几万亩田地的损坏和几亿二氧化碳的排放,久而久之对人类和国家是灾难的,而钢结构做为新型的材料,轻巧、便捷、低耗、环保、适合重灾重建、抗震等多重优点,不仅解决了材料选择的问题,同时还减轻了治理污染的压力,是现代建筑材料的最为理想的选择。

在国际方面,随着我国加入世贸,对国际事务的介入的不断加大,在世界污染问题上作为负责任的大国也必须要考虑到治污的问题。发展钢结构符合我国需要,随着国家对行业支持的不断提高,轻钢、中型钢结构在我国目前已普遍应用,现已形成产业化、标准化、定型化、机械施工化、配件制造工厂化。空间、高层、多层是今后的发展重点。

5.1.2　我国建筑钢结构中的经典大型钢结构焊接工程

（1）高层钢结构工程案例简介

央视新台址大楼位于北京,高为 236 m,51 层,用钢量 1.2 万吨。中央电视台台址工程主楼由两座塔楼、裙房及基座组成,两层塔楼呈倾斜状,分别为 51 层、44 层,总建筑面积 40 万平方米,顶部通过 14 层高的悬臂结构连为一体,悬挑 70 m,从侧面看呈扭曲的 Z 字形,为世界上单体钢结构用钢量最大的建筑物。

上海国际金融中心高 492 m,101 层,总用钢量 5.8 万吨。该工程主楼高 492 m,地上 101 层,为世界第二高楼,总建筑面积 377 300 m^2,主体结构为钢骨及钢筋混凝土混合结构,它位于周边的巨型结构和中心核心筒塔楼体系的核心部分。

（2）大跨度空间钢结构工程案例简介

北京国家大剧院　平面尺寸为 212 m×143 m,北京国家大剧院主体建筑由外部围护结构和内部歌剧院、音乐厅、戏剧院、公共大厅和配套用房组成。外部围护结构为钢结构壳体,呈半椭球形,其东西长轴为 212.20 m,南北短轴为 143.64 m。建筑总高度为 46.285 m,地下最深处 32.50 m,用钢 6 950 吨,总建筑面积约为 16.5 万平方米,是世界上最大的穹顶建筑。椭球形屋面主要采用钛金属板,中部为渐开式玻璃幕墙,网壳面积为 3.5 万平方米,设有立柱,全靠 148 根弧形钢柱承重,主桁架由 60 mm 厚钢板组焊而成。

北京国家体育场"鸟巢"平面尺寸 332 m×296 m。北京体育场是北京 2008 奥运会主会场,其地面以上的平面呈椭圆形,长轴最大尺寸为 323.3 m,短轴对大尺寸为 296.4 m,建筑屋盖顶面为双向圆弧构成的鞍形曲面,最高点高度为 68.5 m,最低点为 42.8 m,屋盖中部的洞口长度为 190 m,宽度为 124 m,其放射状混凝土框架结构与环绕它们并形成主屋盖的空间钢结构完全分离。空间钢结构由 24 框门式桁架围绕着体育场内部碗状看台区旋转而成,与顶面和立面交织形成体育场整体的"鸟巢"造型,可容纳观众 9.1 万人,用钢 4.19 万吨,国家体育场钢结构工程中采用 Q460 钢板,厚度可以达到 110 mm,在国内建筑钢结构工程应用,尚属首例。

5.1.3　我国建筑钢结构焊接技术的特点及发展方向

大型钢结构的焊接特点和焊接技术新动向,前述"鸟巢"钢结构焊接工程所用的 14 项焊接技术是十分典型的,基本代表了建筑钢结构焊接技术的发展方向。以此为线索来阐述建筑钢结构焊接技术的发展,找出其中带方向性和规律性的东西。

(1)新钢种焊接性试验将是建筑钢结构焊接工程中的重点和难点

2004 年,低合金高强钢 Q420 在北京新保利大厦工程成功使用。经过两年的发展,目前国内已有数个钢结构工程使用高强钢,如国家体育场使用国产 Q460 钢,最大板厚 110 mm,国家游泳中心水立方工程使用国产 Q420 钢,中央电视台新台址工程更是使用了 Q390,Q420,Q460 级别钢。高强钢,在建筑钢结构中的广泛应用带动了高强钢焊接技术的发展。据查 Q460 钢在我国第一次大规模生产和使用也是世界首次使用厚度为 110 mm 总重为 750t 的工程,因此焊接性试验方法具有极大的推广应用价值,特别是在我国新钢种不断出现的今天,应当引起我们的高度重视。由于钢结构体系设计的需要在重要的建筑钢结构焊接工程中采用了新一代高强钢种,这些钢种同传统钢种有很大的区别,掌握和研究新钢种的焊接性是一件十分重要和困难的工作。因此,采用新工艺、新的运条手法进行施焊势在必行,否则将给工程带来损失。建筑钢结构用高强钢性能获得合金强化、组织强化途径:如淬火 + 回火、控轧控冷工艺 TMCP、淬火 + 自回火控制轧制 QCT。新的炼钢工艺促进了新一代钢种的诞生。新一代钢种的焊接性同传统钢种有较大的区别,了解和掌握这方面的知识是焊接性研究的最基础的工作。

(2)厚板焊接将成为建筑钢结构的主要焊接技术

随着钢板厚度的增加,焊接难度大大增加。在我国现行标准 GB/T 1591—1994《低合金高强度结构钢》和 YB4104—2000《高层建筑结构用钢板》中规定钢板厚度最大仅为100 mm,不仅仅可以看到厚板在生产和焊接上的难度而且看出远远落后于建筑钢结构焊接工程的发展速度。现在大量采用的 ESW 电渣焊,主要应用于 BOX 构件筋板的焊接,见图 5 – 2 所示。同时采用:

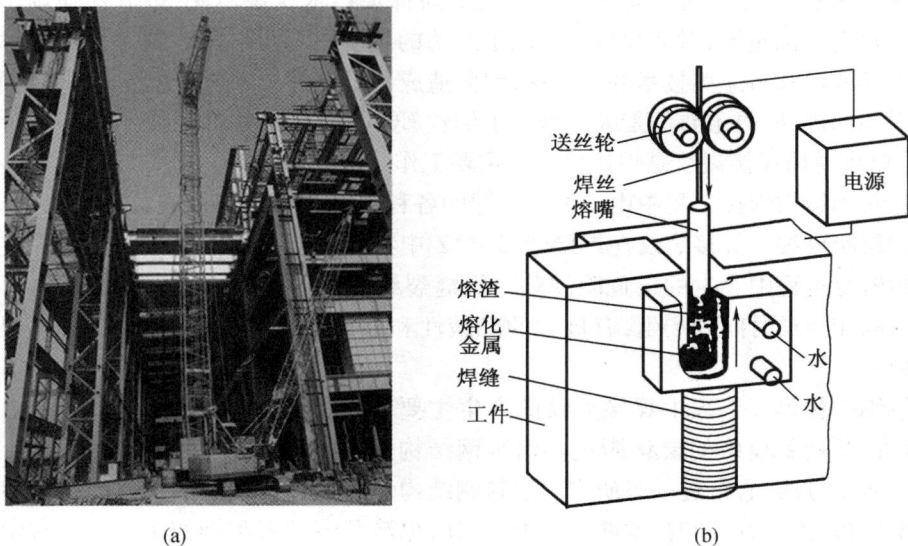

(a)　　　　　　　　　　　　　(b)

5 – 2　建筑结构中的箱梁的筋板电渣焊接

(a)建筑结构中的纵横箱梁图;(b)电渣焊的应用

①厚板焊接坡口的设计；

②预热、后热采用远红外电加热技术；

③组合焊接新工艺；

④多层多道接头错位焊接新工艺；

（3）低温焊接技术得到大规模的推广

我国冬季覆盖的范围大，建筑钢结构焊接工程冬季施工备受关注。钢结构焊接工程能否在冬季施工，有没有临界施工焊接的最低温度历来是学术界和工程界致力解决的难题。根据美国国家标准 AWSD 2006《钢结构焊接规范》规定：-20 ℃ 为停止焊接的温度，但又申明采取了相应措施仍然可以焊接。我国 JGJ—2002《建筑钢结构焊接技术规程》规定焊接作业区环境温度低于 0 ℃ 时应根据钢材、焊材制定适当的措施，而日本建筑学会 JASS6《钢结构工程》规定的最低施焊温度为 -5 ℃。这些标准各不相同的规定说明各国有各国的具体情况，没有统一的"临界焊接温度"的定义，只能根据具体情况做出适合于客观环境的正确决策。国家体育场"鸟巢"钢结构焊接工程中有 1 万吨以上的钢结构要在冬季完成焊接施工。根据工程现实，冬季施焊的临界温度不能只从钢材、焊材的承受能力来规定，而必须从人、机、料、法、环五大管理要素来确定。根据这一基本思想，国家体育馆"鸟巢"组织了很大规模的低温焊接试验。试验收到很好的成效并制定了《国家体育馆钢结构低温焊接规程》，确定了 -15 ℃ 为停止施焊的温度。建筑钢结构冬季施焊必然为项目带来巨大的直接经济效益，为抢夺工期赢得十分宝贵的时间。因此，国家体育馆"鸟巢"钢结构焊接工程中的低温焊接技术、规程、经验、必然被广大工程界所接受，必将得到大面积的推广应用。

（4）仰焊技术大规模的推广

在建筑钢结构行业中，"尽量避免仰焊"几乎成了行业规范。然而作为一种焊接技术，它的存在是客观的，是不可避免的。以前人们对仰焊技术认识不深，过分地强调了仰焊的难度而忽视它的优越性，对仰焊技术采取了封杀的态度是不可取的。封杀仰焊技术的实质是理论上的混淆和对应用技术的不了解，因而造成了对仰焊技术"谈虎色变"的局面。目前除采用手工仰焊外，更重要的是大量推广了细丝 CO_2 气体保护焊仰焊技术。

（5）攻克现场焊接裂纹是焊接技术的重要工作

在建筑钢结构焊接工程中由于焊接引起的各种裂纹统称为焊接裂纹，焊接裂纹包括没有提到的层状撕裂。焊接裂纹在焊接金属 HAZ 中都有可能发生。焊接裂纹是焊接凝固冶金和固相转变过程中产生的最危险缺陷。焊缝裂纹既可能在焊接过程中产生也可能在焊接完成后的相当长时间内产生，有极大的隐蔽性和破坏性，是建筑钢结构焊接工程首先要防范的缺陷。

建筑钢结构焊接工程中焊接裂纹的产生主要有三种形式，复杂钢结构体系中的热裂纹、冷裂纹、厚板工程中的层状撕裂。建筑钢结构焊接工程三种主要的裂纹形式、产生机理、判据、防止方法，有待进一步研究。建筑钢结构焊接工程裂纹的产生原因很多涉及焊接工程的全过程，涉及管理和技术两大方面。同时也涉及管理者和操作工。人的科学知识水平和状态，决定了这一项工作的长期性，所以建筑钢结构焊接工程攻克焊接裂纹难题是一项重要而长期的技术工作。

（6）铸钢及其异种钢的焊接成为建筑钢结构焊接工程中的又一个重点

铸钢节点因其特有的性能，如良好的加工性能、复杂多样的建筑造型，在一些大跨度空间桁架结构中开始逐步推广使用，特别是在处理复杂的交汇节点上，铸钢节点有着得天独厚的优势。在大型体育场馆、会展中心开始大规模使用。然而铸钢节点也有先天不足,由于铸钢一般碳当量较高,尤其是 S,P 杂质难以控制,铸钢组织晶粒粗大,导致铸钢的焊接性较差,对焊接工艺要求较高。加上我国目前没有相关的技术标准指导,更加大了铸钢节点施工难度。铸钢节点的焊接要点是控制热输入量,尽量减少对母材供货状态的破坏,减少焊接应力、防止焊接氢致裂纹的产生。因此在工程中注意了以下三个重点。

①采用远红外电加热技术　准确控制预热、层间、后热温度,使整条焊缝受热均匀。具体指标:预热≥150 ℃,层间温度≤250 ℃;后热为 250 ~ 300 ℃,保温 1 h 后缓冷。

②采取连续施焊的方法　无论铸钢同 Q460,还是 Q345 焊,一旦开始焊接,整条焊缝必须连续焊完,中途不得停顿。

③焊接工程结束后应当立即进行"紧急后热",并保温缓冷。随着铸钢节点日益大规模地应用国家体育场,铸钢焊接技术会得到更进一步的推广应用,我国的相关技术标准也会应运而生,铸钢的焊接技术将会更加成熟、可靠。

(7)钢结构体系初始应力的控制将成为焊接技术的又一主攻方向

"鸟巢"钢结构焊接工程有两个十分重要的工序是合龙和卸载。在建筑钢结构领域内第一次明确提出了合龙的概念。合龙是在规定的温度范围内、严格按照设计要求进行的焊接施工,主要目的是使"鸟巢"全系统应力尽量均衡的重要技术步骤。带临时支撑的钢结构体系转换成封闭、稳定钢结构体系的过程叫合龙。使钢结构形成封闭稳定系统的焊缝叫合龙焊缝。真正形成"鸟巢"钢结构系统初始应力的工序是卸载,带有临时支撑的钢结构稳定系统转换成自承重稳定系统的过程叫卸载。卸载是对"鸟巢"钢结构系统焊缝质量的最终检验。在本钢结构焊接工程,不希望有焊缝的应力集中,不希望有焊接应力,构件内力尽量均衡,对具体焊缝而言,不希望出现很大变形,影响观感质量,更不希望存在很大的焊接残余应力而影响钢结构系统安全。通过合理的焊接顺序,科学的焊接规范,加上严格的全面质量管理,基本实现了此钢结构系统应力、应变均衡的目的,钢结构系统安全达到了设计要求。

逐渐成熟的我国建筑钢结构焊接技术必定向多元化方向发展。制作和安装工程各有侧重,各施工、制作单位情况各有不同,因此带来的技术发展方向也不相同。但是提高工程质量、降低工程成本、工程价值合理的性价比及确保安全和工期肯定是我国焊接界的共同追求。"鸟巢"钢结构焊接工程为焊接技术的发展提供了千载难逢的机会,把我国的焊接技术进步推进了一个崭新的阶段,为我国建筑钢结构焊接工程作出了榜样,可以预言我国的建筑钢结构工程的焊接技术将会遵循客观规律、实事求是稳步地向前发展,不久的将来将会进入世界领先行列。

5.2　大型钢结构厚板焊接工艺

5.2.1　电渣焊

5.2.1.1　电渣焊的基本的原理和特点

(1)电渣焊的基本的原理

电渣焊也是金属熔焊的一种方法,它是利用电流通过液态的熔渣,发生大量的电阻热来熔化填充金属和焊件,并在冷却滑块作用下强制形成焊缝的。熔渣还对熔池起保护和净化的作用。电渣焊一般是垂直向上施焊。填充金属有单焊丝、多焊丝、焊丝加熔嘴和金属板等形式。焊丝连续送进,见图5-3(a)。

电渣焊是利用电流通过熔渣所产生的电阻热作为热源,将填充金属和母材熔化,凝固后形成金属原子间牢固连接。在开始焊接时,使焊丝与起焊槽短路起弧,不断加入少量固体焊剂,利用电弧的热量使之熔化,形成液态熔渣,待熔渣达到一定深度时,增加焊丝的送进速度,并降低电压,使焊丝插入渣池,电弧熄灭,继而转入电渣焊焊接过程,见图5-3(b)。

电渣焊适用于焊接20 mm以上厚大截面的工件。它主要用于焊接厚壁压力容器、大型铸-焊结构、锻-焊结构或厚板拼焊,还可用于堆焊轧辊、高炉料钟等大型工件。电渣焊可焊接低碳钢、低合金钢、中碳钢、某些不锈钢和纯铝等。电渣焊生产效率高,焊缝金属缺陷少,劳动卫生条件好,是重型机械制造中重要的焊接方法之一。它的缺点是输入的热量大,接头在高温下停留时间长、焊缝附近容易过热,焊缝金属呈粗大结晶的铸态组织,冲击韧性低,焊件在焊后一般需要进行正火和回火热处理。见彩图5-3(c)。

(2)电渣焊的基本特点

电渣焊的主要特点:

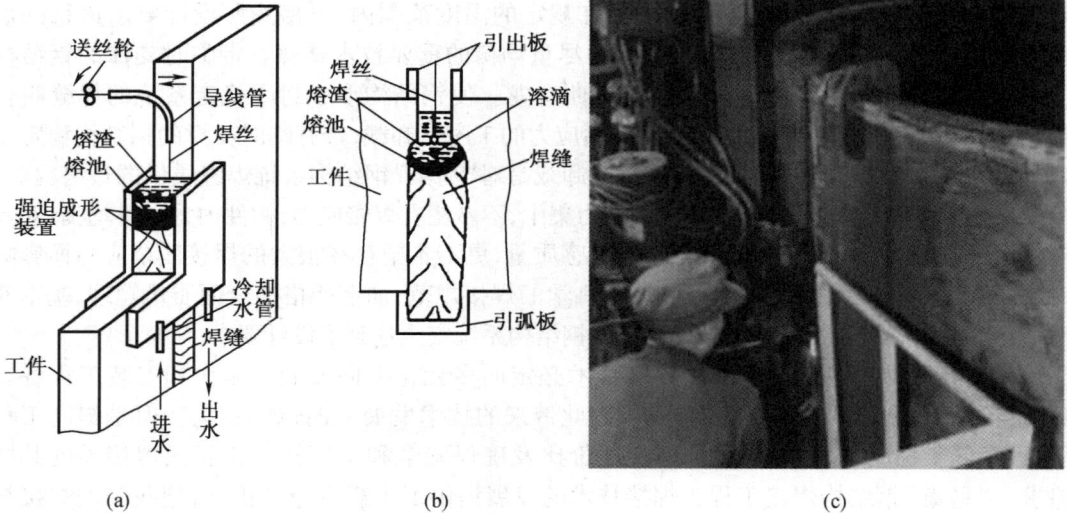

图5-3　电渣焊过程

(a)立体示意图;(b)断面图;(c)焊后处理

①大厚度焊件可以一次焊成,单丝一次可焊δ40~50 mm厚的钢板,一般焊接速度是1 m接缝/h,不考虑厚度。

②经济效果好,焊剂只有埋弧自动焊的1/20~1/15,耗电只有埋弧自动焊1/3~1/2。

③焊缝质量好,焊缝致密性好,极少缺陷。

④无角变形,没有埋弧焊的焊接方法所产生的焊接变形。

⑤钢板边缘加工简单,可用氧乙炔火焰加工,切割成直角边。

⑥通过切割所有焊缝和重复焊接可方便地进行大型的修理。

电渣焊的焊接过程都比较长,因为它的线能量会产生粗大的金属颗粒,热影响区会导致差的断裂韧性出现。焊后需热处理或者是在焊接过程中添加特殊的金属元素,才能改善韧性、细化晶体,应使用专用的超声波无损检测设备检测。

5.2.1.2 电渣焊的分类

(1) 丝极电渣焊

丝极电渣焊有单丝电渣焊、双丝或多丝电渣焊,见图 5-4 所示。

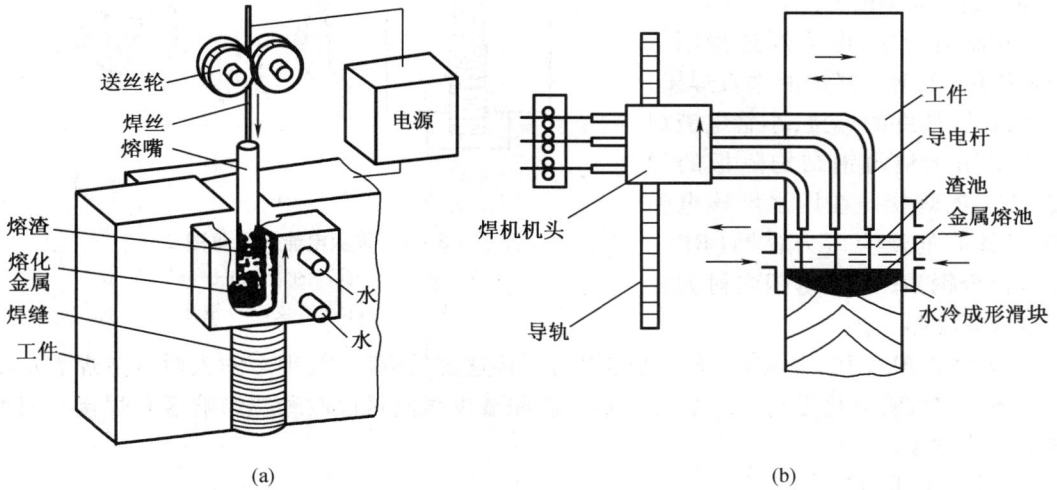

图 5-4 丝极电渣焊

(a) 单丝电渣焊;(b) 多丝电渣焊

(2) 板极电渣焊

板极电渣焊由于过长的板极会给操作上带来困难,因此这种方法适用大断面且焊缝长度不超过 1.5 m 的短焊缝的焊接,见图 5-5。

(3) 熔嘴电渣焊

熔嘴电渣焊根据工件厚度不同,可用一个或多个熔嘴同时焊接,同时熔嘴可以做成各种曲线或曲面形状,主要用于大断面及变断面的长焊缝的焊接,如大型船舶的舵柱等的焊接。目前可焊厚度已达 2 m,焊缝长度已达 10 m 以上,见图 5-6。

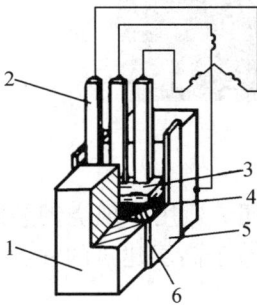

图 5-5 板极电渣焊示意图
1—工件;2—板极;3—熔渣;4—熔池;
5—强制形成装置;6—焊缝

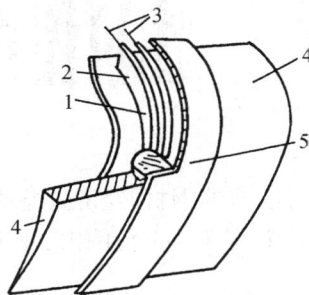

图 5-6 熔嘴电渣焊示意图
1—熔嘴;2—导丝管;3—焊丝;
4—工件;5—强制形成装置

（4）管极电渣焊

管极电渣焊是用一根在外表面涂有药皮的无缝钢管充当熔嘴,适用于厚度为 20 ~ 60 mm 焊件的焊接,具有生产率高和焊缝质量好,操作和设备较简单的特点,见图 5 - 7。

在制造业中,电渣焊过程用于厚板拼接,炼钢厂高炉的垂直焊接,大型铸件、锻件的焊接,小管电渣焊机主要用于建筑钢结构隔板的焊接、法兰的焊接。在压水堆核电站中,最核心的反应压力容器(RPV,低碳合金钢)中的不锈钢内衬为板极电渣焊堆焊。

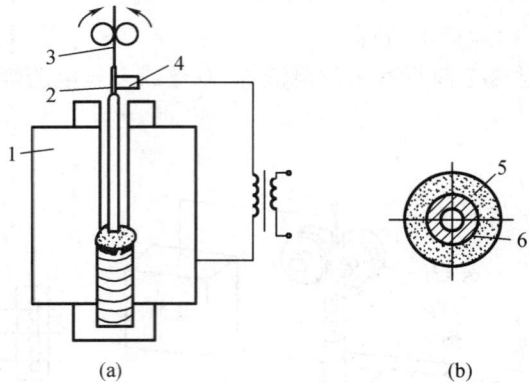

5 - 7　管极电渣焊示意图

1—工件;2—涂药的管极;3—焊丝;
4—导电板;5—药皮;6—钢管

20 世纪 70 年代,在调查、研究能够提高焊接速度的方法时,很多的人对电渣焊表示出了兴趣。它被看成是提高生产率的重要参数和减少线能量以改善热影响区和焊接金属冲击特性的方法。

（5）电渣压力焊

电渣压力焊是将两钢筋安放成竖向对接形式,利用焊接电流通过两钢筋间隙,在焊剂层下形成电弧过程和电渣过程,产生电弧热和电阻热,熔化钢筋,加压完成的一种压焊方法,见图 5 - 8。

图 5 - 8　电渣压力焊

电渣焊节能、节约钢材,经济效益明显,施工操作方便。适用于现浇钢筋混凝土结构中竖向或斜向(倾斜度在 4:1 范围内)钢筋的连接,特别是对于高层建筑的柱、墙钢筋,应用尤为广泛。

电渣压力焊的焊接过程包括四个阶段:引弧、电弧、电渣和顶压。首先在上、下两钢筋端面之间引弧熔化,使电弧周围焊剂熔化形成空穴;熔态焊剂导电率增大,产生更高的电阻热,因而导致更多的焊剂熔化,逐渐形成渣池;使上下钢筋端部,在电渣熔池中加大熔化量,当上下钢筋熔化量达到一定数值(约 20 mm)时,施加大于 3 000 N 顶锻压力,压到底时,同时断电,焊接过程完毕,冷却后敲去渣壳,现出有光泽焊缝。坚向钢筋电渣压力焊机型号:DH - 500,DH - 630,焊机技术参数见表 5 - 1。

表 5 - 1　坚向钢筋电渣压力焊机技术参数

项目/项目号	DDH - 500	DH DH - 630 - 630
额定输入电压/V	3 ~ 380V ± 10% 50/60Hz	
额定输入电流/A	35	46
额定输入容量/KVA	22	30
输出空载电压/V	75 ~ 85	75 ~ 85
焊接电流/A	10 ~ 500	10 ~ 630
熔化量/mm	20 ± 5	
绝缘 /防护等级	F / IP21S	
质量/kg	25	36
适合钢筋直径范围/mm	< 28	< 32

5.2.1.3　电渣焊热过程和冶金过程的特点

(1)电渣焊热过程的特点

渣池是一个温度较低,热量较均匀,体积较大,热源集中,高温停留时间长,晶粒粗大,对低碳钢来说,高温停留时间越长,热影响区 HAZ 晶粒越粗大,组织过热,机械性能下降,冲击韧性低,对易淬火钢,由于冷却速度快,近缝区容易产生淬火组织和冷裂纹。

(2)电渣焊冶金过程和特点

通过填充金属渗合金,焊缝中母材占 F_m10% ~ 20% ,而自动焊中 F_m 是 50% 以上,焊缝晶粒粗大且具有方向性。电渣焊焊缝实图见图 5 - 9(a),焊缝形成过程见图 5 - 9(b)。

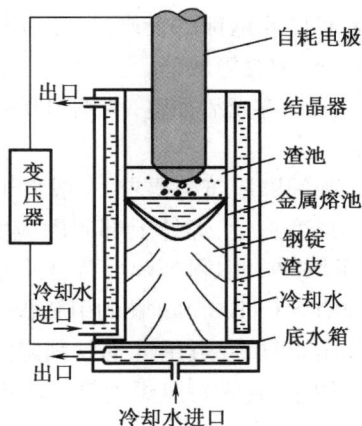

(a)　　　　　　　　　　　　(b)

图 5 - 9　电渣焊缝的形成

5.2.1.4　电渣焊焊接材料

（1）焊剂：焊剂 170，焊剂 360、焊剂 430、焊剂 431。

（2）电极材料：焊丝 H08Mn2，H10Mn2，H08MnA，H09Mn2 作熔嘴。

5.2.1.5　电渣焊设备

电渣焊设备主要有两个部分：焊接电源和电渣焊机。

电渣焊对焊接电源的基本要求如下。

（1）保持稳定的电渣过程。焊接过程中，不应出现电弧放电过程或电渣、电弧混合过程，否则将破坏正常的焊接工艺参数，电渣焊电源应选平特性电源（其空载电压低和感抗小）。

（2）维持焊接电流电压稳定不变。电渣焊时，焊丝等速送进，渣池中的电流 – 电压特性为上升曲线，因此当网络电压发生变化或送丝速度变化时，具有平特性的焊接电源所引起的焊接电流、电压变化小，自身调节作用强。

（3）电渣焊要求有足够的功率，空载电压较低，还具有平特性的焊接电源。通常电渣焊均采用交流电源，其型号有：

BP1 – 3 × 1000 和 BP1 – 3 × 3000（具有平特性的弧焊变压器），若没有平特性的焊接电源，也可暂用有下降特性的弧焊电源代替。

电源采用平特性的交流变压器，常用的型号：BP1—3 × 1000 型和 BP1—3 × 3000 型。

焊机 HS—1000 型，见图 5 – 10，为选用丝极和板极的电渣焊机。

图 5 – 10　HS—1000 型焊机

5.2.1.6　电渣焊的操作工艺

（1）焊前准备

①熟悉图纸和工艺文件，弄清焊件材质和技术要求。

②检查焊件的装配质量。

a. 铸钢件的冒口或钢锭的上端部，不能作为接头的端面，接头端面不得有较大的气孔和夹渣、重皮、疏松、裂纹等缺陷。

b. 焊接接头端面应光滑平整，两侧 100 ~ 150 mm 范围内应打磨见白，且端面及附近不得有铁锈，油污等。

c. 焊件的装配间隙应符合要求，一般大于 20 mm，具体要求取决于板厚；装配间隙要留出焊缝收缩量和反变形量，焊件上部间隙应大些，焊缝越长，上下差值越大，若焊缝长不超过 1 m，此差值可取 5‰，以保证焊后符合尺寸要求。

d. 起焊处应有 50 ~ 100 mm 长的引弧板，结尾处应有长 70 ~ 80 mm 的熄弧板。

e. 焊件要固定牢靠，一般用 Π 形铁固定。见图 5 – 11。

③计算焊丝用量，要求每盘焊丝能一次焊完一条焊缝，焊丝如有接头，须牢固光滑。焊丝的间距，见图 5 – 12。

④电渣焊用的药皮熔填管，应先疏通管子，使得焊丝易于穿过，并按工件长截取相应的熔填药皮管。

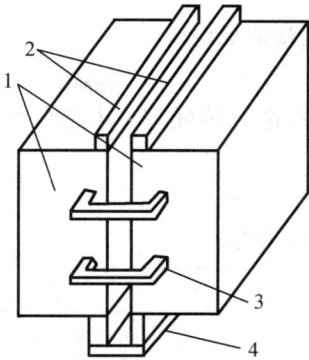

図 5 - 11　工件装配位置示意图
1—工件;2—引出板;
3—Ⅱ形"马"铁;4—引弧板

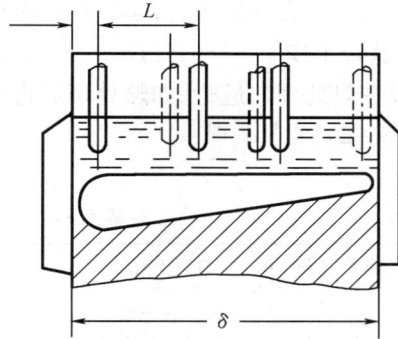

図 5 - 12　多丝焊时焊丝的位置

⑤调整焊机与工件的相对位置,调整药皮管、冷却滑块的位置,药皮管子应垂直在间隙的中心,对于多丝的管子间隙应相等,距工件两侧面的距离为 20 mm。

⑥焊前焊丝要矫直、去油污,应检查是否符合国标。

⑦检查冷水系统、电源及控制系统,确保连接良好。无漏水、漏电现象。

⑧需预热的焊件,按规定进行预热。

（2）焊接工艺

以丝极电渣焊为例,焊接工艺要求如下。

①焊接材料的选择根据工艺要求进行,无具体要求的可参考以下规定。

a. 选用焊剂,一般大型碳钢及低合金钢焊件,可用焊剂 360、焊剂 430 及焊剂 431,用前都需在 250 ℃,烘干 1 ~ 2 h。

b. 选用焊丝,含硫量低于 0.30% ~ 0.35% 的钢焊丝,常用 H08Mn2 焊丝。

②确定焊接工艺参数,如焊接电流、焊接电压、送丝速度、焊丝伸出长度等。若无可靠经验,需做焊接工艺试验来确定。

③焊前先启动焊机空载运行,检查是否正常。

④建立渣池,先在引弧板上放些铁屑,焊丝与铁屑接触引弧,电弧引燃后,立即向其周围加一定量的焊剂,形成渣池。

⑤焊接过程要保持焊接参数稳定,注意焊丝在间隙中的位置,随时调整,并要防止漏渣现象,保持渣池的预定深度。

⑥焊接过程要尽可能的不停机。

⑦在熄弧板上收尾,收尾时要适当地降低电弧电压和送丝速度,并在停焊前继续送丝,以填满弧坑。

⑧收尾后不可全部放掉熔渣,使收尾处缓冷,防止裂纹。

⑨对工艺试验和焊接过程要做详细记录。

（3）焊后对工件进行检查

①外观不许有裂纹,未熔合及夹渣,焊瘤等缺陷。

②根据工件的质量要求,须进行无损检验的应按要求进行有关项目的检查,满足设计

要求。

③缺陷超过设计要求时,必须进行返修,并做好返修情况记录。

(4)返修工作

一般在热处理前进行,如热处理后进行返修要重新进行热处理。电渣焊缺陷及防止措施,见表5－2。

表5－2　电渣焊缺陷及防止措施

序号	缺陷名称	缺陷特征	产生原因	防止措施
1	成形不良	1. 表面不光滑 2. 表面高低不平 3. 表面凹凸严重	1. 焊缝冷却太快 2. 模块间隙装配不定 3. 模块有熔蚀状态	1. 调整模块出水温度 2. 轻微震动模块使之贴紧 3. 加强水流量
2	焊瘤	1. 溢出焊缝的多余部分点状金属物 2. 片状金属物 3. 堆状金属物	1. 模块局部密封性差 2. 模块较大面积不密封 3. 模块被熔蚀	1. 可轻微锤击使之密封 2. 采用石棉绳或耐火泥堵塞 3. 加强水流量 4. 采用夹具夹紧模块
3	气孔	1. 圆形或椭圆形 2. 单个存在 3. 密集蜂窝状	1. 前者氢气孔、后者 CO 气孔 2. 多为氢气孔,有水分进入 3. 多为 CO 气孔,工作及焊丝不清结有大量氧化物进入熔池	1. 除尽工件及焊丝铁锈、油污 2. 严格干燥焊剂 3. 采用含硅焊丝
4	夹渣	1. 表面渣 2. 中心渣 3. 周边渣	1. 熔池温度不均匀形成快 2. 熔池浅金属熔化不充分 3. 熔池深金属熔化不充分	1. 适当摆动焊丝 2. 添加焊剂提高渣池深度 3. 降低渣池深度适当增大电流和电压
5	未焊透	1. 焊缝表面 2. 焊缝中间	1. 模块温度低、电流小电压低焊丝未摆动 2. 送丝速度太快,冷凝成型时间大于电流熔蚀时间	1. 大焊接电流或焊丝摆动 2. 提高渣池深度、增加渣池温度 3. 减慢送丝速度、降低冷却水流量
6	未熔合	1. 表面未熔合 2. 中心未熔合	1. 电流太小,送丝速度太快 2. 模块水温太低、流量太大 3. 渣池太浅、熔池温度太低	1. 增大电流、降低送丝速度 2. 降低水流量、检查水温 3. 增加渣池深度、同时摆动焊丝
7	热裂纹	1. 放射裂纹 2. 表面裂纹 3. 中心裂纹	1. 存在低熔点化合物 2. 工件淬硬性大、冷却太快 3. 工件刚性大,内应力大	1. 清结干燥焊剂,降低 S、P 含量 2. 选用抗裂性好的焊丝 3. 加入脱 S、P 的化学元素 4. 降低工件的内应力
8	冷裂纹	1. 焊缝与母材交界处 2. 纵向裂纹 3. 横向裂纹	1. 工件约束力大、焊缝不能收缩 2. 工件结构复杂、刚性大 3. 焊缝中存在气孔、未焊透等缺陷	1. 降低工件的约束力、改造接头形式 2. 降低工件刚性,采取预热、缓冷措施 3. 调整工艺参数消除工件缺陷

5.2.1.6　电渣焊技术操作规程

（1）焊接前应熟悉图纸和工艺文件,弄清焊件材质及工艺要求。

（2）焊接接头端面应光滑平直,且端面附件不得有铁锈、毛刺、杂物及油脂。

（3）打开焊机开关前,要检查电源各控制开关选向是否正确,电源周围排风是否良好。

（4）起焊处应有长 50～100 mm 的引弧板,结尾处应有长 70～80 mm 的熄弧板。

（5）焊接前焊丝要矫直、去油污,应检查其是否符合国标。要求焊丝伸出导电嘴约 60 mm,焊丝不能超过导电嘴的垂直投影面即直径为 6 mm 的圆内。

（6）焊枪需调整在焊缝的中间位置,不能与焊缝相碰,焊件要固定牢靠。

（7）焊接前要检查冷却水箱里面水位是否低于标注的最低位置,如低于则需添加水,水位不能高于标注的上限位置,水箱里的水一般一周应更换一次。同时检查电源及控制系统,确保连接良好,无漏水、漏电现象。

（8）焊接前需先设定焊接参数,焊接电流应设定为 380 A,焊接电压不能低于 40 V,并确定送丝速度、焊丝伸出长度等。

（9）安装引弧座时,引弧座里面需添加钢丸,保护引弧座,一般添加至引弧座容积的 1/3。

（10）焊接中根据焊接现象,需调整焊接参数和焊枪位置,焊接中如没有飞溅和爆砸声,不需要添加焊剂。

（11）在熄弧板上收尾,收尾时要适当降低焊接电压和送丝速度,并在停焊前继续送丝,以填满弧坑。

（12）焊接完毕后,需将焊机升高,防止外物碰撞,然后切断电源。

【工程实例】

箱形梁（柱）小孔熔嘴电渣焊工艺。

1. 工件简图,见图 5 – 13 所示。

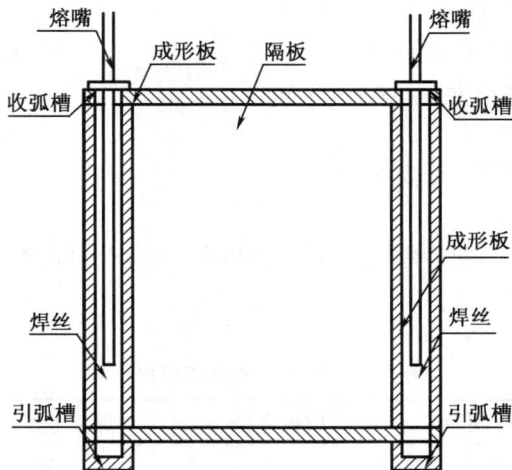

图 5 – 13　箱型梁（柱）小孔熔嘴电渣焊示意图

2. 焊接材料

一般箱形梁(柱)材料为:Q235,Q345。

焊丝为:Q235 – H08A,Q235 – H08MnA,Q345 – H10Mn2A。

焊剂为:HJ431,SJ101,H152 等。

引弧剂为:YF – 150 或自制铁丸。

熔嘴为:XTH·SES – 1X 或用无缝钢管涂药皮。

3. 焊前准备

(1)坡口按图 5 – 14 执行。

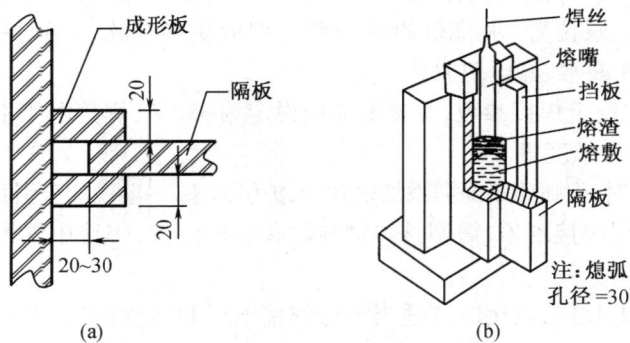

图 5 – 14 电渣焊坡口装配示意图

(2)钻孔(上、下)要求在焊缝的正中位置,孔径≥20 mm。

(3)成形板应与侧板隔板紧贴,一般情况下,成形板要求机械加工。若隔板小于16 mm,成板应加垫板,如图 5 – 15 所示。

(4)熔嘴按要求烘干。

熔嘴要夹持紧,熔嘴尽可能在焊缝中心。

(5)伸出长度一般在 20 mm 左右。

(6)熔嘴长度 = 焊缝长度 + 150 ~ 200 mm。

4. 焊接参数

箱型梁电渣焊焊接参数,见表 5 – 3 所示。

5. 操作步骤

安装引弧槽、熄弧槽→安装熔嘴→手动送焊丝→放入引弧剂→引弧建渣池→正常焊接→收弧。

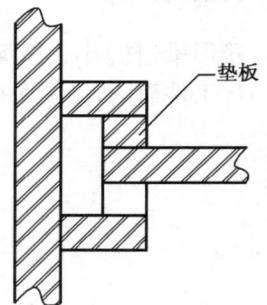

图 5 – 15 加垫板示意图

表 5 – 3 箱型梁电渣焊焊接参数

板厚	装配间隙	熔嘴直径	焊接电压	焊接电流
12 ~ 18	20	$\phi8 ~ \phi10$	30 ~ 36	200 ~ 300
20 ~ 30	25 ~ 30	$\phi10 ~ \phi12$	38 ~ 42	300 ~ 450
32 ~ 60	30	$\phi12$	38 ~ 46	500 ~ 600

6. 注意事项

（1）在焊接过程中，应根据熔池情况补充少量焊剂。

（2）焊接过程中，如出现异常有断弧的可能，调整熔嘴的高度。

（3）随时观察熔嘴是否在焊缝中心，随时进行调整，以免熔嘴侧壁短路，造成断弧。

（4）随时观察侧板的红热状态，如有异常，随时进行规范参数的调整。

5.2.2 气电立焊

5.2.2.1 气电立焊概述

（1）气电立焊概念

气电立焊又称气电垂直自动焊（英文简称 EGW），如图 5 - 16 所示，是一种适用于垂直位置的自动气电焊，它使用混合气体（$CO + Ar + O_2$），反面衬垫和正面滑块一次强制成形。由于机头可随平行于焊道的轨道自动爬形，因此几十米长的焊缝也可一次完成。此外，行走速度可根据熔池高度，按焊丝伸出长度的变化自行调节。气电立焊是一种高效率易于实现机械化自动化的焊接方法。它是在手工电弧焊、埋弧自动焊广泛应用的基础上发展起来的新工艺。

目前采用 $\phi 1.6$ mm 的药芯焊丝，并采用较窄的间隙，效率高，板厚适应范围也大。当采用 $\phi 1.6$ mm 的药芯焊丝，焊接电流为 380 A 时，熔

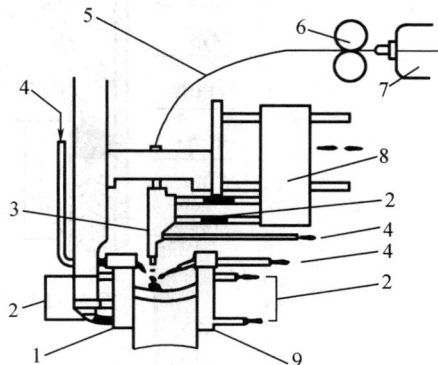

图 5 - 16 气电垂直自动焊示意图

1—水冷挡块；2—水；3—焊枪；4—保护管；5—导丝管；6—送丝滚气体（或加 Ar 气的混合气体）作保护，利用反面衬轮；7—CO_2 焊焊丝矫直机构；8—摆动器；9—水冷滑块

敷效率可达 180 m/min，其效率是焊条电弧焊的 10 倍，是普通自由成形垂直自动焊的 3 倍。因此，它是一种高效，优质的垂直焊方法。

从气电焊发展的历史看，20 世纪 30 年代初期手工电弧焊的厚药皮优质焊条得到了发展；20 世纪 40 年代出现了高效率的埋弧自动焊；40 年代后期为了解决有色金属焊接问题，出现了气电焊，当时使用的保护气体是氢气，焊接史上第一种用气电焊的金属是铝及其合金；50 年代出现了 CO_2 气体保护电弧焊，由于气体价廉易获得，因此 20 世纪 50 年代后期，CO_2 气体保护电弧焊得到了迅速发展，逐步取代气焊和手工电弧焊。同时为了解决实芯焊丝气体保护焊的飞溅和气孔问题；20 世纪 50 年代后期药芯焊丝 CO_2 电弧焊问世，而且在生产中大量应用。从此气电焊不仅能用来焊接有色金属，还能用来焊接黑色金属，而药芯焊丝 CO_2 焊接，通过调整其药芯焊剂成分就可焊接不同的钢种，进一步扩大了气电焊的应用范围，使气电焊的发展与应用走上了一个新阶段。

从气电焊发展的趋势来看，在美、苏、日、西德等主要工业发达国家，气电焊发展的比例逐年增大，发展十分迅速。例如西德在 1960 年所完成的焊接工作量中，手工焊占 95.6%，气电焊仅占 2%，到 1975 年手工焊下降到 56.7%，而气电焊上升为 59.9%。1980 年后手工焊比例将进一步下降，气电焊比例将进一步上升。其他各国也有类似的发展趋势。这就是说，气电焊已赶上并将超过传统的手工焊条电弧焊。

（2）气电立焊种类

焊缝背面垫板（相对焊机操作台）有三种垫板形式：

①焊缝双面均采用水冷铜滑块强制成形的方法，见图 5 – 16；

②背面用陶瓷衬垫，正面用水冷铜滑块强制成形的方法，见图 5 – 17；

③不用外加气体、采用自保护药芯焊丝单面水冷铜滑块强制成形法。

注意，三种方法的焊接材料都有所区别。

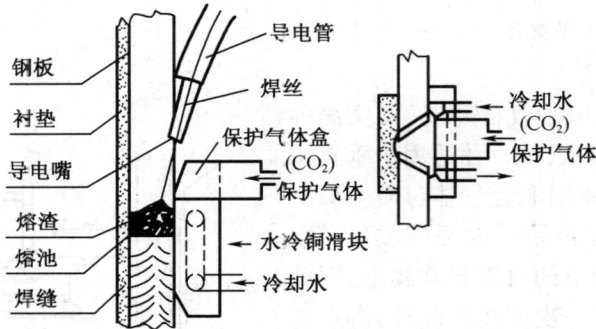

图 5 – 17　气电垂直焊焊接示意图

（3）气电立焊应用范围

气电立焊工艺适用一般强度钢和 500 MPa 级高强钢，如采用高强钢焊丝，也可适用于更高级别钢材。焊接位置一般为垂直位置，或后倾 45°，或左右倾斜 30°以内的焊缝，板厚一般为 10 ~ 25 mm。如焊丝沿板厚方向摆动，则可焊到 32 mm。如果采用 X 形坡口，双面焊接，则可焊接更厚的钢板。该工艺一般适用于 V 形坡口对接焊缝，如采用特殊滑块和衬垫，也可用于要求焊透的角焊缝。由于焊前准备过程较长，因此一般都用于长度 3 m 以上的焊缝，如果焊缝长 10 m 以上，则更能体现出高效率。目前该工艺广泛用于大型船舶建造（如船体舷侧，隔舱壁垂直对接缝）和钢结构制造（如热风炉壁、钢储罐垂直对接缝）等。

近年来又研制开发了船舶专用垂直自动立角焊机，该机带有液面自动跟踪功能，焊接工艺方法基本和原有的垂直自动焊机相同，即正面用铜滑块，反面用陶瓷衬垫。经试验分析，焊接效率为原来方法的 6 倍，同时也大大地改善了焊工的劳动环境。

气电立焊设备主要由焊接电源、导电嘴、水冷滑块、送丝机构、焊丝摆动机构和供气装置等组成。

5.2.2.2　气电立焊工艺

（1）气电立焊过程

现代气电立焊技术是一种配备专用的药芯焊丝，以 CO_2 气体保护进行立向上对接焊的自动化焊接工艺，用于焊接垂直或接近垂直位置的焊接接头。焊接时，电弧轴线方向与焊缝熔深方向垂直。在焊缝的正面采用水冷铜滑块、焊缝的背面采用水冷档排（或衬垫），见图 5 – 17，使用药芯焊丝送入焊件和挡块形成的凹槽中，熔池四面受到约束，实现单面焊双面一次成形的一种高效焊接技术。

一般采用 1.6 mm 药芯焊丝，用 CO_2 气体作保护，并对焊接熔池强制一次成形的方法来完成的，焊缝的前后面分别用水冷铜滑块和带有梯形凹槽衬垫，以保持熔池稳定和成形良好。

（3）焊接材料

①焊丝　所选用的焊丝必须是经过有关机构认可的专用药芯焊丝，牌号 DWS－43G。

②CO_2 气体　气体质量应符合国标 GB6052—85《工业液体二氧化碳》中规定的Ⅰ类或Ⅱ类标准。

③衬垫　选用衬垫的型号为：KL 和 KJ 型，陶质衬垫的质量应符合 CB/T 3715—1995 的要求。

（4）焊接前准备

①焊接材料及辅助设备

a. 焊丝选用气电立焊专用的 CO_2 药芯焊丝，符合 AWS A5.26 EG71T－2 的要求，并应具有相应的船检合格证书。

b. 陶质衬垫随用随拆，如拆封后未用完，储放时间过久，必须经 200～250 ℃烘焙 1 h 后才能使用。

②CO_2 气体

CO_2 气体的要达到纯度 99.5% 以上，水分含量小于 0.05%，其质量应符合 GB/T 6052—1993《工业液体二氧化碳》中Ⅰ类或Ⅱ类一级的要求。

③作业环境

a. 气电自动立焊应在风速小于 3 m/s 的环境下进行。如果在焊接过程中遇到刮风或下雨，应对焊接作业区域采取有效的防风、防雨措施或停止作业。

b. 焊接作业环境低于 0 ℃时，应对焊件进行适当的预热，并在水箱中加入防冻剂。

c. 坡口边缘两侧 50 mm 范围内应用风动砂轮清除气割毛刺、马脚焊疤、金属飞溅物。

（5）坡口型式

气电垂直自动焊接缝均采用 V 型坡口，其角度根据板厚而定，具体坡口型式要求见表 5－4。

表 5－4　坡口型式

板厚/mm	坡口角度 α/(°)		板边差 M/mm		间隙 b/mm		坡口型式
	标准值	允许范围	标准值	允许范围	标准值	允许范围	
10～14	45						
16～18	40	α_0^{+5}	0	$0^{+1.5}$	8	8^{+6}_{-2}	
20～22	35						
24～26							
28～30	30						
32～33							

（6）装配要求

①垂直接缝装配时，应在坡口背面构架处装上"∏"形马，"∏"形马之间的距离值为 350 mm。每只衬垫至少有两只"∏"形马板，马板的尺寸如图 5－18。

②无余量板材装配后按坡口标准修正,有余量板材装配后现场切割,但切割前要求纵向纵骨接缝暂不焊接,切割后坡口尺寸必须符合公差要求。

③如遇相邻两板厚度不等时,当对接的两块钢板的厚度差超过 3 mm 时,应将厚板削斜至与薄板齐平,削斜宽度为厚度差的 4 倍,即 $L = 4(t_1 - t_2)$,见图 5 - 19。其斜度尺寸一般为 $(60 \sim 80)$ mm。

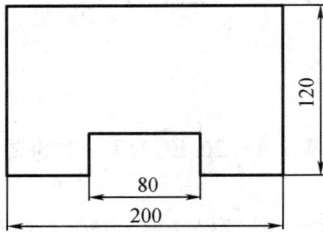

图 5 - 18　"Ⅱ"型定位马板尺寸

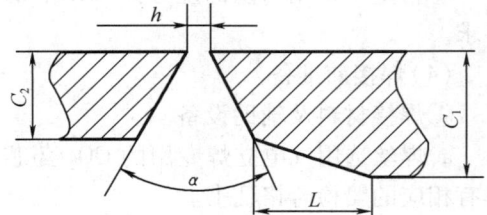

5 - 19　接头削斜示意图

④坡口边缘两侧 50 mm 范围内应用风动砂轮清除气割毛刺、马脚、金属飞溅物以及纵向接缝的焊缝余高,确保正面水冷滑块顺利滑移和反面衬垫贴紧。

⑤安装衬垫时必须保证成形槽与坡口中心一致,衬垫之间推紧无间隙,衬垫紧贴钢板背面。

(7)焊接设备及安装要求

①选用的焊接设备见表 5 - 5。

②将垂直自动焊设备吊在结构某处,如船舶甲板上合适的位置,并装好气管、水管、控制线及电缆线等,长度应满足整条长接缝的焊接需要。

表 5 - 5　气电立焊焊接设备

设备名称	设备型号	制造厂家
电源	DYNA - AUTO500M	唐山开元焊接设备有限公司
送丝机构	CM - 231 型	唐山开元焊接设备有限公司
焊接机头	SG - 2Z	唐山开元焊接设备有限公司
水冷机头	CS - 400	唐山开元焊接设备有限公司

③利用升降装置将导轨安置在距接缝 200 mm 处(指磁钢边线)并要保证导轨之间的可靠连接。安装导轨前必须清除磁钢表面的灰尘、垃圾和污物。

④ 将垂直自动焊机安放在焊道的起始点后,用离合器锁紧待用,并要检查和清除焊机道路中的障碍物。

⑤将 CO_2 送丝机构的所需焊丝消耗量带上吊架升降装置,并使 CO_2 送丝机构固定在合适位置,同时准备好待用的防风帘。

⑥ 检查并安装成形滑块至焊缝中心位置,要求滑块、通气口清洁,成形槽光滑,滑块顶紧适中。选用的滑块焊缝成形宽度需与工件厚度相匹配,见表 5 - 6。

表 5-6　滑块尺寸　　　　　　　　　　　　　　　单位:mm

板厚	12～14	16～20	22～25	26～33
滑块尺寸	24～28	28～32		32～36

⑦将送丝软管接至 SG-2Z 装置的弯管上,检查导电嘴,并将弯管固定在装置上,送丝后要确保一定的焊丝长度和角度。

⑧如需焊丝摆动,可将摆幅与两端停留时间在焊前预先调整好。

⑨电源极性:垂直自动焊采用平特性直流反极性电源。

(8)焊接工艺参数的控制

①焊接参数的影响

气电立焊关键参数的控制十分重要,气电立焊的焊接位置垂直或接近于垂直方向,电弧轴线方向与母材熔深方向成直角,熔化的焊丝金属堆积叠加,熔池不断水平上移形成焊缝,其熔深产生所需热量的传递方式与其他电弧焊有所不同。气电立焊焊接电弧产生的热量主要流向三个方向:熔化焊丝、熔化母材、滑块吸收。

a. 母材坡口截面积控制是影响熔深的主要参数之一,熔深反映了坡口两侧母材的熔化量,直接决定了焊接质量。增加坡口截面积就增加了焊接线能量,导致熔深增加。熔深的大小由熔池过热金属的过热度即温度梯度决定;影响熔池熔融金属的过热度的因素也就是影响熔深大小的因素。

b. 线能量控制。对于一般电弧焊焊接线能量为 $E = IU/V_w$;对于气电立焊,焊接时采用等速送丝、大电流密度、较高的电弧电压,其送丝速度等于熔化速度熔化速度正比于向坡口填充金属的速度,经推导可得焊接线能量为 $E = k_i. U. S$ 式中 k_i 为焊丝熔化系数,S 为坡口截面积。增加电弧电压可增加焊接线能量。

c. 冷却速度控制。当焊接规范和坡口参数确定后,焊丝和母材吸热可以认为是不变的,而强制成形的铜滑块吸热,则随冷却介质水变化较大。水的温度、水的流量对吸热影响很大,低的水温和大的流速水带走的热量,远大于高水温低流速的情况,所以在焊接厚板时应减少水流量;焊接薄板时可增加水的流量;通过调节水流量来调节熔池的冷却速度可有效地控制熔深的大小。

由于气电立焊熔池与普通未受约束的焊接熔池状态不同,熔深的形成方式以及影响熔深的因素也就不同。

②焊接工艺参数的调整

气电垂直自动焊接规范参数主要有:焊接电流、电弧电压、焊接速度、焊丝摆幅、焊丝伸出长度、气体流量等。

a. 焊接电流　垂直自动焊时,由于电流密度大,电流超过一般 CO_2 焊短路过渡的临界电流值,熔滴显示滴状过渡型式。其特点是飞溅小,电弧燃烧稳定,且熔敷速度大,因此必须选用合适的电流。具体数据见表 5-8,过大或过小的焊接电流都会影响焊接过程的稳定性和焊道的成形。

表 5 - 8　焊接参数

板厚/mm	电流/A	电压/V	焊速/(cm/min)
12 ~ 14	290 ~ 350	29 ~ 35	10 ~ 13
16 ~ 20	360 ~ 380	32 ~ 34	8 ~ 10
22 ~ 25		33 ~ 35	6 ~ 7
26 ~ 33		34 ~ 36	4 ~ 5

b. 电弧电压　电弧电压的选用只须与焊接电流相匹配,在其他规范参数不变的情况下,电弧电压增大,焊缝宽度增加,过高的电弧电压会出现焊缝咬边。但过低的电弧电压会使电弧燃烧不稳定。因此在保证焊接过程稳定和焊缝成型良好的情况下,应尽量降低电弧电压对防止气孔和减少合金元素的烧损都是有利的,具体数据见表 5 - 8。

c. 焊接速度　合适的焊接速度视焊丝熔化速度而定。它与焊丝熔化速度间的关系,以水冷滑块内金属液面距进气口底部为 5 ~ 10 mm 较合适。焊接速度过快,滑块内金属液面逐渐降落,焊丝伸出长度增加,易使焊缝产生气孔。焊接速度过慢,水冷铜滑块内金属液面升高,飞溅增加,当金属液面升高到进气口底部时,电弧燃烧不稳定。甚至会迫使焊接过程中断。具体数据见表 5 - 8。

d. 焊丝摆幅　采用摆动器焊接时,电弧稳定,飞溅小,焊缝截面上温度均匀,熔池金属结晶状态得到改善,晶粒度细,有利于得到致密焊缝,具体数据见表 5 - 9。

表 5 - 9　焊丝摆幅

焊接位置	板厚/mm	摆动	摆幅/mm	前停/s	后停/s
垂直	12 ~ 14	不采用	-	-	-
	16 ~ 20	可采用	4 ~ 8	0.6 ~ 1.0	0.3 ~ 0.6
	21 ~ 25	必须采用	4 ~ 10		
	26 ~ 33		9 ~ 11	0.9 ~ 1.1	0.9 ~ 1.1
倾斜	13 ~ 24		4 ~ 7	0.4 ~ 0.6	0.4 ~ 0.6

e. 焊丝伸出长度　焊丝伸出长度过长,电阻热增大,熔化速度快,易发生过热而烧断,造成严重飞溅及保护效果差,影响焊接过程稳定性,使焊缝成形变差。焊丝伸出长度太短,易导致保护气体出气口堵塞,形成保护不良而影响焊接质量。一般要求伸出长度为 30 ~ 35 mm。

f. 气体流量　气体流量过大和过小都会直接影响焊接过程电弧稳定性,一般外场作业条件下的 CO_2 气体流量为 25 ~ 30 L/min。

（9）工艺过程

①接通水、电、气,将 SG - 2Z 焊接装置开至焊缝始端。

②将电弧电压电位器、焊接电流电位器、焊丝伸出长度控制电位器均调至预定位置后,按启动按钮,开始焊接。若厚板要摆动焊接,则在熔池建立后,再按焊丝摆动按钮。

③在焊接过程中,根据实际坡口和间隙随时观察焊丝对中和焊缝热量分布情况,修正

焊接规范。随时通过机械装置将电弧调整到正确位置,同时还要用绝缘棒随时除掉铜滑块保护气体盒里的飞溅物。

④焊接停止时,按停止按钮和摆动停止按钮,使小车和焊丝送丝停止,然后电弧熄灭。待熔池凝固后,放开铜滑块并去除上面的飞溅物,把焊炬从支架上取下。

(10)检验

①焊缝表面质量、焊缝外形尺寸要求见表 5 – 10。

表 5 – 10　焊缝外形尺寸

板厚/mm	正面焊缝宽度/mm	正面焊缝高度/mm	背面焊缝宽度/mm	背面焊缝高度/mm
12 ~ 16	24 ~ 28	2	10 ~ 18	2
12 ~ 26	28 ~ 32		14 ~ 22	
26 ~ 33	32 ~ 36	3	18 ~ 22	3

②中间起弧、熄弧及接头处均应用气刨刨清后修补,补焊长度约 100 mm 左右。尤其背面焊穿处,用气刨刨清缺陷后,再用手工电弧焊或 CO_2 气体保护焊填满缺陷空隙,重新起弧焊接。

③ 对焊缝中各种缺陷,如表面粗糙、满溢、咬边、气孔、未熔合、宽度高度不足、成形不良等缺陷,用气刨刨清缺陷后,再用手工电弧焊或 CO_2 气体保护焊修补,修补方法按 Q/SWS 42 – 010 – 2003《焊缝返修通用工艺规范》进行。

5.2.3　窄间隙焊

5.2.3.1　概述

窄间隙焊接是把厚度 30 mm 以上的钢板,按小于板厚的间隙相对放置定位,再进行机械化或自动化电弧焊的方法。经过半个多世纪的研究和发展,人们对其焊接方法和焊接材料进行了大量的开发和研究工作,目前窄间隙焊在许多国家的工业生产中都发挥着巨大的作用。

窄间隙焊接是厚板焊接领域的一项先进技术。与普通坡口的埋弧焊相比,窄间隙焊具有无可比拟的优越性。如坡口窄、焊缝金属填充量少,见图 5 – 20,可以节省大量的焊材和焊接工时;由于窄间隙焊时,热输入量较低,使焊缝金属和热影响区的组织明显细化,从而提高其力学性能,特别是塑性和韧性。

要在深入母材很窄的坡口中实现无缺陷的

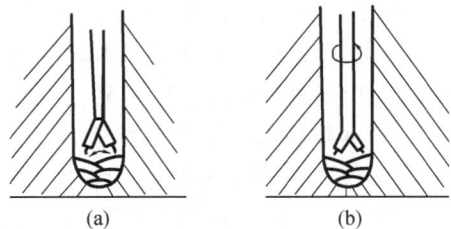

图 5 – 20　窄间隙焊示意图

焊接,难度是很大的。除了精确制备工件坡口以外,还要从焊接方法、焊接设备、焊缝跟踪、工艺措施等方面解决一系列难题。经焊接界多年努力,窄间隙焊已发展了多种气体保护焊方法和埋弧焊方法,在各方面取得了实际应用。窄间隙气体保护焊与窄间隙埋弧焊相比,虽然前者间隙更窄、效率更高,但在电弧的稳定性、气体保护的有效性和电弧对磁场的敏感性等方面都可能出现问题,而且由于间隙更窄,一旦出现问题返修更为困难。因而对于要求绝对可靠的大型核能容器来说,一般均选择后者而不选择前者。

窄间隙焊接技术按其所采取的工艺来进行分类:

①窄间隙埋弧焊(NG – SAW);

②窄间隙熔化极气体保护焊(NG – GMAW);

③窄间隙钨极氩弧焊(NG – GTAW);

④窄间隙焊条电弧焊;

⑤窄间隙电渣焊;

⑥窄间隙激光焊。

每种焊接方法都有各自的特点和适应范围。

5.2.3.2　窄间隙埋弧焊

(1)概述

窄间隙埋弧焊出现于 20 世纪 80 年代,很快被应用于工业生产,它的主要应用领域是低合金钢厚壁容器及其他重型焊接结构。窄间隙埋弧焊的焊接接头具有较高的抗延迟冷裂能力,其强度性能和冲击韧性优于传统宽坡口埋弧焊接头,与传统埋弧焊相比,总效率可提高 50% ~ 80%;可节约焊丝 38% ~ 50%,焊剂 56% ~ 64.7%。窄间隙埋弧焊已有各种单丝、双丝和多丝的成套设备出现,主要用于水平或接近水平位置的焊接,并且要求焊剂具有焊接时所需的载流量和脱渣效果,从而使焊缝具有合适的力学性能。一般采用多层焊,由于坡口间隙窄,层间清渣困难,对焊剂的脱渣性能要求较高,尚需发展合适的焊剂。

尽管 SAW 工艺具有高的熔敷速度,低的飞溅和电弧磁偏吹,能获得焊道形状好、质量高的焊缝,设备简单等优点,但是由于在填充金属、焊剂和技术方面取得的最新进展,使日本、欧洲和俄罗斯等国家和地区在焊接碳钢、低合金钢和高合金钢时广泛采用 NG – SAW 工艺。

NG – SAW 用的焊丝直径在 2 ~ 5 mm 之间,很少使用直径小于 2 mm 的焊丝。据报道,最佳焊丝尺寸为 3 mm。4 mm 直径焊丝推荐给厚度大于 140 mm 的钢板使用,而 5 mm 直径焊丝则用于厚度大于 670 mm 的钢板。

NG – SAW 焊道熔敷方案的选择与许多因素有关。

单道焊仅在使用专为窄坡口内易于脱渣而开发的自脱渣焊剂时才采用。然而,尽管使用较高的坡口填充速度,单道焊方案较多道焊方案仍有一些不足之处。除需要使用非标准焊剂之外,它还要求焊丝在坡口内非常准确地定位,对间隙的变化有较严格的限制。对焊接参数,特别是电压的波动以及凝固裂纹的敏感性大,限制了这一工艺的适应性。

(2)窄间隙埋弧焊的焊接特性

窄间隙焊接是在应用已有的焊接方法和工艺的基础上,加上特殊的焊丝、保护气、电极向狭窄的坡口内导入技术以及焊缝自动跟踪等特别技术而形成的一种专门技术。埋弧焊的优势和局限性就直接遗传给窄间隙埋弧焊技术,并在很大程度上决定着窄间隙焊接的技术特性、经济特性、应用特性和可靠性。

①优越性

a. 埋弧焊时电弧的扩散角大,焊缝形状系数大,电弧功率大,再配合适当的丝 – 壁间距控制,无需像熔化极气体保护焊那样,必需采用较复杂的电弧侧偏技术,即埋弧焊方法的电弧热源及其作用特性,可直接解决两侧的熔合问题,这是埋弧焊方法在窄间隙技术中应用比例最高的重要原因。

b. 焊接过程中能量参数的波动对焊缝几何尺寸的影响敏感程度低。这是由于埋弧焊方法的电弧功率高,同样的电流波动量 ΔI 在埋弧焊时所引起的波动幅度要小得多。

c. 埋弧焊过程中熔滴为渣壁过渡,液渣罩和固态焊剂的高效"阻挡"作用,根本不会产生飞溅,这是埋弧焊在所有熔化极电弧焊方法中所独有的特性,正是窄间隙焊技术所全力追寻的。因为深窄坡口内一旦产生较大颗粒的飞溅,无论是送丝稳定性、保护的有效性,还是窄间隙焊枪的相对移动可靠性都将难以保证。

d. 在多层多道方式焊接时,通过单道焊缝形状系数的调节,可以有效地控制母材焊接热影响区和焊缝区中粗晶区和细晶区的比例。通常焊缝形状系数越大,热影响区和焊缝区中的细晶区比例越大。这是由于焊道熔敷越薄,后续焊道对先前焊道的累积热处理作用越完全,通过一次、二次甚至三次固态相变,使焊缝和热影响区中的部分粗晶区转变成细晶区,这对提高窄间隙焊技术中焊态接头的组织均匀性和力学性能均匀性具有极其重要的意义。

②局限性

弧焊方法依靠电弧自身特性而无需采取特别技术即可解决极小坡口面角度($0° \sim 7°$)条件下的侧壁熔合难题;焊缝几何尺寸对电弧能量参数波动不敏感;无焊接飞溅的技术特性无条件地遗传给窄间隙焊技术,从而极大地提高了窄间隙埋弧焊时送丝、送气及焊枪在坡口内移动的可靠性,这对保证窄间隙焊接的熔合质量和过程可靠性起了决定性作用。然而,埋弧焊方法的局限性也原原本本地遗传给了窄间隙技术。

a. 由于狭窄坡口内单道焊接时极难清渣,使得窄间隙焊接时,必须采用每层 2 道(或 3 道)的熔敷方式,这将带来 NG – SAW 技术中,不可能把填充间隙缩到像 NG – TIG,NG – GMAW 那样小(10 mm 左右),而最小间隙一般也在 18 mm 左右,这是 NG – SAW 在技术和经济上难以更理想化的根本原因。

b. 埋弧焊方法的诸多技术优势起源于大电弧功率,这将使得 NG – SAW 时焊接热输入增大,焊接接头的焊态塑、韧性难以提高,重要的 NG – SAW 接头常常需要焊后热处理方可满足使用性能要求。

c. 难以实施平焊以外的其他空间位置的焊接。

(3)窄间隙埋弧焊机头的研制

①缘由

为了实现厚板的窄间隙埋弧焊接,首先必须具备窄间隙埋弧焊设备。1985 年进口的瑞典 ESAB 公司 EHD 焊机,设计为可进行窄间隙埋弧焊接。但由于窄间隙埋弧焊机头价格昂贵,没有附带进口。

②机头的方案及结构设计

窄间隙埋弧焊接时,可进行每层一道、每层两道或每层三道焊接。其中每层一道的焊接虽然效率较高,但易引起侧壁熔合不良、夹渣、焊缝成型系数过小(易引起结晶裂纹)、脱渣不易等问题,在窄间隙埋弧焊接中很少应用。而每层三道则由于坡口的加宽而降低了效率。因此,每层两道的焊接得到了普遍应用。在每层两道的窄间隙埋弧焊接中,为了保证坡口侧壁的良好熔合而不出现夹渣等焊接缺陷,在每一个焊道焊接时,焊丝端头必须偏向各自接近的坡口侧壁。为了实现这一点,目前流行的大致有两种方案。即 a 型粗丝方案和 b 型细丝方案。这两种方案各有优缺点,经过分析对比,选择了 a 型方案。这是因为,一是该方案导电部分可有较大宽度,承载能力较高,可使用较粗的焊丝(可用 $\phi 4$ mm,而方案 b

只能用 φ3 mm），可焊接的坡口深度较大；二是该方案与 ESAB 公司焊头相同，可以利用 ESAB 公司其他焊头的某些部件及原有控制线路，便于与原 EHD 焊机配合。

基于上述第二点同样的理由，接头自动跟踪装置设计为机械传感→光电转换、信号放大→十字滑板执行的结构。做到了能与原有 EHD 设备配套使用，达到了在垂直和水平两个方向的自动跟踪。

总之，设计的窄间隙埋弧焊机头，主要参照了 ESAB 公司焊头的结构，但做了以下几方面的改进。

a. 焊嘴部分的主体材料采用了既有良好机械性能、耐磨性又有良好的导电性能的铬锆铜而不是采用不锈钢，因而既有足够的强度、刚度，工作过程也较为稳定。

b. 导电嘴的摆直接采用气缸驱动而不是气－液转换驱动，因而结构更为简单可靠。

c. 导电部分的外表面采用了陶瓷喷涂而不是涂涂料，绝缘性良好且不易剥落。

d. 增加了焊嘴垂直度调整机构，可保证焊头在焊接纵缝和环缝两种位置都能与工件保持垂直。

e. 缩小了各辅助部分的尺寸、减轻了质量，便于与 200×200 mm^2 的小型十字滑板配合使用。

整个焊头由具有可摆导电嘴的焊嘴、自动跟踪装置、送丝机构、焊丝校直机构、摆驱动装置、焊剂撒放及回收装置和支架等部分组成。

（4）工业上成熟的 NG－SAW 技术

埋弧焊是目前工业领域应用最为广泛的焊接方法之一，也是应用到窄间隙技术中最成熟、最可靠、应用比例最高的焊接方法。到目前为止，在工业上比较成熟的窄间隙埋弧焊技术有以下几种。

①NSA 技术　它是日本川崎制钢公司为碳钢和低碳钢压力容器、海上钻井平台和机器制造而开发的 NG－SAW。采用直焊丝技术及用陶瓷涂的特殊的扁平导电嘴。此技术采用单焊道，并采用单焊丝或串列双丝。焊丝直径 3.2 mm。以 $MgO－BaO－SiO_2－Al_2O_3$ 为基本成分的特殊设计的 KB－120 中性焊剂转变能引起热膨胀，以致具有较好的脱渣性。

②Subnap 技术　它是由日本钢铁焊接产品工程公司为碳钢和低合金钢 Ng－SAW 开发的。它采用直焊丝、单焊道和单焊丝或串列双丝。焊丝直径 3.2 mm。为获得较好的脱渣性，特殊设计了主要成分分别为 $TiO_2－SiO_2－CaF_2$ 和 $CaO－SiO_2－Al_2O_3－MgO$ 的 2 种焊剂。

③ESAB 技术　它是瑞典 NG－SAW 设备和焊接材料制造厂家 ESAB 为压力容器和大型结构件的碳钢和低合金钢焊接而开发的。设计采用双焊道，并采用固定弯丝。

④Ansaldo 技术　它是由意大利米兰 Ansaldo T P A Breda 锅炉厂 NG－SAW 设备制造商和用户开发的。它采用固定弯曲单焊丝，每层熔敷多焊道。

⑤MAN－GHH 技术　它是由西德 MAN－GHH Sterkrade 为核反应堆室内部件制造而开发的。它采用单焊丝双焊道。

（5）窄间隙埋弧焊在核容器制造中的应用

某核电工程稳定器为核一级设备，属锻焊结构的大型压力容器。整个容器由上下封头、三节筒体五大锻件组焊而成。主体焊缝为四条 φ2 m，厚度 115 mm 的环焊缝，要求采用窄间隙埋弧焊接。容器主体材料为法国核容器专用钢种 16MND5（相当于 A508－Ⅲ）锰镍相低合金钢。为了焊接该容器,在对 16MND5 的焊接性进行了充分试验及其他工艺试验的基楚上,进行了窄间隙埋弧焊的焊接工艺评定。评定用 16MND5 锻件尺寸为 1 500 × 250 × 115,两块对接。与宽坡口埋弧焊相比,由于窄间隙埋弧焊坡口窄、焊材消耗量少、热输入量低、焊接时间短,焊接变形和焊接应力小,降低了开裂倾向,实现了高效率、低成本、高质量焊接。

　　窄间隙埋弧焊的优势主要表现在:窄间隙埋弧焊在焊接时,通常采用 I 型或 U 型窄间隙坡口,坡口间隙在 18 ~ 30 mm,与普通埋弧焊接同样厚板须采用 U 型或者双 U 型坡口相比,可节省大量填充金属和焊接时间;由于加工金属量减少,焊接效率提高,相比传统埋弧焊,窄间隙埋弧焊能节省焊材约 20% ~ 40%,焊接总效率可提高 30% ~ 45%,大大地减少了焊接成本;由于采用窄间隙坡口,窄间隙埋弧焊在节约焊材的同时又减小焊接应力,焊缝金属中积聚的氧也较少;由于焊接线能量较小,且后续焊道对前焊道有重叠加热作用,因此,焊接接头具有较高的冲击韧性,焊接变形亦得以减少,从而提高焊接质量。

　　(6)窄间隙埋弧焊设备

　　①窄间隙埋弧焊机

　　微机控制双丝(单丝)窄间隙埋弧焊机是一种机电一体化的全自动埋弧焊设备,主要由焊机头、微机控制柜、手持操作盘、直流焊接电源及交流焊接电源等部分组成,见图 5 – 21 所示。

　　a. 设备主要技术参数

　　焊接钢板最大厚度:250 mm(可选择 300 mm 或 350 mm)。

　　坡口宽度:22 ± 2 mm(单丝可采用 18 ± 2 mm)。

　　坡口角度:1° ± 0.5°。

　　横向跟踪精度:≤ ± 0.3 mm。

　　高度跟踪精度:≤ ± 0.1 mm。

　　直流焊接电源:1 000 A。

　　交流焊接电源:1 000 A(注:单丝焊机只配一种电源)。

　　焊丝直径:$\phi 3$ ~ $\phi 4$ mm。

　　b. 设备主要功能

　　i. 焊接参数预置功能:可以在焊接前按工艺卡要求将电弧电压、焊接电流、焊接速度、工件半径等参数预置到微机控制系统里,见图 5 – 21(a)。

　　ii. 运行参数在液晶显示器上显示功能。焊接过程中,电弧电压、焊接电流、焊接速度等控制参数实时显示在手持操作盘的液晶显示器上,以便操作者监视,见图 5 – 21(b)。

　　iii. 焊接过程全自动控制功能。在焊接过程中可以对电弧电压、焊接电流、焊接速度及焊缝(横向及高度两维)跟踪等进行实时控制,并自动稳定在预置范围内,见图 5 – 21(c)。

　　iv. 参数超差报警功能。在显示器上显示的运行参数如果超过预置参数所允许的误差范围,声音及显示报警功能是。

　　v. 自动打印预置参数和焊接过程参数功能。在焊接过程中每一圈可任意选择打印 1 ~ 12 次,以便存档,见图 5 – 21(d)。

　　vi. 在线修改预置参数及控制参数功能。在焊接过程中可以根据焊接需要,随时修改电弧电压、焊接电流、焊接速度等参数,而不需要停焊,见图 5 – 21(e)。

图 5 – 21　窄间隙焊设备

vii. 双侧横向跟踪功能。采用双侧位置跟踪传感器,分别以坡口的两个侧壁为跟踪基准面,对坡口的加工和装配精度要求不高,对焊接时收缩变形也不敏感,适合我国工厂情况。

viii. 对普通坡口对接焊有自动测量坡口宽度及自动排列焊道功能(选择)。对普通 U 形、V 形坡口的多层多道焊,可以根据所测得的当前焊层宽度,按所选择的焊接参数确定该层的焊道数并自动引导机头进行多道焊,即无需编程实现自适应自动排列焊道。

ix. 具有多种供用户选择的起弧方式功能。如接触反抽起弧、刮擦起弧、慢送丝起弧、强规范起弧、弱规范起弧等。

②窄间隙埋弧焊跟踪系统

窄间隙埋弧焊对自动化依赖较大,焊缝自动跟踪系统起很大的作用,若没有高性能的焊缝跟踪系统是不可能达到其焊接工艺要求的,几种跟踪系统的方式如下。

a. 使用机械 – 光电式焊接坡口传感器的窄间隙埋弧焊接机,用于核电厚壁压力容器(250 mm)环缝焊接的实例(设备为 ESAB 产 NGW – 1 600)。见图 5 – 22 所示。

b. 采用激光与光纤技术的坡口检测装置(由 ESAB 公司开发),用于窄间隙埋弧焊环缝焊的实例,见图 5 – 23。

图 5 - 22　激光跟踪的窄间隙埋弧焊机

图 5 - 23　机械 - 光电式焊接坡口传感器

c. 使用机械 - 光电式焊接坡口传感器在双丝埋弧焊机上的应用,见图 5 - 24(a)和(b)。

(a)

(b)

图 5 - 24　双丝埋弧焊机的机械 - 光电式焊接坡口传感器

　　双丝窄间隙埋弧焊法同常规埋弧焊法相比具有接头性能高,热影响区韧性好,焊接效率高,消耗焊接材料少,焊接过程全部自动化等优点,是厚壁压力容器焊接的理想设备,用于锅炉、化工机械、核电、重型机械等行业,所焊接的产品一次性探伤合格率在 98% ~ 99% 以上。

　　采用自动跟踪系统后,焊缝质量优良,主要表现在以下两点。

　　i. 鱼鳞状焊缝非常工整,焊趾位置有良好的熔透,见图 5 - 25。

　　ii. 因采用良好的焊缝跟踪系统,保证了输给工件的热量少,从而焊接热影响区窄,这就使窄间隙埋弧焊可获得优于普通埋弧焊的焊接质量。图 5 - 26 所示为使用窄间隙埋弧焊接自动跟踪系统后,所得到的厚板接头焊缝质量优良。

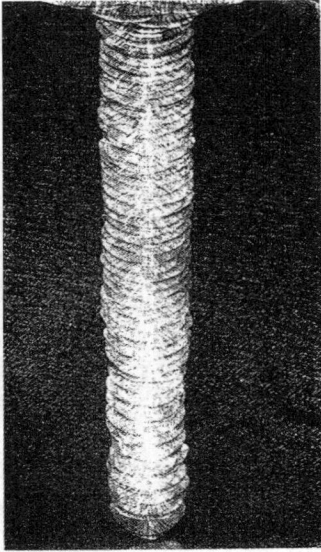

图 5-25　窄间隙埋弧鱼鳞状焊缝

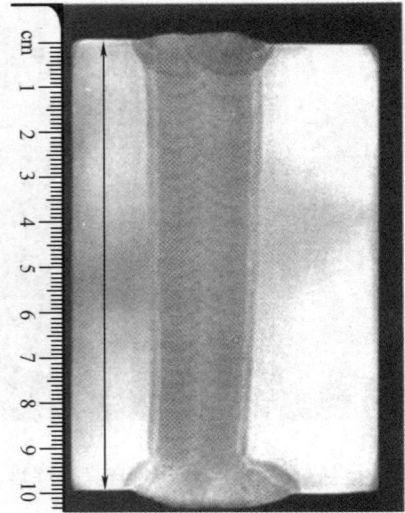

图 5-26　高性能焊缝跟踪系统窄间隙埋弧焊的鱼鳞焊道与热影响区

5.2.3.3　窄间隙气体保护焊

（1）概述

窄间隙熔化极气体保护焊是 1975 年后研制成功的,这一工艺是在采用特殊的焊丝弯曲结构以使焊丝保持弯曲,从而解决坡口侧壁的熔透问题之后得以实现的。

厚钢板窄间隙焊接方法是 20 世纪 60 年代后期提出的一种新的焊接工艺。在我国 20 世纪 70 年代初即开始这种焊接方法的研究。1975 年解决坡口侧壁的熔透问题之后得以研制成功。窄间隙焊接具有生产效率高、焊丝和电能消耗低、焊接接头质量高等一系列优点。此外,由于焊接坡口狭窄,热影响区小,焊后残余应力水平低,为简化焊接预热、焊后热处理等方面提供了新的可能性。窄间隙焊接的优越性对于厚钢板的焊接尤为显著。对电站锅炉、化工容器、核工程容器等产品的焊接都很适宜。

窄间隙熔化极气体保护焊是利用电弧摆动来到达焊接钢板两侧壁的一种方法。在平焊方法中,为了使 I 形坡口的两边充分焊透,使电弧指向坡口两侧壁,采用了各种方法:

①在焊丝进入坡口前,使焊丝弯曲的方法;

②使焊丝在垂直于焊接方向上摆动的方法;

③麻花状绞丝方法;

④药芯焊丝的交流弧焊方法;

⑤采用大直径实芯焊丝的交流弧焊方法等。

⑥混合气体法,采用 $\phi(Ar)30\% + \phi(CO_2)70\%$ 作为保护气体与 $\phi1.6$ mm 实芯焊丝相配合的气体保护焊方法,用来焊接特殊形状复杂的接头。

⑦在横焊方法中,为了防止 I 形坡口内熔融金属下淌,以便得到均匀的焊道,提出了如下焊接方法:利用焊接电流的周期性变化,使焊丝摆动或将坡口分成上下层的焊接方法,以及将 2 种方式组合起来的焊接方法等。

⑧在立焊窄间隙 MAG 焊接方法中,为了保证坡口两侧焊透,研制了摆动焊丝的焊接方

法以及焊接电流与焊丝摆动同步变化的焊接方法。

目前窄间隙焊接方法中用得较广泛并又较成熟的是熔化极气体保护焊方法,见图 5 – 27。

（2）分类

目前国内外研究和采用的大致可分为粗丝和细丝两种,见图 5 – 28,它们各有特点。根据当前锅炉及压力容器用钢情况及生产条件,并考虑到简化焊接设备及焊接操作,采用了粗丝焊接工艺。焊丝直径选定为 3 mm,并采用了脉冲焊接电流。

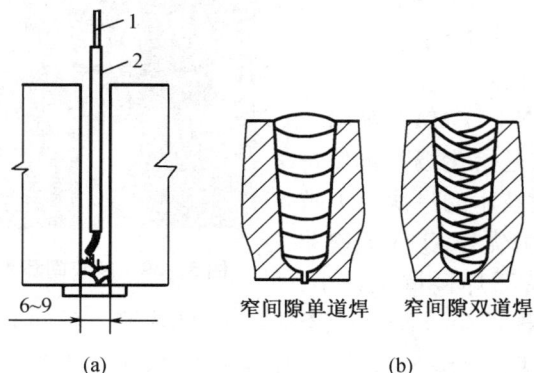

图 5 – 27 窄间隙熔化极气体保护焊接方法

1—焊丝;2—导电嘴

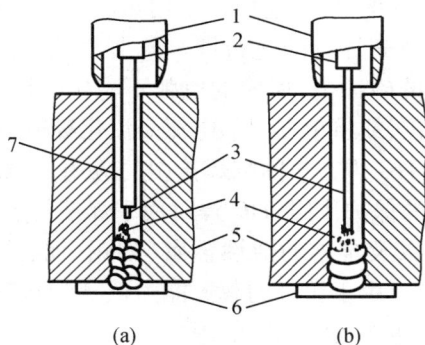

图 5 – 28 窄间隙焊接方法示意图

1—喷嘴;2—导电嘴;3—焊丝;4—电弧;5—焊件;6—底垫;7—绝缘导管

（3）设备

现在国内外这类设备的研制不断增多,现介绍超窄间隙 MAG/MIG 自动焊机如下。

超窄间隙 MAG/MIG 自动焊机(UNG – C 型)见图 5 – 29。

UNG – C 型机主要由下列基本系统组成:①板式伸入型多功能集成超窄间隙 MAG/MIG 焊枪;②多自由度智能跟踪系统;③高节气型送气系统;④协同控制电子逆变弧源送丝系统;⑤自循环多路强迫散热水冷系统;⑥柔性长直轨道系统;⑦视觉监视/监控系统;⑧集成数字控制系统等。

UNG－C 型机的主要技术参数：

适用板厚：30 mm～300 mm；

焊丝直径：1.0 mm 或 1.2 mm；

熔敷速度：9～10 kg/h；

焊接坡口型式：近 I 型(β=0.8°～1°)；

最小组装间隙：9 mm～10 mm；

焊接电流范围：180 A～300 A；

焊接电压范围：26 V～32 V；

智能跟踪维数：3～4 维。

图 5－29　超窄间隙 MAG/MIG 自动焊机

（4）工业上成熟的 NG－GMAW 技术

表面张力过渡工艺是熔化极气体保护焊方法中短路过渡工艺技术的一次巨大技术进步，它具有以下技术优势：①飞溅率非常低，熔滴呈轴向过渡；②焊接烟尘量小；③作业环境更舒适（低烟尘、低飞溅、低光辐射）；④低热输入条件下熔合优良；⑤具有良好的打底焊道全位置单面焊双面成形能力；⑥操作更容易，作业效率更高。

①窄间隙钨极氩弧焊

此种焊接工艺基本不产生飞溅和熔渣，由于电弧的稳定性，也很少产生明显的焊接缺陷，并且也已确立向全位置焊接的应用。但是这一方法的缺点在于工作效率低，为了提高工作效率，对填充焊丝通电加热的同时，还应该采用热电阻线焊接法，这种方法的有利方面是可以个别选择焊接电流和填充焊丝的送给量。但是，如果给予填充焊丝过多的通电量，会引起钨极惰性气体保护焊的磁冲击，形成的电弧不稳定。因此，采取将电弧电流和电线电流分别脉冲化或错开其相位，或将单方面的电流交流化等措施。

超高强钢的使用促进了 TIG 焊在窄间隙焊接中的应用，一般认为 TIG 焊是焊接质量最可靠的工艺之一。由于氩气的保护作用，TIG 焊可用于焊接易氧化的非铁金属及其合金、不锈钢、高温合金、钛及钛合金以及难熔的活性金属（如钼、铌、锆）等，其接头具有良好的韧性，焊缝金属中的氢含量很低。由于钨极的载流能力低，因而熔敷速度不高，应用领域比较狭窄，一般被用于打底焊以及重要的结构中的焊接。

②脉冲焊接电流的应用

窄间隙焊接采用"I"型坡口，进行单道一单层焊接。经一次行程的焊接，必须保证形成与被焊工件底部和两侧壁同时良好熔合的焊缝。为此，焊接过程必须是电弧十分稳定，没有飞溅，焊缝成形良好；由于坡口狭窄而焊道厚，在焊缝中心线处很容易产生结晶裂缝。要解决上述问题，采用大电流即脉冲电流焊接，使熔化金属很好地与母材熔合而形成焊缝。

③双丝熔化极窄间隙气体保护焊（NG. GMAW）

前后焊丝之间沿焊接方向的距离和夹角、焊丝与坡口侧壁之间的距离等参数都可以独立调节，并对焊接过程稳定性有很大影响。试验发现，双丝沿焊接方向的间距小于 15 mm 或大于 50 mm 时，双电弧处于共熔池或独立状态，焊接过程稳定；而当双丝间距在 20～30 mm 时，处于共熔池向独立熔池过渡阶段，受窄间隙坡口中非均衡分布的电磁力作用，频繁出现断弧现象，焊接过程不稳定。双丝沿焊接方向平行竖直分布时，焊接过程稳定，若前丝后倾则会加剧电弧的偏移，焊接稳定性变差。焊丝与侧壁间距对电弧形态有很大影响，当间距为 2.5 mm 时,电弧在焊丝和坡口底部以及侧壁之间稳定燃烧;而当间距达到 1.5 mm 时,出现侧壁打弧现象,焊接稳定性恶化。因此控制间距十分重要。

④用麻花焊丝的窄间隙气体保护焊

焊接大厚度钢板的有效方法是电渣焊、埋弧焊和窄间隙气体保护焊。电渣焊按其总的费用(包括焊接设备和焊后对焊缝进行处理的费用)来看,是很经济的。但是,这种焊接方法的热输入量高,焊后必须进行热处理。而窄间隙气体保护焊则需要具有较先进的焊接设备,其总的费用较高。为此,人们常常仍用埋弧焊来焊接大厚度钢板。

为了提高窄间隙电弧焊的经济性,在《Welding》杂志 1979 年 7 月 P44~52 一篇文章中提出了采用麻花焊丝焊接的新方法。用这种焊丝焊接时,其电弧特性和用单丝时的电弧特性不同。通过高速摄影机可观察到麻花焊丝焊接时,电弧呈旋转运动,其特点如下:

a. 用两根不同直径的焊丝交织成麻花焊丝焊接时,电弧随较大直径焊丝端头而偏离。在较小直径焊丝端头所形成的小电弧则混合在较大直径的电弧中。随着焊丝被熔化,电弧作连续旋转运动。小直径焊丝所形成的熔滴合并到来自大直径焊丝的熔滴中,作为填充金属进入电弧。

b. 用两根相同直径的焊丝交织时,电弧以交替的方式产生在两根焊丝的端头,呈断续旋转运动。

c. 在电流强度较弱时,熔化金属熔滴形成球状颗粒,电弧仍然旋转,但没有规律。

d. 焊丝交织,节距减小时,电弧旋转半径增大,熔滴相互融合的机会增多,焊缝更加均匀一致。

5.2.3.4　窄间隙焊的其他方法

(1)窄间隙焊条电弧焊

由于窄间隙焊接主要面向机械化及自动化生产,焊条电弧焊在窄间隙焊接中的应用不多,而且焊接质量不好控制。但实际生产中,窄间隙焊条电弧焊具有其他焊接方法所不能替代的优势(如使用方便、灵活、设备简单等),因此在某些领域中,如在大坝建筑中用于钢筋的窄间隙焊接,解决了由于钢筋连接技术造成的钢筋偏心受力问题,成本仅为绑条焊的 1/11;对 $\phi18~40$ mm 的 Ⅰ,Ⅱ,Ⅲ 级钢筋均适用。

与其他 NG 技术比较,窄间隙焊条电弧焊应用非常有限。

(2)窄间隙电渣焊

窄间隙电渣焊除了可以焊接各种钢材和铸铁外,还可以焊接铝及铝合金、镁合金、钛及钛合金以及铜。它被广泛用于锅炉制造、重型机械和石油化工等行业,近年来在桥梁建造中,窄间隙电渣焊被用于焊接 25~75 mm 的平板结构。其焊剂、焊丝和电能的消耗量均比采用埋弧焊低,并且工件厚度越大,效果越明显,焊接接头产生淬火裂纹的倾向小,与传统电渣焊相比,焊缝和热影响区的金属性能更高,可免除或简化焊后的热处理过程。但其设备比较庞大,同时对所用渣剂的脱渣性要求较高。

(3)窄间隙激光焊

由于激光焊焊接的板厚超过 6 mm 时被列入厚板焊接,而激光焊的坡口宽度很小,此时可以认为是窄间隙激光焊接。厚板的激光焊普遍采用高功率 CO_2 激光器,目前可焊厚度达 50 mm,深宽比高达 12:1。激光焊接的焊缝在焊态下硬度很高,主要含马氏体组织,应进行焊后热处理。由于激光焊要求大功率的激光器,设备要求高,因此在生产领域中的应用是有限的。

5.2.3.5 窄间隙焊接的发展状况

(1)窄间隙焊接的应用现状

窄间隙焊焊缝较好的力学性能、较低的残余应力与残余变形以及窄间隙焊高的焊接生产率与低的生产成本,决定着该技术在钢结构焊接领域客观上存在着巨大的应用潜力和广阔的应用范围。从技术角度上看,其诸多的技术优越性决定着该技术具有极大的诱惑力。但从经济角度上看,窄间隙焊接技术的确存在着一个经济板厚范围问题,既享有其技术优越性的同时,又能显示其经济效益的板厚范围。一般来讲,板厚越大,其经济效益也越大。具有明显经济优越性的最小板厚,可称为窄间隙焊的下限板厚。该下限板厚随着结构钢种、结构可靠性要求、结构尺寸及空间位置而变化,但一般为 20~30 mm。上限板厚只取决于所开发的窄间隙焊技术的焊枪可达深度,理论上不存在上限板厚限制焊枪。已有的窄间隙焊,焊接 500~600 mm 板厚无任何技术障碍。目前,窄间隙焊接已成功地应用到了工业生产中的许多方面,许多大型钢结构、桥梁、舰船以及核反应堆上都要求采用大厚度钢板连接。

我国焊接钢结构基本上停留于焊条电弧焊水平,窄间隙焊接应用极少,这不仅很难提高劳动生产率,而且焊接质量水平不高。

当前,大厚度钢板越来越广泛地应用于生产中,我国可在传统的焊条电弧焊基础上,加快利用窄间隙焊接的步伐。我国的窄间隙焊接技术可在借鉴国外偏重于机械式的基础上,利用先进的计算机控制技术,向机械和控制相结合的方面发展,从而成为其今后发展的一个方向。

(2)窄间隙焊接的发展方向及其新进展

窄间隙焊具有极高的焊接生产率,更优良的接头力学性能,更小的焊接残余应力和残余变形,更低的焊接生产成本等显著技术与经济优势,将其归为先进制造技术,当之无愧。然而,迄今为止,该技术在厚板焊接领域的推广应用仍极其有限,我国不少行业至今在应用上仍没有零的突破。要使窄间隙焊接技术更成熟化、更实用化、技术经济优势更明显化,还应主要从以下方面加快技术开发和技术进步:

①开发更低热输入的弧焊技术,以满足高强钢甚至高合金钢、空间位置适应性更宽等方面的需要;

②开发 GMAW 方法的超低飞溅率控制技术(包括电源),以满足窄间隙自动焊工艺过程高可靠性、高稳定性的需要;

③开发高抗干扰能力、高可靠性、高精度的自动跟踪技术,以满足焊枪在狭窄坡口内安全可靠运行,电弧在坡口内空间作用位置高度准确的需要。

近 10 余年来,关于窄间隙焊接新技术的开发研究的部分进展如下:

①采用脉冲旋转射流过渡技术,在降低飞溅率的同时增强两侧壁的熔合;采用磁场控制窄间隙坡口内的电弧摆动;

②超低飞溅率(<3%)表面张力过渡焊机已开发成功(美国 Lincoln 公司)且已商品化;

③采用计算机辅助控制的各种光电、激光等自动跟踪系统相继开发出来(如瑞典 ESAB公司、美国 Jellin 公司以及国内数所大学等);

④恒流 CO_2 焊机、模糊控制半自动 GMAW 焊机(如日本)等新型电源相继开发出来(有的已商品化);

⑤高熔敷速度、低飞溅率、无需层间清渣的药芯焊丝的开发,为窄间隙药芯焊丝电弧焊的应用提供了可能性;

⑥高稳定度送丝机构(如双电机、四轮驱动等)已成功应用于常规 GMAW 方法中。

总之,近年来在 GMAW 领域开发出来的诸多新工艺、新设备、新装置、新器材,以及工业技术水平的不断提高,都为窄间隙焊的技术进步提供了新思路、新途径和新技术储备。相信在不久的将来,更高效率、更高质量、更低成本、更可靠、更实用化的窄间隙焊接技术还会不断涌现出来。

5.3　海洋钢结构的焊接

5.3.1　概述

海洋工程结构因常年在海上工作,其工作环境极为恶劣,除受到结构的工作载荷外,还要承受风暴、波浪、潮流引起的附加载荷以及海水腐蚀、砂流的磨蚀、地震或寒冷地区冰流的侵袭。此外,石油天然气的易燃易爆性对结构也存在威胁。而且海洋结构的主要部分在水下,服役后焊接接头的检查和修补很困难,费用也高,一旦发生重大结构损伤或倾覆事故,将造成生命财产的严重损失。所以对海洋工程结构的设计制造、材料选择以及焊接施工等都有严格的质量要求。而随着海洋石油和天然气工业的发展,海洋管道工程日益向深海挺进,我国作为一个发展中的沿海大国,国民经济要持续发展,就必须把海洋的开发和保护作为一项长期的战略任务。大量的海底管道施工工程对水下焊接技术提出了新的要求。

大型钢结构常常在水中建造安装,如海洋钻井平台,港口码头,大型船舶修理等,常常涉及水下焊接的问题。水下焊接由于水的存在,使焊接过程变得更加复杂,并且会出现各种各样陆地焊接所未遇到的问题,目前,世界各国正在应用和研究的水下焊接方法种类繁多,应用较成熟的是电弧焊。随着水下焊接技术的发展,除了常用的湿法水下焊接、局部干法水下焊接和干法水下焊接以外,又出现了一些新的水下焊接方法。如:水下湿法药芯焊丝的应用。但是,从各国海洋开发的前景来看,水下焊接的研究远远不能适应形势发展的需要。因此,加强这方面的研究,无论是对现在或将来,都将是一项非常有意义的工作。

水下焊接与切割是水下工程结构的安装、维修施工中不可缺少的重要工艺手段。它们常被用于海上救捞、海洋能源、海洋采矿等海洋工程和大型水下设施的施工过程中。

水下焊接的分类为:湿式法,局部干式法和干式法三类。

见图 5-30 所示,湿式法中电弧直接在水中燃烧,不采用任何屏蔽装置,它是水下焊接中最便宜,最简单的一种方法,但焊接质量受水的影响较大,质量较差。

湿法焊接中,水下焊接的基本问题表现最为突出。因此采用这类方法难以得到质量好的焊接接头,尤其在重要的应用场合,湿法焊接的质量难以令人满意。但由于湿法水下焊接具有设备简单、成本低廉、操作灵活、适应性强等优点。所以,近年来各国对这种方法仍在继续进行研究,特别是涂药焊条的手工电弧焊,在今后一段时期还会得到进一步的应用。在焊条方面,比较先进的有英国 Hydroweld 公司发展的 Hydroweld FS 水下焊条,美国的专利水下焊条 7018′S 焊条,以及德国 Hanover 大学基于渣气联合保护对熔滴过渡的影响和保护机理所开发的双层自保护药芯焊条。美国的 Stephen Liu 等人在焊条药皮中加入锰、钛、硼和稀土元素,改善了焊接过程中的焊接性能,细化了焊缝微观组织。水下焊条的发展促进了湿法水下焊接技术的应用。目前,在国内外都有采用水下湿法焊条电弧焊技术进行水下焊接施工的范例。

图 5 – 30　水下焊接实景 – 湿式法

　　局部干式法,有面部空腔法,它是利用高压水将焊接区的海水排开,并在惰性气体保护下进行焊接。还有容器包围法,即用简易容器(透明)将焊接区包围起来,再用惰性气体把容器中的海水排除掉而进行焊接。

　　干式法,又可分为为普通干式法,见图 5 – 31 所示,它是用容器(或舱室)把结构的焊接区和焊工包围起来,并用高压气体把其中水排除掉,然后进行焊接(底部有开口)。另一个是一个大气压法,即是一个大气压却无开口,但设备费用昂贵。

　　湿法都为手工电弧焊,目前也在研究采用管状焊丝自动焊,垂直焊,自动焊,等离子弧焊条,爆炸焊等水下焊接法。

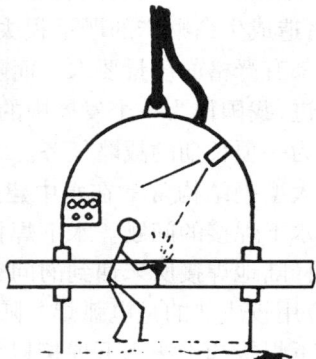

图 5 – 31　水下干式法

　　干式法采用的除手工电弧焊外,还有 TIG 焊,MIG 焊,MAG 焊,局部干式法,采用水帘式 MIG 焊,也可以进行螺栓焊。

　　药芯焊丝的出现和发展适应了焊接生产向高效率、低成本、高质量、自动化和智能化方向发展的趋势。英国 TWI 与乌克兰巴顿研究所成功开发了一套水下湿法药芯焊丝焊接的送丝结构、控制系统及其焊接工艺。华南理工大学机电工程系刘桑、钟继光等人开发了一种药芯焊丝微型排水罩水下焊接方法,从实用经济的角度出发,完全依靠焊接时自身所产生的气体以及水汽化产生的水蒸气排开水而形成一个稳定的局部无水区域,使得电弧能在其中稳定地燃烧。微型排水罩的尺寸和结构决定了焊接过程中无水区(局部排水区)的大小和稳定程度。除此之外,他们还通过复合滤光技术和水下 CCD 摄像系统,采集出了药芯焊丝水下焊接电弧区域图像,从而为水下湿法焊接电弧的机理分析及水下焊接过程控制奠定了基础。

5.3.2　水下焊接的特点

　　水下环境使得水下焊接过程比陆上焊接过程复杂得多,除焊接技术外,还涉及潜水作业技术等诸多因素,水下焊接有以下特点。

（1）可见度差,水对光的吸收、反射和折射等作用比空气强得多,因此,光在水中传播时减弱得很快。另外焊接时电弧周围产生大量气泡和烟雾,使水下电弧的可见度非常低。在淤泥的海底和夹带沙泥的海域中进行水下焊接,水中可见度就更差了。

（2）焊缝含氢量高,氢是焊接的大敌,如果焊接中含氢量超过允许值,很容易引起裂纹,甚至导致结构的破坏。水下电弧会使其周围水产生热分解,导致溶解到焊缝中的氢增加,水下焊条电弧焊的焊接接头质量差与氢含量高是分不开的。

（3）冷却速度快,水下焊接时,海水的热传导系数高,是空气的 20 倍左右。若采用湿法或局部湿法水下焊接时,被焊工件直接处于水中,水对焊缝的急冷效果明显,容易产生高硬度淬硬组织。因此,只有采用干法焊接时,才能避免冷效应。

（4）压力的影响,随着压力增加,电弧弧柱变细,焊道宽度变窄,焊缝高度增加,同时导电介质密度增加,从而增加了电离难度,电弧电压随之升高,电弧稳定性降低,飞溅和烟尘增多。

（5）连续作业难以实现,由于受水下环境的影响和限制,许多情况下不得不采用焊一段,停一段的方法进行,因而产生焊缝不连续的现象。

5.3.3　水下焊接的主要问题

水下焊接的最主要问题

（1）随着水深的增加,电弧所受的压力也相应增大。

（2）焊接环境改变,导致焊接质量下降。

（3）电弧电压升高:各种焊接方法在其空间合适弧长条件下进行焊接时,电弧电压随水深增加而变化的情况。水深越大,电压越大,但 TIG 法水深超过 100 m,MIG 法水深超过 300 m,焊接较困难。

（4）飞溅与烟类增多,由于水深越大,电压越大,侵入电弧的水深越大,所以飞溅越大,如选择合适的电弧电压,焊接电流和保护气体种类,可减少飞溅。

焊接烟尘对湿法来说问题不大,对干式法来说,污染严重,需排除。烟尘量增多的顺序为 TIG,MIG,手弧焊,且手弧焊为 TIG 的 4 ~ 5 倍。

（3）环境变化带来的问题

①熔敷金属成分会发生改变,湿法中一般 Mn,Si,C 会降低。

②氢的不良影响增加。湿法焊接所产生的变化比大气中焊接多得多,干法由于焊件受潮,产生的变化也较大气中焊接多。

③冷却速度快。湿式法冷却最快,为大气中焊接的几倍,它增加了淬硬性,可见只有低碳钢才能用于湿法进行焊接。

5.3.4　水下焊接与切割安全措施

5.3.4.1　准备工作

水下焊接与切割安全工作的一个重要特点是:有大量、多方面的准备工作,一般包括下述几个方面。

（1）调查作业区气象、水深、水温、流速等环境情况。当水面风力小于 6 级、作业点水流流速小于 0.1 ~ 0.3 m/s 时,方可进行作业。

（2）水下焊割前应查明被焊割件的性质和结构特点,弄清作业对象内是否存有易燃、易爆和有毒物质。对可能坠落、倒塌物体要适当固定,尤其水下切割时应特别注意,防止砸伤或损伤供气管及电缆。

（3）下潜前,在水上应对焊、割设备及工具、潜水装具,供气管和电缆、通讯联络工具等的绝缘、水密、工艺性能进行检查试验。氧气胶管要用1.5倍工作压力的蒸汽或热水清洗,胶管内外不得粘附油脂。气管与电缆应每隔5 m捆扎牢固,以免相互绞缠。入水下潜后,应及时整理好供气管、电缆和信号绳等,使其处于安全位置,以免损坏。

（4）在作业点上方,半径相当于水深的区域内,不得同时进行其他作业。因水下操作过程中会有未燃尽气体或有毒气体逸出并上浮至水面,水上人员应有防火准备措施,并应将供气泵置于上风处,以防着火或水下人员吸入有毒气体中毒。

（5）操作前,操作人员应对作业地点进行安全处理,移去周围的障碍物。水下焊割不得悬浮在水中作业,应事先安装操作平台,或在物件上选择安全的操作位置,避免使自身、潜水装具、供气管和电缆等处于熔渣喷溅或流动范围内。

（6）潜水焊割人员与水面协助人员之间要有通信装置,当一切准备工作就绪,在取得协助人员同意后,焊割人员方可开始作业。

（7）从事水下焊接与切割工作,必须由经过专门培训并持有此类工作许可证的人员进行。

5.3.4.2　防火防爆安全措施

（1）对储油罐、油管、储气罐和密闭容器等进行水下焊割时,必须遵守燃料容器焊补的安全技术要求。其他物件在焊割前也要彻底检查,并清除内部的可燃易爆物质。

（2）要慎重考虑切割位置和方向,最好先从距离水面最近的部位着手,向下割。这是由于水下切割是利用氧气与氢气或石油气燃烧火焰进行的,在水下很难调整好它们之间的比例。有未完全燃烧的剩余气体逸出水面,遇到阻碍就会在金属构件内积聚形成可燃气穴。凡在水下进行立割,均应从上向下移,避免火焰经过未燃气体聚集处,引起燃爆。

（3）严禁利用油管、船体、缆索和海水作为电焊机回路的导电体。

（4）在水下操作时,如焊工不慎跌倒或气瓶用完更换新瓶时,常因供气压力低于割炬所处的水压力而失去平衡,这时极易发生回火。因此,除了在供气总管处安装回火防止器外,还应在割炬柄与供气管之间安装防爆阀。防爆阀由逆止阀与火焰消除器组成,前者阻止可燃气的回流,以免在气管内形成爆炸性混合气,后者能防止火焰流过逆止阀时,引燃气管中的可燃气。

换气瓶时,如不能保证压力不变,应将割炬熄灭,换好后再点燃,或将割炬送出水面,等气瓶换好后再送下水。

（5）使用氢气作为燃气时,应特别注意防爆、防泄漏。

（6）割炬点火可以在水上点燃带入水下,或带点火器在水下点火,前者带火下沉时,特别在越过障碍时,一不留神有被火焰烧伤或烧坏潜水装具的危险,在水下点火易发生回火和未燃气体数量增多,同样有爆炸的危险,应引起注意。

（7）防止高温熔滴落进潜水服的折迭处或供气管,尽量避免仰焊和仰割,烧坏潜水服或供气管。

（8）不要将气割用软管夹在腋下或两腿之间,防止万一因回火爆炸、击穿或烧坏潜水服,割炬不要放在泥土上,防止堵塞,每日工作完用清水冲洗割炬并凉干。

5.3.4.3　防止触电的安全措施

(1)焊接电源须用直流电,禁用交流电。因为在相同电压下通过潜水员身体的交流电流大于直流电流。并且与直流电相比,交流电稳弧性差,易造成较大飞溅,增加烧损潜水装具的危险。

(2)所有设备、工具要有良好的绝缘和防水性能,绝缘电阻不得小于 1 MΩ。为了防海水、大气盐雾的腐蚀,需包敷具有可靠水密的绝缘护套,且应有良好的接地。

(3)焊工要穿不透水的潜水服,戴干燥的橡皮手套,用橡皮包裹潜水头盔下颌部的金属钮扣。潜水盔上的滤光镜铰接在盔外面,可以开合,滤光镜涂色深度应较陆地上为浅。水下装具的所有金属部件,均应采取防水绝缘保护措施,以防被电解腐蚀或出现电火花。

(4)更换焊条时,必须先发出拉闸信号,断电后才能去掉残余的焊条头,换新焊条,或安装自动开关箱。焊条应彻底绝缘和防水,只在形成电弧的端面保证电接触。

(5)焊工工作时,电流一旦接通,切勿背向工件的接地点、把自己置于工作点与接地点之间,而应面向接地点,把工作点置于自己与接地点之间,这样才可避免潜水盔与金属用具受到电解作用而致损坏,焊工切忌把电极尖端指向自己的潜水盔,任何时候都要注意不可使身体或工具的任何部分成为电路。

5.3.4.4　水下下焊接注意事项

(1)焊割炬(枪、把)在使用前应作绝缘、水密性和工艺性能等方面的检查,需先在水面进行试验。氧气胶管使用前应当用 1.5 倍工作压力的蒸汽或水进行清洗,胶管内外不得粘有油脂。供电电缆必须检验其绝缘性能。热切割的供气胶管和电缆每 0.5 m 间距应捆扎牢固。

(2)潜水焊割工应备有无线通信工具,以便随时同水面上的支持人员取得联系,不允许在没有任何通讯联络的情况下进行水下焊割作业。潜水焊割工人入水后,在其作业点的水面上半径相当于水深的区域内,禁止进行其他作业。

(3)水下焊割前应查明作业区的周围环境,熟悉作业水深、水文、气象和被焊割物件的结构形式等情况。应当给潜水焊割工一个合适的工作位置,禁止在悬浮状态下进行焊接操作。一般潜水焊割工应停留在构件上或事先设置的操作平台上。

(4)在水下焊割开始操作前应仔细检查、整理供气胶管、电缆、设备、工具及信号绳等,在任何情况下,都不得使这些装备和焊割工本身处于熔渣溅落和流动的路线上。应当移去操作点周围的障碍物,将自身置于有利的安全位置上,然后同水面人员联系并取得同意后方可施焊。

(5)水下作业点所处的水流速度超过 0.1 ~ 0.3 m/s,水面风力超过 6 级时,禁止水下作业。

5.3.5　水下焊接的装置

水下焊接的装置需要许多配套的设施,全部作业装置包括海上支援船,深海调查船,水下作业船,水下升降机,水下干式焊接装置等。

水下干式高压焊接装置如图 5 - 32 所示,外型尺寸 2.8 × 2.8 × 3.3(长 × 宽 × 高),最大水深 100 m。

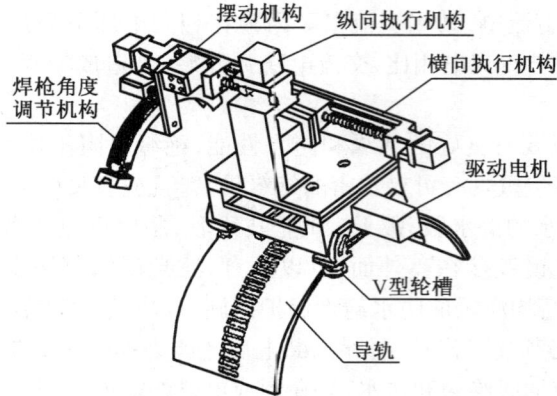

图 5 - 32　水下干式高压焊接装置

5.3.6　水下焊接技术研究的趋势

（1）由于每种焊接方法（湿法，局部干法，干法）都有其各自的优点和适应场合，因此，多种水下焊接方法并存的局面会长期存在。

（2）湿法水下焊接的质量主要受水下焊条、水下药芯焊丝等因素的影响和制约，英、美等国已发展了多种高质量的水下焊条，我们也应该加快开发研制高质量水下焊条、水下药芯焊丝。通常湿法焊接的水深不超过 100 m，目前的努力方向是，实现 200 m 水深湿法焊接技术的突破。

（3）基于先进技术，对焊接过程进行监控的研究已经取得某些进展，主要体现在水下干法和局部干法焊接中的自动化和智能化。例如遥测遥控技术已经在水下焊接中取得了初步应用，采用遥控遥测技术，可以实现水下安装检测中的焊接加工，目前已在水下管道安装维护中取得进展，最近华南理工大学的廖天发等人采用 VC + + 编程实现了串口通信（SPC），用于远程控制水下焊接焊前的焊缝对中以及焊接过程中的焊缝跟踪。自动化的轨道焊接系统和水下焊接机器人系统，能对焊接过程自动监控，焊接质量好，节省工时，而且还能减轻潜水员的工作强度。但是目前的水下焊接机器人系统还存在许多问题，其灵活性、体积、作业环境、检测和监控技术以及可靠性等还有待于进一步发展和提高，这是目前我们的努力方向。

（4）模拟技术的出现及发展，为焊接生产朝着"理论—数值模拟—生产"模式的发展创造了条件，使焊接技术正在发生着由经验到科学、由定性到定量的飞跃。目前陆上焊接过程的温度场、流场以及熔池、焊缝应力等的模拟取得了较大进展，焊接电弧的模拟也有一定的研究，但对水下焊接的模拟研究还比较滞后。德国的 Hans - Peter Schmidt 等人对电流在 50 ~ 100A 范围内，压力 0.1 ~ 10 MPa，钨极氩保护情况下的水下高压焊接电弧进行了模拟研究，用数学方法解守恒方程得出了温度、速度、压力和电流的分布。其中电弧温度的测量结果与理论分布吻合良好。随着海洋石油和天然气工业的发展以及我国海洋工程向深海的挺进，应当重视和加快针对水下焊接这方面的数值模拟研究。目前我们也正在着手进行高压环境下焊接电弧的数值模拟这方面的研究工作。

（5）计算机仿真是一项很有用的技术,它在焊接工艺的制定、焊接设备的研制以及控制系统的改进等方面的研究中都有应用。

（6）水下激光焊接。据报告,近年来在沸水堆(BWR)和压水堆(PWR)的反应堆(压力)容器内安装的堆内构件中,发现有应力腐蚀开裂(SCC)引起的裂纹。采用水下激光焊接法取得较好效果,如图 5 – 33 所示,它是一种通过向焊接部位输送保护气体(Ar)以形成局部的空腔,然后在空腔中使用含钕的钇铝石榴石激光器(NdYAG)发射激光束,并同时添加丝状填充金属,从而形成堆焊层的焊接技术。

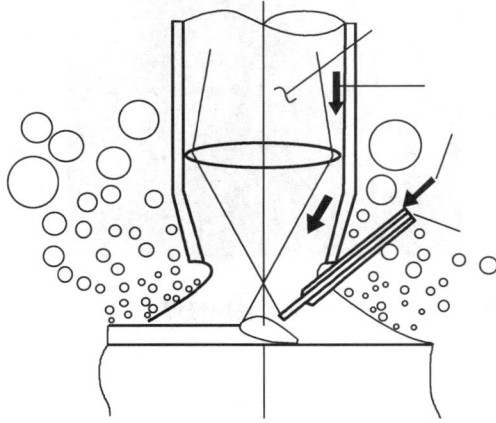

图 5 – 33 水下激光焊接

5.3.7 水下焊接案例

1. 万吨船舶牺牲阳极块水下焊接,见图 5 – 34。
2. 海底管道修焊,见图 5 –35。
3. 桩腿修焊,见图 5 – 36。

图 5 –34 大型船舶牺牲阳极块水下焊接

图 5 –35 海洋工程水下焊接修补

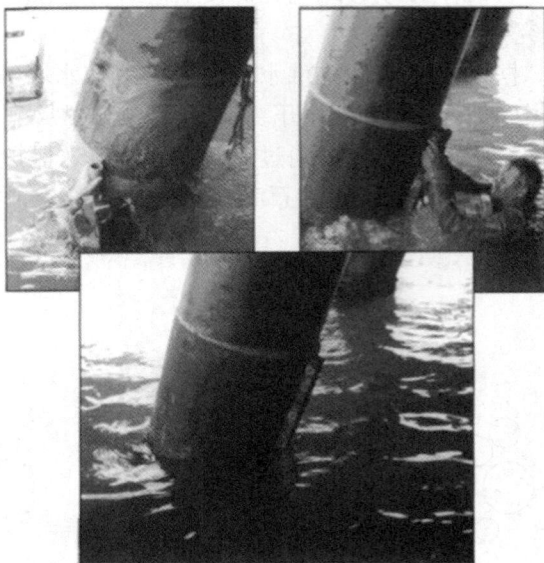

图 5-36 桩腿修焊

【讨论、思考题】

1. 举例说明现代大型钢结构的主要特点。
2. 现代大型钢结构焊接技术的主要特点是什么？
3. 简要说明现代大型钢结构焊接技术发展的方向。
4. 什么是电渣焊，为什么电渣焊适合厚板焊接？
5. 电渣焊有何特点，最常用的是哪一种电渣焊？
6. 电渣焊的工艺参数有哪些？
7. 简要说明电渣焊的热过程特点。
8. 简要说明电渣焊的冶金过程特点。
9. 电渣焊常用的焊接材料是什么？
10. 电渣焊设备由哪几个部分组成？
11. 电渣焊对焊接电源的要求是什么？
12. 电渣焊焊前应做好哪些准备工作？
13. 丝极电渣焊的焊接工艺要点是什么？
14. 电渣焊的焊缝缺欠有哪些，如何防止？
15. 简述电渣焊的操作规程。
16. 在大型钢结构中，举例说明电渣焊的应用。
17. 什么是气电立焊，为什么气电立焊适合厚板焊接？
18. 气电立焊有哪两种，适合厚板焊接的范围怎样？
19. 说明两种气电立焊的衬垫材料及其组成。
20. 气电立焊的设备由哪几部分组成？
21. 气电立焊的焊接材料有哪些？

22. 气电立焊应做好哪些焊前准备工作?

23. 在气电立焊的焊接过程中应注意哪些问题?

24. 气电电立的焊接工艺参数有哪些,如何调节?

25. 如何检查气电立焊的焊接质量?

26. 什么是窄间隙焊(NGW),为什么窄间隙焊适合厚板焊接?

27. 窄间隙焊分为哪几类?

28. 什么是窄间隙埋弧焊,窄间隙埋弧焊的优缺点有哪些?

29. 目前比较成熟的窄间隙埋弧焊有哪几种?

30. 窄间隙埋弧焊的设备由哪几部分组成?

31. 窄间隙埋弧焊的跟踪系统有哪几种?

32. 什么是窄间隙气体保护焊(NG – GMAW)?

33. 窄间隙气体保护焊分为哪几种?

34. 工艺上成熟的窄间隙气体保护焊技术有哪些?

35. 水下焊接有哪几种?

36. 水下焊接有何特点?

37. 水下焊接的主要问题是什么?

38. 水下焊接的安全措施是什么?

39. 水下焊接装置有哪些?

40. 说明水下焊接的发展趋势。

【作业题】

1. 编制板厚 Q345 钢板 δ 为 50 mm 的厚板电渣焊工艺。

2. 编制板厚 Q345 钢板 δ 为 30 mm 的厚板气电立焊工艺。

3. 编制板厚 Q345 钢板 δ 为 100 mm 的厚板窄间隙焊工艺。

4. 编制万吨级远洋船舶船底水下补焊的焊接工艺。

项目6　　非钢金属结构件的焊接

知识目标

1. 非钢金属结构件焊接概述；
2. 铝及铝合金的焊接；
3. 铜及铜合金的焊接；
4. 钛及钛合金的焊接；
5. 惰性气体保护焊的相关知识；
6. 钨极氩弧焊（TIG 焊）；
7. 熔化极氩弧焊（MIG 焊）；
8. 活性气体保护焊（MAG 焊）。

能力目标

1. 通过介绍非钢金属结构件焊接，掌握相关技能；
2. 通过介绍铝及铝合金的焊接，掌握相关操作技能；
3. 通过介绍铜及铜合金的焊接，掌握相关操作技能；
4. 通过介绍钛及钛合金的焊接，掌握相关操作技能；
5. 掌握钨极氩弧焊的操作技能；
6. 掌握熔化极氩弧焊的操作技能；
7. 掌握非钢金属结构件的焊接方法和技巧。

素质目标

1. 要求学生养成求实、严谨的科学态度；
2. 培养学生热爱行业，乐于奉献的精神；
3. 培养与人沟通，通力协作的团队精神。

6.0　项目导论

　　本项目非钢金属结构构件是指铝及铝合金、铜及铜合金、钛及钛合金等有色金属的结构件，主要讨论非钢金属结构件的现场焊接方法，非钢金属结构件的焊接也是现代钢结构工程中的关键施工技术问题，它也是焊接工艺环节不可缺少的关键技术，如何焊接这些非钢金属结构件，以便建成现代钢结构工程，首先要了解有色金属及其合金的应用，有色金属及其合金的焊接特点和焊接基本理论，再去掌握它的焊接操作技能，可达到事半功倍的效果。

　　有色金属是国民经济发展的基础材料，航空、航天、汽车、机械制造、电力、通信、建筑、家电等绝大部分行业都以有色金属材料为生产基础。随着现代化工、农业和科学技术的突飞猛进,有色金属在人类发展中的地位越来越重要。新中国成立 50 多年来,中国有色金属工业取得了辉煌的成就,兴建了一大批有色金属矿山、冶炼和加工企业,形成了一个布局比较合理、体系比较完整的行业。

2007 年中国有色金属工业继续保持了良好的发展态势,十种有色金属产量首次突破 2 000 万吨大关,达 2 360.52 万吨,连续 6 年居世界第一。2008 年,全国 10 种有色金属产量为 2 520 万吨。

2009 年 2 月 25 日,国务院审议并原则通过了有色金属产业振兴规划,将抓紧建立国家收储机制,调整产品出口退税率结构。推进有色金属产业调整和振兴,一要稳定和扩大国内市场,改善出口环境。调整产品结构,满足电力、交通、建筑、机械、轻工等行业需求。支持技术含量和附加值高的深加工产品出口。此外要严格控制总量,加快淘汰落后产能。规划的出台将促进有色金属产业的良性持续发展。中国在 21 世纪的前 20 年,仍将处在工业化的过程中,制造业的快速发展,将会带动国民经济保持一个较长的高速增长期。因此,作为工业基础的有色金属工业的发展状况对中国经济能否继续保持相对较高的增长率就显得更加重要。今后一段时期,中国有色金属的需求将保持稳定增长。

有色金属在制造业和工程建设中应用十分广泛。当前全世界有色金属种类和品种很多,金属材料的总产量约 8 亿吨,其中有色金属材料占 5%,处于补充地位,但有色金属的作用却是钢铁或其他材料无法替代的。近年来随着市场的发展,有色金属的应用越来越多,已从原来的航空航天部门逐渐扩展到电子、通信、汽车、交通运输和轻工业等领域。有色金属结构的焊接也引起了人们越来越多的关注。

有色金属焊接加工一直是客户密切关注的加工问题,新型的铝合金搅拌摩擦焊接机床,主要有用于不同规格产品焊接用的 C 型、龙门式、悬臂式三个款式。广泛应用于轨道交通中的车厢、壁板、底板的铝合金制造,汽车总车门、引警盖、车身板材的焊接,船舶中船梯、侧板、地板的焊接,铜管体封口焊接。该设备焊接时材料不熔化,不会产生气孔、夹渣、裂纹等缺陷,并且焊接过程中无需保护气和填充材料,焊后残余变形小、残余应力低,接头为细晶锻造组织,机械性能优良,无弧光、噪音、射线等污染,被誉为"最为革命性的焊接技术"。非钢有色金属结构构件的焊接,见图 6 – 1。

有色金属的分类很多,大约有 80 多种,大致按其密度、价格、在地壳中的储量及分布情况和被人们发现与使用情况的早晚等分为五大类。

重有色金属:指密度大于 4.5 的有色金属。包括铜,镍,铟,铅,锌,锑,汞,镉和铋。

轻有色金属:指密度小于 4.5 的有色金属。包括铝,镁、钙、钾、锶和钡。

贵金属:指在地壳中含量少,开采和提取都比较困难,对氧和其他试剂稳定,价格比一般金属贵的有色金属。包括金、银和铂族元素。一般密度都较大,熔点较高,在 916 ~ 3 000 ℃,有很好的化学稳定性、优良的抗氧化性及耐腐蚀性。

半金属:一般指硅、硒、碲、砷和硼五种元素,就是常说的半导体,其物理化学性质介于金属和非金属之间。如砷是非金属,但它能传热和导电。

稀有金属:稀有金属并不是说稀少,只是指在地壳中分布不广,开采冶炼较难,在工业应用较晚,故称为稀有金属。稀有金属又包括稀有轻金属,稀有高熔点金属,稀有分散金属,稀土金属,稀有放射性金属。

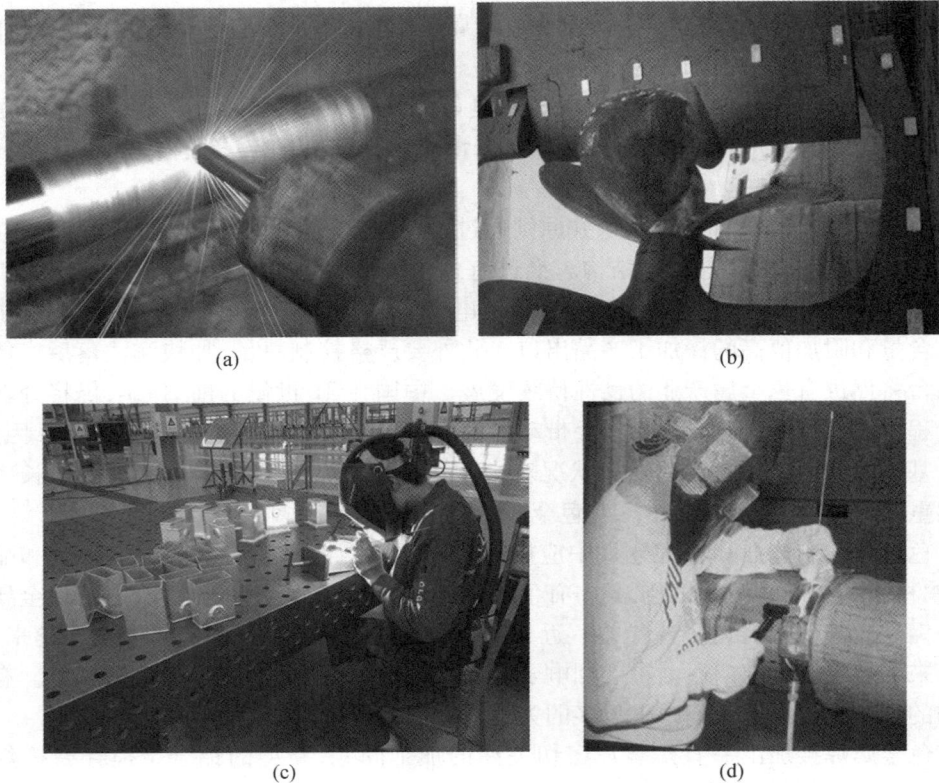

图 6 - 1　非钢有色金属结构构件的焊接
(a)铜轴合金的修复焊补;(b)螺旋桨的补焊
(c)铝合金的焊接;(d)钛合金管的焊接

6.1　非钢有色金属结构件焊接

6.1.1　非钢有色金属焊接特点

(1)采用焊接方法的优点

①节省金属材料,减轻结构质量,经济效益好。

②简化加工与装配工序,生产周期短,生产效率高。

③结构强度高(接头能达到与母材相等强度),接头密封性好。

④为结构设计提供较大的灵活性,按结构的受力情况可优化配置材料,按工况需要,在不同部位选用不同的强度,不同耐磨性,耐高温性等材料。

⑤焊接工艺过程容易实现机械化自动化。

(2)采用焊接方法的缺点

①焊接结构容易引起较大的残余应力。由于绝大多数焊接方法都采用局部加热,经焊接后焊件,不可避免地在结构中会产生一定的焊接应力,从而影响结构的承载能力,同时,在焊缝与焊件交界处还会引起应力集中,对结构的脆性断裂有较大影响。

②结构经焊接后易产生焊接变形,从而严重影响结构加工精度和尺寸稳定性。

③焊接接头中容易存在一定数量的缺陷,如裂纹,气孔,夹渣,未焊透,未熔合等。缺陷的存在会降低强度,引起应力集中,损坏焊缝致密性,是造成焊接结构破坏的主要原因之一。

④焊接接头具有较大的性能不均匀性。由于焊缝的成分及金相组织与母材不同,接头各部位经历热循环不同,使接头不同区域的性能不同。

⑤焊接过程中产生高温、强光及一些有毒气体,对人体有一定的损害,故需要加强劳动保护。

（3）有色金属焊接难易程度

有色金属焊接有自己的特点,有色金属焊接比常规钢铁焊材的焊接复杂得多,这给焊接工作带来了很大的困难。有色金属焊接的难易程度,见表 6 – 1。

表 6 – 1　有色金属焊接难易程度一览表

有色金属及其合金	手工电弧焊	埋弧焊	CO_2 气体保护焊	气焊	点焊缝焊	铝热剂焊
纯铝	B	D	D	B	A	D
非热处理铝合金	B	D	D	B	A	D
热处理铝合金	B	D	D	B	A	D
纯镁	D	D	D	D	A	D
镁合金	D	D	D	C	A	D
纯钛	D	D	D	D	A	D
钛合金（@ 相）	D	D	D	D	A	D
钛合金（其他）	D	D	D	D	A	D
纯铜	B	B	C	B	B	D
黄铜	B	B	D	B	C	D
磷青铜	B	C	D	B	C	D
铝青铜	B	D	D	B	C	D
镍青铜	B	C	D	B	C	D

注:A – 通常采用,B – 有时采用,C – 很少采用,D – 不采用。

6.1.2　常用有色金属焊接方法

（1）氩弧焊

①钨极氩弧焊（TIG）　这种焊接方法最早用于飞机制造和火箭制造,焊接铝合金和镁合金等有色金属。目前,钨极氩弧焊已发展到可用于几乎所有金属和合金。但由于其成本较高,生产中通常用于焊接易氧化的有色金属及合金（如 Mg, Al, Ti 等）,以及不锈钢、高温合金、难熔的活性金属（如 Pb, Sn, Zn 等）,焊接较困难,一般不用氩弧焊。对于已镀有锡、锌、铝等低熔点金属层的碳钢,焊前须除去镀层,否则熔入焊缝金属中生成化合物会降低接

头性能。

②熔化极氩弧焊(MIG)　在焊接生产中,熔化极氩弧焊已广泛用于薄板和中、厚板的焊接,主要用于焊接低合金钢、不锈钢、耐热合金、铝及铝合金、镁及镁合金、铜及铜合金、钛及钛合金等。可用于平焊、横焊、立焊及全位置焊接,焊接厚度最薄为 1 mm,最大厚度不受限制。熔化极氩弧焊特别适合于焊接铝及铝合金,铜、钛及其有色金属。

(2)二氧化碳气体保护焊

二氧化碳气体保护焊(简称 CO_2 焊)是以二氧化碳气为保护气体,进行焊接的方法。在应用方面操作简单,适合自动焊和全方位焊接。在焊接时不能有风,适合室内作业。由于它成本低,二氧化碳气体易生产,广泛应用于各大小企业。二氧化碳气体保护电弧焊的保护气体是二氧化碳(有时采用 $CO_2 + Ar$ 的混合气体)。由于二氧化碳气体的热物理性能的特殊影响,使用常规焊接电源时,焊丝端头熔化金属不可能形成平衡的轴向自由过渡,通常需要采用短路和熔滴缩颈爆断。因此,与 MIG 焊自由过渡相比,飞溅较多。但如采用优质焊机,参数选择合适,可以得到很稳定的焊接过程,使飞溅降低到最小的程度。由于所用保护气体价格低廉,采用短路过渡时焊缝成形良好,加上使用含脱氧剂的焊丝即可获得无内部缺陷的高质量焊接接头。因此这种焊接方法目前已成为有色金属材料最重要焊接方法之一。

(3)埋弧焊

埋弧焊(含埋弧堆焊及电渣堆焊等)是一种重要的焊接方法,其固有的焊接质量稳定、焊接生产率高、无弧光及烟尘很少等优点,使其成为压力容器、管段制造、箱型梁柱等重要钢结构制作中的主要焊接方法。近年来,虽然先后出现了许多种高效、优质的新焊接方法,但埋弧焊的应用领域依然未受任何影响。从各种熔焊方法的熔敷金属质量所占份额的角度来看,埋弧焊约占 10% 左右,且多年来一直变化不大。

(4)手工电弧焊

这种焊接技术使用不同的方法保护焊接熔池,防止熔池和大气接触。热能也是由电弧提供。和 MIG 焊一样,电极为自耗电极。金属电极外由矿物质熔剂包覆,熔剂熔化时形成焊渣盖住焊接熔池。此外,包覆的熔剂还释放出气体保护焊接熔池,而且,还含有合金元素用来补偿金属熔池的合金损失。在有些情况下,包覆的熔剂内含有所有合金元素,芯部的焊丝仅是碳钢。然而,在采用这些类型的焊条时,需要特别小心,因为所有飞溅都具有软钢性质,在使用过程中焊缝会锈蚀。

6.1.3　铝及铝合金结构的焊接

6.1.3.1　铝及铝合金的焊接特点

(1)铝在空气中及焊接时极易氧化,生成的氧化铝(Al_2O_3)熔点高、非常稳定,不易去除。阻碍母材的熔化和熔合,氧化膜的密度大,不易浮出表面,易生成夹渣、未熔合、未焊透等缺欠。铝材的表面氧化膜和吸附的大量水分,易使焊缝产生气孔。焊接前应采用化学或机械方法进行严格表面清理,清除其表面氧化膜。在焊接过程中加强保护,防止其氧化。钨极氩弧焊时,选用交流电源,通过"阴极清理"作用,去除氧化膜。气焊时,采用去除氧化膜的焊剂。在厚板焊接时,可加大焊接热量,例如,氦弧热量大,利用氦气或氩氦混合气体保护,或者采用大规范的熔化极气体保护焊,在直流正接情况下,可不需要"阴极清理"。

(2)铝及铝合金的热导率和比热容均约为碳素钢和低合金钢的两倍多。铝的热导率则是奥氏体不锈钢的十几倍。在焊接过程中,大量的热量能被迅速传导到基体金属内部,因而焊接铝及铝合金时,能量除消耗于熔化金属熔池外,还要有更多的热量无谓消耗于金属其他部位,这种无用能量的消耗要比钢的焊接更为显著,为了获得高质量的焊接接头,应当尽量采用能量集中、功率大的能源,有时也可采用预热等工艺措施。

(3)铝及铝合金的线膨胀系数约为碳素钢和低合金钢的两倍。铝凝固时的体积收缩率较大,焊件的变形和应力较大,因此,需采取预防焊接变形的措施。铝焊接熔池凝固时容易产生缩孔、缩松、热裂纹及较高的内应力。生产中可采用调整焊丝成分与焊接工艺的措施防止热裂纹的产生。在耐蚀性允许的情况下,可采用铝硅合金焊丝焊接除铝镁合金之外的铝合金。在铝硅合金中含硅 0.5% 时热裂倾向较大,随着硅含量增加,合金结晶温度范围变小,流动性显著提高,收缩率下降,热裂倾向也相应减小。根据生产经验,当含硅 5% ～6% 时可不产生热裂,因而采用 SAlSi 条(硅含量 4.5% ～6%)焊丝会有更好的抗裂性。

(4)铝对光、热的反射能力较强,固、液态转态时,没有明显的色泽变化,焊接操作时判断难。高温铝强度很低,支撑熔池困难,容易焊穿。

(5)铝及铝合金在液态能溶解大量的氢,固态几乎不溶解氢。在焊接熔池凝固和快速冷却的过程中,氢来不及溢出,极易形成氢气孔。弧柱气氛中的水分、焊接材料及母材表面氧化膜吸附的水分,都是焊缝中氢气的重要来源。因此,对氢的来源要严格控制,以防止气孔的形成。

(6)合金元素易蒸发、烧损,使焊缝性能下降。

(7)母材基体金属如为变形强化或固溶时效强化时,焊接热会使热影响区的强度下降。

(8)铝为面心立方晶格,没有同素异构体,加热与冷却过程中没有相变,焊缝晶粒易粗大,不能通过相变来细化晶粒。

6.1.3.2　铝合金焊接难点

(1)铝合金焊接接头软化严重,强度系数低,这也是阻碍铝合金应用的最大障碍。

(2)铝合金表面易产生难熔的氧化膜(Al_2O_3 其熔点为 2 060 ℃),这就需要采用大功率密度的焊接工艺。

(3)铝合金焊接容易产生气孔。

(4)铝合金焊接易产生热裂纹。

(5)线膨胀系数大,易产生焊接变形。

(6)铝合金热导率大(约为钢的 4 倍),相同焊接速度下,热输入要比焊接钢材大 2 ～4 倍。

因此,铝合金的焊接要求采用能量密度大、焊接热输入小、焊接速度高的高效焊接方法。

6.1.3.3　铝合金焊接方法

(1)常用铝合金焊接工艺方法

几乎各种焊接方法都可以用于焊接铝及铝合金,但是铝及铝合金对各种焊接方法的适应性不同,各种焊接方法有其各自的应用场合。气焊和焊条电弧焊方法,设备简单、操作方便。气焊可用于对焊接质量要求不高的铝薄板及铸件的补焊。焊条电弧焊可用于铝合金铸件的补焊。惰性气体保护焊(TIG 或 MIG)方法是应用最广泛的铝及铝合金焊接方法。铝及铝合金薄板可采用钨极交流氩弧焊或钨极脉冲氩弧焊。铝及铝合金厚板可采用钨极氦弧焊、氩氦混合钨极气体保护焊、熔化极气体保护焊、脉冲熔化极气体保护焊。熔化极气体保护焊、脉冲熔化极气体保护焊应用越来越广泛(氩气或氩/氦混合气)。

①气焊　气焊英文为 Oxygen Fuel gas Welding(简称 OFW)。利用可燃气体与助燃气体混合燃烧生成的火焰为热源,熔化焊件和焊接材料使之达到原子间结合的一种焊接方法。助燃气体主要为氧气,可燃气体主要采用乙炔、液化石油气等。所使用的焊接材料主要包括可燃气体、助燃气体、焊丝、气焊熔剂等。气焊的特点是设备简单不需用电,氧 – 乙炔气焊火焰的热功率低,热量较分散,因此焊作变形大、生产率低。用气焊焊接较厚的铝焊件时须预热,焊厚的焊缝金属不但晶粒粗大、组织疏松,而且容易产生氧化铝夹杂、气孔及裂纹等缺陷。这种方法只用于厚度范围在 $0.5 \sim 10$ mm 的不重要铝结构焊件和铸件的焊补上。设备主要包括氧气瓶、乙炔瓶(采用乙炔作为可燃气体)、减压器、焊枪、胶管等。由于所用储存气体的气瓶为压力容器、气体为易燃易爆气体,所以该方法是所有焊接方法中危险性最高的。

a. 气焊优点:i. 设备简单、使用灵活;ii. 对铸铁及某些有色金属的焊接有较好的适应性;iii. 在电力供应不足的地方需要焊接时,气焊可以发挥更大的作用。

b. 气焊缺点:i. 生产效率较低;ii. 焊接后工件变形和热影响区较大;iii. 较难实现自动化。

②钨极氩弧焊　钨极氩弧焊时常被称为 TIG 焊,是一种在非消耗性电极和工作物之间产生热量的电弧焊接方式;电极棒、熔池、电弧和工作物临近受热区域都是由气体状态的保护隔绝大气混入,此保护是由气体或混合气体流供应,通常是惰性气体,必须是能提供全保护,因为即使是很微量的空气混入也会污染焊缝。钨极氩弧焊,以人工或自动操作都适宜,且能用于持续焊接、间续焊接(有时称为"跳焊")和点焊,因为其电极棒是非消耗性的,故可不需加入填充金属而仅熔合母材金属做焊接,然而对于个别的接头,依其需要也许需使用熔填金属。

钨极氩弧焊的特点如下:

a. 可以焊接化学性质非常活泼的金属及合金。惰性气体氩或氦即使在高温下也不与化学性质活泼的铝、钛、镁、铜、镍及其合金起化学反应,也不溶于液态金属中。用熔渣保护的焊接方法(如手弧焊或埋弧焊等)很难焊接这些材料,或者根本不能焊接,见图 6 – 2。

b. 可获得优质的焊接接头。用这种焊接方法获得的焊缝金属纯度高,气体和气体金属夹杂物少,焊接缺陷少。对焊缝金属质量要求高的低碳钢、低合金钢及不锈钢常用这种焊接方法来焊接。

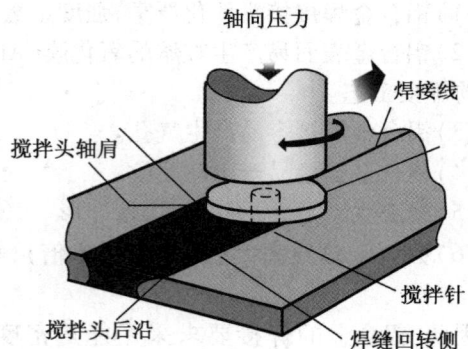

图 6 – 2　搅拌摩擦焊铝合金示意图

c. 可焊接薄件、小件。

d. 可单面焊双面成形及全位置焊接。

e. 焊接生产率低。钨极氩弧焊所使用的焊接电流受钨极载流能力的限制,电弧功率较小,电弧穿透力小,熔深浅且焊接速度低,同时在焊接过程中需经常更换钨极。这种焊接方法是在氩气保护下施焊,热量比较集中,电弧燃烧稳定,焊缝金属致密,焊接接头的强度和塑性高,在工业中获得越来越广泛的应用。

钨极氩弧焊主要用于铝合金结构中,可以焊接板厚在 1～20 mm 的板件。钨极氩弧焊用于铝及铝合金是一种较完善的焊接方法,但钨极氩弧焊不宜在露天条件下操作。

③熔化极氩弧焊　熔化极氩弧焊和钨极氩弧焊的区别是:一个是焊丝作电极,并被不断熔化填入熔池,冷凝后形成焊缝;另一个采用保护气体,随着熔化极氩弧焊的技术应用,保护气体已由单一的氩气发展出多种混合气体的广泛应用,如:Ar 80% + CO_2 20% 的富氩保护气。通常前者称为 MIG,后者称为 MAG。从其操作方式看,目前应用最广的是半自动熔化极氩弧焊和富氩混合气保护焊,其次是自动熔化极氩弧焊。

熔化极氩弧焊与钨极氩弧焊相比的特点:a. 效率高,因为它电流密度大,热量集中,熔敷率高,焊接速度快。另外,容易引弧;b. 需加强防护,因弧光强烈,烟气大,所以要加强防护。

自动、半自动熔化极氩弧焊的电弧功率大,热量集中,热影响区小,生产效率比手工钨极氩弧焊可提高 2～3 倍。可焊接厚度在 50 mm 以下的纯铝及铝合金板。

④焊条电弧焊　焊条电弧焊热量比较集中,焊接速度较快,但用于铝及铝合金焊接时飞溅严重,电弧不稳定,焊接质量也很差。因此在实际生产中应用较少,仅用于板厚大于 4 mm 且要求不高的工件焊补及修复中。

(2)先进铝合金焊接工艺方法

铝合金焊接的几种先进工艺:搅拌摩擦焊、激光焊、激光－电弧复合焊、电子束焊。针对于焊接性不好和曾认为不可焊接的合金提出了有效的解决方法,几种工艺均具有优越性,并可对厚板铝合金进行焊接。

①铝合金的搅拌摩擦焊接　搅拌摩擦焊接 FSW(Friction Stir Welding)其工作原理是用一种特殊形式的搅拌头插入工件待焊部位,通过搅拌头高速旋转与工件间的搅拌摩擦,摩擦产生热使该部位金属处于热塑性状态,并在搅拌头的压力作用下从其前端向后部塑性流动,从而使焊件压焊在一起。由于搅拌摩擦焊过程中不存在金属的熔化,是一种固态连接过程,故焊接时不存在熔焊的各种缺陷,可以焊接用熔焊方法难以焊接的有色金属材料,如铝及高强铝合金、铜合金、钛合金以及异种材料、复合材料焊接等。目前搅拌摩擦焊在铝合金的焊接方面研究应用较多。已经成功地进行了搅拌摩擦焊接的铝合金包括 2000 系列(Al－Cu)、5000 系列(Al－Mg)、6000 系列(Al－Mg－Si)、7000 系列(Al－Zn)、8000 系列(Al－Li)等。国外已经进入工业化生产阶段,在挪威已经应用此技术焊接快艇上长为 20 m 的结构件,美国洛克希德·马丁航空航天公司用该项技术焊接了铝合金储存液氧的低温容器火箭结构件。

a. 搅拌摩擦焊铝合金的优点

i. 铝合金搅拌摩擦焊焊缝是经过塑性变形和动态再结晶而形成,见图 6－2,焊缝区晶粒细化,无熔焊的树枝晶,组织细密,热影响区较熔化焊时窄,无合金元素烧损、裂纹和气孔等缺陷,综合性能良好。由于是固相焊接工艺,加热温度低,焊接热影响区显微组织变化小,如亚稳定相基本保持不变,这对于热处理强化铝合金及沉淀强化铝合金非常有利。

ii. 与传统熔焊方法相比,它无飞溅、烟尘,不需要添加焊丝和保护气体,接头性能良好。

iii. 焊后的残余应力和变形非常小,对于薄板铝合金焊后基本不变形。

iv. 与普通摩擦焊相比,它可不受轴类零件的限制,可焊接直焊缝、角焊缝。

v. 传统焊接工艺焊接铝合金要求对表面进行去除氧化膜,并在 48 h 内进行加工,而搅拌摩擦焊工艺只要在焊前去除油污即可,并对装配要求不高。

vi. 搅拌摩擦焊比熔化焊节省能源、污染小。

b. 搅拌摩擦焊铝合金也存在一定的缺点：

i. 铝合金搅拌摩擦焊接时速度低于熔化焊；

ii. 焊件夹持要求高，焊接过程中对焊件要求加一定的压力，反面要求有垫板；

iii. 焊后端头形成一个搅拌头残留的孔洞，一般需要补焊上或机械切除；

iv. 搅拌头适应性差，不同厚度铝合金板材要求不同结构的搅拌头，且搅拌头磨损快；

v. 工艺还不成熟，目前限于结构简单的构件，如平直的结构、圆形结构。

搅拌摩擦焊工艺参数简单，主要有搅拌头的旋转速度、搅拌头的移动速度、对焊件的压力及搅拌头的尺寸等。

②铝合金的激光焊接

铝及铝合金激光焊接技术（Laser Welding）是近十几年来发展起来的一项新技术，与传统焊接工艺相比，它具有功能强、可靠性高、无需真空条件及效率高等特点。其功率密度大、热输入总量低、同等热输入量熔深大、热影响区小、焊接变形小、速度高、易于工业自动化等优点，特别对热处理铝合金有较大的应用优势。可提高加工速度并极大地降低热输入，从而可提高生产效率，改善焊接质量。在焊接高强度大厚度铝合金时，传统的焊接方法根本不可能单道焊透，而激光深熔焊时形成大深度的匙孔，发生匙孔效应，则可以得到实现。

激光焊接铝合金有以下优点：

i. 能量密度高，热输入低，热变形量小，熔化区和热影响区窄而熔深大；

ii. 冷却速度高而得到微细焊缝组织，接头性能良好；

iii. 与接触焊相比，激光焊不用电极，所以减少了工时和成本；

iv. 不需要电子束焊时的真空气氛，且保护气和压力可选择，被焊工件的形状不受电磁影响，不产生 X 射线；

v. 可对密闭透明物体内部金属材料进行焊接；

vi. 激光可用光导纤维进行远距离的传输，从而使工艺适应性好，配合计算机和机械手，可实现焊接过程的自动化与精密控制。

现在应用的激光器主要是 CO_2 和 YAG 激光器，CO_2 激光器功率大，对于要求大功率的厚板焊接比较适合。但铝合金表面对 CO_2 激光束的吸收率比较小，在焊接过程中造成大量的能量损失。YAG 激光一般功率比较小，铝合金表面对 YAG 激光束的吸收率相对 CO_2 激光较大，可用光导纤维传导，适应性强，工艺安排简单等。

铝及铝合金的激光焊接难点在于铝及铝合金对辐射能的吸收很弱，对 CO_2 激光束（波长为 10.6 μm）表面初始吸收率 1.7%；对 YAG 激光束（波长为 1.06 μm）吸收率接近 5%。引弧比较复杂，高频引弧时引起电极烧损和电弧摆动，起弧后稳定性不强，同时在电弧的高温状态下，电极迅速烧损。但激光与等离子弧复合可明显提高熔深和焊接速度

6.1.3.4　铝及铝合金的焊接材料

（1）焊丝

铝及铝合金焊丝的选用除考虑良好的焊接工艺性能外，按容器要求应使对接接头的抗拉强度、塑性（通过弯曲试验）达到规定要求，对含镁量超过 3% 的铝镁合金应满足冲击韧性的要求，对有耐蚀要求的容器，焊接接头的耐蚀性还应达到或接近母材的水平。因而焊丝的选用主要按照下列原则：

①纯铝焊丝的纯度一般不低于母材;

②铝合金焊丝的化学成分一般与母材相应或相近;

③铝合金焊丝中的耐蚀元素(镁、锰、硅等)的含量一般不低于母材;

④异种铝材焊接时应按耐蚀较高、强度高的母材选择焊丝;

⑤不要求耐蚀性的高强度铝合金(热处理强化铝合金)时,可采用异种成分的焊丝,如抗裂性好的铝硅合金焊丝 SAlSi-1 等(注意强度可能低于母材)。

(2)保护气体

保护气体为氩气、氦气或其混合气。交流加高频 TIG 焊时,采用大于 99.9% 纯氩气,直流正极性焊接宜用氦气。MIG 焊时,板厚 <25 mm 时宜用氩气;板厚为 25~50 mm 时氩气中宜添加 10%~35% 的氦气;板厚为 50~75 mm 时氩气中宜添加 10%~35% 或 50% 的氦气;当板厚 >75 mm 时推荐采用添加 50%~75% 氦气的氩气。氩气应符合 GB/T 4842—1995《纯氩》的要求。氩气瓶压低于 0.5 MPa 后压力不足,不能使用。

(3)钨极

氩弧焊用的钨极材料有纯钨、钍钨、铈钨、锆钨四种。纯钨极的熔点和沸点高,不易熔化挥发,电极烧损及尖端的污染较少,但电子发射能力较差。在纯钨中加入 1%~2% 氧化钍的电极为钍钨极,电子发射能力强,允许的电流密度高,电弧燃烧较稳定,但钍元素具有一定的放射性,使用时应采取适当的防护措施。在纯钨中加入 1.8%~2.2% 的氧化铈(杂质 ≤0.1%)的电极为铈钨极。铈钨极电子逸出功低,化学稳定性高,允许电流密度大,无放射性,是目前普遍采用的电极。锆钨极可防止电极污染基体金属,尖端易保持半球形,适用于交流焊接。

(4)焊剂

气焊用焊剂为钾、钠、锂、钙等元素的氯化物和氟化物,可去除氧化膜。

6.1.3.5　焊前准备

(1)焊前清理

铝及铝合金焊接时,焊前应严格清除工件焊口及焊丝表面的氧化膜和油污,清除质量直接影响焊接工艺与接头质量,如焊缝气孔产生的倾向和力学性能等。常采用化学清洗和机械清理两种方法。

①化学清洗　化学清洗效率高,质量稳定,适用于清理焊丝及尺寸不大、成批生产的工件。可用浸洗法和擦洗法两种。可用丙酮、汽油、煤油等有机溶剂表面去油,用 40~70 ℃ 的 5%~10% NaOH 溶液碱洗 3~7 min(纯铝时间稍长但不超过 20 min),流动清水冲洗,接着用室温至 60 ℃ 的 30% HNO_3 溶液酸洗 1~3 min,流动清水冲洗,风干或低温干燥。

②机械清理　在工件尺寸较大、生产周期较长、多层焊或化学清洗后又沾污时,常采用机械清理。先用丙酮、汽油等有机溶剂擦试表面以除油,随后直接用直径为 0.15~0.2 mm 的铜丝刷或不锈钢丝刷子刷,刷到露出金属光泽为止。一般不宜用砂轮或普通砂纸打磨,以免砂粒留在金属表面,焊接时进入熔池产生夹渣等缺陷。另外也可用刮刀、锉刀等清理待焊表面。

工件和焊丝经过清洗和清理后,在存放过程中会重新产生氧化膜,特别是在潮湿环境下,在被酸、碱等蒸气污染的环境中,氧化膜成长得更快。因此,工件和焊丝清洗和清理后到焊接前的存放时间应尽量缩短,在气候潮湿的情况下,一般应在清理后 4 h 内施焊。清理后如存放时间过长(如超过 24 h)应当重新处理。

（2）垫板

铝及铝合金在高温时强度很低,液态铝的流动性能好,在焊接时焊缝金属容易产生下塌现象。为了保证焊透而又不致塌陷,焊接时常采用垫板来托住熔池及附近金属。垫板可采用石墨板、不锈钢板、碳素钢板、铜板或铜棒等。垫板表面开一个圆弧形槽,以保证焊缝反面成型。也可以不加垫板单面焊双面成型,但要求焊接操作熟练或采取对电弧施焊能量严格自动反馈控制等先进工艺措施。

（3）焊前预热

薄、小铝件一般不用预热,厚度为 10～15 mm 时可进行焊前预热,根据不同类型的铝合金预热温度可为 100～200 ℃,可用氧－乙炔焰、电炉或喷灯等加热。预热可使焊件减小变形、减少气孔等缺陷。

6.1.3.6　焊后处理

（1）焊后清理

焊后留在焊缝及附近的残存焊剂和焊渣等会破坏铝表面的钝化,有时还会腐蚀铝件,应清理干净。形状简单、要求一般的工件可以用热水冲刷或蒸气吹刷等简单方法清理。要求高而形状复杂的铝件,在热水中用硬毛刷刷洗后,再在 60～80 ℃ 左右、浓度为 2%～3% 的铬酐水溶液或重铬酸钾溶液中浸洗 5～10 min,并用硬毛刷洗刷,然后在热水中冲刷洗涤,用烘箱烘干,或用热空气吹干,也可自然干燥。

（2）焊后热处理

铝容器一般焊后不要求热处理。如果所用铝材在容器接触的介质条件下确有明显的应力腐蚀敏感性,需要通过焊后热处理以消除较高的焊接应力,来使容器上的应力降低到产生应力腐蚀开裂的临界应力以下,这时应由容器设计文件提出特别要求,才进行焊后消除应力热处理。如需焊后退火热处理,对于纯铝,5052,5086,5154,5454,5A02,5A03,5A06 等,推荐温度为 345 ℃;对于 2014,2024,3003,3004,5056,5083,5456,6061,6063,2A12,2A24,3A21 等,推荐温度为 415 ℃;对于 2017,2A11,6A02 等,推荐温度为 360℃,根据工件大小与要求,退火温度可正向或负向各调 20～30 ℃,保温时间可在 0.5～2 h 之间。

6.1.4　铜及铜合金结构的焊接

6.1.4.1　铜及铜合金结构的焊接问题

铜及铜合金具有独特的物理性能,因而它的焊接性有别于钢和铝。焊接时主要问题如下。

（1）难熔合,焊缝成形能力差

铜的热导率在 20 ℃ 时比铁大 7 倍多,1 000 ℃ 时大 11 倍多。焊接时热量迅速从加热区传出去,使加热范围扩大,焊件厚度越大,散热越严重。焊接区难以达到熔化温度,所以母材和填充金属难熔合。为此,焊接时需使用大功率的热源,焊前常需预热。

铜在熔化温度时,表面张力比铁小 1/3,流动性比钢大 1～1.5 倍。因此,表面成形能力差。当用大功率熔化极气体保护焊或埋弧焊时,熔化金属易流失。为此,单面焊时,背面需使用衬垫（板）等成形装置。

（2）焊接应力与变形大

铜的膨胀系数比铁大 15%,而收缩率比铁大 1 倍以上,又由于铜的导热能力强;冷却凝固时,变形量大。当焊接刚性大的焊件或焊接变形受阻时,就会产生很大的焊接应力,成为导致焊接裂纹的力学原因。

（3）易产生热裂纹

在焊缝和热影响区上都可能产生热裂纹,主要原因是铜在液态下易氧化生成氧化亚铜（Cu_2O）,它溶于液态铜而不溶于固态铜,冷凝过程中与铜生成熔点略低于铜的 $Cu_2O + Cu$ 共晶（熔点为 1 064 ℃）。铜中若有杂质铋（Bi）和铅（Pb）等,在熔池结晶过程中也生成低熔点共晶 Cu + Bi（熔点 270 ℃）、Cu + Pb（熔点 326 ℃）,这些共晶物分布在焊缝金属的枝晶间或晶界处。当焊缝处于高温时,热影响区的低熔共晶物重新熔化,在焊接应力作用下,在焊缝或热影响区上就会产生热裂纹。又因铜和铜合金在加热过程中无同素异构转变,晶粒易长大,有利于低熔点共晶薄膜的形成,从而增大了热裂倾向。

为了防止热裂纹,从冶金方面须严格限制铜中杂质的含量,增强对熔池的脱氧能力;若有可能选用获得双相组织的焊接材料,以破坏低熔共晶薄膜的连续性,打乱柱状晶的方向。另外,从力学方面须减小焊接应力的作用。

（4）易产生气孔

铜及铜合金熔焊时,焊缝产生的气孔比焊接钢时严重得多。这与铜及铜合金的冶金特性和物理特性有关。

从冶金特性方面,焊接时铜中存在有溶解性气体和氧化还原反应产生的气体。氢在铜中的溶解度与温度有关,随温度升降而增减,当铜处于液 – 固态转变时,有一突变。说明冷凝过程要析出大量扩散性氢;熔池中的 Cu_2O 在凝固时因不溶于铜而析出,便与氢或 CO 反应生成水蒸汽或 CO_2 气体,因不溶于铜而逸出。

从物理特性方面,铜的热导率比铁大 7 倍以上,焊缝金属的结晶速度很大,在这种条件下氢的扩散逸出和水中 CO_2 上浮极为困难,往往是来不及逸出和上浮便形成了气孔。减少或防止铜焊缝中的气孔,主要是减少氢和氧的来源以及采用预热等方法延长熔池存在时间,使这些气体易于逸出。加强对焊接区的保护和在焊接材料中加入脱氧剂,都可减少气孔的产生。

（5）接头性能下降

①接头塑性显著下降　因铜及铜合金一般不发生相变,焊缝和热影响区晶粒易长大。各种脆性低熔共晶出现于晶界。其结果是使接头的塑性和韧性显著下降。

②导电性能下降　铜越纯其导电性能就越好,焊接过程中任何杂质和合金元素的加入,都导致电导率降低。

③耐蚀性变差　铜合金的耐蚀性是依赖于锌、铝、锰、镍等合金元素的加入,而这些元素在焊接过程中蒸发、烧损,都不同程度上使接头的耐蚀性能下降。焊接应力的存在会使得那些对应力腐蚀较敏感的高锌黄铜、铝青铜、镍锰青铜的焊接接头在腐蚀环境中过早失效。

改善接头性能的主要措施可以是控制杂质含量;加强焊接区的保护以减少合金元素的烧损;通过合金化对焊缝进行变质处理;减少热的作用和焊后消除应力处理等。

必须指出,铜及铜合金的种类繁多,其成分和性能差别很大,因而焊接性表现各异。在作焊接性分析时,除注意上述共性问题外,还应针对铜合金的不同类型及其对各种焊接方法的适应性作出具体评价。

6.1.4.2　铜及铜合金结构的焊接方法

铜及铜合金的焊接方法很多,几乎包括了熔焊、电阻焊、软、硬钎焊和其他特殊焊接方法。比较而言,熔焊是最为常用的焊接方法,其次是钎焊。电阻焊仅适用于有限范围的铜及铜合金,而其他焊接方法多用于特殊场合。熔焊中主要是电弧焊和气焊,而电弧焊中又以钨极氩弧焊(TIG)和熔化极惰性气体保护焊(MIG)应用最多,效果最好。选择焊接方法时,仍然须要针对被焊材料的成分、性能特点、焊件厚度、结构复杂程度和对接头使用性能要求,结合各种焊接方法的工艺特点和现场设备条件进行综合考虑。

(1)电弧焊

电弧焊是焊接铜及铜合金的主要方法,它包括焊条电弧焊、碳弧焊、TIG 焊、MIG 焊、等离子弧焊和埋弧焊等。以惰性气体保护的弧焊方法,即 TIG 焊和 MIG 焊,几乎对任何铜和铜合金的焊接都能获得满意的结果。它们具有强的局部热输入和对焊接区的良好保护。TIG 焊便于控制,可作全位置焊接,也易于实现自动化焊接。可焊厚度达 12 mm,但最为常用的是 3 mm 以下,再薄的铜焊件可采用能控制热输入的脉冲 TIG 焊。厚度大于 3 mm 就可以选用高熔敷速度的熔化极惰性气体保护焊(MIG)。在非平焊位置焊接时,最好采用脉冲 MIG 焊。等离子弧焊是从 TIG 焊演变出来的焊接方法,其热源更集中,很适于焊接高导热系数和对过热敏感的铜及铜合金。由于能微型化,如微束等离子弧焊,可以进行精密作业。喷嘴寿命是应用这一技术须考虑的关键因素。

焊条电弧焊简便灵活,能达到难以接近的接头进行焊接,因而仍然被采用。由于焊缝质量不如 TIG 和 MIG 焊那样好,而且当焊件厚度大于 3 mm 需预热 250 ℃或更高的温度,劳动条件差。所以多用于焊接不重要的焊件和少量的修复作业。埋弧焊需使用焊剂,保护效果较好,生产效率高,质量较稳定。但只适于平焊位置,较规则的焊缝和较厚的焊件。

(2)气焊

用氧 – 乙炔火焰可焊接各种铜和铜合金。由于火焰热量不集中,散热快,达到熔点时间长,所以焊接速度比电弧焊慢。当焊接热导率高的铜合金或厚截面的铜焊件时,需要较高的预热温度,以补偿热的散失。由于气焊保护效果不是很好,除焊接无氧铜外,一般都需使用焊接熔剂。气焊通常用于没有电弧焊设备、焊接工作量不大(如局部焊补)或要求不严格的场合。

(3)电阻焊

含铅和其他易切削的铜合金,很少使用电阻焊。电阻点焊和缝焊主要用于厚度≤1.5 mm板材,而且是电导率和热导率较低的铜合金。在电导率低于铜的 30% 的铜合金,才可点焊和缝焊。对于纯铜或高铜合金,因其电导率和热导率高,焊接变得很困难。原因是需要很高的焊接电流密度,这样高的电流密度,电极容易过热并产生粘连,损坏很快。所以一般不推荐采用。铜或大多数黄铜不宜采用凸焊,因为凸点强度不足以承受电极压力而过早被压溃。闪光对焊几乎可以焊接所有铜及铜合金的棒材、管材、板材或型材。其焊接工艺过程与钢的焊接相似,只是工艺参数须较为准确的控制。

(4)钎焊

只要选用合适的钎料和钎剂包括保护气氛,用软、硬钎焊都很容易地连接铜及铜合金,而且可以采用任何一种加热方式。

除上述一些常用焊接方法外,铜及铜合金还可以采用电子束焊、激光焊、摩擦焊、冷压焊、扩散焊、热压焊、超声波焊和高频电阻焊等,它们都有特殊的应用场合。

6.1.4.3　铜合金焊接工程实例

（1）黄铜螺旋桨的砂眼焊补

黄铜螺旋桨可以采用手工电弧焊方法进行补焊。在 3 000HP 浅海拖曳供应船中，螺旋桨两叶出现铸造缺陷（砂眼），一叶在 0.8R（D 面）吸水面，缺陷最大深度 6 mm，面积约有 140 m×60 mm，见图 6 – 3 所示，另一叶在 0.4R（C 面）吸水面有小砂眼，缺陷最大深度5 mm，面积约有 70 m×70 mm，材质 HMn55 – 3 – 1 锰黄铜。要求补焊后内外无任何缺陷，焊缝打磨后与母材齐平，不得有下凹缺陷。

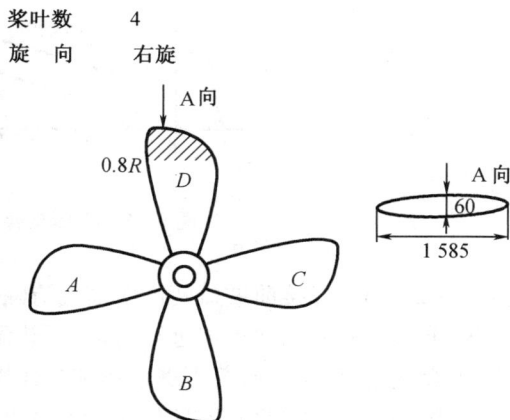

图 6 – 3　黄铜螺旋桨修复

①焊前准备

a. 用机加工的方法（铣或刨），完全去除缺陷，所开坡口不能过尖，坡口应平滑无毛刺，一般坡口面角度应在 60°~70°之间。

b. 仔细清除补焊区附近污物。

c. 焊前进行软气焰预热，预热温度 150~350 ℃。预热温度应通过整个补焊区截面，并扩大到距补焊区域约 300 mm 的范围，扩大的温度梯度约为 60 ℃/300 mm。

d. 承担此项任务的焊工必须具有焊接该类材质的合格证。

e. 焊接材料采用铜 237 焊条，焙烘温度为 300~350 ℃，2 h，并在 100 ℃ 内保温箱内保温，随用随取。

②焊接

a. 在补焊时，应对螺旋桨补焊情况做出详细记录，应包括：船名、螺旋桨直径、螺距、叶数、材料和缺陷性质、位置、尺寸等示意草图。

b. 采用直流反接。

③焊后保温

焊后可用石棉布或黄沙覆盖保温。

（2）铜螺旋桨叶片的割换焊补

铜螺旋桨叶片由材质为 ZCuZn40Mn3E1（ZHMn55 – 3 – 1）铸造而成，由于多种原因，往往会在叶片上产生裂缝、断裂。叶片厚度严重变薄等缺陷，这些缺陷都需要焊补修复，工程上常常采用较普遍的手工电弧焊焊接工艺。

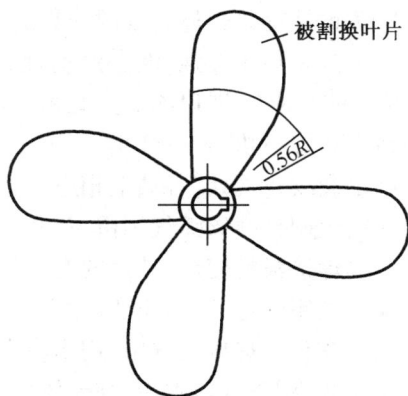

图 6 – 4　铜螺旋桨叶片的割换焊补

①如图 6 – 4 所示，铜螺旋桨 1 号叶片在 0.56R 处折断，需要进行换叶焊补修复。

②铸造相应的叶片镶块或从另一同类型报废的螺旋桨上截取相应的叶片做镶块。

③在胎架上装焊镶块，见图 6 – 5，以获得正确的螺距。为了减少焊后变形，除用定位焊将叶片与胎架焊牢外，还应用角铁在叶片上进行加强。

④用砂轮机开设焊接坡口，坡口型式采用 X 型，坡口角度为 60~70 ℃，钝边 2 mm，装

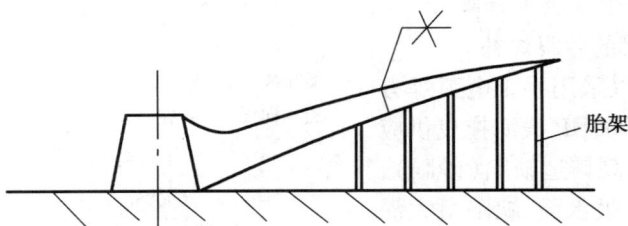

图 6 – 5　铜螺旋桨叶片的定位加强

配间隙 1 ~ 2 mm。焊接前坡口两侧应彻底清除油污、锈蚀的等杂物。

⑤焊前采用氧 – 乙炔火焰进行预热,预热温度为 150 ~ 250 ℃,适当提高预热温度,能相应地减少焊接电流,从而改善焊缝成形和操作性能。

⑥采用 TCUB(铜 227)或 TCUAL(铜 237)焊条,药皮都是低氢钠型,电源用直流反极性,焊条经 200 ~ 250 ℃烘干。焊接电流取 25 ~ 30 倍焊条直径值。操作时采用短弧焊,不作横向或前后摆动,只作直线移动,焊速要快,一般不低于 0.2 ~ 0.3m/min,多层焊时要彻底清除层间熔渣,防止产生气孔和夹渣。

⑦焊后必须进行 350 ~ 400 ℃的退火处理,以消除焊接应力。热处理有困难时,也可以采用氧 – 乙炔火焰对割换焊补好的叶片进行全面加热。加热要均匀地进行,当加热到 200 ℃左右时,用石棉泥覆盖焊缝,并用石棉布裹住整个叶片,以保温缓冷。

(3)黄铜螺旋桨壳体裂纹补焊的焊接和焊后处理

黄铜螺旋桨在壳体部位出现两条纵深裂纹,该螺旋桨 ϕ4 775 mm,总重 7 828 kg,壳体大端 ϕ850 mm,壳体高 830 mm,壁厚 225 mm,材质是铸造锰铁黄铜。裂纹长 400 mm、深 85 mm;裂纹长 310 mm、深 55 mm。

①黄铜螺旋桨壳体裂纹的补焊的焊前准备

黄铜具有导热性强,液态流动性大、容易变形、锌蒸发量大,飞溅严重等特点。该工件体积大,翻转困难,坡口深。为此采用焊条电弧焊补焊,焊条选择工艺性较好的 T227 牌号,焊前在 350 ℃下烘焙 1 ~ 2 h。

确定裂纹止端处,各钻上相应的止裂孔,采用碳弧气刨清除裂纹,开出 U 形坡口,并用风铲和钢丝刷打磨碳弧气刨留下的污物,使坡口露出金属光泽。

黄铜焊接极易变形,叶片的变形将直接影响螺旋桨的使用性能,为此,焊前将 4 个叶片用托架与基座固定,以防止变形过大。

工件在整个焊接过程中,用木炭和氧 – 乙炔大号焊枪联合加热,加热温度 200 ~ 300 ℃。为防止过烧,用铁筐盛木炭,与壳体内表面隔开。壳体外部用两把氧 – 乙炔焊枪进行加热,用石棉布、保温砖进行保温。

②黄铜螺旋桨壳体裂纹补焊的焊接

采用 ϕ4 mm T227 牌号焊条,焊接电流 120 ~ 150 A,直流反接。两条焊缝应同时连续补焊。焊缝位置有垂直和横向两种,先焊横向位置,后焊垂直位置,用阶梯平面叠加施焊。先焊堆焊与母材相邻的焊道,后焊坡口中间焊道。以短弧、快速、不摆动进行焊接,要求电弧偏向焊缝金属。焊接一层后,用风枪锤击焊缝,以提高焊缝的致密性和消除焊接应力。锤击时,边去渣边检查焊缝质量,然后再焊下一层焊缝。

③黄铜螺旋桨壳体裂纹补焊的焊后处理

黄铜螺旋桨刚性大,又是长期工作于海水中。为防止因海水腐蚀、焊接应力引起焊缝自裂,改善焊接区塑性和减少变形,焊后进行高于合金再结晶温度的软化退火。为防止局部过热,采用分段加热:用 4 把氧 – 乙炔焊枪、木炭和焦炭,同时加热,加热温度为 450 ℃,保温 3 h,然后再加热到 600 ℃,保温 1 h,最后用石棉布、石棉板等包裹壳体。壳体腔内用木炭和焦炭的余热,保温缓冷,20 h 后出炉。用砂轮磨平修整焊缝表面。

施焊时进行层间表面检查,焊后检查外观有无可见的气孔、夹渣和裂纹等。观察壳体内径是否变形,如有变形则进行适当修磨后再装配。

6.1.5　钛及钛合金的焊接

6.1.5.1　钛及钛合金的分类及特性

钛是一种非磁性材料,具有密度小(4.5 g/cm³)、强度高(比铁约高 1 倍)、较好的高温强度和低温韧性以及良好的耐腐蚀性等特点。钛在 885 ℃以下时,具有密集六方晶格,称为 α 钛。在 885 ℃产生同素异晶转变,晶格变为体心立方晶格称为 β 钛。钛长时间在高温停留,晶粒容易长大,快速冷却时,容易生成不稳定的针状 α 钛组织称为"钛马氏体",其强度较高,塑性较低。

钛加入合金元素后可改善加工性能和力学性能,常加的合金元素有 Al,V,Mn,Cr,Mo等,按照成分和在室温时的组织不同,钛和钛合金可分为以下几种。

(1)工业纯钛　按其纯度可分为 TA1、TA2、TA3 等牌号,其中 TA1 的杂质最少,少量杂质将使强度增高、塑性降低,故 TA1 的强度最低(σ_b 为 300 ~ 500 MPa)、塑性最好(δ 为30%)。工业纯钛有良好的焊接性。

(2)α 钛合金　钛中加入了 Al,Sn 等元素,牌号为 TA6,TA7,有良好的高温强度和抗氧化性。α 钛合金有良好的焊接性。

(3)β 钛合金　钛中加入了 Mn,V,Mo,Cr 等元素,牌号为 TB1,TB2。热处理后强度较高(TB1 的 σ_b 为 700 MPa),塑性也较好,而且具有良好的加工性,但耐热性稍差,体积质量大、成本高。β 钛合金的焊接性不良。

(4)α + β 钛合金　钛中加入了 Al,Se,Mo,Mn,Cr 等元素,牌号为 TC1,TC2。可通过热处理如化,加工性能良好,但高温强度低于 α 钛合金。α + β 钛合金焊接性很差,很少用于焊接结构。

6.1.5.2　钛及钛合金的焊接性

(1)化学活性大　钛和钛合金不仅在熔化状态,即使在 400 ℃以上的高温固态也极易被空气、水分、油脂、氧化皮等污染,吸收 O_2,N_2,H_2,C 等元素,使焊接接头的塑性及冲击韧度下降,并易引起气孔。因此,施焊时对焊接熔池、焊缝及温度超过 400 ℃的热影响区都要妥善保护。

(2)热物理性能特殊　钛和钛合金和其他金属比较,具有熔点高、热容量较小、热导率小的特点,因此焊接接头易产生过热组织,晶粒变得粗大,特别是 β 钛合金,易引起塑性降低,所以在选择焊接参数时,既要保证不过热,又要防止淬硬现象。由于淬硬现象可通过热处理改善,而晶粒粗大却很难细化,因此为防止晶粒粗大,应选择硬参数。

(3)冷裂倾向较大　溶解于钛中的氢在 320 ℃时和钛会发生共析转变,析出 TiH_2,引起金属塑性和冲击韧度的降低,同时发生体积膨胀而引起较大的应力,严重时会导致产生冷裂纹。

（4）易产生气孔 产生气孔的气体是氢。因氢在钛中的溶解度随温度升高而下降，焊接时，沿熔合线附近加热温度高，会引起氢的析出，因此气孔常在熔合线附近形成。

（5）变形大 钛的弹性模量约比钢小一半，所以焊接残余变形较大，并且焊后变形的矫正较为困难。

6.1.5.3 钛及钛合金焊接方法的选择及常用的焊前清理方法

（1）焊接方法的选择

由于钛及钛合金的化学活性大，易被氧、氮、氢所污染，所以不能采用手弧焊、CO_2 气体保护焊等焊接方法进行焊接。目前常用的焊接方法是氩弧焊、埋弧焊和真空电子束焊等，其中尤以钨极氩弧焊用得最为普遍。

近年来等离子弧焊、电阻点焊、缝焊、钎焊和扩散焊得到应用。

（2）焊前清理方法

钛和钛合金焊件的表面，焊前一定要进行认真地清理，因污物易在焊缝中产生气孔和非金属夹杂，使焊缝的塑性和耐腐蚀性显著下降。常用的清理方法如下。

（1）机械清理 用切削加工、喷砂、喷丸或钢丝刷清除焊接区的污物和氧化皮等。

（2）化学清理 将焊件及焊丝在酸液中进行清洗，使焊件表面去净氧化物，呈银白色金属光泽为止，酸洗液的配方见表 6 – 2。酸洗后在流动的清水中洗净，焊前再用丙酮或酒精擦净焊丝及焊件焊接区域的表面。

表 6 – 2 钛及钛合金的酸洗溶液配方

编号	酸 洗 溶 液 配 方	酸 洗 工 艺
1	盐酸 250 mg/L，氯化钠 50 g/L。	室温，酸洗 15 ~ 20 min
2	质量分数为 20% 的氢氟酸，质量分数为 30% 的硫酸	溶液温度 25 ~ 30 ℃，酸洗 5 ~ 10 min

6.1.5.4 钛及钛合金钨极氩弧焊（TIG）的焊接工艺

（1）局部保护

钛及钛合金焊接时，不仅要保护焊缝区和熔池区，并且对加热温度超过 400 ℃的热影响区和焊缝背面也要进行保护，常用的局部保护方法是带一个拖罩（保护罩），将焊接区域遮盖。结构不同，拖罩的形式也不同，效果也略有差异。保护效果以焊缝及热影响区表面颜色为标志，见表 6 – 3。

表 6 – 3 焊缝和热影响区的表面颜色

焊缝级别	焊缝				热影响区			
	银白，淡黄	深黄	金紫	深蓝	银白，淡黄	深黄	金紫	深蓝
1 级	允许	不允许	不允许	不允许	允许	不允许	不允许	不允许
2 级		允许				允许		
3 级			允许			允许	允许	允许

（2）接头形式

钛及钛合金的接头形式及坡口尺寸见表6－4。

表6－4　钛及钛合金的接头形式及坡口尺寸

坡口类型	坡口型式	板厚δ/mm	根部间隙b/mm	钝边p/mm	坡口角度α/(°)	根部半径R/mm	焊层数
对接接头	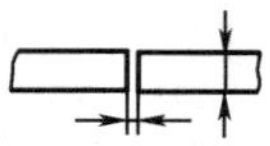	0.5～1.5	－	－	－	－	1
		1～2	－	－	－	－	1
		1～2	0～1	－	－	－	2
	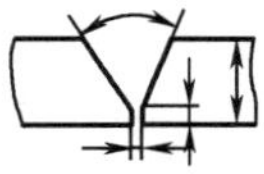	1.5～3	0～1	0.5～1	60～90	－	1
		3～6	0～2	1～1.5	60～90	－	2～多层
	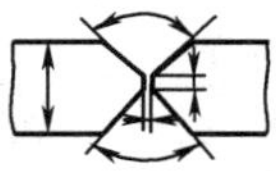	12～38	0～2	1～1.5	60～90	－	多层
	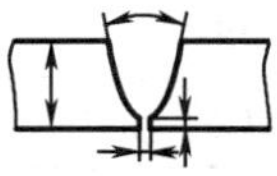	12～38	0～2	1～1.5	15～30	5～10	多层
	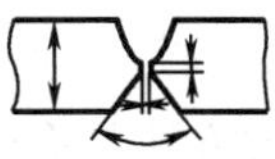	>19	0～2	1～1.5	15～30	6～10	多层
T型接头	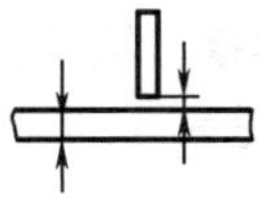	1～6	0～2	－	－	－	1～3
	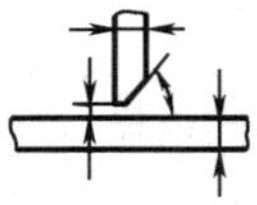	4～12	0～2	≤2	45～60	－	2～4
	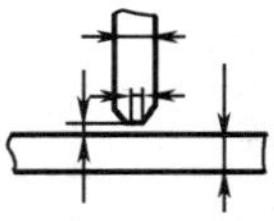	≤10	0～2	≤2	40～50	－	2～多层

（3）焊丝

焊丝牌号有 TA 和 TC 两大系列，通常采用同质材料，为改善接头塑性，可用比母材合金化程度稍低的焊丝，例如焊接 TC4 时可以用 TC3 焊丝。

（4）焊接工艺参数

钛及钛合金手工钨极氩弧焊和自动钨极氩弧焊的焊接工艺参数，分别见表 6－5、表 6－6。

表6-5　钛和钛合金手工钨极氩弧焊焊接工艺参数

焊件厚度 /mm	钨极直径 /mm	焊丝直径 /mm	焊道 层数	焊接电流 /A	氩气流量（L/min）		
					喷嘴	保护罩	背面
0.5	1	1	1	20~30	6~8	14~18	4~10
1	1	1	1	30~40	8~10	16~20	4~10
2	2	1.6	1	60~80	10~14	20~25	6~12
3	3	1.6~3.0	2	80~110	11~15	25~30	8~15
5	3	3	3	100~130	12~16	25~30	8~15
10	3	3	6	120~150	12~16	25~30	8~15

表6-6　钛和钛合金自动钨极氩弧焊焊接工艺参数

参数	不加填充焊丝			加填充焊丝		
焊件厚度(mm)	0.8	1.5	2.0	1.5	2.5	3.0
电极直径(mm)	1.6	1.6	1.6~2.4	1.6	1.6~2.4	2.4~3.2
焊丝直径(mm)	-	-	-	1.6	1.6~2.0	1.6~2.3
送丝速度(mm/min)	-	-	-	55	55	50
电弧电压(V)	10	10	12	10	12	12

6.1.5.5　钛及钛合金熔化极氩弧焊(MIG)的焊接工艺

熔化极氩弧焊有较大的热功率,适用于3~20 mm中厚板的焊接。这种方法具有焊接速度高、成本低、气孔倾向也比钨极氩弧焊少的优点。但主要缺点是飞溅较大,影响焊缝成形和区域保护。短路过渡适于较薄件焊接,喷射过渡适于较厚件焊接。由于熔化极焊接时填丝较多,故焊件的坡口角度较大,厚15~25 mm一般选用90°、Y形坡口。焊接工艺参数,见表6-7。

表6-7　钛和钛合金自动熔化极氩弧焊焊接工艺参数

焊件厚度 /mm	焊丝直径 /mm	送丝速度 /(mm/min)	电弧电压 /V	焊接电流 /A	焊接速度 /(mm/min)	喷嘴内径 /mm	氩气流量 /(L/min)
3.0	1.6	550~650	20	250~260	380	20~25	40~45
6.0	1.6	750~800	25	300~320	380	20~25	40~45
12.0	1.6	950~1 000	40	340~360	380	20~25	40~45
15.0	1.6	1 000~1 100	45	350~370	380	20~25	40~45

6.1.5.6　钛及钛合金埋弧焊的焊接工艺

埋弧焊已成功地用于焊接中厚板的钛及钛合金焊件。由于钛及钛合金具有活泼的化学性能,所用焊剂除应具备一般焊剂所共同的性质外,还需具有特别良好的隔绝空气的保护作用,确保焊缝金属不发生氧化反应、不受氢的有害影响。因此,现有各种焊剂都不能使用。目前生产中使用成功的一种特殊焊剂成分(质量分数)为:CaF_2 79.5%;

$BaCl_2$ 19% ; NaF1.5% 。这是一种无氧焊剂,要用化学纯原料配制。其中 CaF_2 为基本造渣剂,$BaCl_2$ 用于稳弧,NaF 含量不多,作用是细化晶粒。焊接电源采用交、直流均可,但用直流反接时焊缝成形较好,生产率也较高。

焊接接头反面的保护,可用于母材上切取的钛垫板,也可用紧贴背面的焊剂垫。工业纯钛埋弧焊的焊接工艺参数,见表 6 - 8。

表 6 - 8　工业纯钛埋弧焊焊接工艺参数

焊件厚度/mm	接头形式	焊丝直径/mm	焊接电流/A	电弧电压/V	焊接速度/(m/h)
1.5 ~ 1.8	对接	1.5	160 ~ 180	30 ~ 34	60 ~ 65
2.0 ~ 2.5		2.0 ~ 2.5	190 ~ 200	32 ~ 34	50
2.5 ~ 3.0		2.0 ~ 2.5	220 ~ 250	32 ~ 34	50
3.0 ~ 5.0		2.5 ~ 3.0	250 ~ 320	34 ~ 36	45 ~ 50
5.0 ~ 8.0		2.5 ~ 3.0	320 ~ 400	34 ~ 36	45 ~ 50
8.0 ~ 12.0		3.0 ~ 4.0	400 ~ 580	34 ~ 36	40 ~ 45
2.0 ~ 3.0	搭接	2.0 ~ 2.5	250 ~ 300	30 ~ 34	40 ~ 45
3.0 ~ 5.0	角接	2.5 ~ 3.0	250 ~ 300	30 ~ 34	40 ~ 45

焊后除渣工作必须在焊缝金属冷至 300 ℃ 以下时进行。

埋弧焊的主要缺点是成本较高,灵活性较差,工艺设备也较复杂。

6.1.5.7　钛及钛合金等离子弧焊的焊接工艺

钛及钛合金等离子弧焊具有能量集中、单面焊双面成形、弧长变化对熔深程度影响小、无钨无杂、气孔少和接头性能好等优点,可用"小孔型"和"熔透型"两种方法进行焊接。"小孔型"一次焊透的适合厚度为 2.5 ~ 15 mm,"熔透型"适用于各种厚度,但一次焊透的厚度较小,厚度 3 mm 以上需开坡口,填丝多层焊。为加强保护,可以使用氩弧焊拖罩,只是随厚度增加和焊速提高,拖罩长度要适当加长。由于高温等离子焰流过小孔,为保证小孔的稳定,焊件背面不得使用垫板。15 mm 以上钛材焊接时可以开 Y 形或 U 形坡口,钝边取 6 ~ 8 mm,用"小孔型"等离子弧焊封底,然后用埋弧焊、钨极氩弧焊或"熔透型"等离子弧焊填满坡口。由于氩弧焊封底时,钝边仅 1 mm 左右,故用等离子弧焊封底可大大减少焊接层数、填丝量和角变形,并能提高生产率和降低焊接成本。

等离子弧焊的焊接工艺参数见表 6 - 9。

表 6 - 9　等离子弧焊的焊接工艺参数

焊件厚度/mm	喷嘴孔径/mm	电流强度/A	电弧电压/V	焊接速度/(m/min)	送丝速度/(m/min)	焊丝直径/mm	氩气流量/(L/min)			
							离子气	保护气	拖罩	背面
0.2	0.8	5		7.5			0.25	10		2
0.4	0.8	6		7.5			0.25	10		2
1	1.5	35	18	12			0.5	12	15	2

表 6 - 9(续)

焊件厚度/mm	喷嘴孔径/mm	电流强度/A	电弧电压/V	焊接速度/(m/min)	送丝速度/(m/min)	焊丝直径/mm	氩气流量/(L/min)			
							离子气	保护气	拖罩	背面
3	3.5	150	24	23	60	1.5	4	15	20	6
6	3.5	160	30	18	68	1.5	7	20	25	15
8	3.5	172	30	18	72	1.5	7	20	25	15
10	3.5	250	25	9	46	1.5	7	20	25	15

6.2　惰性气体保护焊

目前,非钢有色金属的焊接采用惰性气体保护焊较多,因此本章专门介绍惰性气体保护焊,主要介绍氩弧焊的焊接工艺和方法。

6.2.1　氩弧焊

（1）概述

氩弧焊技术是国内外发展最快、应用最广泛的一种焊接技术。近年来,氩弧焊,特别是手工钨极氩弧焊,已经成为各种金属结构焊接中必不可少的手段,所以全国各地对氩弧焊工的需求也越来越大。近些年来,氩弧焊的机械化、自动化程度得到了很大的提高,并向着控制参数越来越多的数控化方向发展,达到了一个更高的阶段。氩弧焊是以氩气作为保护气体的电弧焊方法。能得到高质量的焊缝。

（2）氩弧焊特点

氩弧焊之所以能获得如此广泛的应用,主要是因为有如下优点。

①氩气保护可隔绝空气中氧气、氮气、氢气等对电弧和熔池产生的不良影响,减少合金元素的烧损,以得到致密、无飞溅、质量高的焊接接头。

②氩弧焊的电弧燃烧稳定,热量集中,弧柱温度高,焊接生产效率高,热影响区窄,所焊的焊件焊接应力与变形较小、裂纹倾向小。

③氩弧焊为明弧施焊,操作、观察方便。

④电极损耗小,弧长容易保持,焊接时无熔剂、涂药层,所以容易实现机械化和自动化。

⑤氩弧焊焊缝性能优良,几乎能焊接所有金属,特别是一些难熔金属、易氧化金属,如镁、钛、钼、锆、铝等及其合金。

⑥不受焊件位置限制,可进行全位置焊接。

（3）氩气性质

惰性气体中,最常用的是氩气,氩气是制氧过程中的副产品。沸点是 -185.7 ℃(O_2 为 -183 ℃,N_2 为 -195.8 ℃),工业纯氩可达 99.99%,无色无味,比空气重 25%,14.7 MPa。氩气是制氧厂分馏液态空气制取氧气时的副产品。

我国采用瓶装氩气用于焊接,在室温时,其充装压力为 15 MPa。钢瓶涂灰色漆,并标有氩气字样。纯氩气的化学成分如表 6 - 10 所示。

表 6 – 10　纯氩气的化学成分

气体种类	Ar	He	O_2	H_2	总碳量	水分
含量/%	≥99.99	≤0.01	≤0.0015	≤0.0005	≤0.001	≤30mg/m^3

　　氩气是一种比较理想的保护气体,在平焊时有利于对焊接电弧进行保护,降低了保护气体的消耗量,氩气是一种化学性质不活泼的气体,即使在高温下也不和金属发生化学反应,所以焊接时合金元素不会氧化烧损。氩气也不溶入液态金属,因而也不会产生气孔。氩气是一种单原子气体,以原子状态存在,在高温下没有分子分解或原子吸热现象。氩气的比热容和热传导能力小,即本身吸热量小,向外传热也少,电弧中的热量不易散失,使焊接电弧燃烧稳定,热量集中,有利于焊接的进行。

　　氩气的缺点是电离势较高。当电弧空间充满氩气时,电弧的引燃较为困难,但电弧一旦引燃就非常稳定。通常焊接设备中装有高频引弧发生器,配合引弧成功。

　　(4)氩弧焊的分类

　　氩弧焊可分为钨极(非熔化极)氩弧焊和熔化极氩弧焊,其中熔化极氩弧焊又可分为:手工、半自动、自动焊接三种。熔化极氩弧焊是熔化极气体保护焊中的一种,见图 6 – 6 所示。

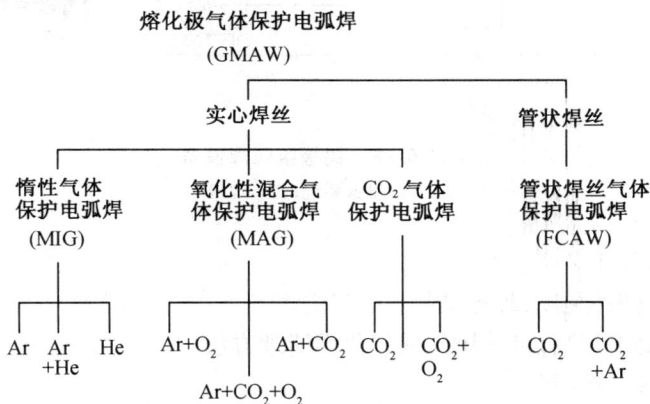

图 6 – 6　熔化极气体保护焊的分类

6.2.2　钨极氩弧焊(TIG 焊)

　　(1)钨极氩弧焊原理

　　非熔化极氩弧焊时,电极只起发射电子、产生电弧的作用,电极本身不熔化,常采用熔点较高的钍钨棒或铈钨棒作为电极,所以又叫钨极氩弧焊。焊接过程可以用手工进行,也可以自动进行,其过程如图 6 – 7 所示。

　　所用电极材料中,纯钨的熔点高达 3 400 ℃,沸点为 500 ℃,加入氧化钍即为钍钨极(即含 1% ~ 2%

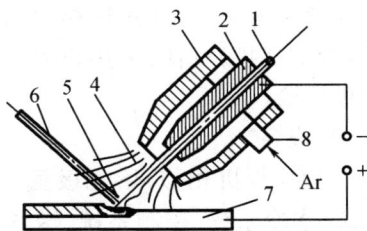

图 6 – 7　钨极氩弧焊原理

ThO_2)或加入2%的铈,即为铈钨极。有良好的耐高温特性。但氧化钍有放射性元素,对人体健康不利,现很少用。

(2)电流种类,极性

采用直流电时,一般采用直流反接法,采用交流电时,可焊接铝镁及其合金。

(3)钨极氩弧焊设备

钨极氩弧焊设备由电路系统,供电系统,冷却系统,控制系统和焊枪等组成。自动钨极氩弧焊设备,除上述外还有送丝装置和行走小车机构,见图6-8。

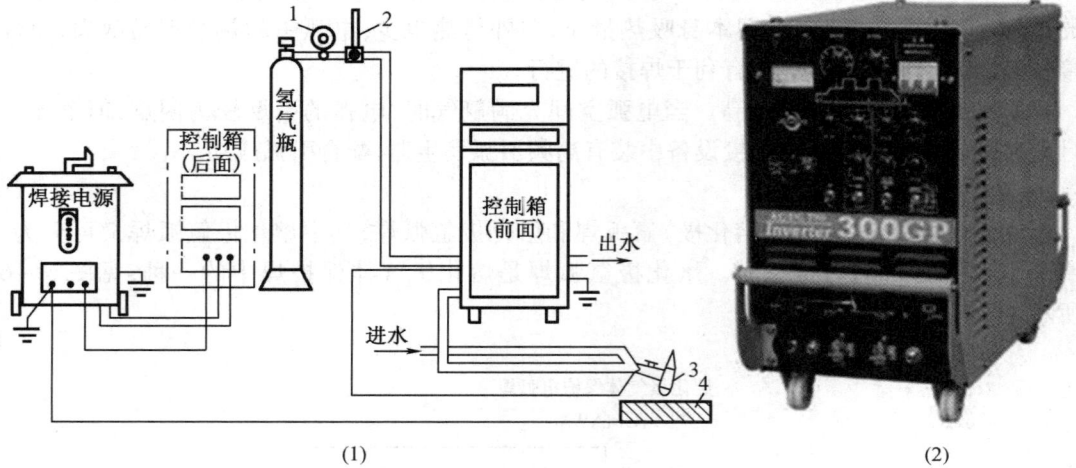

图6-8　钨极氩弧焊设备

(1)设备系统;(2)焊机

(4)钨极氩弧焊工艺

①气体保护效果(纯度,焊枪结构,工艺因素)。

②焊前清理要求较高,可采用机械和化学清理方法。

③焊接工艺参数选择。

在选择焊接工艺参数时要根据焊件厚度来选取钨极直径,参见相关工艺手册。

6.2.3　熔化极氩弧焊(MIG焊)

(1)熔化极氩弧焊过程的特点

焊丝作电极(与埋弧焊相似),见图6-9,氩气保护(代替焊剂保护)气体,采用较大焊接电流,熔深大,适宜于厚板焊接。

(2)设备

与CO_2焊机相似,熔化极氩弧焊由主电路系统、供气系统、水冷系统、控制系统、送丝系统和半自动焊枪或自动焊小车等部分组成。

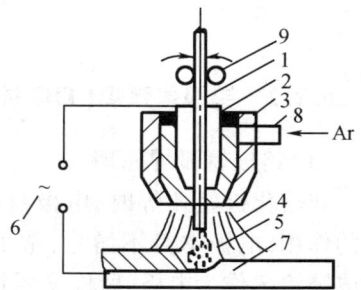

图6-9　熔化极氩弧焊原理

1—焊丝;2—嘴芯;3—嘴筒;
4—气流;5—熔滴;6—电源;
7—工件;8—进气管口;9—送丝轮

（3）工艺参数的选择

工艺参数:焊丝直径,焊接电流,电弧电压,焊接速度,喷嘴孔径,焊丝伸出长度,氩气流量等,参见相关工艺手册。

6.2.4　混合气体保护焊（MAG 焊）

6.2.4.1　MAG 焊含义

用活性气体（如 CO_2,O_2）组合（如 Ar + CO_2;Ar + CO_2 + O_2;CO_2 + O_2 等）作为保护气体的金属气体保护电弧焊的方法,简称 MAG 焊。

实践表明,在一种保护气体中加入一定量的另一种或两种气体以后,可细化熔滴,或减少飞溅,或提高电弧的稳定性,或改善熔深,或提高电弧温度。

6.2.4.2　MAG 焊种类

常见的 MAG 焊有以下几种。

（1）Ar + CO_2

用这种气体作保护气体进行焊接时,既具有 Ar 弧焊的优点,如电弧稳定、飞溅小,容易获得轴向喷射过渡外,又因具有氧化性,而克服了单一 Ar 气保护焊接时产生的阴极漂移现象。

采用 Ar + CO_2 混合气体焊接低碳钢及低合金钢,虽然成本较纯 CO_2 高,但由于焊接工艺好。飞溅量比 CO_2 气体保护焊少得多,特别是焊缝金属的冲击韧性高,所以使用很普遍。所用 Ar 与 CO_2 的比例通常为（70% ~ 80%）/（30% ~ 20%）。使用的焊丝是 H08Mn2SiA 等。

（2）Ar + O_2

Ar 中加入 20% O_2 后,混合气体的氧化性增强,用这种混合气体保护进行焊接,可提高生产率、抗气孔性能和焊缝金属的缺口韧性,还能减小高强钢窄间隙焊接时焊缝金属产生树枝状晶间裂纹的倾向。

（3）Ar + CO_2 + O_2

80% Ar + 15% CO_2 +5% O_2 混合气体对于焊接低碳钢、低合金高强钢是最恰当的。无论焊缝成形、接头质量、还是金属熔滴过渡和电弧稳定性等方面都非常的满意。

（4）CO_2 + O_2

CO_2 + O_2 混合气体电弧焊和纯 CO_2 气体保护焊相比有如下一些特点。

①熔敷速度高,熔深大　CO_2 气体中加入一定量的 O_2 后,氧化反应加剧,因而放出更多的热量,使焊丝熔化率增加,同时熔池温度提高、熔深增大。例如:75% CO_2 +25% O_2 混合气体比纯 CO_2 气体能提高熔池温度 205 ~ 308 ℃。因此焊厚板时可以减小坡口角度。焊10 ~ 12 mm 钢板,不开坡口亦可以一次焊透。因而 CO_2 + O_2 混合气体电弧焊是一种高效率的焊接方法。

②焊缝金属含氢量低　在焊丝具有较强的脱氧能力的条件下,加入适量的 O_2,焊缝金属中总的含 O_2 量并不至于增加。但 O_2 的加入却降低了弧柱中的游离氢和溶入液体金属中氢的浓度,因此焊缝金属中总的含氢量比纯 CO_2 焊低,并具有较强的抗气孔能力。

③能采用大电流进行焊接　因为电弧温度高、熔化速度快,因此可以尽量增大焊接电流。采用大电流时,电弧稳定,飞溅小,焊缝表面成形较好。

在 $CO_2 + O_2$ 混合气体中，O_2 的比例一般在 4% ~ 30% 之间，常用比例为 20% ~ 25%，最多不超过 40%，否则焊缝金属的含氢量就显著增加。

$CO_2 + O_2$ 混合气体的氧化性很强，因此必须配用具有强脱氧能力的焊丝（提高焊丝中的 Si，Mn 含量或加 Ti，Al 等脱氧元素）。焊接设备和 CO_2 焊通用。

利用 $CO_2 + O_2$ 混合气体保护焊熔深大的特点，可以在焊接坡口内嵌入一定数量的焊条，将焊条和母材同时熔化，可以大大提高焊缝填充量，从而提高生产率，并且发挥焊条熔渣保护的优点，改善焊缝金属质量和焊缝表面成形。

6.2.5　脉冲氩弧焊

脉冲氩弧焊是用脉冲电流进行氩弧焊接的一种焊接方式，主要优点是：一是容易控制焊接热输入量，既能焊透又不会焊穿，尤其在薄板焊接时效果明显。二是能实现单面焊双面成型。适合于所有氩弧焊场合。目前脉冲氩弧焊机做得好的要数星云的 NEBULA 数字化系列焊机，一台焊机中包含了手工焊、氩弧焊、脉冲氩弧焊、氩弧点焊、气保焊、脉冲气保焊、双脉冲气保焊和碳弧气刨 8 种方式，能直接和机器人连接，焊接性能非常好。

（1）脉冲钨极氩弧焊

P - TIG 是 Pulsed - TIG 的简写，代表脉冲钨极氩弧焊。它是由焊接电源向电弧提供按一定规律变化的脉冲电流进行焊接的方法。焊接过程是由基本电流维持电弧稳定燃烧，用可控的脉冲电流加热熔化工件，每一个脉冲形成一个点状熔池，脉冲间隙熔池凝固成焊点，下一个脉冲电流作用时，在已部分凝固的焊点上又有部分填充金属和母材金属被熔化，形成新的熔池，通过焊速和脉冲间隙的调节，得到相互搭接的焊点，最后获得连续焊缝。

钨极脉冲氩弧焊是采用可控的脉冲电流来加热熔化焊件，如图 6 – 10 所示。脉冲钨极氩弧焊是通过调节脉冲频率、脉冲宽度比、脉冲电流值等参数来控制热输入量的大小进行控制熔池的体积、熔深、热影响区大小，最后达到完美的焊缝成形。

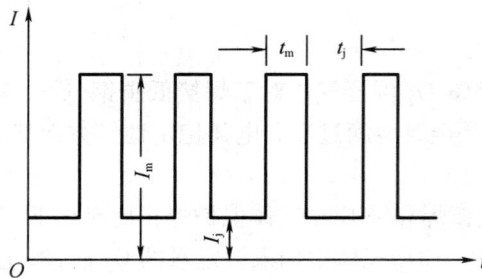

图 6 – 10　钨极脉冲氩弧焊焊接电流波形
I_m – 脉冲电流；I_j – 基本电流；t_m – 脉冲电流持续时间；
t_j – 基本电流持续时间

脉冲氩弧焊用 2 个电流并联接到焊丝（或钨极）与焊件之间，其中一个是普通的直流电源，其电流值很小，仅维持电弧稳定燃烧，对焊件和焊丝起预热作用，称为维弧电源，另一个为脉冲电源，其作用是提供一个较大的脉冲电流，用来熔化焊丝与焊件，是焊接时的主要热源。

与普通钨极氩弧焊相比，钨极脉冲氩弧焊有如下特点：

①能焊接超薄板构件　在同样的平均电流条件下,可获得较大的熔深,而对焊件的热输入小,扩大了钨极氩弧焊所焊材料的厚度范围,普通钨极氩弧焊焊接 0.8 mm 以下的焊件就困难,而用钨极脉冲氩弧焊可以焊接厚度为 0.1 mm 的焊件,而且焊件的变形也较小。

②可进行单面焊双面成形　钨极脉冲氩弧焊可以精确地控制焊缝成形,易于获得均匀的熔深,并使焊缝根部均匀熔透,因而可进行单面焊双面成形、薄壁管件的全位置焊以及中厚板多层焊的第一层封底焊等,这在安装工地特别适用。

③适用于热敏感性材料的焊接　该工艺在焊接过程中熔池金属冷凝快,高温停留时间短,可减少热敏感金属材料产生裂缝的倾向。如镍铬合金、钛合金等材料,可通过脉冲参数的控制,提供较合适的热规范,以满足焊接接头质量的要求。

④进行板厚相差较大的接头的焊接时,可获得熔深基本一致的焊缝。由于脉冲电流作用时间短,熔池是在很短的时间内熔化形成的,因此,熔池的体积与熔深受焊件尺寸和传热条件的影响程度小,较容易控制焊缝成形。

⑤焊缝金属组织细密,树枝状结晶不明显　由于它的焊缝由焊点相互重叠而成。后面的焊点相当于对前面的焊点进行热处理,所以焊缝晶粒细小,焊缝金属质量好。

（2）熔化极脉冲氩弧焊

熔化极氩弧焊时要求熔滴呈喷射过渡的形式,故焊接电流必须在临界电流之上。如采用直径为 1.6 mm 的碳钢焊丝,其焊接电流必须大于 250 A。在某些情况下,如焊接薄板及热敏感性大的金属材料,或者是全位置焊接时,这个电流显然有些过大,这将直接影响焊接质量,甚至于无法进行焊接。因此,熔化极氩弧焊的应用范围受到一定的限制。

熔化极脉冲氩弧焊是采用脉冲焊接电流,在低于临界电流值的条件下实现喷射过渡,所以能够弥补熔化极氩弧焊的不足之处,扩大其使用范围,它是熔化极氩弧焊的一种特殊形式。

熔化极脉冲氩弧焊电源的基本原理和钨极氩弧焊基本相同,它由两个电源并联组成,同时接到焊丝与工件上。其中一个是维弧电源,是由一台普通的直流电源提供基本电流,其电流值很小,仅维持电弧稳定燃烧,对焊丝与工件起着预热作用。另一个是脉冲电源,其作用是供给一个较大的脉冲电流,用来熔化焊丝与工件,焊接时作为主要热源。

焊接过程中,维弧电流和脉冲电流相叠加,即得到脉冲焊接电流。脉冲焊接的平均电流比临界电流小得多,但它的脉冲峰值电流又比临界电流大些。这样,一方面因焊接热量较低,对工件的加热程度小,适宜于焊接薄板;另一方面又实现了喷射过渡,从而满足焊接工艺的要求。并且,通过调节脉冲电流和基本电流的大小,能精确地控制熔滴过渡与工件的加热;同时,焊接时没有飞溅,焊缝均匀美观,质量好。这特别适宜于焊接热敏感性大、焊接性差的金属材料,以及用于全位置焊接。

总之,熔化极脉冲氩弧焊是一项值得推广应用的新工艺。由于脉冲焊接电流所具有的显著特点,使其在焊接技术领域内的应用日益广泛。

此外,氩弧焊在焊接过程中容易产生咬边等缺陷。

氩弧焊咬边产生的原因:①焊枪角度不对;②氩气流量过大;③电流过大;④焊接速度过快;⑤电弧太长;⑥送丝速度过慢;⑦钨极端过尖。

氩弧焊咬边防止措施:①采用合适的焊枪角度;②减少氩气流量;③选择合适的焊接电流;④减慢焊接速度;⑤压低电弧;⑥配合焊枪移动速度的同时,加快送丝速度;⑦更换或重新打磨钨极端部形状。

【讨论、思考题】

1. 为什么非铜结构件（只要指有色金属）在钢结构中起作重要作用？
2. 简述有色金属结构件采用焊接加工的优缺点。
3. 哪些有色金属容易焊接，焊接方法是什么？
4. 简述有色金属结构件采用哪些焊接方法相对容易些？
5. 简述铝及铝合金的焊接特点。
6. 铝及铝合金常用的焊接方法有哪些？
7. 什么是摩擦搅拌焊，有何优缺点？
8. 采用激光焊接铝及铝合金有何优缺点？
9. 选用铝及铝合金焊丝的原则是什么？
10. 铝及铝合金结构件焊前准备应做好哪些工作？
11. 如何做好铝及铝合金的焊后处理？
12. 铜及铜合金焊接的主要问题是什么？
13. 铜及铜合金结构件可采用哪些焊接方法，其中常用哪些焊接方法？
14. 如何进行黄铜裂缝的补焊？
15. 钛及钛合金是如何分类的？
16. 简述钛及钛合金的焊接性。
17. 钛及钛合金结构件常用哪些焊接方法？
18. 如何对钛及钛合金结构件表面进行化学清理？
19. 简要说明钛及钛合金结构件采用钨极氩弧焊的工艺要点。
20. 简要说明钛及钛合金结构件采用熔化极氩弧焊的工艺要点。
21. 简要说明钛及钛合金结构件采用埋弧自动焊的工艺要点。
22. 简要说明钛及钛合金结构件采用等离子弧焊的工艺要点。
23. 氩弧焊的原理是什么，氩弧焊有何特点？
24. 简要说明氩气的性质，为什么它是焊接的理想材料？
25. 说明钨极氩弧焊（TIG 焊）与熔化极氩弧焊（MIG 焊）的区别。
26. 什么是 MAG 焊？
27. 与普通氩弧焊相比，脉冲氩弧焊有何特点？

【作业题】

1. 编写某铝合金板 δ12 的对接焊焊接工艺。
2. 编写黄铜合金螺旋桨桨叶断裂焊接的焊接工艺。
3. 编写某钛合金板 δ10 的对接焊焊接工艺。

项目7 钢结构焊接工艺分析与工艺编制

知识目标

1. 钢结构焊接工艺分析与工艺审查；
2. 钢结构焊接应力与变形的原因；
3. 钢材受热时力学性能的变化；
4. 焊接引起的应力与变形的分析；
5. 焊接变形的种类及影响焊接变形的主要因素及常见钢结构焊接变形；
6. 减少焊接变形的措施和钢结构变形的矫正；
7. 钢结构焊接工艺方案及方案论证；
8. 钢结构焊接工艺方案的设计；
9. 焊接结构生产的工艺流程和基本工序；
10. 焊接结构生产的工艺流程，基本工序和主要工序；
11. 钢构件加工工艺及焊接准备工作；
12. 钢结构焊接工艺的编写；
13. 钢结构焊接工艺评定 PQR；
14. 典型钢结构(梁柱、容器、船舶结构等)的焊接。

能力目标

1. 了解钢结构的结构特点，能进行钢结构焊接工艺分析；
2. 从事钢结构的焊接工艺分析，学会对钢结构的工艺审查；
3. 通过焊接应力的影响因素，进行钢结构焊接应力的分析；
4. 通过焊接变形的影响因素，进行钢结构焊接变形的分析；
5. 学会控制钢结构焊接变形的措施；
6. 通过结构变形分析，能进行钢结构焊接变形的矫正；
7. 学会制定钢结构的焊接工艺方案，并能进行方案的论证；
8. 分析钢结构生产的工艺流程，能进行焊接钢结构的工序排序。
9. 能结合实际进行钢结构的焊接准备工作；
10. 懂得钢结构焊接工艺的编写程序、格式和内容并能正确应用；
11. 熟悉焊接工艺评定的程序，能从事焊接工艺评定工作；
12. 熟悉典型焊接结构的焊接工艺，能具体问题具体分析；
13. 能进行中等复杂程度的钢结构的焊接工艺编制。

素质目标

1. 要求学生养成求实、严谨的科学态度；
2. 培养学生热爱行业，乐于奉献的精神；

3. 培养与人沟通,通力协作的团队精神。

7.0　项　目　导　论

钢结构在国民经济建设的应用范围很广,可以说遍及各个行业,其中钢结构建筑工程是我国建筑行业中蓬勃发展的一项既古老又崭新的行业,是绿色环保产品,是推动传统建筑业向高新技术发展的重要排头兵。

现代钢结构越来越复杂,主要表现在,大跨度,超高空,重负荷,耐低温等要求越来越高。因此实施现代钢结构工程的施工必须进行焊接工艺分析,制定严密的焊接工艺措施,确保焊接工程质量,例如特大型悬臂式变截面钢箱梁是某现代化港口码头工程的主梁,见图 7 - 1 所示,共 8 根,其外形尺度为:长 60 m,宽 1.8 m,最大高度 4.5 m,每根质量为87.14 t,这种箱形梁体积大、吨位高、工期紧,给制作、焊接、吊运都带来了很大的困难,由于它属于重级工作制的吊车梁,对焊缝质量要求高,施工时,焊接变形控制难度大,因此焊缝质量和焊接变形与应力的控制问题是建造这种大型悬臂式变截面钢箱梁的关键技术。可见,做好钢结构焊接工程的工艺分析和编制好焊接工艺十分重要。

图 7 - 1　现代码头中的特大型悬臂式变截面钢箱梁

7.1　钢结构焊接工艺分析与工艺审查

7.1.1　钢结构焊接工艺分析

建筑钢结构具有自重轻、建设周期短、适应性强、外形丰富、维护方便等优点,其应用范围广泛。自 20 世纪 80 年代以来,中国建筑钢结构得到了空前的发展,高层钢结构、空间钢结构、桥梁钢结构、轻钢结构和住宅钢结构如雨后春笋应运而生。焊接作为构建钢结构的一种主要连接方法,在物理、化学、冶金、材料、电子、计算机、自动控制等学科迅猛发展的今天,随着新技术、新材料、新设备、新工艺的不断涌现,在我国建筑钢结构建设中发挥更加重要的作用。据统计,约 50% 以上的钢材在投入使用前需要经过焊接加工处理。因此,焊接水平的提高是实现钢结构技术快速发展和确保建筑钢结构施工质量的关键所在。

（1）钢结构焊接工艺分析的含义

钢结构焊接工艺分析就是对钢结构焊接产品进行技术分析，从设计图纸的工艺性审查，到原材料的准备，到零部件的焊接制作，到整体装配焊接，直到最后焊接检验和成品验收，进行科学的分析，对其焊接加工的可行性，焊接质量的可靠性，技术方案的经济性和技术措施的有效性进行分析比较，从而为制定正式的焊接工艺奠定基础。工艺分析是在钢结构的焊接生产要求和可能实施的生产工艺过程之间，寻求矛盾和解决矛盾的办法。

（2）钢结构焊接工艺分析的内容

①工艺分析的依据

工艺分析的依据是产品设计图样（已通过工艺性审查），生产的任务（生产纲领）及有关技术文件；产品的生产性质和生产类型；本企业现有生产条件；国内外同类产品的技术情报；有关技术政策、市场信息，本企业领导和职工的目标。

②工艺分析的内容

工艺分析总是优先考虑采用先进的焊接工艺，分析结构形式、生产规模，选用保证结构技术要求、有高的焊缝质量和劳动生产率、良好的劳动条件的焊接方法。其次，在保证产品技术条件和质量的前提下，要进行成本分析，千方百计降低产品成本。工艺分析的重点是装配 – 焊接工艺过程分析。

工艺分析的依据和内容及相应可考虑的措施见表 7 – 1。通过工艺分析设计几种装配 – 焊接方案，根据不同方案的情况，进行比较，确定最佳方案。

表 7 – 1　工艺分析的依据和内容

依据	内容	着眼点与考虑的措施
产品设计图样（已通过工艺性审查），生产的任务（生产纲领）及有关技术文件	结构采用何种焊接方案，拟采用焊接工艺的经济性，安全性，环保性	在此工艺条件下，如何保证产品技术条件规定的结构几何尺寸，焊接接头的质量，是否有足够的技术人员的熟练的技术工人
产品的生产性质和生产类型及工期要求	钢结构的形式，焊缝的分布及其对变形和应力的影响，为保证结构几何尺寸和焊缝质量而采取的工艺措施，包括焊接材料的选择、是否需要预热、后热和焊后热处理	相应采取合理的装配 – 焊接次序，各工序的要求，采取适当的装配焊接夹具和反变形，严格控制装配焊接和焊接工艺参数，它应该建立在严格的焊接工艺评定和最佳的焊缝位置（平焊位置）
本企业现有生产条件	结构与部件的划分，现有生产场地，装焊胎架及夹具，起重设备能力，运输车辆及道路	要与选定的装配 – 焊接工艺相适应；划分零部件数量适当，与车间的起重设备能力相符合，装配焊接工作量最少，易于流水作业和装配焊接顺序产生较小的焊接变形和应力，即使有了变形也容易矫正

表 7 – 1(续)

依据	内容	着眼点与考虑的措施
国内外同类产品的技术情报	拟新增的焊接设备、工夹具和工艺辅助装备	保证结构质量、减轻劳动强度、改善劳动条件和生产安全,达到提高劳动生产率
有关技术政策、市场信息,本企业领导和职工的目标	执行规定的检验方法,选择适当的生产组织和管理模式	与结构图样和技术要求、工艺方法相适应,并要求符合有关标准

目前钢结构的焊接工艺突出表现在焊接应力与变形(将在后面详细论述),材质,厚板,施焊环境等方面,尤其是高强度钢越来越广泛地得到应用,厚板的焊接,冬季施焊等低温环境的焊接等也引起了高度的重视。

a. 高强钢焊接工艺

Ⅰ. 焊材选配原则。i. 强匹配。强节点弱杆件:焊接材料熔敷金属的强度、塑性、冲击韧性高于母材标准规定的最低值。焊接接头(焊缝及热影响区)各项性能全面要求达到母材标准规定的最低值。ii. 兼顾焊缝塑性。iii. 满足冲击韧性要求。必须重点选择焊材的韧性,使焊缝及热影响区韧性达到钢材的标准要求。

Ⅱ. 高强钢焊接性评价方法。i. 碳当量计算评定法。ii. 热影响区最高硬度试验评定法。iii. 插销试验临界断裂应力评定法。前一种如前所述,后两种参考有关资料。

Ⅲ. 最低预热温度确定方法。i. 裂纹试验控制。根据斜 Y 坡口试样抗裂试验确定最低预热温度。ii. 硬度控制。根据一定碳当量的钢材,其不同板厚 T 形接头角焊缝热影响区硬度达到 350HV 对应的冷却速度(540 ℃时),查表确定焊接线能量。iii. 根据裂纹敏感指数、板厚范围、拘束度等级、熔敷金属扩散氢含量确定最低预热温度。iv. 根据接头热输入、冷却时间和钢材的特定曲线图确定最低预热温度。

Ⅳ. 焊接质量控制。i. 控制热输入与冷却速度。控制焊接电流、电压、焊接速度以及熔敷金属 500～800 ℃ 区间的冷却时间。ii. 控制焊缝中碳、硫、磷、氮、氢、氧的质量百分比。选用优质碱性低氢焊材,采用良好的操作手法(短弧、限制摆动、倾角稳定)充分保护熔池金属。iii. 应力与变形控制。选用高能量密度、低热输入的焊接方法,如气体保护焊;用小线能量,多层多道焊接;减小焊接坡口的角度和间隙,减少熔敷金属填充量;采用对称坡口,对称、轮流施焊;长焊缝应分段退焊或多人同时施焊;用跳焊法避免焊接变形和应力集中。

总之,对于高强钢的焊接,应根据钢材本身的强化机理和供货状态,综合考虑其性能要求,合理选择焊接材料和试验方法对其焊接性作出评价,制定合理的焊接工艺,以指导实际焊接生产。对该钢种的焊接应主要考虑采取措施以降低其冷裂倾向。在焊接时应严格控制层间温度和焊接线能量,防止接头出现弱化现象。

b. 厚钢板焊接技术

建筑钢结构中厚钢板得到大量的使用,如北京新保利大厦工程使用的轧制 H 型钢翼板厚度达到 125 mm,国家体育场(鸟巢)工程用钢最大板厚达 110 mm。大量钢结构工程采用厚钢板,促进了厚钢板焊接技术的发展,同时也扩大了建筑用钢的范围。厚钢板焊接的关键是防止由于焊接而产生的裂纹和变形,焊接应主要考虑以下几点。

i. 选用合理的坡口形式。如尽量选用双 U 或 X 坡口,如果只能单面焊接,应在保证焊透的前提下,采用小角度、窄间隙坡口,以减小焊接收缩量、提高工作效率、降低焊接残余应力。ⅱ. 合理的预热和层间温度。ⅲ. 适当的后热和保温处理。

c. 低温焊接工艺

Ⅰ. 焊材的选择　在低温环境中,应尽量选择低氢或超低氢焊材,对焊材严格执行烘焙和保温措施。

Ⅱ. 焊前防护　在焊接作业区域搭防护棚,使焊接区域形成相对封闭的空间,减少热量的损失,若无条件搭设防护棚,应该采取其他有效措施对焊接区域进行防护;气体保护焊时,焊接气瓶也应采取相应措施进行保温。

Ⅲ. 焊接质量控制。ⅰ. 预热与层间温度。低温环境下的预热温度应稍高于常温下的焊接预热温度,加热区域为构件焊接区各方向大于或等于二倍钢板厚度且不小于 100 mm 范围内的母材,焊接层间温度不低于预热温度或标准(JGJ81—2002)规定的最低温度 20℃(两者取高值)。ⅱ. 加大定位焊时的热输入。适当加大定位焊的热输入,增大焊缝截面和长度,并采用与正式焊接相同的预热条件,不在坡口以外的母材上打弧,熄弧时弧坑一定要填满,可以有效减少由于定位焊接引起的收缩裂纹。ⅲ. 采用合理的焊接方法。尽量使用窄摆幅,多层多道焊,严格控制层间温度。ⅳ. 焊接后热及保温。焊接后及时对焊接接头进行后热保温处理,利于扩散氢气的逸出,防止因冷速过快而引起的冷裂纹,同时适当的后热温度还可以适当降低预热温度。

总之,钢结构低温焊接施工前,一定要根据实际情况做好焊接工艺评定试验。必要时还要针对具体钢种进行低温焊接性试验,制作出适合的焊接工艺指导书以指导实际焊接。另外,在低温环境下,对焊工操作的不良影响也应给予足够重视,一般环境温度不宜低于 −15 ℃。

7.1.2　钢结构焊接工艺审查

7.1.2.1　钢结构工艺性审查的一般要求和任务

对钢结构进行工艺性审查的目的是使设计的产品在满足技术要求、使用功能的前提下,符合一定的工艺性指标。对钢结构焊接来说,主要有制造产品的劳动量、材料用量、材料利用系数、工艺成本、产品的维修劳动量、焊接成本等,以便在现有的生产条件下,能用比较经济、合理的方法将其制造出来,而且便于使用和维修。

生产准备工作最重要的任务之一,是审查与熟悉结构图样,了解产品技术要求。由生产纲领一道提供的图样,既有企业新设计和改进设计的产品,它们在设计过程中进行工艺审查,也有工程招标文件,设计说明书和设计图纸还有随订单来的外来图样,企业首次生产前,对这些外来图样也要进行工艺审查。

7.1.2.2　焊接工艺性审查的内容

在进行焊接结构工艺性审查前,除了要熟悉该结构的工艺特点和技术条件以外,还必须了解被审查产品的用途、工作条件、受力情况及产量等有关方面的问题。在进行焊接结构的工艺审查时,主要审查以下几个方面。

(1)是否有利于减少焊接应力与变形

从减少和影响焊接应力与变形的因素来说,应注意以下几个方面。

①尽量减少焊缝数量　尽可能地减少结构上的焊缝数量和焊缝的填充金属量,这是设计焊接结构时一条最重要的原则。

图 7 - 2 所示的框架转角,就有两个设计方案,图 7 - 2(a)设计是用许多小肋板,构成放射形状来加固转角;图 7 - 2(b)设计是用少数肋板构成屋顶的形状来加固转角,这种方案不仅提高了框架转角处的刚度与强度,而且焊缝数量又少,减少了焊后的变形和复杂的应力状况。

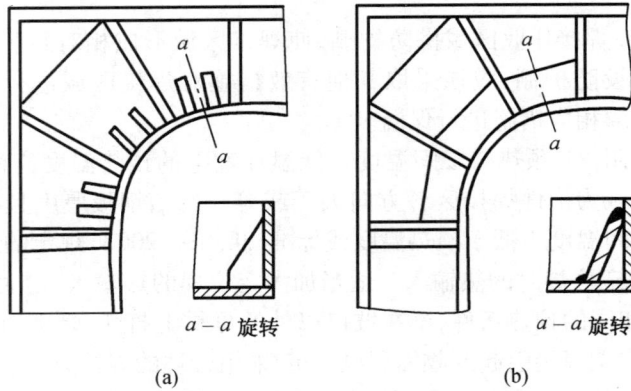

(a) (b)

图 7 - 2　框架转角处加强肋板布置的比较

②选用对称的构件截面　尽可能地选用对称的构件截面和焊缝位置。这种焊缝位置对称于截面重心,焊后能使弯曲变形控制在较小的范围。

③尽量减小焊缝尺寸　在不影响结构的强度与刚度的前提下,尽可能地减小焊缝截面尺寸或把连续角焊缝设计成断续角焊缝,减小了焊缝截面尺寸和长度,能减少塑性变形区的范围,使焊接应力与变形减少。

④尽量减少焊缝数量　对复杂的结构应采用分部件装配法,尽量减少总装焊缝数量并使之分布合理,这样能大大减少结构的变形。为此,在设计结构时就要合理的划分部件,使部件的装配焊接易于进行和焊后经矫正能达到要求,这样就便于总装。由于总装时焊缝少,结构刚性大,焊后的变形就很小。图 7 - 3 所示为 800 t 压床底座的焊接结构示意图,左侧方案比右侧方案的总装焊缝少,而且施焊方便,容易控制变形。因此,按左侧方案设计划分部件是合理的。

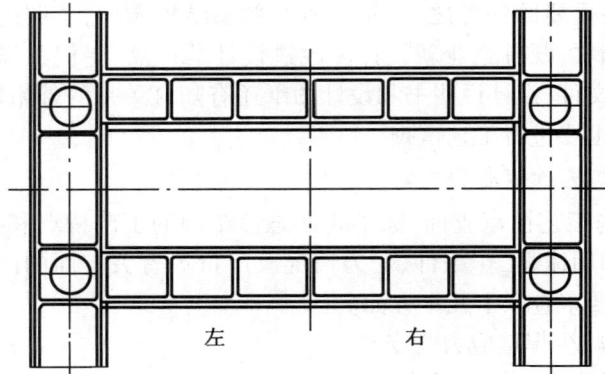

左 右

图 7 - 3　800t 压床底座结构方案比较

⑤避免焊缝相交　尽量避免各条焊缝相交,因为在交点处会产生三轴应力,使材料塑性降低,并造成严重的应力集中。

（2）是否有利于减少生产劳动量

在焊接结构生产中,如果不努力节约人力和物力,不提高生产率和降低成本,就会失去竞争能力。除了在工艺上采取一定的措施外,还必须从设计上使结构有良好的工艺性。减少生产劳动量的办法很多,归纳起来主要有以下几个方面。

①合理地确定焊缝尺寸　确定工作焊缝的尺寸,通常用强度原则来计算求得。但只靠强度计算有时还是不够的,还必须考虑结构的特点及焊缝布局等问题。如焊脚小而长度大的角焊缝,在强度相同情况下具有比大焊脚短焊缝省料省工的优点,图7-4中焊脚为K长度为2L和焊脚为2K长度为L的角焊缝强度相等,但焊条消耗量前者仅为后者的一半。在板料对接时,应采用对接焊缝,避免采用斜焊缝。

合理地确定焊缝尺寸具有多方面的意义,不仅可以减少焊接应力与变形、减少焊接工时,而且在节约焊接材料、降低产品成本上也有重大意义。因此,焊缝金属占结构总重量的百分比,也是衡量结构工艺性的标志之一。

②尽量取消多余的加工　对单面坡口背面不进行清根焊接的对接焊缝,若通过修整焊缝表面来提高接头的疲劳强度是多余的,因为焊缝反面依然存在应力集中。对结构中的联系焊缝,若要求开坡口或焊透也是多余的加工,因为焊缝受力不大。钢板拼接后能达到与母材同等强度,有些设计者偏偏在接头处焊上盖板,以提高强度,如图7-5中工字梁的上下翼板拼接处焊上加强盖板,就是多余的,由于焊缝集中反而降低了工字梁承受动载荷的能力。

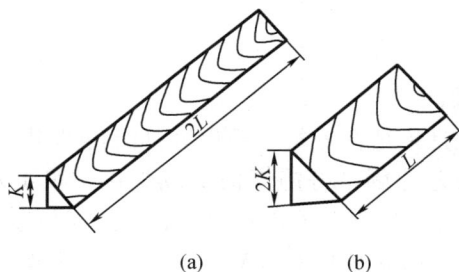

图7-4　等强度的长短角焊缝

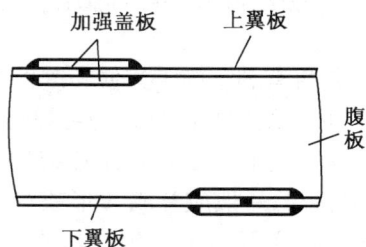

图7-5　工字梁示意图

③尽量减少辅助工时　焊接结构生产中辅助工时一般占有较大的比例,减少辅助工时对提高生产率有重要意义。结构中焊缝所在位置应使焊接设备调整次数最少,焊件翻转的次数最少。

④尽量利用型钢和标准件　型钢具有各种形状,经过相互结合可以构成刚性更大的各种焊接结构,对同一结构如果用型钢来制造,则其焊接工作量会比用钢板制造要少得多。图7-6所示为一根变截面工字梁结构,图7-6(a)是用三块钢板组成,见图7-6(c),如果用工字钢组成,可将工字钢用气割分开。再组装起来,见图7-6(b),再组装接起来,见图7-6(c),就能大大减少焊接工作量。

⑤尽量利用复合结构和继承性强的结构　复合结构具有发挥各种工艺长处的特点,它可以采用铸造、锻造和压制工艺,将复杂的接头简化,把角焊缝改成对接焊缝。图7-7所示

为采用复合结构把 T 形接头转化为对接接头的应用实例,不仅降低了应力集中,而且改善了工艺性。

在设计新结构时,把原有结构成熟部分保留下来,称继承性结构。继承性强的结构一般来说工艺性较成熟的,有时还可利用原有的工艺设备,所以合理利用继承性结构对结构的生产是有利的。

⑥有利于采用先进的焊接方法 埋弧焊的熔深比手工电弧焊大,有时不需要开坡口,从而节省工时:采用二氧化碳氧化保护焊,不仅成本低、变形小而且不需清渣。

在设计结构时应使接头易于使用上述较先进的焊接方法。图 7-8(a)箱形结构可用焊条手弧焊焊接,若做成图 7-8(b)形式,就可使用埋弧焊和二氧化碳气体保护自动焊。

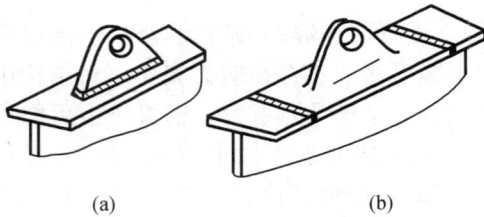

图 7-6 变截面工字钢梁

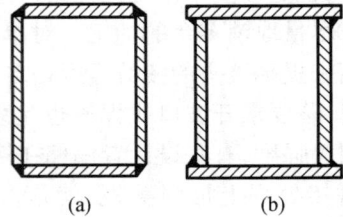

(a)   (b)

图 7-7 采用复合结构的应用实例
(a)原设计的板焊结构;(b)改进后的复合结构

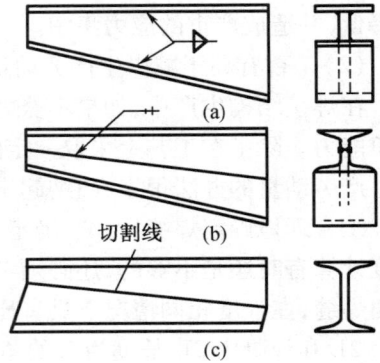

(a)   (b)

图 7-8 箱形结构的焊缝连接

(3)是否有利于施工方便和改善工人的劳动条件

①尽量使结构具有良好的可焊到性 可焊到性是指结构上每一条焊缝都能得到很方便的施焊,在审查工艺性时要注意结构的可焊到性,避免因不好施焊而造成焊接质量不好。如厚板对接时,一般应开成 X 形或双 U 形坡口,若在构件不能翻转的情况下,就会造成大量的仰焊焊缝,这不但劳动条件差,质量还很难保证,这时就必须采用 V 形或 U 形坡口来改善其工艺性。

②尽量有利于焊接机械化和自动化 当产品批量大、数量多的时候,必须考虑制造过程的机械化和自动化。原则上应减少零件的数量,减少短焊缝,增加长焊缝,尽量使焊缝排列规则和采用同一种接头形式。如采用焊条手弧焊时,图 7-9(a)中的焊缝位置较合理,当采用自动焊时,则以图 7-9(b)为好。

③尽量有利于检验方便 严格检验焊接接头质量是保证结构质量的重要措施,对于结构上需要检验的焊接接头,必须考虑是否检验方便。一般来说,可焊到性好的焊缝检验也不会困难。

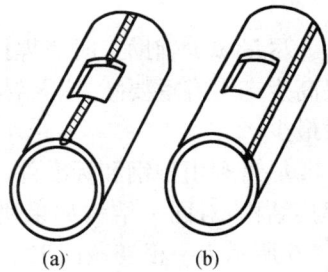

(a)   (b)

图 7-9 焊缝位置与焊接
方法的关系

此外,在焊接大型封闭容器时,应在容器上设置人孔,这是为操作人员出入方便和满足通风设备出入需要,能从容舒适地操作和不损害工人的身体健康。

（4）必须有利于减少应力集中

应力集中不仅是降低材料塑性引起结构脆断的主要原因,而且对结构强度有很坏的影响。为了减少应力集中,应尽量使结构表面平滑,截面改变的地方应平缓和有合理的接头形式。一般常考虑以下问题。

①尽量避免焊缝过于集中　图 7 – 10（a）用几块小肋板加强轴承套,许多焊缝密集在一起,存在着严重的应力集中,不适合承受动载荷。如果采用图 7 – 10（b）的形式,不仅改善了应力集中的情况,也使工艺性得到改善。

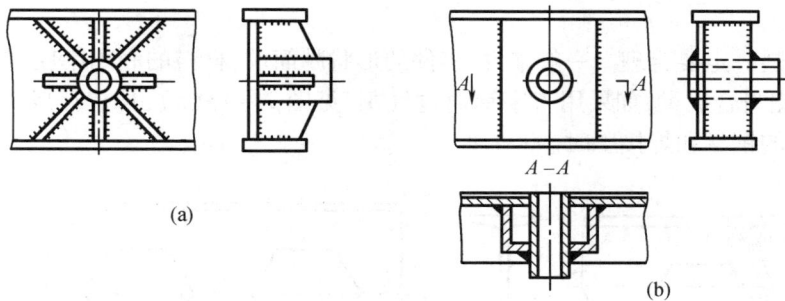

图 7 – 10　轴承座的加固形式

（a）不合理;（b）合理

②尽量使焊接接头形式合理　减小应力集中对于重要的焊接接头应采用开坡口的焊缝,防止因未焊透而产生应力集中。是否开坡口除与板厚有关以外,还取决于生产技术条件。应设法将角接接头和 T 形接头转化为应力集中系数较小的对接接头。应当指出,在对接接头中只有当力能够从一个零件平缓地过渡到另一个零件上去时,应力集中才是最小的,如果按图 7 – 11 所示结构,将搭接接头改为对接接头,并不能减少应力集中,在焊缝端部因截面突变,存在着严重的应力集中,极易产生裂纹。

③尽量避免构件截面的突变　在截面变化的地方必须采用圆滑过渡,不要形成尖角。如肋板存在尖角时,见图 7 – l2（a）,应将它改变成图 7 – 12（b）所示的形式。在厚板与薄板或宽板与窄板对接时,均应在接合处有一定的斜度,使之平滑过渡。

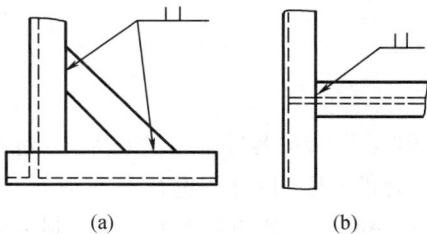

图 7 – 11　不合理的对接接头图

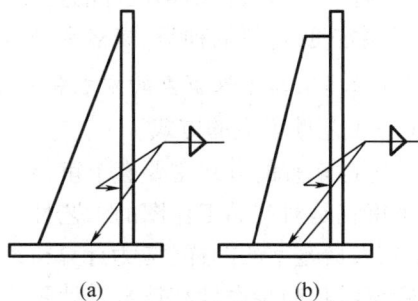

7 – 12　肋板的合理形式

（a）不合理;（b）合理

④应用复合结构不仅能够减少焊接工作量,而且可将应力集中系数较大的接头形式,转化为应力集中系数较小的对接接头。

(5)是否有利于节约材料和合理使用材料

合理地节约材料和使用材料,不仅可以降低成本,而且可以减轻产品质量,便于加工和运输。

(6)应是采用现有条件下的最佳装配 – 焊接工艺

设计者在保证产品强度、刚度和使用性能的前提下,为了减轻产品质量而采用薄板结构,并用肋板提高刚度。这样虽能减轻产品的质量,但要花费较多的装配、焊接、矫正等工时,而使产品成本提高。因此,还要考虑产品生产中其他的消耗和工艺性,这样才能获得良好的经济效果。

①使用材料一定要合理　一般来说,零件的形状越简单,材料的利用率就越高。图 7 – 13(b)所示为锯齿合成梁,如果用工字钢通过气割,见图 7 – 13(a),再焊接成锯齿合成梁,就能节约大量的钢材和焊接工时。

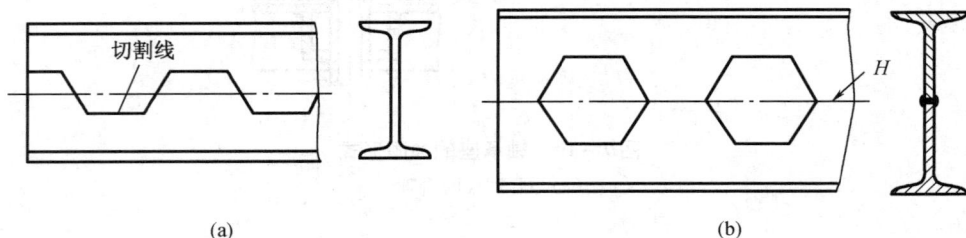

图 7 – 13　锯齿合成梁

②尽量选用焊接性好的材料来制造焊接结构　在结构选材时首先应满足结构工作条件和使用性能的需要,其次是满足焊接特点的需要。在满足第一个需要的前提下,首先考虑的是材料的焊接性,其次考虑材料的强度。现在有许多结构采用普通低合金结构钢来制造,这是从我国实际资源出发,冶炼出的一类钢种,其中强度钢已在工业各领域得到广泛使用,它具有强度高,塑性、韧性优良,焊接及其他加工性能较好的性能。使用这类钢不仅能减轻结构的自重,还能延长结构的寿命,减少维修费用等。因此,它已被广泛用来制造各种焊接钢结构。另外,在结构设计的具体选材时,应立足国内,选用国产材料来制造。为了使生产管理方便,材料的种类、规格及型号也不宜过多。

7.1.2.3　工艺性审查的方式和程序

(1)工艺性审查的方式

工艺性审查的方式主要有个审、会审和复审。

个审就是对产品工作图的工艺性审查由产品主管工艺师和各专业工艺师(员)对有设计、审核人员签字的图样(应为计算机绘制的,原规定为铅笔原图)分头进行审查。

会审就是初步设计和技术设计阶段的工艺性审查一般采用各方(设计、工艺、制造部门的技术人员和主管)参加的会审方式。

复审就是设计者根据工艺性审查记录上的意见和建议进行修改设计,修改后工艺未签字的图样返回工艺部门复查签字。

在审查过程中,若设计者与工艺员意见不一,由双方协商解决。若协商不成,由厂技术负责人或总工程师进行协调或裁决。

对于钢结构来说,工艺审查的一个很重要的方面就是对结构的焊接应力和变形能否进行有效的预控,这就需要牢固掌握有关焊接应力和变形的知识。

(2)工艺性审查的程序

工艺性审查的程序主要有:

①进行工艺性审查的产品图样应为原图并需有设计、审核人员签字。

②审查者在审查时对发现的工艺问题应填写"产品结构工艺性审查"记录。

③全套产品图样审查完后,对无修改意见的,审查者应在"工艺"栏内签字,对有较大修改意见的,暂不签字,把产品设计图样和工艺性审查记录一起交技术开发部。

④设计者根据工艺性审查记录上的意见和建议进行修改设计,修改后对工艺未签字的图样再返回到技术部门复查签字。

⑤若设计师与工艺师意见不一致时,由双方协商解决。若协商中仍有较大分歧意见,由公司工程部副总经理进行协商或裁决

7.2　钢结构焊接应力与变形处理

由于焊接应力与变形直接影响到钢结构的质量和使用安全,所以这里主要讨论焊接应力与变形的产生原因、预防和减少焊接应力的措施,消除和矫正焊接变形的方法。

7.2.1　焊接应力与变形的产生原因

7.2.1.1　焊接应力与变形的一般概念

(1)应力与变形的基本概念

物体在受到外力作用时,会产生形状和尺寸的变化,这就称为变形。物体的变形分为弹性变形和塑性变形两种。当外力除去后能够恢复到初始状态和尺寸的变形称为弹性变形,不能恢复的就称为塑性变形。

在外力作用下物体会产生变形,同时其内部会出现一种抵抗变形的力,这种力称为内力。单位面积上出现的内力就称为应力。应力的大小与外力成正比,与本身截面积成反比,应力方向与外力相反。如果没有外力作用,物体内部也存在应力,则称为内应力。这种应力存在于许多工程结构中,例如铆接结构、铸造结构和焊接结构等。内应力的特点是本身构成平衡力系,即同一截面上的拉伸应力与压缩应力互相平衡。

(2)焊接应力的分类

焊接应力和变形的种类很多,为了简便起见,这里先对焊接应力分类,焊接变形的分类将在下节详细介绍。焊接应力可从不同的角度来进行划分。

①按引起应力的原因分为:温度应力、残余应力和组织应力等。

a.温度应力(也称热应力)　温度应力是由于焊接时,结构中温度分布不均匀引起的。如果温度应力低于材料的屈服强度,结构中将不会产生塑性变形,当结构各区的温度均匀以后,应力即可消失。焊接时,由于焊件不均匀加热和冷却而产生温度应力。焊接温度应力的特点是随时间在不断变化。

b.残余应力　残余应力是当不均匀温度场(即温度在结构中的分布状态)所造成的内

应力达到材料的屈服强度时,结构局部区域发生了塑性变形,而当温度恢复到原始均匀状态后留在结构中的变形没有消失,焊件在焊接完毕冷却之后便残存着内应力,这种应力就是残余应力。

c.组织应力　焊接时由于金属温度变化而产生组织转变、晶粒体积改变所产生的应力。

②按应力作用的方向分为纵向应力和横向应力。

a.纵向应力　方向平行于焊缝轴线的应力。

b.横向应力　方向垂直于焊缝轴线的应力。

③按应力在空间作用的方向分为单向应力(轴向应力)、双向应力(平面应力)和三向应力(体积应力)。

通常结构中的应力总是三向的,但有时在一个或两个方向上的应力值较另一方向上的应力值小得多时,内应力可假定为单向的或平面的。对接焊缝中的内应力,如图7-14所示。通常窄而薄的线材对接焊缝中的应力为单向的,中等厚度的板材对接焊缝中的应力为平面的,而大厚度板材对接焊缝中的应力为三向的。在这三种应力中,因三向应力的脆性较大,极容易导致焊接接头产生裂纹。所以,三向应力对结构的承载能力影响最大,焊接中应尽量避免产生三向应力。

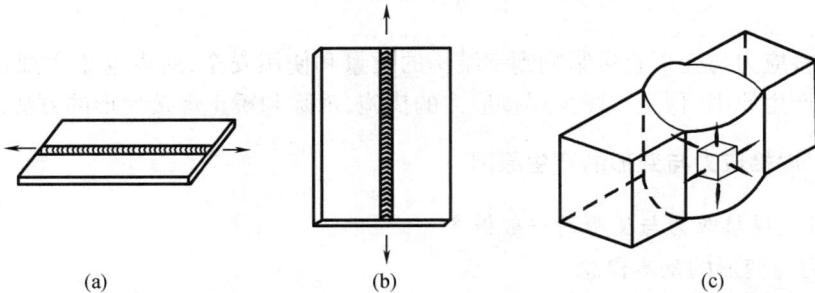

(a)　　　　　　　　　　(b)　　　　　　　　　　(c)

图7-14　对接焊缝中的应力
(a)单向应力;(b)平面应力;(c)三向应力

7.2.1.2　焊接引起的应力与变形的分析

焊接时,焊件上各个部位的温度各不相同,受热后的变化也不相同。这里我们从分析杆件在均匀加热时的应力和变形的情况着手,来研究焊接时构件的应力和变形问题。

(1)均匀加热引起的应力与变形

均匀加热时,杆件上的各点的温度及变化都是相同的,其伸缩情况也相同,最后的应力与变形主要取决于加热温度和外部约束条件。

①自由状态的杆件　自由状态的杆件在均匀加热、冷却过程中,其伸长和收缩没有受到任何阻碍,能自由收缩。当冷却到原始温度时,杆件恢复到原来的长度,不会产生残余应力和残余变形,如图7-15(a)所示。

②加热时不能自由膨胀的杆件　假定杆件两端被阻于两壁之间,如图7-15(b)所示,杆件受热后的伸长受到了限制,而冷却时的收缩却是自由的。假设杆件在受纵向力压缩时不产生弯曲;两壁为绝对刚性的,不产生任何变形和移动;杆件与壁之间均匀加热没有热传导。当均匀受热时,杆件由于受热而要伸长,但由于两端受刚性壁的阻碍,实际上没有伸

长,这相当于在自由状态下将杆件加热到温度 T,杆件伸长了 $\triangle L$,然后施加外力将杆件压缩到原来的长度,这时杆件内部便产生了压应力 σ 及压缩变形 $\triangle L$。随着温度的增高,压应力和压缩变形都将随之增大。如果压应力 σ 没有达到材料的屈服强度 σ_s,则杆件的变形为弹性压变形,此时若将杆件冷却,杆件的伸长没有了。压缩变形也消失了,杆中不再有压应力的存在,杆件恢复到原始状态。这说明有应力的存在就会产生变形。继续进行加热,当压应力 σ 达到 σ_s 以后,杆件发生了塑性变形,这时杆件的压缩变形由达到 σ_s 以前的弹性变形和达到 σ_s 以后的塑性变形两部分组成。此时若将杆件冷却,弹性变形可以恢复,塑性变形保留下来,杆件长度比原来缩短了,即产生了残余压缩变形,由于杆件能自由收缩,不产生内部压应力。这说明结构中有变形的存在就不一定有应力。

③两端刚性固定的杆件　假定杆件两端完全刚性固定,如图 7-15(c),杆件加热时不能自由伸长,冷却时也不能自由收缩。此杆件加热过程的情形与不能自由膨胀的杆件相同。冷却过程由于杆件不能自由收缩,情形就有所不同了。如果加热温度不高,加热过程没有产生塑性变形,则冷却后杆件与原始状态一样,既没有应力也没有变形。但若在加热过程有塑性变形产生,则冷却后杆件将比原始状态短一截,但由于杆件受固定端的限制不能自由收缩,这就产生了拉应力,而外形没有发生变形。

(2)焊接引起的应力变形

焊接时温度场的变化范围很大,在焊缝处最高温度可达到材料的熔点以上,而离开焊缝时,温度急剧下降,直至室温。所以焊接时引起应力与变形的过程较为复杂。图 7-16 为钢板中间堆焊或对接时的应力与变形情况。

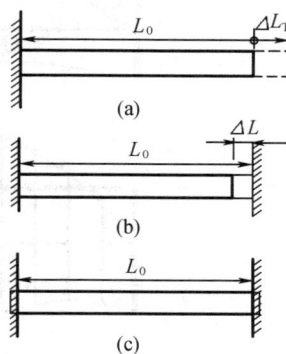

图 7-15　杆件在不同状态下和
冷却时的应力与变形
a—自由状态杆件;
b—不能自由膨胀杆件;
c—两端完全固定杆件

在焊接过程中,由于钢板经受了不均匀加热,其加热温度为中间高两边低,如图 7-16(a)所示。这里我们假设钢板是由许多能自由收缩的小窄板条组成的,每一个小窄板条都可看成是受均匀加热的杆件,那么各个小窄板条的理论伸长情况应如图 7-16(b)中圆弧线包络所示。而实际上,由于小窄板条是互为一体并互相牵制的,因此实际伸长情况就如图中实线所示。从图中可以看出,钢板的边缘被拉伸了 $\triangle L$,这样在边缘上出现了拉应力。钢板中间在实际变形线的虚线围绕部分被压缩了,除去画平行实线部分的压缩弹性变形外,虚线所围绕的空白部分是已产生了塑性变形的部分。可见钢板的焊缝区,不仅产生了压应力,而且还产生了压缩塑性变形。

当冷却时,由于钢板中间在加热时产生压缩塑性变形的缘故,所以最后的钢板长度要比原来短。从理论上来说,钢板中间缩短的长度应如图 7-16(c)中的虚线形状。但事实上,由于中间部分的收缩受到两边的牵制,所以实际的收缩变形如图中实线所示。这样冷却后钢板总长度缩短了 $\triangle L'$,在钢板的边缘出现了压应力,而在钢板中间因没能完全收缩,则出现了拉伸应力。这就是焊接过程引起的应力与变形的实际情况。

综合上面所叙述的内容,可认为不均匀加热所形成的应力与变形和焊接热过程形成的应力与变形的基本原因上相同的,只是焊接时热源是移动的,焊件各部分加热是不均匀的,也是不同时的,但基本原理是一致的。也就是说由于焊件加热和冷却的特点和焊件的刚性条件(即外界的约束程度)是造成焊接应力与变形的基本原因。

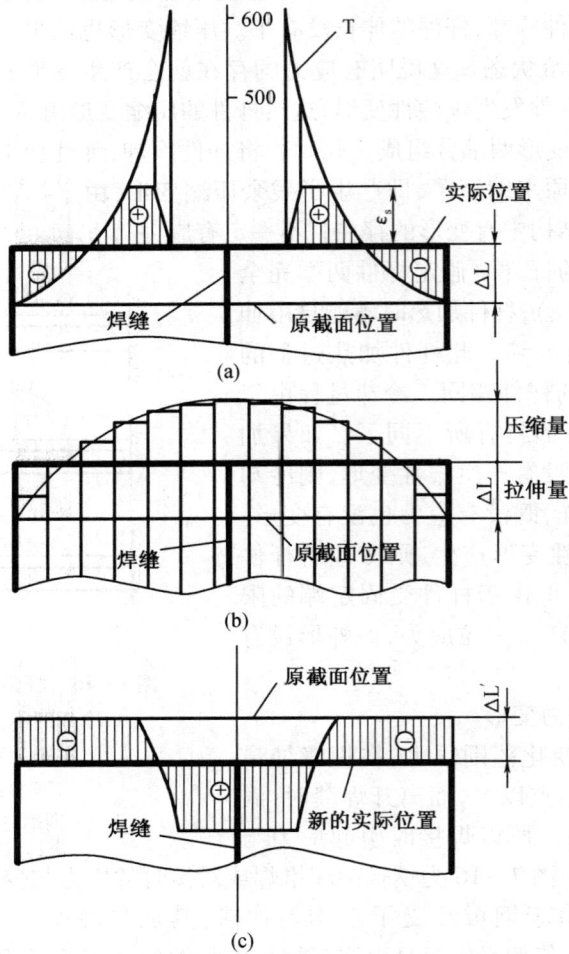

图 7 – 16　平板中间堆焊或对接时的应力与变形
(a)加热时温度与应力的分布;(b)加热后的变形量;
(c)冷却后的变形量(+)表示拉应力(–)表示压应力

(3)焊接过程中的组织应力与变形

在同种金属焊接时,在热影响区不可避免地要发生金相组织的同素异构转变,而异种金属焊接时,则会产生晶格构造的差异。由于金属各种组织比容的不同,因而导致金属体积发生变化。焊接过程中,伴随金相组织转变所出现的体积变化将产生新的内应力,冷却以后,如果相变产物仍旧保留下来,那么在焊件中就产生了组织应力。

加热时,钢材膨胀,体积随着温度升高而增大。加热到 A_{c1} 时发生相变,铁素体与珠光体转变为奥氏体,而奥氏体的比容最小,因此钢材体积也减小;到 A_{c3} 时相变结束后,体积又随温度而增大。

冷却时,低碳钢与合金钢体积变化情况不大相同。低碳钢的相变温度高于600 ℃,此时钢材仍处于塑性,所以不会产生组织应力。对于合金钢来说,由于合金元素使钢材在高温时奥氏体稳定性增加,以至冷却到200～350 ℃左右时才发生奥氏体向马氏体的转变,并保留到室温。由于马氏体的比容最大,因此马氏体形成后造成较大的组织应力。

7.2.2   焊接残余变形

钢结构件经过焊接后,常会出现局部或整体尺寸和形状的改变,这种变化叫做焊接残余变形。通常简称焊接变形。

7.2.2.1   焊接变形的种类

焊接变形大致有下面5种,如图7－17所示。但按其涉及的范围而言,大体上可分为以下两种。

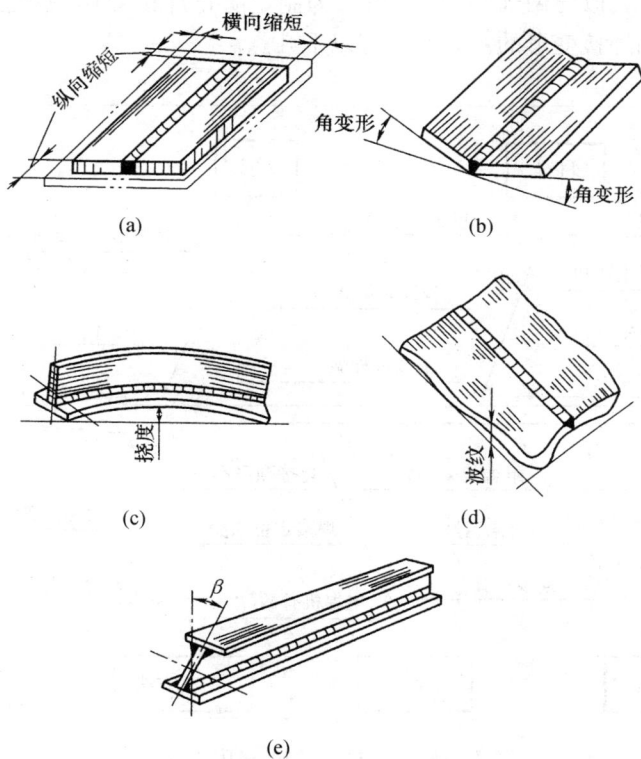

图 7 – 17   焊接变形的基本形式
(a)纵向和横向伸长和缩短;(b)角变形;(c)弯曲变形;(d)波浪变形;(e)扭曲变形

(1)整体变形

整体变形指的是整个结构形状和尺寸发生了变化,它是由于焊缝在各个方向收缩而引起的。整体变形包括直线变形、弯曲变形和扭曲变形,如图7－17(a),(c),(e)。直线变形是由焊缝的纵向和横向收缩造成整个结构的长度缩短和宽度变窄;弯曲和扭曲变形是由于焊缝在结构中布置不对称时产生的,也可能由于装配质量不好、焊件搁置不当、焊接程序和施焊方向不合理而造成的。这里需指出,纵向弯曲变形除由图(c)所示不对称分布的纵向焊缝纵向收缩引起之外,不对称分布的横向焊缝的横行收缩也会引起。通常弯曲变形、扭曲变形与纵向和横向收缩相伴而同时发生变化。

（2）局部变形

指的是结构部分发生的变形,它包括图7-17(b),(d)所示的角变形和波浪变形。角变形主要是由于温度沿板厚方向分布不均匀和熔化金属沿厚度方向收缩量不一致而引起的,因此一般多发生在中、厚板的对接接头。波浪变形产生于薄板结构中,它是由于纵向和横向的压应力使薄板失去稳定而造成的。也有的结构因众多的角变形彼此衔接,在外观上类似于波浪变形。此外,还有错变变形,即沿对接缝的长度或厚度方向上错口。

7.2.2.2　影响焊接变形的因素

焊接结构中产生的焊接变形是个很复杂的问题,涉及的因素很多,主要可以从"4M1E",即:人员,机械设备,材料,工艺方法,施焊环境等方面分析找出影响焊接变形的原因,见图7-18所示,以便做到"对症下药",为制定防止焊接变形的措施提供依据,在钢结构焊接生产中影响焊接变形的主要因素有以下几点。

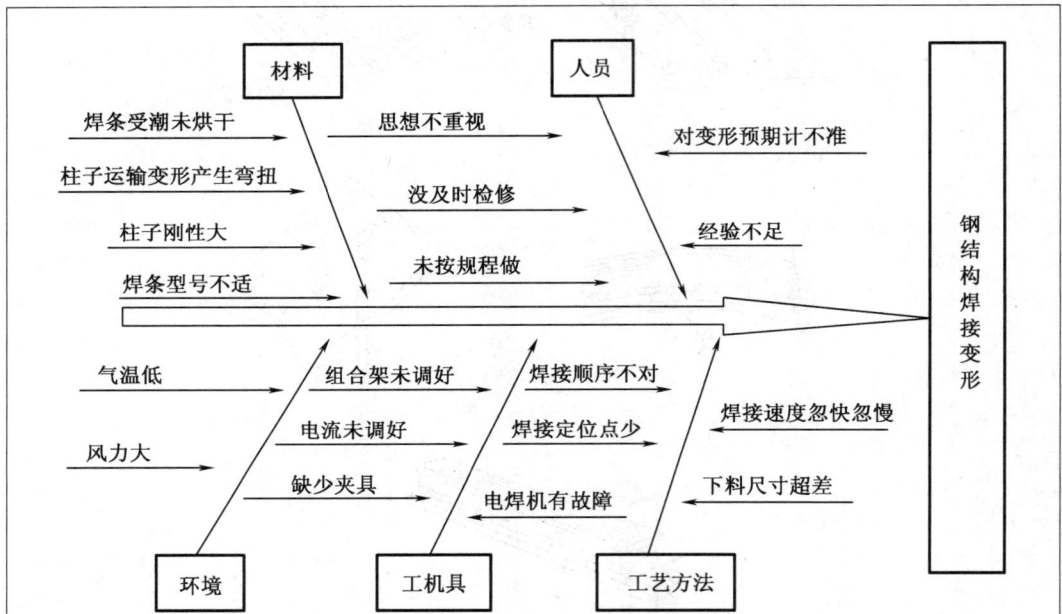

图7-18　钢结构焊接变形因果分析图

（1）金属材料的热物理性能

金属材料的热物理性能对焊接变形有一定的影响,这种影响是材料本身特性引起的,与工艺因素有关。通常材料的膨胀系数越大,则焊接时产生的塑性变形越大,冷却后纵横向收缩也越大。如不锈钢和铝的线膨胀系数都比低碳钢大,因而焊后变形也大。导热性大的金属,焊后的变形也较大,铝及其合金即属此类。

（2）施焊方法和焊接工艺参数

不同施焊方法引起的收缩量也不同。当焊件的厚度相同时,单层焊的纵向收缩量要比多层焊收缩大,这是因为多层焊时,先焊焊道冷却后阻止了后焊焊道的收缩。逐步退焊比直通焊收缩小,这是因为前者可使焊件温度比较均匀,产生压缩塑性变形比较分散的缘故;焊接工艺参数的影响主要为线能量。一般规律是,随着线能量的增加,压缩塑性变形区扩大,因而收缩量增大。

(3)焊缝的长度及其截面积

焊缝的长度和截面积的大小对收缩量有很大影响。一般来说,焊缝的纵向收缩量随着焊缝长度的增加而增加,而焊缝的横向收缩量随焊缝宽度增加而增加。横向收缩量还与板厚、坡口形式及接头形式有关。手弧焊时,板厚增加,收缩量增大,自动焊时则有所不同。在同样厚度条件下,V形坡口比X形坡口收缩量大,对接焊缝的横向收缩量比角焊缝大。

(4)焊缝在结构中的位置

焊缝在结构中的布置的不对称,是造成焊接结构弯曲变形的主要因素。当焊缝处在焊件截面中和轴一侧时,由于焊缝的收缩变形,焊件将出现弯曲。焊缝离中和轴越近,弯曲变形越小,焊缝离中和轴越远,弯曲变形越大。对于船体这样复杂的焊接结构,中和轴上下都有许多焊缝,且距中和轴的距离也各不相同,因此很容易产生整体弯曲变形。

(5)结构的刚性和几何尺寸

钢结构的刚性大小决定于结构的截面形状和尺寸,截面积越大,则结构抗弯刚度越大,弯曲变形越小。在同样截面形状和大小时,结构的抗弯刚度还决定于截面的布置,亦即决定于截面惯性矩。

(6)装配和焊接程序

钢结构随着装配过程的进展,结构的整体刚性也在增大。因此就整个结构生产而言,这就有边装配边焊接和装配成整体后再焊接两种方式可供选择。如果仅从增加刚性以减少变形的角度看,采用后一种方式,即先装配成整体再焊接的方式,对于结构截面和焊缝布置都对称的简单结构来说,可以减少其弯曲变形。例如工形梁的装焊,如果边装边焊方式,则焊后产生较大的弯曲变形,而采用全部构件装配之后再焊接的方式,则弯曲变形较小。对于复杂结构来说,全部构件装配后再焊接的方式,往往是不合理的。一则是边装配边焊接方式所产生的变形不一定都反映到总变形量中去,二则是有些零部件因施工上的需要,只能采用边装配边焊接的方式进行,因此需根据实际情况决定采取的装焊方式。

焊接顺序对变形的影响也是很大。由于先焊焊缝引起的变形最大,后焊焊缝引起的变形逐渐减小,而最终变形方向往往与最先焊的焊缝引起的变形方向一致。例如图7-19工形梁装配好以后,如果先焊焊缝1和2,然后再焊焊缝3和4,则焊接之后工形梁产生上挠变形;如果改变焊接次序,先焊焊缝1和4,后焊焊缝3和2,焊后工形梁的挠曲则可以减小,甚至消除。因此,合理的焊接顺序可以减少结构的变形,消除大量的矫正工作量,有利于结构生产成本的降低。

7.2.2.3　防止与减小焊接应力与变形的措施

钢结构经焊接后的变形若超过允许范围,将会影响结构的后续电装精度和结构的承载能力,必须对焊接变形加以控制。

在通常情况下,焊接应力对于焊接性良好的材料影响不大,但是如果结构的刚性很大,且焊接顺序和焊接方法得当,也可能在焊接过程中产生裂纹。所以焊接时也应设法减小焊接应力。

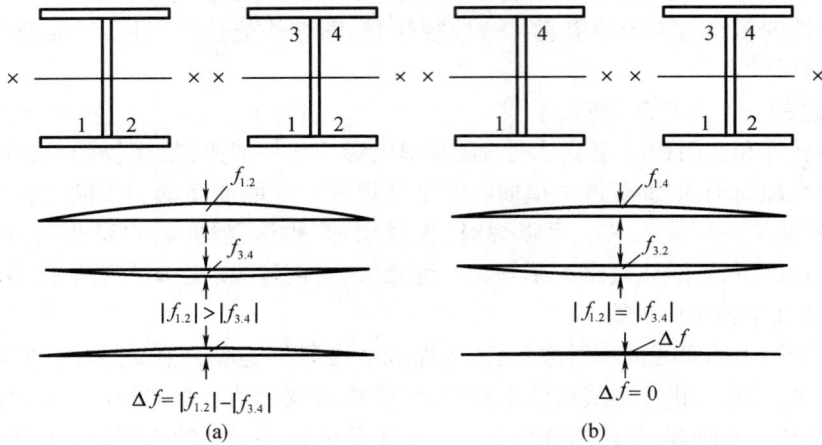

图 7-19 工字梁装焊顺序对弯曲变形的影响

　　焊接应力和变形并不是孤立的两种现象,它们往往既是同时存在,也是相互制约的。如在生产中常采用夹具等刚性固定法进行焊接,以达到减小焊接变形的目的,但这样做的结果是焊接变形是减小了,但应力却增加了;反之,为了使焊接应力减小,就要允许焊件有一定的变形。实际上,焊接应力和变形是同时存在的,因此必须采用合理的措施,来减小焊接应力与变形,以满足使用要求。

　　钢结构生产中所采取的防止或减小焊接应力与变形的措施有两大类,一个是结构设计方面的措施;另一个是制造工艺方面的措施。

　　(1)钢结构的合理设计方面

　　在钢结构设计时,不仅要考虑到结构的强度、刚度、稳定性以及经济性,而且还要考虑到制造工艺。必须充分考虑焊接的特点来进行结构设计,只有这样,才能大大减小焊接应力与变形。这里提出几点原则,作为结构设计时参考。

　　①在结构设计时应考虑结构分段划分的可能性,以便使结构的焊接工作量减至最少程度。

　　②结构中的焊缝应保持对称性,或者靠近结构的中心线,以防止弯曲变形。

　　对于厚度大于 8 mm 的板,应采用 X 形坡口,而不采用 V 型坡口。因为前者的熔敷金属量比后者少一半,从而横向收缩也可以减小。

　　③在保证结构强度的前提下,减少焊缝的截面尺寸,以减少收缩变形。

　　④尽可能减少焊缝的数量。例如,尽量采用大尺寸的钢板,或者用槽型壁板及压筋结构代替有扶强材的焊接结构。

　　⑤在装配焊接时,有采用简单装配焊接胎夹具的可能。

　　(2)防止焊接应力与变形的工艺措施方面

　　在制造工艺上采取合理的措施作用十分明显,常见措施有以下几点。

　　①预留收缩余量　无论采取何种措施,焊接结构的收缩变形总是要发生的。生产中为了弥补焊后尺寸的缩短,往往在备料中预先考虑加放收缩余量。由于收缩大小受许多因素的影响,所以加放余量的大小往往采用经验数据或经验公式进行近似估计,见表 7-2 和表 7-3。

表 7-2　焊缝纵向收缩量的近似值（mm/m）

对接焊缝	连续角焊缝	间断角焊缝
0.15~0.3	0~0.4	0~0.1

表 7-3　焊缝纵向收缩量的经验公式

项目		公式(mm)
焊缝的纵向收缩量		$L = 15 \times 10^{-5} q_n L / F$
焊缝的横向收缩量	单面对接	$b = 0.16\delta_1 + 0.3$
	双面对接	$b_2 = 0.16\delta_1 + 0.8$
角焊缝的横向收缩量		$B = C \times \delta_n \times K^2 / (2\delta_n + \delta)^2$

表中公式符号为：q_n——焊接线能量，J/cm；F——焊件截面积，mm^2；L——焊缝长度，cm；δ_1——焊件厚度，mm；δ_n——水平(面板)厚度，mm；δ——垂直板(腹板)厚度，mm；K——焊角高度，mm；C——常数，单面焊时取 0.66；双面焊时取 0.75。

　　②严格对加工、装配工序的要求　减少和控制结构的焊接变形不仅应注意焊接工序，而且还需要要求各工序都应按技术条件保证加工零件的尺寸和质量。板材、型材应经过辊平、矫直才能用于装配，因为板的初始凹凸度常常降低其压缩塑性稳定性。坡口的装配间隙不可过大，否则不仅增多熔敷金属量，加大变形，而且在埋弧自动焊时，还有可能烧穿。

　　③反变形法　反变形法是根据结构焊后变形情况，预先给出一个方向相反、大小相等的变形，用以抵消结构焊后产生的变形。因而反变形的量化数据应根据经验来确定。

　　图 7-20 为对接接头及工形梁采用弹性或塑性反变形法消除焊接变形的情况。

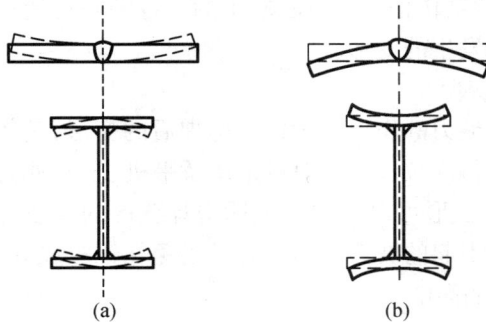

图 7-20　用反变形法减少焊接变形
(a)未作反变形；(b)作反变形
(实线为焊前形状，虚线为焊后形状)

　　④刚性固定法　前面曾讲述过刚性大的构件焊后变形小，采用增加结构刚性的办法，可以减小结构的焊接变形。

　　刚性固定有多种方式，图 7-21(a)所示为薄板焊接时，在接缝两侧放置压铁，并在薄板四周焊上临时点固焊缝，就可以减少焊接之后产生的波浪变形。也可利用焊接夹具增加结构的刚性和拘束。图 7-21(b)为中厚板采用"马板"固定，是对接的两块板在同一水平面上，马板中间的半圆孔对准焊道，给焊接留出空间，图 7-21(c)为利用夹紧器将焊件固定，以增加构件的拘束,防止构件产生角变形和弯曲变形的应用实例。

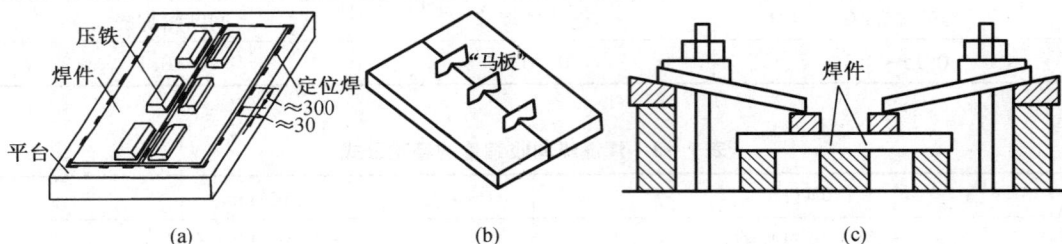

图7-21 刚性固定法减少焊接变形

(a)对接缝旁加压铁;(b)对接缝上加"马板";(c)对接缝上外加"压板"

⑤合理的焊接顺序 当结构装配后,焊接次序对焊接变形的大小和焊缝应力的分布有很大影响。因此,在施工设计时,要按照总体制造方法、结构分段特点及装配的主要顺序,预先制定出焊接顺序。

图7-22所示为拼板焊接次序,原则上应当先焊横向焊缝,后焊纵向焊缝。这样,横向焊缝因横向收缩而产生的单向应力可在纵向焊缝纵向收缩的影响下而减弱。

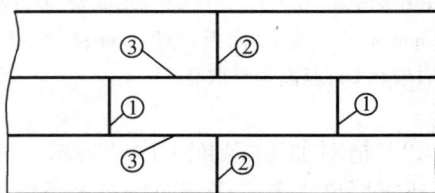

图7-22 钢板拼接焊焊接次序

7.2.2.4 钢结构焊后变形处理

焊接钢结构发生了超出技术要求所允许的变形后,应设法矫正,使之符合产品质量要求。实践表明,很多变形的结构是可以设法矫正的。各种矫正变形的方法实质上都是设法造成新的变形去抵消已经发生的变形。

(1)机械法矫正焊接变形

机械矫正就是利用机械力的作用来矫正结构焊后的变形,其实质是利用机械力将焊接接头区域已经缩短的纤维再次拉长。一般可采用矫平机、压力机或千斤顶来进行,如图7-23所示。矫正薄板的波浪变形可以采取手工锤击焊缝区的方法,使焊缝区得到延伸,从而消除焊缝区因纵向缩短而引起的波浪变形。为了避免在钢板或焊缝表面留下印痕,可在焊件表面垫上平锤,然后进行锤击。

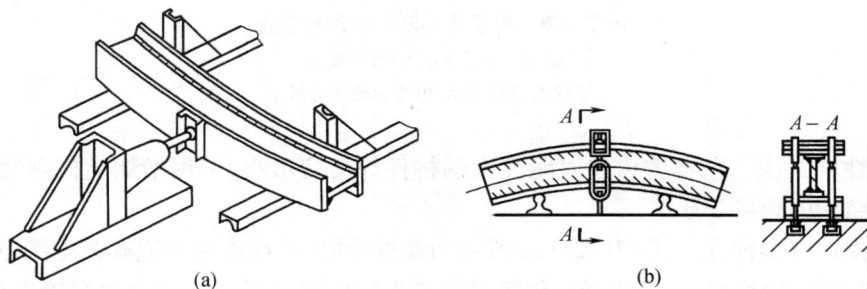

图7-23 工字梁焊后弯曲变形的机械矫正

（2）气体火焰加热矫正焊接变形

火焰矫正又叫"火工矫正"。它是利用氧－乙炔对金属局部加热使它产生新的变形来抵消已经产生的焊接变形。决定火焰矫正效果的因素主要是火焰加热的位置和火焰量，即火焰能率。不同的加热方式可以矫正不同方向的变形。不同加热量可以获得不同的矫正量。一般情况下，热量越大，矫正能力越强，矫正变形量越大。但是重要的是定出正确的加热位置，因为加热位置不恰当，往往会得到相反的结果。

①点状加热　根据结构特点和变形情况，可以一点或多点加热。点状加热造成新的压缩塑性变形区，它的收缩可消除波浪变形。例如船舶上层建筑的焊接变形就常用这种方法矫正。多点加热时，加热点的分布可呈梅花形，见图 7 - 24 所示，也可呈链式密点形。加热点的大小，对厚板来说应大一些，薄板小一些，一般不小于 15 mm，也可按 $d = 4\delta + 10$ mm（加热点直径 d、板厚 δ）计算得出。加热点之间的距离 α 由变形大小决定，变形大，α 小些，变形小，α 大些，一般在 50 ~ 100 mm 之间。为了提高矫正速度和矫正效果，往往加热每一点后就立刻在该点用木锤锻打，或沿加热点周围浇水冷却并锻打。

②线状加热　火焰沿直线缓慢移动或同时作横向摆动，形成一个加热带的加热方式，称为线状加热。线状加热有直通加热、链状加热和带状加热三种形式，如图 7 - 25 所示。线状加热可用于矫正波浪变形，角变形和弯曲变形等。

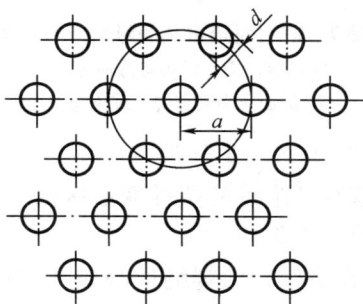

图 7 - 24　呈梅花分布的点状加热

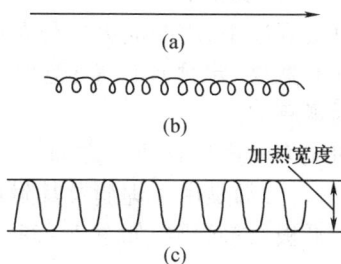

图 7 - 25　线状加热

（a）直通加热；（b）链状加热；（c）带状加热

③三角形加热法　三角形加热即加热区呈三角形。加热部位是在弯曲变形构件的凸缘，三角形的底边在被矫正构件的边缘，顶点朝内。由于三角形加热面积较大，所以收缩量也较大，尤其在三角形底部。这种方法常用于矫正厚度较大、刚性较强的构件的弯曲变形，如图 7 - 26 所示。

（3）机械与火焰综合矫正焊接变形

在有些情况下同时采用机械与火焰两种方式矫正焊接变形可以收到更好的效果。

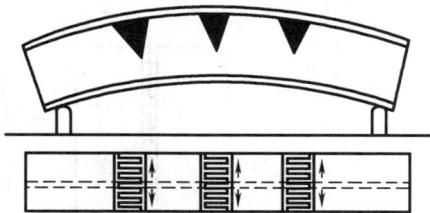

图 7 - 26　三角形加热

7.2.3 焊接残余应力

7.2.3.1 焊接应力的分布

在较为复杂的焊接结构中,焊接应力的分布显然是很复杂的,要想清楚地了解各部位的应力是有许多困难的,但在实际生产中,掌握一些简单接头的应力分布情况,就可以定性地分析由简单接头组成的复杂结构中的应力分布情况,从而避免由于焊接应力过大引起的结构失效。现将对接接头中的应力分布情况介绍如下。

（1）纵向应力的分布

对接接头中纵向应力沿板宽方向的分布如图7-27(a)所示,在焊缝及其附近塑性变形区为拉伸应力,该部分应力往往达到屈服强度,而远离焊缝的母材则为压应力,根据板的宽度不同压应力逐渐减小到零（板边）,或维持某个值,甚至有所增加。纵向应力沿焊缝长度方向的分布如图2-27(b)所示,中段的纵向应力保持为常值,但在焊缝的两端,因受自由边界的影响,应力由常值逐渐趋向于零值。

（2）横向应力的分布

在对接焊缝中,横向应力的分布比较复杂,它与焊件的宽度、定位焊位置、施焊方向、施焊顺序等因素有关。

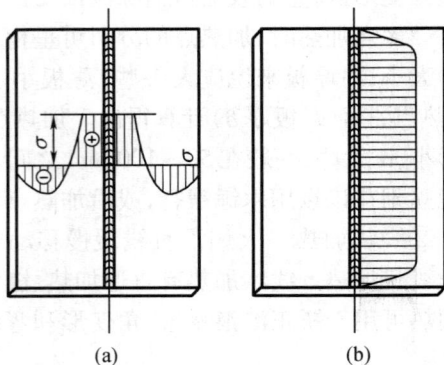

图7-27 对接接头的纵向焊接应力
(a)纵向应力沿板宽方向分布；
(b)纵面应力沿焊缝长度方向分布

横向应力的产生有两个方面。一方面是由于焊缝及其附近的塑性变形区的纵向收缩引起的,另一方面是由于焊缝及其附近塑性区的横向收缩引起的。

对于平板对接焊缝,如图7-28(a)所示,可以假设将钢板沿焊缝中心切开,则两块钢板都相当于在其一侧堆焊一样,焊后边缘焊缝区域将产生纵向收缩,两块钢板将产生向外侧弯曲的变形,如图7-28(b)所示。但实际上,两块钢板是由焊缝连接成一个不可分离的整体的,因此在焊缝两端产生横向压应力,中间部位产生横向拉应力。这就是纵向收缩引起的横向应力。见图7-28(c)所示。

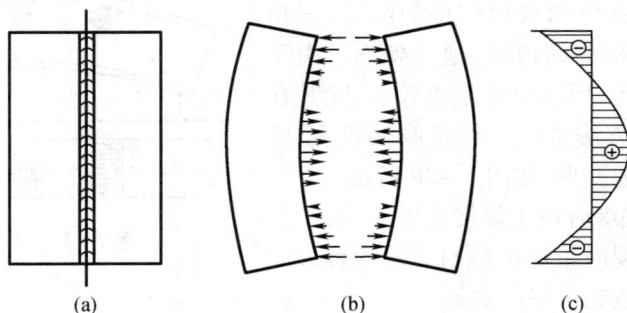

图7-28 纵向收缩引起的横向应力

由于一条焊缝不可能在同一时间内焊完,总有先焊和后焊之分,焊缝全长上的加热时间不一致,同一时间内各部分的受热温度不均匀,膨胀与收缩也不一致,因此焊缝金属受热后就不能自由变形。先焊部分先冷却,后焊部分后冷却,先冷却的部分又限制后冷却部分的横向收缩,这种相互之间的限制和反限制,最终在焊缝中形成了横向应力,如图7-29所示。焊缝末端因为最后冷却,受到拉应力的作用。可见这部分横向应力与焊接方向、焊接方法及焊接顺序有关。图7-30所示为对接焊施焊方向不同,焊缝分段不同,焊后横向焊接应力的分布情况。

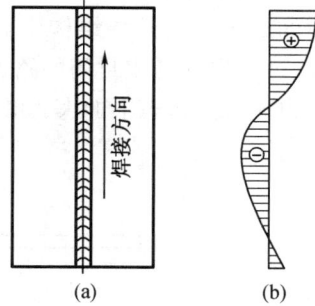

图 7 - 29　横向收缩引起的横向应力

　　上面分析的对接焊缝中的横向应力分布只适用于焊条电弧焊。因焊条电弧焊中,电弧移动缓慢,在焊下一段时,前一段来得及冷却,在埋弧自动焊时,采用的电弧功率较大,并且速度很高,因此沿焊缝在长度方向的加热和冷却相对较均匀。因此,埋弧自动焊中横向应力比焊条电弧焊的小一些,分布也均匀一些。

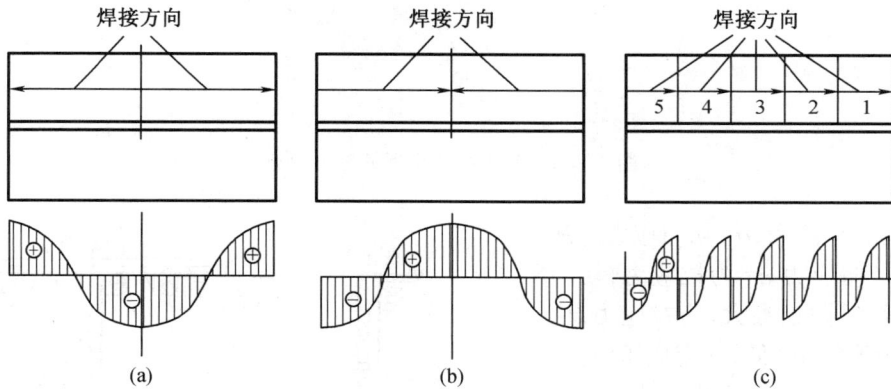

图 7 - 30　不同焊接方法的横向应力分布

　　横向应力分布是由上述两部分应力组成的。对接焊缝横向应力在与焊缝平行的各截面(Ⅰ-Ⅰ,Ⅱ-Ⅱ,Ⅲ-Ⅲ)上的分布大致与焊缝截面(0—0)上的相同,但离开焊缝的距离越远,应力就越低,如图7-31所示。

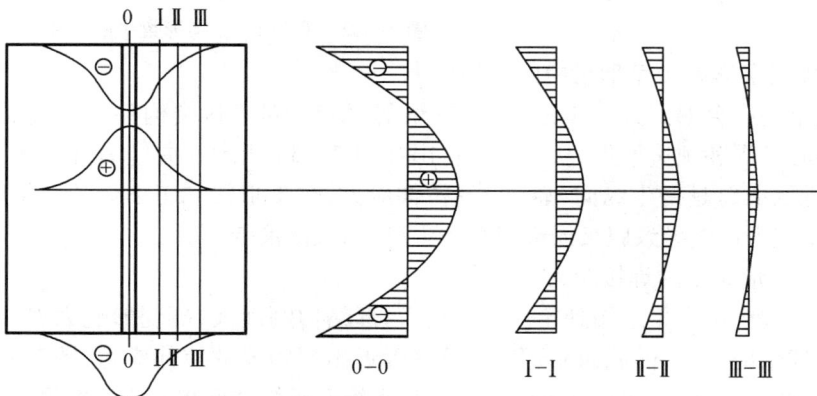

图 7 - 31　横向应力沿板宽方向上的分布

（3）封闭焊缝中的应力

所谓的封闭焊缝是指结构中的人孔、接管孔等四周的焊缝，以及使用圆形补板进行镶板的焊缝，这类焊缝构成封闭回路，故称封闭焊缝。这种焊缝是在较大拘束条件下焊接的，因此内应力比自由状态下的大，如图 7 - 32 所示。

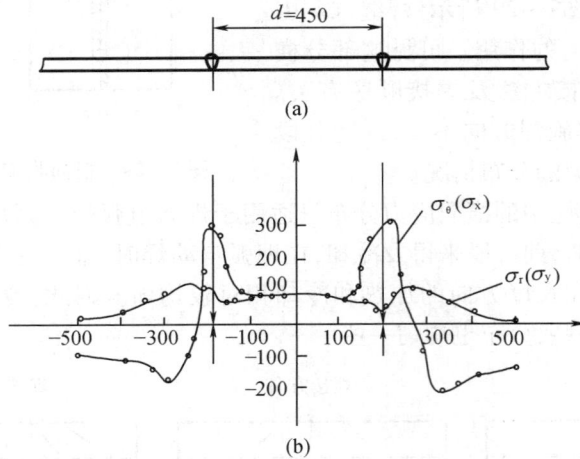

图 7 - 32　封闭焊缝附近的应力分布

σ_r 为径向应力，σ_θ 切向应力。从图可见，径向应力 σ_r 为拉应力，切应力 σ_θ 在焊缝附近最大，为拉应力，由焊缝向外侧逐渐降低，并变成压应力，由焊缝向中心逐渐达到均匀值。封闭焊缝的内部为均匀双向应力场，切向应力与径向应力相等，其数值与环形焊缝的直径有关。直径越小，刚度越大，其中的内应力也越大，所以在焊接人孔、管道接头及修补中都要注意封闭应力的问题。

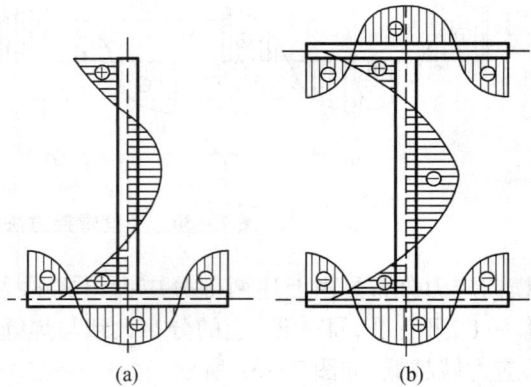

图 7 - 33　T 字形、工字形梁中的纵向应力分布

（4）焊接工字形和 T 字形梁中的焊接应力

在焊接结构中会遇到大量 T 形梁、工形梁的焊接。对于这类构件可将其翼板、腹板分别当作板中心堆焊和板边堆焊，从而可以得出如图 7 - 33 所示纵向应力分布图。一般情况下，焊缝附近区域总是产生纵向（轴向）高拉伸应力，在 T 形梁和工形梁的腹板中则会产生压应力，该压应力可能导致腹板局部或整体失稳，出现波浪变形。

（5）焊接箱形梁中的焊接应力

在现代工程中也大量地用到箱形梁结构，箱形结构刚性大，抗变形能力强，但结构中不可避免存在残余应力，其横截面靠近焊缝及其附近出现明显的拉伸应力，图 7 - 34（a）为箱形梁横截面的纵向应力分布情况，图 7 - 34（b）为箱形梁横截面焊接应力实测分布情况。

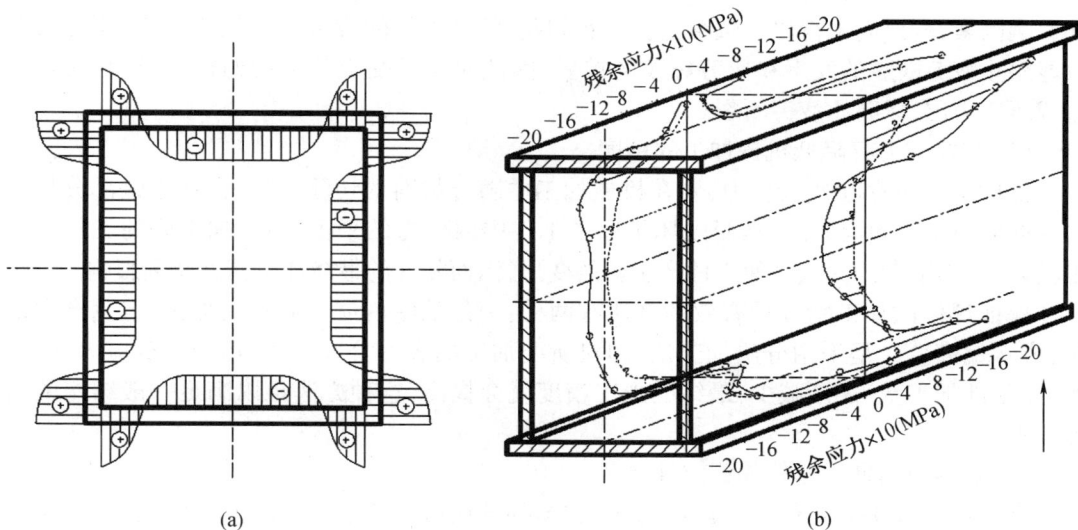

图 7-34　箱形梁中的焊接应力的分布
(a)箱形梁横截面焊接应力；(b)箱形梁横截面焊接应力实测分布

7.2.3.2　焊接应力的影响

(1)焊接应力对构件强度的影响

一般情况下,焊接结构所使用的材料如果塑性较好(如低碳钢、低合金钢等),焊接应力对其静载强度没有不良影响,但焊接应力将消耗材料部分塑性变形的能力。但在低温、动载或腐蚀介质下使材料处于脆性状态时,由于应力不能重新分配或来不及重新分配,随着外力的增加,内应力与外力叠加在一起,材料中的应力峰值增加,一直达到材料的强度极限 σ_b,发生局部破坏,而最后导致整个构件断裂。焊接应力与外力 σ 叠加的情况,如图 7-35 所示。

单向与双向拉伸内应力通常不影响材料的塑性,而三向拉伸内应力的存在,将大大降低材料的塑性。厚大焊件焊缝及三向焊缝交叉点处,都会产生三向焊接拉伸应力,所以要特别注意。

对于由塑性较低的金属材料焊接而成的焊件,由于图 7-35 脆性材料中载荷作用下在受力过程中,无足够的塑性变形,所以在加载过程中,平板中应力分布情况应力峰值不断增加,直到达到材料的屈服极限后发生破坏。由此可知,焊接残余应力对材料呈脆性状态的焊接结构的静载强度是有不利影响的。

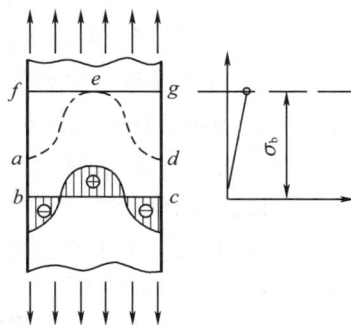

图 7-35　脆性材料中载荷作用下平板中应力分布情况

(2)焊接应力对结构疲劳强度的影响

这是人们广为关心的问题,截至目前为止已进行了大量试验研究,但由于影响因素(诸如结构形式、焊接次序、焊缝截面形状、应力集中程度、焊后是否热处理、疲劳载荷的应力循环特征系数、内应力在外载作用下变化等等)较多,而每项实验仅侧重反映有限个因素的影响,不能包罗全部影响因素,所以尚未得出一致结论。虽然如此,但是大量的疲劳强度试验表明,压应力有可能阻止疲劳断裂的发生和疲劳裂纹的扩展,因此对于承受交变载荷的构件,往往在表面造成压应力层,以防止疲劳断裂。

(3)焊接应力将降低机械加工的精度

工件中如果存在残余应力,则在机械加工中随着材料的切除,原来存在于这部分材料中的内应力也一起消失,这样便破坏了原来工件中内应力的平衡关系,加工好的工件卸去卡具以后,不平衡的内应力使工件产生新的变形,因而零件的最终加工精度受到影响。

保证焊件的加工精度最有效的办法有两种:一是消除内应力后再机加工,但生产周期长,成本偏高。二是采用分层加工法,即对所要加工的表面分层切割,逐步释放应力,分层的厚度(即加工量)逐渐减少,最终的加工精度就会提高,这种方法足以满足一般结构的精度要求。

(4)焊接应力使受压构件稳定性降低

这是由于焊接后构件存在压应力区,在与外载压应力叠加后,压应力便迅速增长达到失稳的临界应力状态,致使结构产生波浪变形。对受焊接压应力作用已产生局部失稳的构件来说,塑性区域不断扩大,而承受压载荷的有效面积不断减少,所以更容易出现失稳的现象。

(5)焊接应力对构件应力腐蚀开裂的影响

应力腐蚀开裂(简称应力腐蚀)是拉应力和腐蚀共同作用下产生裂纹的一种现象。应力腐蚀开裂过程大致可分为三个阶段:第一阶段,局部腐蚀逐渐发展成微小裂纹;第二阶段,微小裂纹在应力和腐蚀的交替作用下,即在应力作用下,形成裂纹新截面,新截面又被腐蚀,这样裂纹不断地扩展;第三阶段,当裂纹扩展到一个临界值时,就在应力的作用下以极快的速度迅速扩展而造成脆性断裂。第三阶段在某些结构中不一定发生,例如容器,当裂纹扩展到一定时候就发生泄漏,而应力不再增加,此时裂纹也可能停止扩展。

由于焊接拉应力降低构件拉应力腐蚀的能力,所以某些海洋工程结构的焊接接头要采用消除应力措施。而有些结构工作应力比较低,本来不会在规定年限内产生应力腐蚀,但是焊接后由于残余应力较大,并和内应力叠加,这就促使焊缝附近很快产生了应力腐蚀。当然消除内应力不是唯一的办法,还可以从防腐和涂装保护等方面采取措施。

7.2.3.3　在焊接过程中调节内应力的措施

在焊接过程中采用一些简单的工艺措施往往可以调节内应力,降低残余应力的峰值,避免在大面积内产生较大的拉应力,并使内应力分布更为合理。这些措施不但可以降低残余应力,而且也可以降低焊接过程中的内应力,因此有利于消除焊接裂纹。在焊接过程中调节结构内应力,有如下主要措施:

(1)采用合理的焊接顺序和方向

尽量使焊缝能自由收缩,先焊收缩量比较大的焊缝。图7-36某构件角接接头中应先焊板的对接焊缝1,后焊角焊缝2,使对接焊缝1能自由收缩,从而减少内应力。

先焊工作时受力较大的焊缝,如图7-37所示,在工地焊接梁的接头时,应预先留出一段翼缘角焊缝最后焊接,先焊受力最大的翼缘对接焊缝1,然后焊接腹板对接焊缝2,最后再焊接翼缘角焊缝3。这样的焊接顺序可以使受力较大的翼缘焊缝预先承受压应力,而腹板则为拉应力。翼缘角焊缝留在最后焊接,则可使腹板有一定的收缩余地,同时也可以在焊接翼缘板对接焊缝时采取反变形措施,防止产生角变形。试验证明,用这种焊接顺序焊接的梁,疲劳强度比先焊腹板后焊翼缘板的高30%。

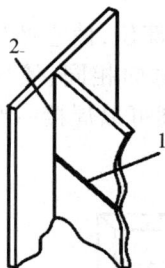

图 7-36　按收缩量大小确定焊接顺序
1—对接焊缝;2—角焊缝

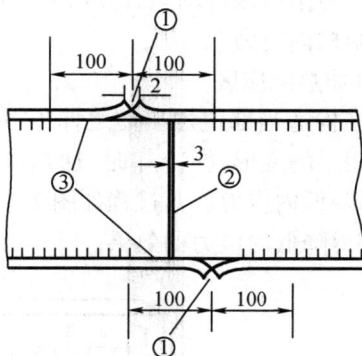

图 7-37　按受力大小确定焊接顺序
1、2—对接焊缝;3—角焊缝

在焊接交叉(不论是丁字交叉或十字交叉)焊缝时,应该特别注意交叉处的焊缝质量。如果在交叉焊缝附近,纵向焊缝的横向焊缝处有缺陷(如未焊透等),则这些缺陷正好位于纵焊缝的拉伸应力场中,如图 7-38 所示,造成复杂的三轴应力状态。此外,缺陷尖端部位的金属,在焊接过程中不但经受了一次焊接热循环,而且由于应变集中的原因,同时又先后受到了比其他没有缺陷地区大得多的挤压和拉伸塑性变形过程,消耗了材料的塑性,对强度大为不利,这往往是脆性断裂的根源。

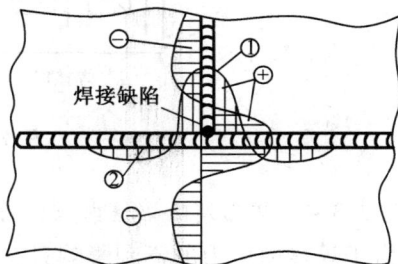

图 7-38　交叉焊缝的应力分布及缺陷

(2)降低局部刚度

在焊接封闭焊缝或其他刚性较大、自由度较小的焊缝时,可以采用反变形法来增加焊缝的自由度,如图 7-39 所示。

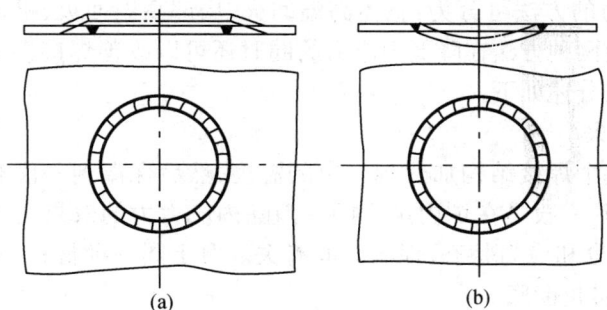

(a)　　　　　　　　　(b)

图 7-39　降低局部刚度减小内应力

（3）锤击或辗压焊缝

每焊一道焊缝用带小圆弧面的风枪或小手锤锤击焊缝区，使焊缝得到延伸，从而降低内应力。锤击应保持均匀、适度，避免锤击过分产生裂纹。采用辗压焊缝的方法，亦可有效地降低结构内应力。

（4）加热减应区

在结构适当部位加热使之伸长，加热区的伸长带动焊接部位，使它产生一个与焊缝收缩方向相反的变形，在冷却时，加热区的收缩和焊缝的收缩方向相同，使焊缝能自由地收缩，从而降低内应力。其过程如图 7-40 所示。利用这个原理可以焊接一些刚性比较大的焊缝，获得降低内应力的效果。

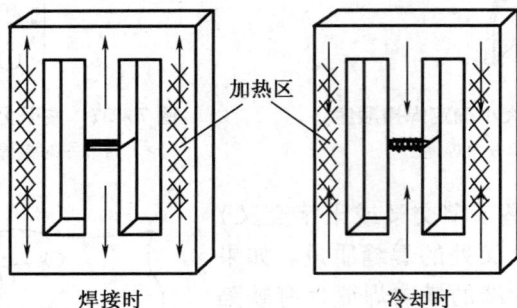

图 7-40 框架断口焊接

7.2.3.4 焊后消除焊接内应力的方法

由于焊接内应力的不利影响只有在一定的条件下才表现出来，例如，对常用的低碳钢及低合金结构钢来说，只有在工作温度低于某一临界值并存在严重缺陷的情况下才有可能降低其静载强度。要保证焊接结构不产生低应力脆性断裂，是可以从合理选材，改进焊接工艺，加强质量检查，避免严重缺陷来解决的，消除内应力仅仅是其中的一种方法。

目前，钢结构常用的消除焊接残余应力的方法是采用焊后热处理——消除应力退火，也就是把焊件整体或局部均匀加热至材料相变温度下其屈服强度降低，使它内部由于残余应力的作用而产生一定的塑性变形，从而使应力得到消除，然后再均匀缓慢地冷却下来，这样，可消除大部分应力，并可改善焊缝热影响区的组织与性能。

焊后消除内应力的方法可分为：整体高温回火、局部高温回火、机械拉伸、温差拉伸以及振动法等几种。前两种方法在降低内应力的同时还可以改善焊接接头的性能，提高其塑性。下面将各种方法分述如下。

（1）整体高温回火

这个方法是将整个焊接结构加热到一定的温度，然后保温到一段时间，再冷却。整体焊后消除应力热处理，一般是在炉内进行的。消除内应力力的效果主要取决于加热温度，材料的成分和组织，也和应力状态，保温时间有关。对于同一种材料，回火温度越高，时间越长，应力也就消除得越彻底。

回火保温时间目前生产中按厚度来确定，厚度越大，保温时间越长。回火处理的费用与回火时间长短有关，从消除内应力的需要看，保温时间并不一定很长。

（2）局部高温回火处理

这种处理的方法是把焊缝周围的一个局部区域进行加热。对于某些构件无法用加热炉加热的,可采用其他方法进行局部热处理,以降低焊接结构内部残余应力的峰值,使应力分布趋于平缓,起到部分消除应力的作用。局部消除应力热处理时,应保证有足够的加热宽度,一般不应小于工件厚度的 4 倍,并且在加热宽度范围内各点应达到规定的温度。在冷却时,应该用绝缘材料包裹加热区域,以降低冷却速度,达到消除焊接残余应力的目的。

由于这种方法带有局部加热的性质,因此消除应力的效果不如整体处理,它只能降低应力峰值,而不能完全消除,但局部处理可以改善焊接接头的力学性能,处理的对象只限于比较简单的焊接接头。局部处理可用电阻、红外、火焰和感应加热（对厚大件,可采用工频感应加热）。消除应力的效果与温度分布、加热区的范围有关。

（3）机械拉伸法（过载法）

通过一次加载拉伸,拉应力区（在焊缝及其附近的纵向应力一般为 σ_s）在外载的作用下产生拉伸塑性变形,它的方向与焊接时产生的压缩塑性变形相反。因为焊接残余内应力正是局部压缩塑性变形引起的,加载应力越高,压缩塑性变形就抵消得越多,内应力也就消除的越彻底。如图 7 - 41 所示中可以比较清楚地看到加载前、加载后和卸载后的应力分布情况。当拉伸应力为 σ_s 时,经过加载卸载,消除的内应力相当于外载荷产生的平均应力。当外载荷使截面全面屈服时,内应力可以全部消除。

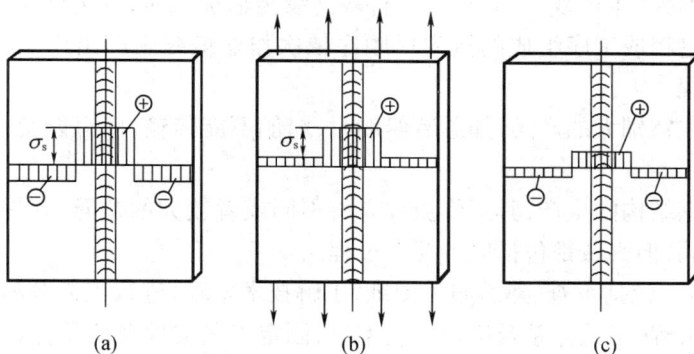

图 7 - 41　加载降低内应力

（a）加载前的内应力分布　（b）加载后的应力分布　（c）卸载后的应力分布

（4）温差拉伸法（又称低温消除应力法）

这个方法的基本原理与机械拉伸法相同,是利用拉伸来抵消焊接时所产生的压缩塑性变形的,所不同的是机械拉伸法利用外力来进行拉伸,而本法则是利用局部加热的温差来拉伸焊缝区。它的具体做法是这样的:在焊缝两侧各用一个适当宽度的氧—乙炔焰炬加热,在焰炬后面一定距离用一个带有排孔的水管喷头冷却,焰炬和喷水管以相同速度向前移动,如图 7 - 42 所示,这样就造成了一个两侧温度高（其峰值约为 200 ℃）,焊缝区温度低（约为 100 ℃）

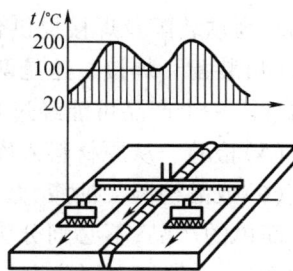

图 7 - 42　温差拉伸法

的温度场。利用温差拉伸这个方法,如果规范选择恰当,可以取得较好的消除应力效果。

（5）振动法

振动法又称振动时效，或振动消除应力法（VSR）。它是将工件（或焊件）在固有频率的作用下，进行数分钟至数十分钟的振动处理，以达到消除残余应力使构件尺寸获得稳定的一种方法。

这种方法的优点是设备简单而廉价，处理成本低，时间比较短，没有高温回火时的金属氧化问题，目前是值得推广的一种高效节能的降低焊接残余应力的方法。

7.3　钢结构焊接生产工艺过程分析

对一个钢结构工程进行焊接工艺过程分析，应首先明确钢结构生产的基本概念和具体加工对象；其次明确其工艺路线，再次明确焊接生产加工条件，最后要明确业主或规模的要求。

7.3.1　钢结构生产的工艺流程和基本工序

7.3.1.1　钢结构的生产工艺流程

钢结构产品在生产车间中通常是由若干个工作位置、若干个工种、若干设施、设备或机械加工逐步完成的。每个工作位置完成其中一道或几道工序。生产同一部件或产品的若干位置排到一起称为"生产线"。在生产工件被连续传输加工时，即为流水生产线。这种由若干个生产加工过程或工序组成的按先后顺序依次作业最终生产出产品的过程称为钢结构生产的工艺流程。

对于特别重或特别大的产品，如总装船舶时，船舶不能传输，而只能交换工种的工人在上面工作。

不同的焊接钢结构的生产，其工作流程有所不同或者较大的差异，其焊接方法、生产条件和过程不会相同，但大致都包括以下几个过程。

（1）生产装备　包括审查、熟悉施工图纸，了解技术要求，进行工艺分析，制定整个焊接钢结构生产工艺流程、工艺体系及确定工艺方法，制定工艺文件及质量保证文件，订购金属材料及辅助材料等。

（2）金属材料预处理　包括材料的验收、分类、储存、矫正、除锈、表面保护处理等工序，其目的是为焊接结构提供合格的原材料等。

（3）备料　包括放样、画线、下料、切割、边缘加工、成型加工、端面加工及制孔等工序，目的是为预装配及焊接提供合格的零件。

（4）装配－焊接　这是两个不同但又紧密相连的工序，包括边缘清理、装配和焊接及坡口清理。一个产品可能经过几次装配－焊接工序。

（5）检验　从原材料入库开始，在每道工序中都应采用不同方式进行不同内容的检验。

（6）成品检验　油漆、做标志和包装。

简单的产品，不必划分为装配－焊接部件，而直接由零件装配－焊接为产品。对较复杂的产品，应该把它划分为若干部件，由几个流水线或几个工作位置将零件再装配－焊接成部件，再将各个部件总装配－焊接为整个产品。分部件制造有利于扩大工作面，简化装配结构、减低工人技术水平要求，提高劳动生产率，协调各工种间的生产节奏。

7.3.1.2   钢结构焊接生产的基本工序

一个生产过程包括若干生产工序,生产工序往往是由一个或若干个操作人员在同一处用相同设备加工同样的产品。其特征是操作人员的动作基本相同,产品的加工方式或加工部位基本相同。

例如上述材料的预处理包括材料的矫正、矫平、除锈等工序。其中矫正就用到调整机、起重机等设备,而相同是生产位置由相同的几个工人完成。

又如,焊接这一生产过程,包括焊材预热,坡口打磨,焊缝焊后清渣,后热等生产工序。焊材预热要求,酸性焊条 $100 \sim 150$ ℃保温 1.5 h,碱性焊条预热 $350 \sim 400$ ℃,保温 2 h。设备是烘干箱,由专人完成。坡口的打磨工序,有专人完成。用电动打磨机焊后清理由焊工兼任。焊后热处理应由专人负责。

一个生产过程在产品的制造中重复,那么相似的基本生产工序也会重复出现。一个好的产品自然离不开好的生产工艺或者有了好的生产工艺,又没有好的生产工序,通常说的"偷工减料"的"工"字就是省去了产品制造中的必要工序或工序达不到规定要求。可见,基本工序是实现产品的基本要求。

7.3.2   钢结构焊接生产的工艺过程

7.3.2.1   钢结构焊接生产工艺过程的基本概念

钢结构焊接制作是从焊接生产的准备工作开始的,它包括结构的工艺性审查、工艺方案和工艺规程设计、工艺评定、编制工艺文件(含定额编制)和质量保证文件、定购原材料和辅助材料、外购和自行设计制造装配 - 焊接设备和装备;然后从材料入库真正开始了焊接结构制造工艺过程,包括材料复验入库、备料加工、装配 - 焊接、焊后热处理、质量检验、成品验收;其中还穿插返修、涂饰和喷漆;最后合格产品入库的全过程。典型的焊接制造工艺顺序,如图 7 - 43 所示,图中序号 $1 \sim 11$ 表示出焊接结构制造流程,其中序号 $1 \sim 5$ 为备料工艺过程的工序,还包括穿插其间的 $12 \sim 14$ 工序,应当指出,由于热切割技术,特别是数字切割技术的发展,下料工序的自动化程度和精细程度大大提高,手工的画线、号料和手工切割等工艺正逐渐被淘汰。序号 6,T 以及 $15 \sim 17$ 为装配—焊接工艺过程的工序。需要在结构使用现场进行装配—焊接的,还需执行 $18 \sim 21$ 工序。序号 22 需在各工艺工序后进行,序号 23,24 表明焊接车间和铸、锻、冲压与机械加工车间之间的关系,在许多以焊接为主导工艺的企业中,铸、锻、冲压与机械加工车间为焊接车间提供毛坯,并且机加工和焊接车间又常常互相提供零件、半成品。

7.3.2.2   钢结构焊接生产工艺过程的基本环节

(1)钢结构焊接生产的准备   准备工作是钢结构制造工艺过程的开始,它包括了解生产任务、审查(重点是工艺性审查)与熟悉结构图样,了解产品技术要求,在进行工艺分析的基础上,制定全部产品的工艺流程,进行工艺评定,编制工艺规程及全部工艺文件、质量保证文件,订购金属材料和辅助材料,编制用工计划(以便着手进行人员调整与培训)、能源需用计划(包括电力、水、压缩空气等),根据需要定购或自行设计制造装配 - 焊接设备和装备,根据工艺流程的要求,对生产面积进行调整和建设等。生产的准备工作很重要,做得越细致,越完善,未来组织生产越顺利,生产效率越高,生产质量越好。

(2)材料管理   材料库的主要任务是材料的保管和发放,它对材料进行分类、储存和保

```
┌───┬──────────────────────┐
│ 1 │ 钢材复检入库、存放与发放 │
└───┴──────────────────────┘
┌───┬─────────┬────────────────────┐
│ 2 │钢材预处理│矫平、矫直、喷丸(喷砂)除锈│
│   │         │涂防护导电漆          │
└───┴─────────┴────────────────────┘
┌────┬────────┐     ┌───┬────────────┐
│ 22 │过程质量检验│    │ 3 │放样、画线、号料│
└────┴────────┘     └───┴────────────┘
                   ┌────┬──────────┐
                   │ 12 │ 标置移置  │
                   └────┴──────────┘
┌───┬──┬─────────────────┐
│ 4 │下料│热切割(气审、等离    │
│   │  │子切割)冲剪下料     │
└───┴──┴─────────────────┘
┌──────────────────┐   ┌────┬──────────────┐
│铸、锻造加工毛坯料    │   │ 13 │边缘、坡口加工(气│
└──────────────────┘   │    │割或切割加工)    │
                       └────┴──────────────┘
┌───┬────────────────┐ ┌────┬──────────────┐
│ 5 │成形(弯曲、冲压、折边)│ │ 14 │孔加工(气割、钻  │
└───┴────────────────┘ │    │铣、冲孔)        │
┌────┬──────────┐      └────┴──────────────┘
│ 24 │机械加工零、  │
│    │配件或产品    │   ┌───┬──────────┐
└────┴──────────┘   │ 6 │部件装配—焊接│
                   └───┴──────────┘
                   ┌────┬────────┐
                   │ 15 │ 预  热  │
                   └────┴────────┘
┌────┬────────┐    ┌───┬──────────┐
│ 21 │整体预装  │    │ 7 │总件配—焊接 │
└────┴────────┘    └───┴──────────┘
┌────┬──────┐      ┌────┬────────────┐
│ 17 │矫形   │      │ 16 │焊后热处理    │
└────┴──────┘      └────┴────────────┘
┌───┬──────┬────────────────┐
│ 8 │成品质检│无损检测、性能试验  │
│   │      │水压和气密性实验等  │
└───┴──────┴────────────────┘
┌───┬──┬────────────────┐
│ 9 │涂饰│喷丸(喷砂)除锈、氧化皮│
│   │  │等酸洗工、涂漆、做标记 │
└───┴──┴────────────────┘
┌────┬──────────┐  ┌────┬──────┐  ┌────┬──────────┐
│ 10 │包装并验收入库│  │ 18 │运 输 │  │ 19 │工地装配—焊接│
└────┴──────────┘  └────┴──────┘  └────┴──────────┘
                  ┌────┬────────┬────────────────┐
                  │ 20 │工地成品质检│无损检测、性能试验  │
                  │    │         │水压和气密性实验等  │
                  └────┴────────┴────────────────┘
┌────┬──────┐
│ 11 │交 货  │
└────┴──────┘
```

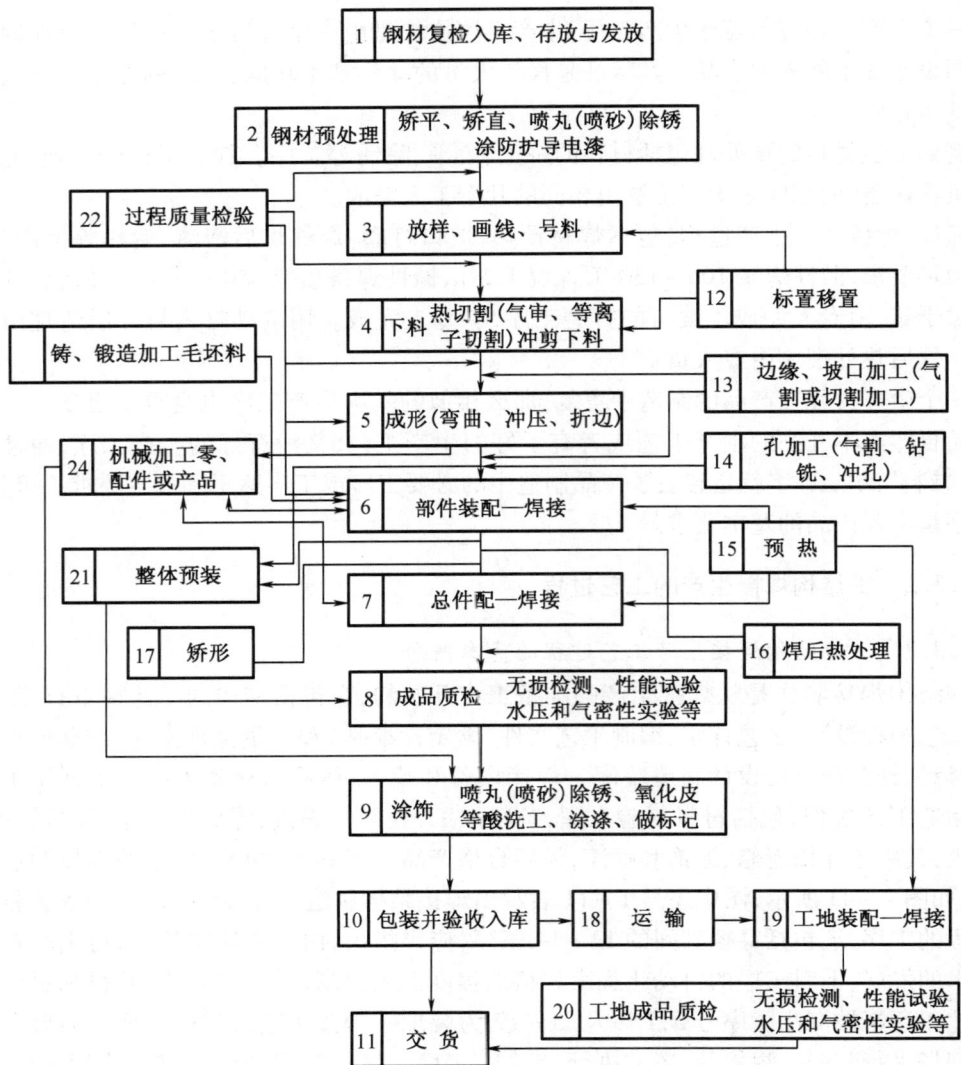

图 7－43　钢结构焊接生产工艺过程

管并按规定发放。材料库主要有两种,一是金属材料库,主要存放保管钢材;二是焊接材料
库,主要存放焊丝、焊剂和焊条。

　　(3)备料　焊接生产的备料加工工艺是在合格的原材料上进行的。首先进行材料预处
理,包括矫正、除锈(如喷丸)、表面防护处理(如喷涂导电漆等)、预落料等。除材料预处理
外,备料包括放样、画线(将图样给出的零件尺寸、形状画在原材料上)、号料(用样板来画
线)、下料(冲剪与切割)、边缘加工、矫正(包括二次矫正)、成形加工(包括冷热弯曲、冲
压)、端面加工、号孔、钻(冲)孔等为装配－焊接提供合格零件的工艺过程。备料工序通常
以工序流水形式在备料车间或工段、工部或事业部组织生产。

　　(4)装配－焊接　该工艺充分体现焊接生产的特点,它是两个既不相同又密不可分的
工序。它包括边缘清理、装配(包括预装配)、焊接。绝大多数钢结构要经过多次装配－焊

接才能制成,有的在工厂只完成部分装配 – 焊接和预装配,到使用现场再进行最后的装配 – 焊接。装配 – 焊接顺序可分为整装 – 整焊、部件装配焊接 – 总装配焊接、交替装焊三种类型,主要按产品结构的复杂程度、变形大小和生产批量选定。装配 – 焊接过程中时常还需穿插其他的加工,例如机械加工、预热及焊后热处理、零部件的矫形等,贯穿整个生产过程的检验工序也穿插其间。装配 – 焊接工艺复杂和种类多,采用何种装配 – 焊接工艺要由产品结构、生产规模、装配 – 焊接技术的发展决定。

(5)焊后热处理 该工艺是焊接工艺的重要组成部分,与焊件材料的种类、型号、板厚、所选用的焊接工艺及对接头性能的要求密切相关,是保证焊件使用特性和寿命的关键工序。焊后热处理不仅可以消除或降低结构的焊接残余应力,稳定结构的尺寸,而且能改善接头的金相组织,提高接头的各项性能,如抗冷裂性、抗应力腐蚀性、抗脆断性、热强性等。根据焊件材料的类别,可以选用下列不同种类的焊后热处理:消除应力处理、回火、正火 + 回火(又称空气调质处理)、调质处理(淬火 + 回火)、固溶处理(只用于奥氏体不锈钢)、稳定化处理(只用于稳定型奥氏体不锈钢)、时效处理(用于沉淀硬化钢)。

(6)检验 该工序贯穿整个生产过程,检验工序从原材料的检验,如入库的复验开始,随后在生产加工每道工序都要采用不同的工艺进行不同内容的检验,最后,成品还要进行最终质量检验。最终质量检验可分为:焊接结构的外形尺寸检查;焊缝的外观检查;焊接接头的无损检查;焊接接头的密封性检查;结构整体的耐压检查。检验是对生产实行有效监督,从而保证产品质量的重要手段。在全面质量管理和质量保证标准工作中,检验是质量控制的基本手段,是编写质量手册的重要内容。质量检验中发现的不合格工序和半成品、成品,按质量手册的控制条款,一般可以进行返修。但应通过改进生产工艺、修改设计、改进原供应等措施将返修率减至最小。

(7)后处理 钢结构的后处理是指在所有制造工序和检验程序结束后,对焊接结构整个内外表面或部分表面或仅限焊接接头及邻近区进行修正和清理,清除焊接表面残余的飞溅,消除击弧点及其他工艺检测引起的缺陷。修正的方法通常采用小型风动工具和砂轮打磨,氧化皮、油污、锈斑和其他附着物的表面清理可采用砂轮、钢丝刷和抛光机等进行,大型焊件的表面清理最好采用喷丸处理,以提高结构的疲劳强度。不锈钢焊件的表面处理通常采用酸洗法,酸洗后再作钝化处理。

(8)涂漆 产品的涂饰(喷漆、作标志以及包装)是焊接生产的最后环节,产品涂装质量不仅决定了产品的表面质量,而且也反映了生产单位的企业形象。

7.3.2.3 钢结构焊接生产工艺过程的基本工序

(1)备料

焊前备料装配是指一个生产阶段,它由若干生产过程组成,关于生产过程前面已经讲过,这些生产过程也是由多个生产工序组成。

①金属材料的储存 在一般大中型工厂中金属材料都储存在金属材料仓库中,小型工厂通常直接储存在焊接车间。焊接结构常用金属材料的加工状态绝大多数是轧制板材和型材。

金属材料应具有出厂的质量保证书,在入库前必须经过严格的检查和验收。合格后存放到专门的金属材料库内。(仓库内、露天、半露天)应分类堆放。仓库内应有纵横方向的通道(有主要和次要通道)。

②金属材料的复验 焊接结构使用的金属材料主要是板材和型材。对重要构件在使

用前应对每一批钢材进行必要的化学成分和力学性能复验。部分材料还检验表面和内部质量(夹层,砂眼),必要时还要作金相组织的复验,以保证符合所规定的要求及质量保证书上的保证要求。

③金属材料的除锈　对于质量要求高的产品,如船舶、锅炉、压力容器、集装箱等。钢材从仓库取出后在各种工序前应除锈,尤其是对露天堆放的钢材,更有必要。

除锈有两种方法;化学除锈和机械除锈。化学除锈就是酸洗,然后进行碱中和,再用热水和清水洗干净,最后进行烘干;机械除锈就是喷丸(砂)除锈。

(2)钢材的矫正

在钢结构的生产过程中,钢材的矫正大致可分为三个,即:第一次矫正(预先矫正)在原材料投入制造结构之前对钢材进行矫正。第二次矫正(中间矫正)对钢材焊接加工时引起的变形进行矫正,以便装配。第三次矫正(成型矫正)对装焊完毕的构件,部件或产品发生的变形进行矫正。

矫正方法有:机械矫正和火焰矫正。机械矫正就是对钢板和型材分别采用钢板矫平机和型材矫正机;火焰矫正就是采用手工和自动火焰加热工艺。

矫正工艺过程操作:调整→放置→开动→调整→矫平。

(3)放样、画线和号料

放样是在制造钢结构件以前,按产品零部件图纸要求,在放样台或电脑上用1∶1的比例尺寸,画出实际零件的平面展开尺寸。现在普遍采用计算机放样。

在钢结构零件构造较为简单时,以及零件或小批量生产时,放样可以在金属材料上直接进行。然后把放样零件的轮廓线用小锤和样冲在金属材料上打上标记,即号料。所画的线就是在钢材上进行零件实际轮廓线的复制,然后在进行号料。

近年来由于计算机绘图技术的发展,放样号料工作可以用计算机来进行,还可以和数控气割机相连,直接下料。

(4)下料及坡口、边缘加工

①下料方法主要有冷加工和热加工,即机械切割和热切割方法,如锯割和气割。

②坡口及边缘加工的方法有两种:熔化切割法和机械加工,如刨、车、铣等机加工。

(5)其他冲压、弯曲及成型等加工

钢结构生产中有许多单一工序,包括冲压、钻孔、折边、弯板,弯曲及成型。可以分冷态和热态成形加工。

①冷加工　采用的主要机械设备:a.四轴弯板机;b.水压机;c.三轴弯板机;d.可移动的三轴弯板机;e.压力机－水压机;f.油压机;g.摩擦压力机;h.曲柄压力机;i.冷冲压和热冲压(冲垂和压型)机。

②热加工　用地炉加热法,水火急冷法,电热高频感应法等方法进行钢结构的成形加工。

(6)焊前清理、焊接、焊后热处理

①焊前清理方法

a.用风动和电动砂轮机,常常采用:i.气铲;ii.针束除锈器;iii.电动砂轮机;iv.气焊火焰清理焊道表面。

b.酸洗,对结构尺寸相对较小的钢结构的零部件可以采用酸洗方法。

c.焊材的储存应按规定要求进行。

d.画线、装配、吊装、定位焊应按工艺规程实施。

②焊接

制定和实施焊接工艺方案,焊接钢结构生产中制定焊接工艺的原则,包括焊接方法的选择,各种主要焊接方法的应用,焊接工艺参数的确定等。在实践中经常采用理论分析与实验研究和实际结合的方法来制定焊接工艺。

③焊后热处理

a.后热　后热是在焊接以后立即加温,并保持一定的时间,然后缓慢冷却。其作用是加速扩散氢的逸出,减低预热温度,有利于焊接操作。

b.焊后热处理(焊后高温回火)　焊后热处理分整体和局部高温回火两种。具体热处理参数可查阅有关资料。

7.4　钢结构焊接工艺方案的制订

7.4.1　编制焊接工艺方案的原则

焊接工艺方案在钢结构焊接生产前拟定钢结构焊接生产方案,内容包括钢结构焊接材料、焊接设备,焊接人员,焊接场地、焊接顺序及其焊接辅助措施等。它对于钢结构的制造安装是十分重要的,尤其是对大型钢结构或重点工程,做好焊接工艺方案对保证钢结构工程的工期和质量,降低制造成本,具有十分重要的意义。编制焊接工艺方案的原则是:

(1)采用现行国家相关标准　掌握在建的钢结构工程所执行的相关标准和规范,包括工程产品规范,施工作业规范,产品质量规范等。

(2)明确钢结构的生产模式　从产品——钢结构生产的要求入手,包括技术要求、经济要求、劳动保护、安全卫生,明确钢结构生产的规模和方式,使确定的工艺方案在保证钢结构质量的同时,充分考虑生产周期、成本和环境保护。

(3)采用主要的设备,胎具及其他工具　根据本企业能力,充分利用现有生产工艺和生产条件,并考虑制造成本的同时,积极采用国内外先进工艺技术和装备,以不断提高工程或产品质量和企业工艺水平及生产能力。根据生产规模确定工艺方案或采用装焊胎架或夹具,以便做到经济性和生产效率的最佳组合。生产规模可以划分为:

①单件小批生产　同一种产品数量很少,产品品种经常变化并且难以确定生产数量。手工焊接量多,成本高;

②成批生产　一段时间内生产一定数量的同一种产品。周期性地轮换生产若干种产品。常用夹具及特种工具;

③大量生产　在相当长的一段时间内生产同一种产品但产量很大。常用专用设备,高效工夹具,工艺装备,机械化操作。

7.4.2　工艺方案设计的程序

根据工艺设计的依据及工艺分析的结论,由主管工艺人员或责任工程师提出几种工艺方案,组织讨论,经过工艺方案论证,确定最佳方案,经工艺主管审核,最后交由工艺师或总工程师批准。

工艺设计需集中集体的智慧,有企业产品或工程研发部门、生产部门、技术工艺部门、安全部门等共同参与,由技术部门责任工程师牵头完成。工艺方案设计的程序,见图7-44。

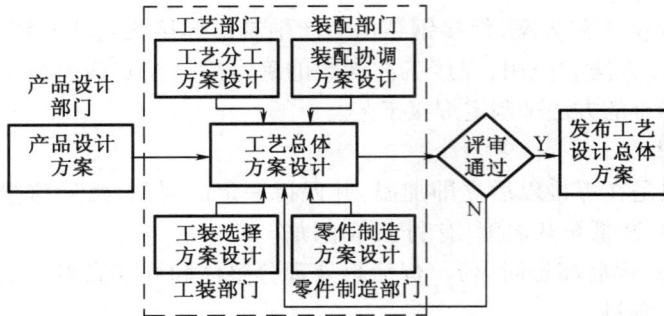

图 7-44 工艺方案设计的程序

7.4.3 焊接生产工艺方案的设计

在生产准备工作中,进行工艺分析,编制工艺方案,是作为指导产品工艺准备工作的依据,除单件小批生产的简单产品外,都应具有工艺方案,它是工艺规程设计的依据。进行工艺分析可以设计出多个工艺方案,进行比较,确定一个最优方案供编制工艺规程和继续进行其他的焊接生产准备工作。因此,在制定工艺方案,编制工艺文件之前,仔细地进行焊接生产全过程的工艺分析是十分重要的。

工艺方案内容根据方案分类还有所不同,由新产品样机试制、新产品小批试制到批量生产,一步步深入,前一阶段的工艺小结是后一阶段工作的基础。

以批量生产为例,其工艺方案主要包括:对小批试制阶段工艺、工装验证情况的小结;工艺关键件质量攻关措施意见和关键工序质量控制点设置意见;工艺文件和工艺装备的进一步修改、完善意见。专用设备或生产自动线的设计制造意见;采用有关新材料、新工艺的意见:对生产节拍的安排和投产方式的建议;装焊方案和车间平面布置的调整意见。

7.4.3.1 钢结构主要节点的焊接工艺方案

现根据工程的结构形式和所用材料规格,介绍几种主要节点的部分焊接接头焊接方法。

(1)节点焊接方案

①BH350×200H 钢腹板对接全熔透双面焊(厚度 8 mm)

焊接位置:平焊。焊接方法:熔化极混合气体保护焊(GMAW)。焊接材料:焊丝 ER50 $-6\phi1.2$;保护气体 Ar80% $+CO_2$20%。焊接电源种类:直流反接。

②BH350×200H 钢翼板对接全熔透双面焊(厚度 12 mm)

a. 焊接位置:平焊。焊接方法:熔化极混合气体保护焊(GMAW)。焊接材料:焊丝 ER50 $-6\phi1.2$;保护气体 Ar80% $+CO_2$20%。焊接电源种类:直流反接。

b. 焊接位置:仰焊、平焊。焊接方法:熔化极混合气体保护焊(GMAW)。焊接材料:焊丝 ER50 -6 $\phi1.2$;保护气体 Ar80% $+CO_2$20%。焊接电源种类:直流反接。

c. 焊接位置:平焊、仰焊。焊接方法:熔化极混合气体保护焊(GMAW)。焊接材料:焊丝 ER50 -6 $\phi1.2$;保护气体 Ar80% $+CO_2$20%。焊接电源种类:直流反接。其中:所有全熔透双面焊,背面均用碳弧气刨清焊根。

③BH350×200H 型钢腹板与翼板的组焊(角焊缝)。

焊接位置:船形平焊。焊接方法:埋弧自动焊(SAW)。焊接材料:焊丝 H08MnAφ4;焊剂 HJ350。焊接电源种类:直流反接。注意:a. 焊接层次为一层一道。b. H 型钢焊后采用"机械"或"氧乙炔焰"矫正。

④150×150×8 方管(竖腹杆与斜腹杆)组焊、带垫板全熔透单面焊。

焊接位置:立焊(向上)。焊接方法:熔化极混合气体保护焊(GMAW)。焊接材料:焊丝 ER50−6 φ1.2;保护气体 Ar80% + $CO_2$20%。焊接电源种类:直流反接。

⑤150×150×8 方管(竖腹杆、斜腹杆)与 BH350×200 H 型钢翼板组焊的单面焊全熔透接头。

焊接位置:平焊。焊接方法:熔化极混合气体保护焊(GMAW)。焊接材料:焊丝 ER50−6φ1.2;保护气体 Ar80% + $CO_2$20%。焊接电源种类:直流反接。

另一焊接位置为仰焊位置,盖面层分两道焊成,焊接规范应适当减少。

以上焊接接头形式有极少部份需在现场安装时焊接,在现场焊接时焊接方法改用焊条电弧焊(SMAW)。

(2)焊接质量要求

①焊缝外观质量应符合 GB50250—2001《钢结构工程施工质量验收规范》标准及工程图样技术文件的有关规定。

②焊缝外观应均匀致密,表面不允许有电弧击伤、裂纹、气孔、夹渣、未熔合、凹坑、未焊满、焊瘤及超标的咬边等焊接缺陷。

③焊缝外形尺寸应符合有关规定,焊缝要与母材表面均匀过渡,同一焊缝的高度、宽度或焊脚高度应均匀一致。

④焊接接头的内部质量及探伤要求,按图样技术文件及相关标准的有关规定执行。

(3)焊缝返修工艺规程

①焊缝的返修工艺规程按已评定合格的焊接工艺编制。

②焊缝经无损探伤发现超标缺陷时,对需要返修的焊接缺陷应当分析缺陷产生原因,提出改进措施,并按焊接工艺编制出返修工艺。经返修的焊缝性能和质量应与原焊缝相同。

③焊缝返修完毕,应按与原焊缝相同的探伤要求和标准进行复探,焊缝同一部位的返修次数不宜超过两次。

(4)焊接环境

①在厂区内制造部分,全部在车间内进行安装、焊接。

②现场安装焊接的环境应满足如下条件:相对湿度≤90%;风速:气体保护焊时≤2 m/s;焊条电弧焊时≤10 m/s。若不能满足以上规定,则应采取适当措施(焊前预热、遮挡等)。下雨天不允许露天施焊作业。

7.4.3.2 大型储油罐焊接施工工艺方案

以内浮顶油罐安装施工顺序为例介绍其焊接制作安装工艺方案。

(1)焊接制作安装工艺方案

目前大型储罐的施工方法主要有正装法、倒装法。其中倒装法又分为水浮倒装法、扒杆倒装、气顶倒装法、液压提升倒装法以及机械提升倒装法等。

①水浮正装法,是适用于大容量的浮船式金属储罐的施工,它是利用水的浮力和浮船

罐顶结构的特点,给罐体组装提供方便,但焊接电缆线较长,高空作业多,安全隐患大。

正装法是将罐壁预先制成的整幅钢板沿罐体设计的圆弧线展开,一边展开,一边焊接,组装顺序是:底板,第一层罐壁,第二层罐壁,⋯⋯ 最顶层罐壁,至罐顶安装,最后附件安装,再水压试验。

②顺装法,顺装法与倒装法相反,自下而上一层层的拼装焊接,同样焊接电缆线较长,高空作业多,安全隐患大。

③液压顶升法(机械倒装法),是倒装法的一种形式,施工成本较高。

④扒杆倒装,同正装法相反,从上到下进行安装;采用机械正装法,将罐壁预先制成的整幅钢板,沿罐体设计的圆弧线展开,一边展开,一边焊接。

⑤充气升顶是罐壁倒装法的另一种形式,它是利用鼓风机向罐内送入压缩风所产生的浮力使上部罐体提升,罐壁有多层板组装而成,组装顺序与液压倒装顶升法相同。

(2)油罐常用施工方法的比较

①一般来说,正装法适用于任何型式的储罐施工,但由于其脚手架工作量大,消耗材料多,焊接电缆线长,线损大,高空作业多,施工效率低,除非是很特殊的情况,已很少采用。

②倒装法的主要优点是减少了高空作业的工作量,从而节约脚手架材料,减少了高空作业,也使工作效率提高,但各种倒装法也各有优缺点。

a. 水浮倒装法一般适用于外浮顶罐,此法是最早施工方法,目前很少采用。

b. 机械提升倒装法一般采用手拉葫芦提升,体积在 1 000 m^3 左右的油罐也有采用立中心柱用卷扬机提升的方式,因受提升重量和手工操作不均匀性的限制,一般仅适用于 5 000 m^3 以下的储罐施工;

c. 气顶倒装法施工机械简单,相对来说施工费用较低,但由于受其风机的风压限制,一般 5 000 m^3 以下的储罐的施工,不宜采用气顶倒装法。从理论上说,储罐体积越大,其单位面积分布的质量就越小,采用气顶倒装法施工应该越容易,但由于气顶时其顶升速度需要人工控制,各方向的偏差需要人工调节,储罐越大,需要参与调节的人手越多,互相的配合越困难,施工危险性越大,因此,20 000 m^3 以上的储罐施工,也很少采用气顶倒装法。

d. 液压提升倒装法介于几种施工方法之间,其特点一是适应范围广,理论上可适用于任意大小的储罐;二是操作控制简单、可靠、危险性小,因此已经越来越多的被采用,其主要缺点是目前成套设备价格较贵,设备购置一次性投入较大。

(3)油罐施工方法的论证

通过上述几种储油罐焊接施工方案的比较,可以结合施工企业的实际来取舍。

一般正装法,效率低,应舍去。倒装法,在批量施工的前提下,宜采用液压倒装法施工技术;在单件施工的条件下,宜采用机械提升倒装法施工。如果是中小型储油罐采用气体顶升技术,比较合适。

(4)焊接方法的选用

①焊条电弧焊　　主要用来装配定位。

②埋弧自动焊　　主要用来拼接钢板。

③气体保护焊　　主要使用 CO_2 气体保护焊,用来焊接油罐各种空间位置的焊缝。

④气电立焊　　主要用来焊接油罐壁板的垂直位置的对接焊缝。

焊接方法的选用应与油罐的施工方法相适应,必要时增设焊接辅助装置,或现场设计及制造,以满足油罐制作工艺的要求。

7.4.4　焊接施工(生产)工艺方案的论证

（1）工艺方案的论证概念

焊接施工(生产)工艺方案论证就是将几种预先设计的焊接施工工艺方案在经济性、安全性、可操作性及技术的先进性等方面进行比较,选出最佳的焊接施工工艺方案。

（2）焊接专项方案编制审查程序

焊接施工(生产)工艺方案对于大型钢结构工程或相关重点工程是属于专项施工工艺方案,同时需要报上级审核批准的,其程序见图7-45。

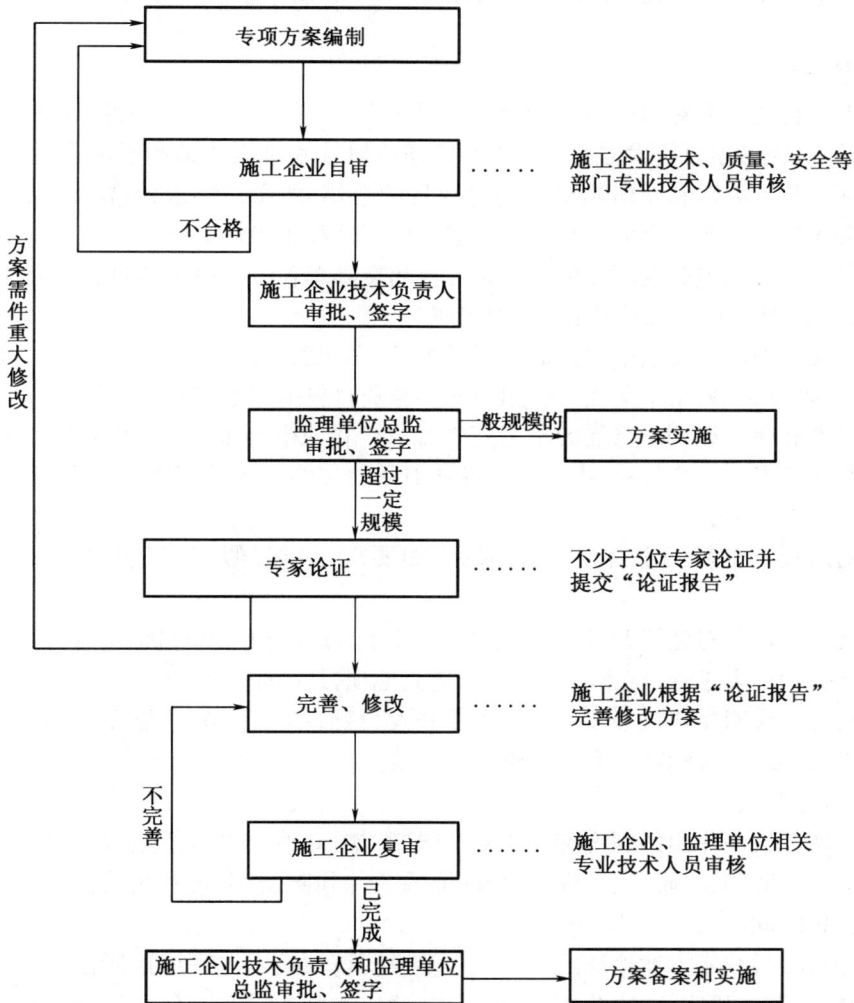

图7-45　专项方案编制审查程序

（3）焊接专项方案编制格式和内容

①封面　包括项目名称、项目承担部门、撰写人签名、完成日期、本文档使用部门、主管领导签名、项目组签字、维护人员、用户、文档验交组签名、验交日期、评审负责人签名、评审日期等。

②目录　包括:1. 引言 1.1. 编写目的 1.2. 背景 1.3. 定义 1.4. 参考资料 2. 技术方案的前提 2.1. 要求 2.2. 目标 2.3. 假定和限制 2.4. 进行技术可行性分析的方法 2.5. 评价准则 3. 对现有系统的分析 3.1. 现状分析 3.2. 局限性 4. 建议的系统技术方案 4.1. 技术方案概述 4.2. 系统工作流程 4.3. 改进之处 4.4. 影响 4.5. 局限性 4.6. 技术方案的可行性分析 4.6.1. 总体分析 4.6.2. 技术方案中采用的成熟技术 4.6.3. 技术方案中采用的新技术 4.6.4. 技术方案中需要进行预研的子项 5. 其他可选择的系统技术方案 5.1. 可选择的系统技术方案 1.5.2. 可选择的系统技术方案 2. 5.n. 可选择的系统技术方案 n。6. 系统技术方案评价 7. 已选系统方案的技术风险分析 7.1. 技术风险识别 7.2. 技术风险估计 7.3. 技术风险评价 7.4. 技术风险管理与监控 7.5. 预研子项的研究结果分析 8. 结论。

③内容　包括:

1. 引言

1.1. 编写目的　在对《项目委托开发合同》或《立项任务下达书》项目现状及用户需求研究的基础上,提出项目技术方案。如果必要还应对技术难点或某些子项进行预研。针对所选定的项目技术方案和预研结果分别对项目的总体、所采用的成熟技术与新技术、预研结果进行分析以论证所选择的项目技术方案的可行性和正确性。

1.2. 背景　说明该开发项目的;a. 提出者和交办单位;b. 提出经过;c. 承办单位; d. 项目名称;e. 产品的用户、前期用户、最终用户。

1.3. 定义　列出本文档中用到的专门术语、定义和缩略词。

1.4. 参考资料　列出本文档中引用到的参考资料包括作者、来源、编号、标题、

出版日期和保密级别。可能的参考资料如:a. 立项申请报告、市场需求报告;b. 属于本项目的其他已发表的文件;c. 本文件中各处引用的文件、资料包括所需用到的技术标准。

2. 技术方案的前提

说明对所提出的项目技术方案的前提,如要求、目标、假定、限制、进行方法和评价准则。

2.1. 要求　说明对建议开发的项目的基本要求,如:a. 功能和性能;b. 输入与输出;c. 在安全与保密方面的要求;d. 同本项目相连接的其他项目;e. 完成期限。

2.2. 目标　说明所建议开发项目的主要开发目标,如:a. 提高功能和性能;b. 提高生产和开发水平;c. 提高经济效益,d. 改进管理和决策。

2.3. 假定和限制

说明这次开发中作出的假定和所受到的限制,如:a. 整个项目的运行寿命;b. 进行项目方案选择比较的时间;c. 硬件、软件、运行环境的条件和限制;d. 可利用的信息和资源;e. 项目的预计交付时间。

2.4. 进行项目技术方案论证的方法　主要说明该项技术方案论证所使用的基本方法、策略和工具,如调查研究、层次分析、分析模型、确定准则或进行预研,以及所使用的新技术和预研工具等。

2.5. 评价准则　说明进行技术方案论证,特别是评价多个备选项目技术方案时所使用的评判准则,如项目的应用前景、项目概念的技术特点、质量要求、开发时间的长短、技术资源有无保障、开发设备是否可用、接口是否合理及使用中的难易程度等。

3. 对现有项目的分析　现有项目是指当前实际使用的项目,包括产品和技术。这个项目可能是计算机项目,也可能是机械项目,甚至是人工项目。分析现有项目的目的是为了

进一步阐明开发新项目或修改现有项目的必要性。

3.1. 现状分析　说明现有项目运行的基本现状。

3.1.1. 基本原理和工作流程

3.1.2. 现有项目所承担的工作及工作量

3.1.3. 为运行和维护现有项目所需要的人员的专业技术类别和数量

3.1.4. 现有项目所使用的各种设备。

3.2. 局限性　列出本项目主要的局限性,分析硬件、软件和技术的现有功能和性能等方面的不足之处和相应后果。并且要说明,通过对现有项目的改进性维护已经不能解决问题的原因。

4. 建议的项目　建议的项目是指建议开发的产品项目或新技术。

4.1. 建议的项目的概述　概括介绍建议的项目。并说明在第 2 章中列出的那些要求以及所使用的基本原理、工作方法。

4.2. 项目工作流程给出建议的项目的工作流程。

4.3. 改进之处按 2.2 节中列出的目标,逐项说明建议的项目相对于现有项目的改进之处。

4.4. 影响　说明在建立建议的项目时,预计会带来的影响,包括:a. 对原有项目的影响,如原有硬件、软件、开发工具和技术等方面必需的变动:b. 对用户单位机构设置、人员的数量和技术水平等方面的变动要求;c. 建议的项目对运行过程的影响,如用户的操作规程、项目失效的后果及恢复的处理办法;d. 对开发的影响,如:为了支持建议的项目的开发,用户需进行的工作,为了开发和测验建议的项目而需要的资源所涉及的保密与安全问题。

4.5. 局限性

4.6. 统技术方案的可行性分析

4.6.1. 总体分析说明技术方案总体可行性,如:a. 原理和方法的合理性、适宜性以及先进性;b. 对开发人员的数量和质量的要求能否满足;c. 在 2.3 节所述的限制条件下,该项目的目标能否达到;d. 在规定的期限内,本项目的开发能否完成。

4.6.2. 项目技术方案中采用的成熟技术、罗列项目技术方案所采用的成熟技术、以说明项目技术方案是否可行。

4.6.3. 项目技术方案中采用的新技罗列项目技术方案所采用的新技术,说明这些新技术的可靠性和可用性,以说明项目技术方案是否可行。

4.6.4. 项目技术方案中需要进行预研的子项,罗列项目技术方案需要预研的技术难点和子项,罗列并分析预研结果,以说明项目技术方案是否可行。

5. 可选择的其他项目方案

5.1. 可选择的项目方案 1 参照第 4 章的提纲,简要说明可选择的项目方案。

5.2. 可选择的项目方案 2 按类似 5.1 节的方式说明第 2 个乃至第 n 个可选择的项目方案。

6. 项目方案评价　按 2.5 节所列出的评价准则,对所提出的各个项目方案进行综合评价。以说明第 4 章所列方案的技术可行性。以及第 5 章所列方案未被选用的原因。

7. 已选项目技术方案的技术风险分析,对于第 4 章所提出的项目技术方案进行技术风险分析,以避免实际开发可能造成的重大损失。

7.1. 技术风险识别　说明与所选技术方案相关的技术风险,如:a. 是否有类似的开发经验;b.项目的目标是否太高;c.开发人员是否能达到开发要求;d.开发设备是否能满足项目开发目标。

7.2.技术风险估计　说明技术风险发生的可能性及对项目开发的影响。

7.3.技术风险评价　定义一定的技术风险水平超过该技术风险水平将导致项目终止。

7.4.技术风险管理与监控　说明技术风险避免和监控措施以及意外事件的处理计划。

7.5.预研子项的研究结果分析　对预研的结果进行分析说明技术风险是否可以克服。

8.结论　根据上述分析,对所提出的项目技术方案作出技术上是否可行的结论。结论可以是以下四种之一:a.项目技术方案可行;b.需要推迟某些条件,例如技术、人力、设备等,落实之后才能开始进行;c.需要将项目目标分解,分阶段完成项目子目标后,再实现项目全部目标;d.需要对项目目标进行某些修改之后才能开始进行。

7.5　钢结构焊接工艺的编写

7.5.1　钢结构结构焊接工艺(WPS)

7.5.1.1　钢结构结构焊接工艺文件

(1)钢结构结构焊接工艺文件的基本概念

钢结构的焊接工艺通常是指焊接工艺规程(WPS:Welding Procedure Specification)简称焊接工艺,它包括广义的焊接工艺和狭义的焊接工艺。广义的焊接工艺是指从钢结构的焊接施工开始,直到下料,装配,焊接等制作全过程的焊接加工制作工艺,制定该项焊接工艺有利于从源头抓起,保证钢结构工程的焊接质量。狭义的焊接工艺是指焊接接头的焊接工艺,制定该项工艺有利于保证重点或关键部位的焊缝质量,对于提高焊接产品(或工程)的质量具有重要意义。

(2)钢结构焊接工艺文件的作用

①工艺规程是指导生产的主要技术文件;

②工艺规程是生产组织和生产管理的基础依据;

③工艺规程是设计新厂或扩建、改建旧厂的基础技术依据;

④工艺规程是工厂的技术档案;

⑤工艺规程是交流先进经验的桥梁。

(3)钢结构焊接工艺文件的主要内容

钢结构焊接工艺文件是钢结构焊接工程的指导文件,主要内容包括:

①工程概况;

②焊接重点、难点和对策;

③焊接接头的形式;

④焊接坡口的形式;

⑤母材材质和规格;

⑥焊接材料的品种、牌号和规格;

⑦焊接材料的烘焙要求;

⑧焊接接头的组装要求;

⑨预热要求;

⑩层间温度控制要求；

⑪后热(去氢)要求；

⑫焊后热处理要求；

⑬各层焊接工艺参数，可列表；

⑭防止焊接变形的措施；

⑮消除焊接应力的措施和矫正焊接变形的方法；

⑯焊缝外观检查要求；

⑰焊缝无损检测方法和要求；

⑱焊接试板的检查，实验要求；

⑲其他。

7.5.1.2　钢结构焊接工艺文件的基本要求

(1)工艺文件的基本要求

钢结构结构焊接工艺文件的基本要求和其他技术文件一样，要有完整的格式要求、内容要求。钢结构焊接工艺文件是根据设计文件、图纸及生产定型样机，结合工厂实际，如工艺流程、工艺装备、工人技术水平和产品的复杂程度而制定出来的文件。它以工艺规程(即通用工艺文件)和专项工艺文件的形式，规定了实现设计图纸要求的具体加工方法。工艺文件是工厂组织、指导生产的主要依据和基本法规，是确保优质、高产、多品种、低消耗和安全生产的重要手段。

①工艺文件要有统一的格式、统一的幅面，图幅大小应符合有关标准，并应装订成册，配齐成套。

②工艺文件的字体要正规、书写要清楚、图形要正确。工艺图上尽量少用文字说明。

③工艺文件所用的产品名称、编号、图号、符号、材料和元器件代号等，应与设计文件一致。

④编写工艺文件要执行审核、会签、批准手续。

⑤施工图尽量采用1:1的图样，并准确绘制，如不能采用1:1的比例，应放样。以便于直接按图纸制作实际结构。

⑥安装图可不必完全按实样绘制，但基本轮廓应相似，安装层次应表示清楚。

⑦装配图中的节点部位要清楚，连接线的接点要明确。

(2)工艺文件的格式

将工艺规程的内容，填入一定格式的卡片，即成为生产准备和施工依据的工艺文件。常用的工艺文件格式有下列几种。

①综合工艺过程卡片　这种卡片以工序为单位，简要地列出了整个零件加工所经过的工艺路线(包括毛坯制造、机械加工和热处理等)，它是制定其他工艺文件的基础，也是生产技术准备、编排作业计划和组织生产的依据。

在这种卡片中，由于各工序的说明不够具体，故一般不能直接指导工人操作，而多作生产管理方面使用。但是，在单件小批生产中，由于通常不编制其他较详细的工艺文件，而是以这种卡片指导生产。

②机械加工工艺卡片　是以工序为单位，详细说明整个工艺过程的工艺文件。它是用来指导工人生产和帮助车间管理人员和技术人员掌握整个零件加工过程的一种主要技术文件，广泛用于成批生产的零件和小批生产中的重要零件。

③机械加工工序卡片　机械加工工序卡片是根据工艺卡片为每一道工序制订的。它更详细地说明整个零件各个工序的加工要求,是用来具体指导工人操作的工艺文件。在这种卡片上,要画出工序简图,注明该工序每一工步的内容、工艺参数、操作要求以及所用的设备和工艺装备。

④工序简图　就是按一定比例用较小的投影绘出工序图,可略去图中的次要结构和线条,主视图方向尽量与零件在机床上的安装方向相一致,本工序的加工表面用粗实线或红色粗实线表示,零件的结构、尺寸要与本工序加工后的情况相符合,并标注出本工序加工尺寸及上下偏差,加工表面粗糙度和工件的定位及夹紧情况。用于大批量生产的零件。

⑤焊接规格表　是将钢结构的焊接规格列入一个统一的表格便于查阅和执行。在船舶焊接工艺文件中常常采用此种文件形式。

（3）钢结构焊接工艺文件编写步骤

钢结构焊接工艺文件编写步骤应严格按下列步骤完成:

①技术准备;

②工艺过程分析;

③拟定工艺路线;

④编写焊接工艺规程;

⑤审核。

实际实施中应结合工程项目的要求和项目多方的要求来实施。

（4）典型钢结构的工艺文件的基本要求

编写批量生产工字钢焊接工艺的基本要求(工字钢材质:Q345,规格:盖板 300×20 ,腹板 750×12 ,长度 15 m)。

①结构代号及简图;

②结构尺寸及公差要求;

③生产地点及运输(生产场地、装配地点、运输方式等);

④焊接工艺与方法;(焊接方法及焊接程序的确定;焊接规范的确定;焊接变形的调整。)

⑤焊接检验方法;

⑥焊接质量要求;

⑦交接手续等。

7.5.2　钢结构焊接工艺评定 PQR

焊接工艺评定是通过对焊接接头的力学性能或其他试验证实焊接工艺规程的正确性和合理性的一种程序。

焊接工艺规程是否能提供合乎技术要求的焊接接头,需要通过焊接工艺评定或焊接试验来确定。重要的钢结构如压力容器、锅炉、能源与电力设备的金属结构、桥梁、船舶、重要的建筑结构等,在编制焊接工艺规程之前都要进行焊接工艺评定。

7.5.2.1　焊接工艺评定的程序

了解应进行焊接工艺评定的结构特点和有关数据,如材质、板厚(管壁厚度)、焊接位置、坡口形式及尺寸,是否规定了焊接方法等。确定出应进行焊接工艺评定的若干典型接头,避免重复评定或漏评。

（1）在工艺分析的基础上，由焊接工程师（工艺主管）拟订焊接工艺，编制接工艺评定指导书，其内容有母材的钢号、分类号和规格；接头形式、坡口及尺寸；焊接方法、焊接参数及热参数（预热、后热及焊后热处理参数）；焊接材料（包括焊条、焊丝、焊剂、气体等）；焊接位置（立焊、还包括焊接方向）以及包括焊前准备、焊接要求、清根、锤击等在内的其他技术要求等，还应有编制的日期、编制人、审批人的签字和文件的编号。

（2）焊接试件应按标准规定的图样，选用材料并加工成符合标准的待焊试件。

（3）焊接工艺评定所用的设备、装备、仪表应处于正常工作状态，焊工必须是本企业操作技术熟练的持证焊工。

（4）试件焊接是焊接工艺评定的关键环节之一，除要求焊工按焊接工艺评定指导书的规定认真操作外，还应有专人做好实焊记录，它是现场焊接的原始资料，是焊接工艺评定报告的重要依据。

（5）用焊好的试件加工试样，并进行试样的性能试验。

（6）在各项检测试验结束、试验报告汇集之后进行总结，编制"焊接工艺评定报告"。

7.5.2.2　焊接工艺评定的规则

焊接工艺评定工作是企业重要的质保活动，因此必须规范化。我国已制定了多种焊接工艺评定标准，它们是劳动部发 1996（276）号文《蒸汽锅炉安全技术监察规程》，部颁标准 JB4420—89《锅炉焊接工艺评定》及 JB4708—2000《钢制压力容器焊接工艺评定》以及 JB/T696393—1993《钢制件熔化焊工艺评定》以及 JCJ81—2000《建筑钢结构焊接技术规程》。这些标准基本上都是按照美国锅炉与压力容器法规第九卷《焊接与钎焊评定》编制的。我国至今尚未专为钢结构制定焊接工艺评定标准，目前钢结构焊接工艺评定规则主要依据美国焊接协会 AWS 发布的 ANSI/AWS D1.1－96《钢结构焊接法规》有关章节的规定。

按照 AWS"钢结构焊接法规"，可将焊接工艺规程分为两大类，一类是免作评定的焊接工艺规程，或称通用焊接工艺规程，只要规程的各项内容均在法规规定的范围之内，该焊接工艺规程可以免作焊接工艺评定试验。另一类焊接工艺规程，必须按法规的有关规定作焊接工艺评定试验，以证明该工艺规程的正确性。这类焊接工艺规程规定的下列各重要工艺参数只要有一项超出了法规容许的范围，必须重作焊接工艺评定。

（1）焊接方法　法规容许钢结构生产中采用焊条电弧焊、埋弧焊、熔化极气体保护焊、钨极氩弧焊、药芯焊丝电弧焊、电渣焊和气电立焊等焊接方法。从一种焊接方法改用另一种焊接方法，或每种焊接方法的重要工艺参数的变化超过原评定合格的范围，需对该焊接工艺规程作评定试验。

（2）母材金属　如钢结构焊接部件所用的母材金属不是法规认可的钢材，则与该种钢材有关的焊接工艺规程应做工艺评定。

（3）焊接填充金属和电极　焊接填充材料强度级别的提高，从低氢型焊条改成高氢型焊条或改用非标准焊条、焊丝或焊丝－焊剂组合的变动，在钨极氩弧焊中，增加或取消填充丝，从添加冷丝改成添加热丝或反之，钨极直径的改变以及采用非标准钨极，在埋弧焊中添加或取消附加铁合金粉末或粒状填充金属或焊丝段，增加其添加量以及采用合金焊剂时，焊丝直径的任何变更，以及在各种机械和自动焊接法中焊丝根数的变化等均视作焊接工艺重要参数的改变，均应作焊接工艺评定。

在电渣焊和气电立焊中，填充金属或熔嘴金属成分的重要变化，熔池挡板从金属型改成非金属型或反之，从可熔挡板改成不可熔挡板或反之，实心的非熔挡板任何横截面尺寸或面积的减小大于原有挡板的 25%,实心的非熔挡板改为水冷挡板或反之,熔嘴金属芯横截面的变化大于 30%,加焊剂方式的改变(如由药芯改为磁性焊丝或外加焊剂),焊剂成分包括熔嘴涂料成分的改变,焊剂配料成分大于 30% 等均为重要工艺参数。上列重要参数超过规定范围应做工艺评定。

(4)预热和层间温度 法规按钢种和板厚规定了最低的预热温度和层间温度。如预热温度和层间温度降低值超过下列规定,则应通过工艺评定试验。对于焊条电弧焊、埋弧焊、熔化极气体保护焊和药芯焊丝电弧焊为 14 ℃;对于钨极氩弧焊为 55 ℃。对于要求缺口冲击韧度的焊接接头,层间温度不应比规定值高 55 ℃以上。

(5)焊后热处理 对于法规认可的常用弧焊方法焊接的接头,增加或取消焊后热处理,对于电渣焊和气电立焊接头,改变焊后热处理的加热温度范围及保温时间,均应做工艺评定试验。

(6)焊接电参数 重要的焊接电参数包括焊接电流、电流种类和极性,熔滴过渡形式、电弧电压、焊丝送进速度、焊接速度和热输入量。这些参数的变量如超过下列容许极限,则应作焊接工艺评定试验。其中每种直径焊条或焊丝的变化,对于焊条电弧焊不应超过焊条制造厂所推荐的上限值。对于埋弧焊、熔化极气体保护焊和药芯焊丝电弧焊不应超过原评定值的 10%。对于钨极氩弧焊不应超过 25%。埋弧焊焊接时,当使用合金焊剂或焊接淬火–回火钢时,电流种类和极性的变化以及熔化极(包括药芯焊丝)气体保护焊时熔滴过渡形式的变化均被看作重要参数。电弧电压的变量对于焊条电弧焊不应超过焊条制造厂推荐的上限值。对于埋弧焊、熔化极气体保护焊不应超过 7%;对于钨极氩弧焊不应超过 25%。对于各种机械焊接方法,焊丝的送进速度不应大于原评定值的 10%。在不要求控制热输入量的情况下,焊接速度的变量对于埋弧焊、熔化极气体保护焊和钨极氩弧焊相应不得超过 15%,25% 和 50%。当要求控制热输入量时,增加值不应超过原评定值的 10%。对于电渣焊和气电立焊,焊接电流的增或减不应超过 20%,电压值增或减不应大于 10%,焊丝送进速度的变化不超过 40%,焊接速度的增或减不大于 20%。

(7)保护气体 在各种气体保护焊中,保护气体从一种气体改为另一种保护气体或改用混合气体,或改变混合气体的配比或取消气体保护,或使用非标准保护气体均看作是重要参数的改变。对于熔化极气体保护焊,药芯焊丝电弧焊和钨极氩弧焊,保护气体总流量如相应增加 20%、超过 25% 和 50%,或相应减少 10% 超过 20%,则需通过焊接工艺评定试验。对于气电立焊,保护气体总流量变化的容限比为 25%,采用混合保护气体时,任何一种气体混合比的变化不应大于总流量的 5%。

(8)坡口形式和尺寸 坡口形式的改变,例如从单 V 形改成双 V 形,从直边对接改成开坡口,或坡口的截面积的增加或减小比原评定尺寸值大于 25%,或取消背面衬垫以及坡口尺寸的变化,即坡口角减小、间隙减小和钝边增加超过了法规有关条款规定的容限值,则需作焊接工艺评定试验。但全焊透开坡口接头的工艺评定适用于所有通用焊接工艺规程所采用的各种坡口,包括局部焊透开坡口的接头形式。

(9)焊接位置 焊接工艺评定试验的焊接位置分平焊、立焊、横焊和仰焊,工艺评定焊接位置只适用于相对应的产品焊接位置。从一种焊接位置改成另一种焊接位置需通过焊接工艺评定。电渣焊和气电立焊时,接头垂直度偏差不应大于 10°。焊条电弧焊和气体保护焊立焊时,焊接方向从向上立焊改成向下立焊或反之,亦应看作重要工艺参数的变动。

(10)母材金属的规格 母材金属的规格对于板结构只考虑母材金属厚度,对于管结构应同时考虑管径和壁厚。当采用全焊透开坡口焊缝进行工艺评定试验时,对于板材接头,试板厚度小于 25 mm,其适用范围为 30 mm ~ 2 t(t 为试板厚度),试板厚度如大于 25 mm,其适用范围的上限不受限制。对于管材接头试件的规格分两种,一种名义直径小于 610 mm,另一种是大于 610 mm,适用的产品焊件外径为等于和大于试件管径的所有规格。壁厚(t)的适用范围,壁厚小于 10 mm 的试件为 30 mm ~ 2 t,壁厚为 10 ~ 19 mm 的试件为 $t/2 \sim 2\ t$,壁厚大于 19 mm 的试件为 10 mm ~ 无限大。

对于电渣焊和气电立焊,工艺评定有效的壁厚范围为 0.5 mm ~ 11 t。对于焊条电弧焊、气体保护焊和埋弧焊,任何厚度或管径的全焊透开坡口焊缝的评定,适用于所有尺寸的角焊缝或任何厚度的局部焊透开坡口焊缝。当采用局部焊透焊缝评定时,其适用范围按坡口深度而定。如试板坡口深度为 30 ~ 10 mm,其适用范围为 30 mm ~ 2 h(h 为坡口高度),如试板坡口深度为 10 ~ 25 mm,则适用范围为 30 mm ~ 任何厚度,当以 T 形接头试板评定角焊缝时,如试验角焊缝为单道,其尺寸为产品结构中所规定的最大角焊缝尺寸,则可适用于任何厚度的板厚,适用于尺寸为单道试验角焊缝的最大尺寸及更小的尺寸。如以产品结构中所规定的最小尺寸多道角焊缝为试验角焊缝,则可适用于任何厚度的板厚及焊缝尺寸为多道试验角焊缝最小尺寸及最大的尺寸。当以管件 T 形接头评定角焊缝时,其适用范围与板材相同,只是将板厚改成管厚。

7.5.2.3　焊接工艺评定试验

焊接工艺评定试验项目和方法原则上应完全按照焊接工艺评定标准,不得任意增加或缩减试验项目,也不得任意改变实验方法,否则就失去了焊接工艺评定的合法性和合理性。

钢结构焊接工艺评定试验项目包括目视检查、无损检验、弯曲试验、拉伸试验(含全焊缝金属拉伸试验)、缺口冲击试验(对接头提出冲击韧度要求时)、宏观金相检验。

焊接工艺评定试件,可分为全焊透开坡口对接焊试件、局部焊透开坡口对接焊试件以及角接焊缝试件,在以上三种试件中还可分成板材试件和管材试件,对于槽焊和塞焊缝的工艺评定实验则采用模拟试件。

7.5.2.4　焊接工艺评定报告

焊接工艺评定试验完成后,需将试验结果填入焊接工艺评定报告。通常为便于对照,还应事先编制一份焊接工艺评定指导书作为焊接工艺评定报告的附件。一份完整的焊接工艺评定报告应记录评定试验时所使用的全部重要参数。其内容应包括下列各部分。

(1)评定报告编号及相对应的设计书编号。

(2)评定项目名称。

(3)评定试验采用的焊接方法,焊接位置。

(4)所依据的产品技术标准编号。

(5)试板的坡口形式、实际的坡口尺寸。

(6)试板焊接接头焊接顺序和焊缝的层次。

(7)试板母材金属的牌号、规格、类别号,如采用非法规和非标准材料,则应列出实际的化学成分化验结果和力学性能的实测数据。

(8)焊接试板所用的焊接材料,列出牌号、规格以及该批焊材入厂复验结果,包括化学成分和力学性能。

(9)评定试板焊前实际的预热温度、层间温度和后热温度等。

(10)试板焊后热处理的实际加热温度和保温时间,对于合金钢应记录实际的升温和冷却速度。

（11）焊接电参数，记录试板焊接过程中实际使用的焊接电流、电弧电压、焊接速度。对于熔化极气体保护焊和电渣焊应记录实测的送丝速度。电流种类和极性应清楚表明。如采用脉冲电流，应记录脉冲电流的各参数。

（12）凡是在试板焊接中加以监控或检测的操作技术参数都应加以记录，其他参数可不作记录。

（13）力学性能检验结果，应注明检验报告的编号、试样编号、试样形式，实测的接头强度性能和抗弯性能数据。

（14）其他性能的检验结果，角焊缝宏观检查结果，或耐蚀性检验结果、硬度测定结果。

（15）评定结论。

（16）编制、校对、审核人员签名。

（17）企业管理者代表批准，以示对报告的正确性和合法性负责。

7.6 典型钢结构焊接工艺编制

7.6.1 钢结构的分类

目前钢结构的分类方法有很多，主要有按半成品的制造方法可分为板焊结构、铸焊结构、锻焊结构、冲焊结构等；按结构的用途则可分为车辆结构，船体结构，飞机结构，容器结构等；按材料厚度可分为薄壁结构，厚壁结构；按材料种类可分为钢制结构，铝制结构，钛制结构等；现在国内通用的分类方法是根据焊接结构的工作特性来分类，钢制焊接结构要分为以下数种。

（1）梁及梁系结构 这类结构的工作特点是，元件受横向弯曲，当由各板梁通过刚性连接组成梁系结构（或称框架结构）时，各梁的受力情况将变得较为复杂。

（2）柱类结构 这类结构的特点是，承受压力或在受压同时又承受纵向弯曲。与梁类结构一样，其结构的断面形状大多为"Ｉ"或"工"型、"箱型"或管式圆形断面。

（3）壳体结构 这类结构承受较大的内部或外部压力，因而要求焊接接头具有良好的气密性，如容器，锅炉管道等，均由钢板焊成。

（4）格架结构 它是由一系列受拉或受压焊件组合而成，有各种形状结构。如桁架、网架、钢架等。

（5）骨架结构 这类结构作用象动物骨一样，大多数用于起重运输机械，通常受动载荷，故要求它具有最小的重量和较大的刚度。如船体肋筋，客车棚架，汽车箱和驾驶室等，均属此类结构。

（6）焊接器件即机器和仪器的焊接件 这类结构通常是在交变载荷或多次重复性载荷下工作，它要求有良好的动载性能和刚度。此外，它本身往往还需机械加工以保证尺寸精度和稳定性。这类结构有机座、机架、机身、机床横梁及齿轮、连杆和轴等。这类结构采用钢板焊接或铸焊、锻焊联合工艺，可以解决铸锻设备能力不足的问题，同时大大缩短了制造周期。

7.6.2　梁柱结构的焊接工艺编制

7.6.2.1　梁柱型结构的特征及制造技术条件

（1）梁柱型结构的特征　大多由两块翼缘板及一块腹板组成的工字钢或 H 型钢（当翼缘板较宽时）或由两块翼缘板两块腹板组成的箱型结构。腹板较薄，为防止失稳，通常还加有长、短竖加劲板，有时还在水平加劲板（有时用型材）。

梁柱型结构大多虽然是直线型，结构紧凑，零件数不多，腹板与翼缘板连接一般用翼缘角焊缝，可开单面或双面坡口，加劲板为角焊缝。

（2）梁柱结构的制造技术条件　梁与柱的制造技术条件不完全相同，一般应满足以下基本技术条件：

①长度、高度、宽度、尺寸不应超过偏差；

②长度方向轴线平直度及横向弯曲不应超过允许偏差值；对于梁有时要求有一定值的上挠弯曲；腹板中心线在翼缘板宽度方向的偏差，构件长度方向的扭曲偏差，上下翼缘板的平行度和腹板与翼缘板的垂直度偏差，均不应超出规定偏差；

③各零件间装配间隙及角度的偏差也不能超出规定；

④焊逢外形尺寸偏差及焊逢缺陷，腹板及翼缘板的局部变形量均不能超出规定。

在上述技术条件中，焊接变形是造成难以满足要求的主要原因。

7.6.2.2　工字钢的焊接制作工艺

梁柱型结构最典型的结构就是工字钢，它是现代钢结构的基本结构单元，下面先简要介绍焊接工字钢的焊接制作工艺方案。

（1）工字钢构件的制造工艺方案

工字钢工艺流程：深化设计→钢板下料→拼板（板不够长时）→装配成工字形→上挠→靠装焊顺序─────────→靠腹板下料（扇形）→焊接（自动焊）→装配加劲板及附件。

①翼缘板和腹板的拼接

采用对接焊形式，在平台上铺板（胎架或支架上），在板边或中心确定基准线→调整间隙→定位焊（焊肉为焊缝的 1/3），应采用定位器较好，常用双面焊，焊完一面后翻转清根后再焊反面。（或用单面焊双面成型工艺）。拼接时应考虑，焊缝的横向收缩量，焊缝厚度不一致是角变形的主要原因。措施为：

a.控制焊接规范；

b.合理的焊接顺序；

c.用电磁力吸紧或用机械压紧板边；

d.拼板终端采用弹性或弹 – 塑性板反变形。

②装配 – 焊接工字型构件主体

a.手工装配。可采用腹板在直立位置装配的方法，腹板较高时，要在横卧状态下进行装配，这时腹板平放在高度一致的平台上。

b.用工艺胎具装置装配工字型构件，见图 7 – 46 采用专用装置整套定位。通过改变垫块 3 的垫高和适当移动夹紧座 5，即可实现各种需要规格的工字钢组合装配的通用。装配前要求将胎具支撑定位元件测校平直,装配时将工字钢翼缘板和腹板坯料在平台上检测平直度,合格后才能吊至装配胎具上,调整好翼缘板和腹板位置,使用调节丝杆夹紧后,方可实施定位焊焊牢,工字钢下口可塞入数根临时支撑点焊牢,即可将工件从胎架上起吊取出,最终在平焊位置进行工字钢下口内定位焊缝的加固点焊,拆除临时支撑体,即完成工字钢的点焊组装工序。

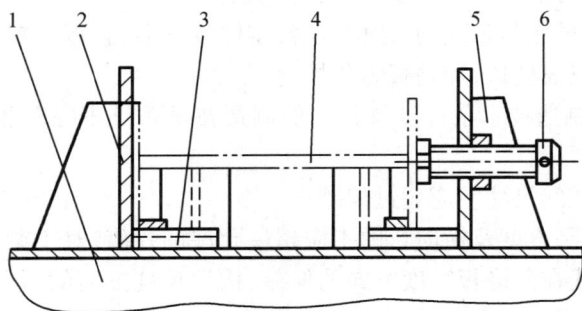

图 7 - 46　焊接工字钢装配胎具
1—工作台;2—定位支座;3—垫块;4—工字钢;5—夹紧支座;6—夹紧器

　　压紧装置可以安装在一台可移动的门架上,逐步压紧腹板与翼缘板之间的空隙,并进行定位焊。工效提高 30% ~50% 以上。

　　③采用埋弧自动焊焊接翼缘焊缝,最好用船形焊,见图 7 - 47。应根据工件的大小、采用合适的翻转机。也可采用门架式工字钢焊接专用设备,见图 7 - 48 所示。防止翼缘板变形的方法,可采用背靠背紧固的刚性紧固法,见图 7 - 49。

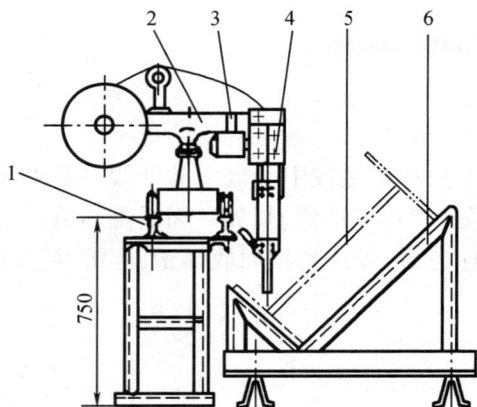

图 7 - 47　工字钢船形焊埋弧自动焊示意图
1—轨道架;2—焊接小车;3—加长臂;4—加长版;
5—工字钢;6—支撑架

图 7 - 48　门架式工字钢船形焊位置

　　④装配焊接工字型构件加劲板,见图 7 - 50,1 和 2 为加劲板。用手工焊,半自动焊或 CO_2 焊,通常采用从中间加劲板开始向两端同时对称焊接,焊接时,先焊加劲板与上、下盖板

的立焊,在焊加劲板与腹板的平角焊。焊接程序,见图 7 – 51。

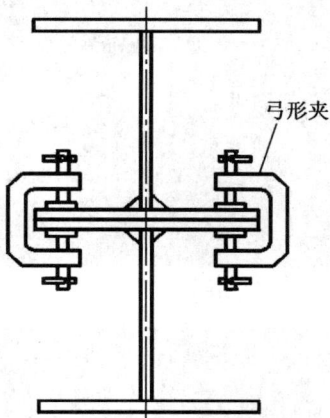

图 7 – 49　刚性固定法减少焊接变形

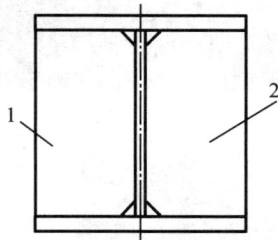

图 7 – 50　焊接工字钢构件加劲板
1,2—加劲板

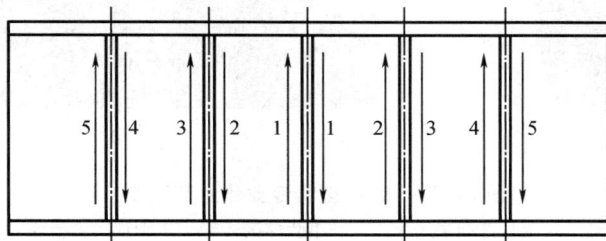

图 7 – 51　工字钢构件加劲板焊接程序

⑤H 型构件的装配 – 焊接矫直生产线机械设备　图 7 – 52(a)所示工字钢生产线采用卧式自动组装,并在线输送至自动焊接区,由两套焊接装置对 H 型钢单面两条焊缝进行平角焊接,在输送至翻转区翻转180°,进入第二焊接区,焊接 H 型钢第二面平角焊缝,然后进入卧式双翼缘同步矫正机进行两翼板变形矫正,完成整个 H 型钢的组焊生产过程。该生产线具有自动化程度高,焊接变形小,工作效率高,容易组线等优点;可适用等截面、变截面、拱形等 H 型钢自动化生产。该机的主要技术参数见表 7 – 4。

图 7 – 52(b)为工字钢焊接生产线,适合于中型工字钢的批量生产。

图 7 – 52(c)为另一 H 型钢生产线组装焊接机。

图 7 – 52(d)为另一 H 型钢生产线组装矫直机。YJZ – 80 液压矫正机主要技术参数,见表 7 – 5。

(2)箱型梁的装配焊接

①特征　a. 两块腹板的封闭式结构;b. 加劲板在箱型截面内部,其焊接装配焊接应在装第二块翼缘板(即受拉力的下翼板)之前完成;c. 有上挠要求;d. 长加劲板的下端与翼缘板不相连接;e. 长短加劲板连接焊缝位于梁截面上半部;f. 易引起下挠变形。

(a)

(b)

(c)

(d)

图 7 – 52　是 H 型钢专业化生产流线

（a）工字钢生产线采用卧式自动组装焊接；（b）工字钢焊接生产线；
（c）H 型钢生产线组装焊接机；（d）H 型钢生产线组装焊接矫直机

表 7 – 4　工字钢焊接矫直生产线主要技术参数

主要指标	技术参数	主要指标	技术参数
腹板工字钢规格	270 ~ 1200/2 800 mm	翼板厚度	5 ~ 50 mm
腹板厚度	5 ~ 25 mm	适用 H 型钢最小半径	$R = 8\ 000$ mm
翼板宽度	100 ~ 800 mm		

表 7 – 5　YJZ – 80 液压矫正机主要技术参数

主要指标	技术参数	主要指标	技术参数
适用腹板高度	≥450 mm	主机功率	11 kW
适用翼缘板厚度	20 ~ 80 mm（材料为 Q235）	液压功率	7.5 kW
适用翼缘板宽度	200 ~ 800 mm	辊道功率	4.4 kW
主动轮顶力	2 300 Kn	升降辊道长度	各 12 m
矫正速度	5 000 m/min	主机重量	6.5 t
液压系统压力	16 MPa		

②生产工艺流程:平台铺翼板→装配焊接长短加劲板→装配左右腹板→在横卧位置焊接加劲板与两块翼缘板的连接焊逢→最后装焊下翼缘板。

上挠要求:一般将腹板下料成窄扇形板,或抛物线形的预制板,或通过焊接变形,使箱型梁焊接后呈上挠变形。

7.6.2.3　钢箱梁焊接制作工艺

以某工程的大型悬臂式变截面钢箱梁为例来说明钢箱梁的焊接制作工艺:

(1)焊接特点

某悬臂式变截面钢箱型梁采用 16 Mnq 钢,Q235A 钢等钢材建造,材料焊接性良好,除 16 Mnq 钢遇环境温度低时,需采用必要的预热措施外,其他可采用常规焊接工艺,该梁的板厚尺寸变化范围大,上下盖板厚度为 30 mm,腹板厚度为 12 mm,在箱梁悬臂支承处的下盖板处板厚达到 50 mm,在制造中质量要求高,焊缝质量难以保证。钢箱梁截面变化大,结构复杂,刚性强,焊缝数量多,为控制焊接变形,减少焊接应力,需要制定正确详细的装配焊接工艺和顺序。钢箱梁本体在大合龙的接头处采用高强螺栓连接,以满足运输和安装要求。因此,焊缝的质量保证,正确的装配和焊接顺序,控制钢梁结构焊接变形和进行中间消除焊接应力的措施,都是钢梁在焊接结构施工中应考虑的主要问题。

(2)钢箱梁焊接制作方案

根据钢箱梁的特点,由于车间、现场起重和运输条件的限制,该悬臂式变截面钢箱梁必须采用分段制造技术。由于钢箱梁工作时,受到拉应力和压应力的共同作用,分段时在分段处应避开其最大应力值。

该箱梁制作时,可分为四段,第一段长为 $L_I = 18.3$ m,质量为 $m_I = 27.78$ t;第二、三、四段的长为 13.9 m,质量分别为 $m_{II} = 19.81$ t,$m_{III} = 19.81$ t,$m_{IV} = 19.74$ t。分段示意图见图 7 - 53。

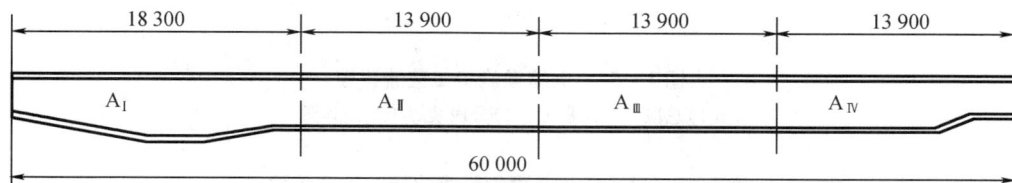

图 7 - 53　箱梁分段示意图

(3)箱梁的施工工艺流程

根据钢箱梁的制作方案,结合现场的施工条件和其结构特点制定了总工艺流程和分段工艺流程,见图 7 - 54。箱形梁的建造工艺总流程共分八个阶段,即备料、分片预制、分段装配、合龙、油漆、检验、构件吊运、定型。分段工艺流程也为八个阶段,即上翼缘板起拱定位,小膈板、空腹膈板装焊,纵梁装焊,腹板装配定位,横向加强筋装焊,下翼缘板装配定位,内外翻身施焊,纵肋及吊耳装焊。

(4)钢箱梁的焊接制作工艺

①钢箱梁焊接方法选用及其参数

a. 钢箱梁主材全部采用 16 Mnq 钢,板材组装时,用焊条电弧焊进行定位焊,焊条采用碱性低氢型焊条,定位焊的长度为 30 ~ 50 mm,焊接参数见表 7 - 6。

表 7 - 6　定位焊焊接参数

焊接型号	电源极性	焊丝牌号	焊丝直径/mm	焊接电流/A
$ZX_1 - 300$	直流反接	J507	4.0	100 ~ 130

b. 盖板、腹板的拼接焊,由于焊缝长,且是平焊,因此选用埋弧焊,焊接参数见表 7 - 7。

c. 箱梁接头,筋板和空腹隔板由于焊缝没有拼板时的长,选用 CO_2 气体保护焊,焊接参数见表 7 - 8。

d. 主梁四条纵缝,采用自动角焊机进行焊接。焊接顺序视梁的拱度和旁弯的情况而定。当拱度不够时,应先焊接下盖板左右的两条焊缝;拱度过大时,应先焊接上盖板左右两条纵缝。由于采用工艺板,即垫板,可用大规范,焊接参数见表 7 - 9 所示。

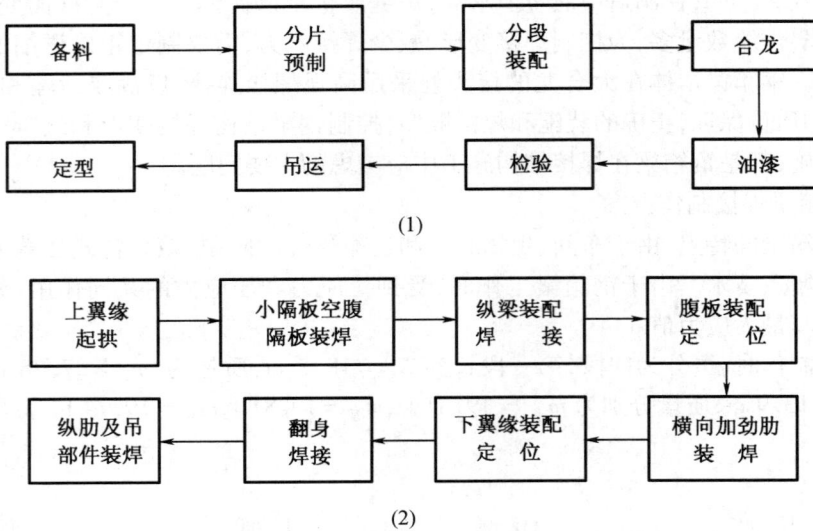

备料 → 分片预制 → 分段装配 → 合龙

定型 ← 吊运 ← 检验 ← 油漆

(1)

上翼缘起拱 → 小隔板空腹隔板装焊 → 纵梁装配焊接 → 腹板装配定位

纵肋及吊部件装焊 ← 翻身焊接 ← 下翼缘装配定位 ← 横向加劲肋装焊

(2)

图 7 - 54　钢箱梁施工工艺流程图

(1)总段工艺流程图;(2)分段装焊工艺流程图

表 7 - 7　对接接头双面埋弧焊焊接的工艺参数

工件厚度/mm	装配间隙/mm	焊丝直径/mm	焊接电流/A	电弧电压/V	焊接速度/cm·min^{-1}
12	2 ~ 3	4	550 ~ 880	38 ~ 40	50 ~ 57
		5	600 ~ 700	34 ~ 38	58 ~ 67
30	2 ~ 3 *	5	650 ~ 720	38 ~ 40	48
			68 ~ 750	36 ~ 42	40
	6 ~ 7	6	950 ~ 1 000	36 ~ 40	30
			900 ~ 1 000	36 ~ 38	33
50	10 ~ 11	5	1 200 ~ 1 300	44 ~ 48	17

＊开对称 X 型坡口,坡口角度为70°。

表 7 – 8　CO_2 气体保护焊焊接参数

焊机型号	焊丝型号	焊丝直径 /mm	焊接电流 /A	焊接电压 /V	CO_2 流量 /L·min^{-1}	焊接速度 /m·min^{-1}
NZC – 400	H08Mn2SiA	1.6	360 ~ 490	36 ~ 39	20	0.5 ~ 0.6

表 7 – 9　自动角焊机的焊接参数

机型号焊	焊丝型号	焊丝直径/mm	焊接电流/A	焊接电压/V	焊接速度/cm·min^{-1}
MD – 1000	H08MnA	4	650 ~ 850	36 ~ 38	27 ~ 37

②箱梁的装焊工艺　采用平台组装工艺,以上翼缘板为基准在平台组装。装配时,采用在上翼缘板上的画线定位的方式装配空腹隔板和短筋板,用 90 度角尺检验垂直度后进行点固,见图 7 – 55。为减小梁的下挠变形,装好筋板后应进行筋板与上翼缘板焊缝的焊接。翼缘板预制如有旁弯,焊接方向如图 7 – 56(1)所示方向。为了防止焊接时产生的旁弯变形,焊接方向见图 7 – 56(2)所示。随后装配腹板,因为腹板有预制上挠作用,装配时需盖板与之贴合严密,点固焊定位,形成没有下盖板的∏形梁,进行两侧腹板与筋板之间的点焊定位。

图 7 – 55　隔板和短筋板的装配

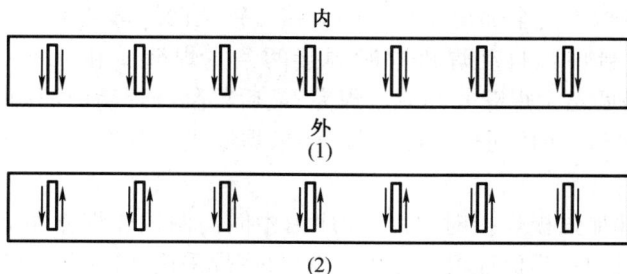

图 7 – 56　筋板的焊接方向

装配下盖板,在装配压紧力作用下预弯成所需拱度形状,然后点定位焊。由于空腹隔板规定了矩形形状公差,较容易控制盖板的倾斜度和腹板的垂直度,控制上挠度要考虑到卸载后的回弹变形。由于腹板预制了较大的上挠,定位下盖板时,压紧力使主梁上挠度减少,从而在腹板中造成拉应力,有利于防止腹板波浪变形。

③箱梁主梁的焊接工艺

箱梁主梁的焊接工艺步骤如下:

a.腹板上的单面焊钢衬垫与底板、顶板(即上下盖板)要求局部间隙应不大于 0.5 mm。

其中腹板与单面焊钢衬垫板的焊接采用 $\phi 3.2$ mm 焊条定位,正式焊接时应先焊坡口正面焊缝,从中间向两侧进行焊接,要求焊缝呈现光滑过渡,无缺陷。然后翻身焊坡口反面。原定位焊缝处进行连续焊,将衬垫板封焊。

b. 装配时应在坡口反面进行腹板与底板、顶板的定位焊,在箱梁两端要加强定位焊。

c. 箱梁主体及内部构件经焊接后,完成外侧纵向加强筋板,水平加强板、横梁连接板及竖向加强板等部件的装焊。

d. 内部构件焊接主要包括空腹隔板、小隔板、横向及纵向加强板与底板及腹板的焊接。在 50 mm 厚板处,焊接时应按规定要求进行电加热,预热至 $100 \sim 150$ ℃,要求由双数焊工对称焊。原则上先焊立角焊,后焊平角焊;先焊纵向焊缝,后焊横向焊缝。

e. 图 7 – 57 中 a,b,c,d 四条主焊缝焊接时,应使钢箱梁卧置于平台上,可实现上下翼缘板上的角焊缝非平行焊缝的水平焊接,应先进行两条主焊缝的焊条打底焊 2 层和 1/2 的横隔板与腹板以及顶板的角焊。然后翻身 180 ℃,按同样要求进行另两条主焊缝的焊接。上述手工打底焊时,在坡口外侧的顶板与底板处,应按要求进行电加热预热。

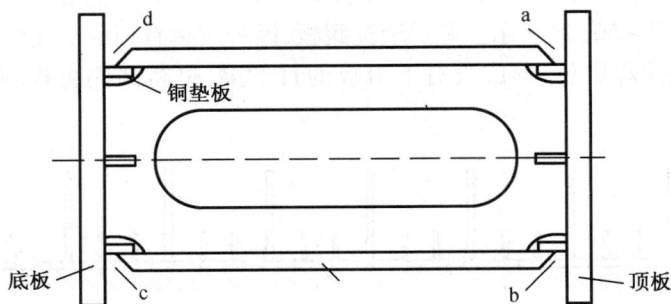

图 7 – 57　钢箱梁结构主梁断面

f. 完成箱梁内各构件的全部角接焊缝的焊接。钢梁两端部装引弧板和引出板,并按要求进行预热后,用两台埋弧自动焊机同时焊接两条主焊缝 a 和 d,使其焊至距上口 5 ～ 6 mm,然后翻身将另两条主焊缝 b 和 c 至焊完,最后再翻身焊满前面两条主焊缝,至焊完。焊接过程要求连续进行,并按同一方向施焊,要求焊缝表面呈凹形,既缓和过渡到母材,又无咬边等缺陷。

g. 箱梁外部构件加强板焊接时,焊接顺序由中间向两端先焊立角焊,后焊平角焊。在焊接横梁、边梁连接板时,为保证根部焊接质量,打底焊采用 $\phi 3.2$ mm 焊条。横梁外部和内部构件焊接时,凡有切角及不连续加强板时,均要进行包角焊。

④钢箱梁下翼缘支撑板的装焊　钢箱梁下翼缘支撑板厚度为 50 mm,其形状加工为 U 型,见图 7 – 58(1)所示在装配板的端接缝时应严格控制装配间隙,并使其不大于 2 mm,端口对接时,50 mm 的厚板应削斜,削斜长度 $L > 4(\delta - \delta_1)$,实际取 90 mm,并按规定开 X 型坡口,坡口角度为 60°,见图 7 – 58(2)所示,装配时应压紧使其紧贴腹板并及时定位焊,接口处的定位焊采用加强焊,以防崩裂,再与相邻的盖板定位,焊接时,先焊对接缝内侧,再焊外侧,焊外侧前应清根,如清根过多或焊肉不足,会出现"崩焊"情况,此时应返修重焊。

⑤箱梁的大合龙　焊接梁的连接处都需要局部加强,以承受集中载荷和弯矩,采用横向加强筋来加强连接处。为降低连接处的应力集中和附加应力,连接处的上下盖板应错

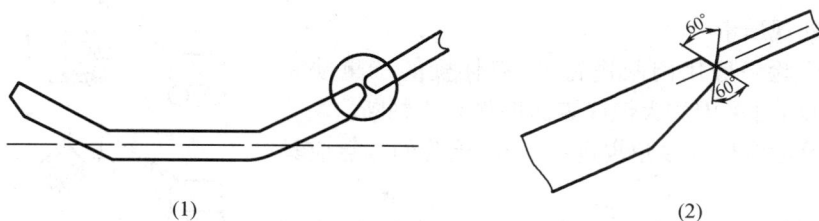

图 7 – 58   钢箱梁下翼缘支撑板加工形状及坡口型式
(1)下翼缘支撑板加工形状;(2)下翼缘支撑板坡口型式

口,且采用陶瓷衬垫单面焊,结构形式如图 7 – 59(a)所示,焊接顺序,首先由两名焊工在梁的外面同时进行立焊,由下向上对称焊接箱形梁的两腹板;然后,由两名焊工分别在钢箱梁上下同时焊接钢箱形梁上下翼缘板的水平拼接焊缝;再由两个焊工分别焊接内侧腹板的两条拼接焊缝,焊前应清根;最后,由两名焊工同时焊接错口处未焊接的腹板与翼缘板之间的纵向俯角焊缝和仰角焊缝,其焊接顺序和方向见如图 7 – 59(b)所示。

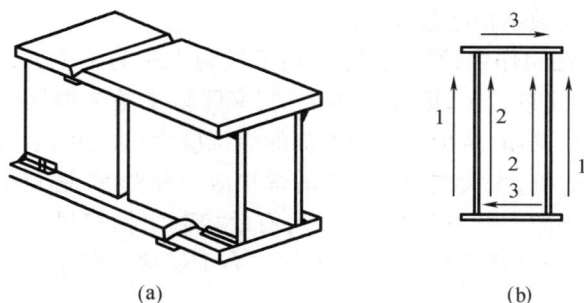

图 7 – 59   主梁的大合龙示意图
(a)结构形式;(b)焊接顺序和方向

⑥钢箱梁翻身施焊工艺

a. 钢箱梁翻身工艺采用 L 型吊具,吊具在箱梁中的设置位置应距箱梁端部 4 m,轮胎吊距平台的距离不得大于 3 m,且 4 台轮胎吊应对称于装配平台布置,见图 7 – 60。

b. 严格按照起重操作规程进行焊接翻身。包括吊车定位和吊应钩只能起吊下面的吊耳,坚决杜绝单吊上面的吊耳,以防止箱形梁倒落出现安全事故。钢箱梁翻身焊接工艺见图7 – 61。

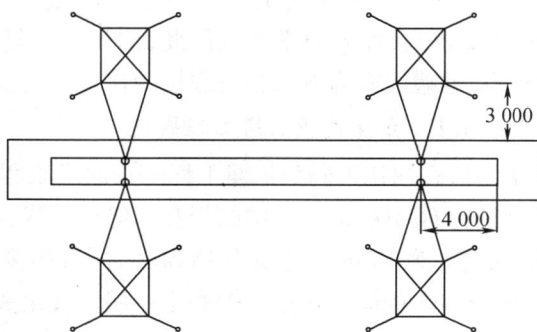

图 7 – 60   轮胎吊应并排对称于装配平台

（5）检验

①焊缝外观质量

a.外观检验一般用肉眼进行,对有怀疑的严重缺陷（未熔合、裂纹）可采用放大镜或表面探伤方法判断。

b.外形尺寸应用焊接角规进行检验,检验的选点应具有代表性。

c.焊缝的外观,焊波应均匀,不允许未熔合焊瘤、烧穿等缺陷。

d.对接焊缝,角接焊缝的外形尺寸的要求应符合国家标准。

②焊缝内部质量

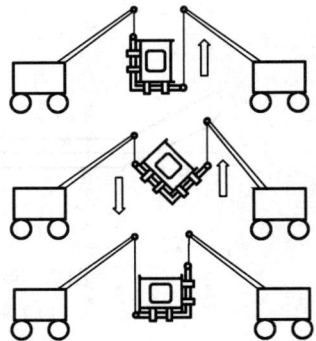

图7-61　翻身工艺示意图

a.对于重要构件要求完全焊透的拼接、对接和角接接头,采用超声波检查焊缝质量。

b.对于用超声波难以进行操作的重要接头,可采用 X 射线检查焊缝的焊透情况和未熔合、气孔、裂纹、夹渣等缺陷情况。

c.主梁外侧 4 条角焊缝可采用磁粉检查（MT）或着色检查（PT）检查焊缝近表缺陷。

d.焊缝内部返修次数不得超过 2 次。

该悬臂式钢箱梁在制作中,结合实际采用了较为先进的施工工艺,从而取得了较好的效果,制作中采用分段建造工艺,既缩短了工期,又降低了整体焊接变形;多种焊接方法的应用和焊接参数的优化选用,减少了结构内部的焊接应力;合理的装焊接工艺,特别是箱梁的焊接程序和四条主焊缝,大大减少了结构的焊接应力和变形,避免了应力集中;翻身施焊工艺保证了钢箱梁接头或大合龙的焊接质量,有效控制了钢箱梁的扭曲变形;由于采用先进合理的焊接工艺,整个钢箱梁制作有序,不仅提高了焊接工艺水平和焊接质量,而且获得了良好的经济效益和社会效益。

7.6.3　容器的焊接——立柱式储油罐的焊接工艺

随着现代工业的发展,油罐工程由过去几十立方的小型油罐发展到几百、几千立方的中大型油罐直至几万立方的油罐的特大型油罐。油罐是工业罐类的一种,它的载重越来越大,密性要求高,保温要求严。因此,制作工艺复杂,现以长江某港口石油化工码头扩建工程——Q_9 油罐工程为例来分析焊接制作工艺。

7.6.3.1　立柱式原油罐工程概况

某港口石油化工码头扩建工程——油罐工程为 50 000 m³ 的内浮顶立柱式原油罐,罐底板直径为 60 200 mm,由中幅板和边缘板组成,中幅板板厚 δ 为 10 mm,材质为 Q235A—F 钢,边缘板 δ 为 14 mm,材质为 16 MnR,所有焊接接头为对接形式,并采用横列式排板,罐壁高度为 19 483 mm,由包边角钢和十一层壁板组成,从底层板开始,壁板厚度分别为 32,30,28,24,20,18,14,12,10,10,10,其中第 1～10 层材质为 16 MnR,第 11 层材质为 Q235 - A,包边角钢材质为 Q235 - AF 钢。所有焊接接头为对接形式,见图 1 所示。各层壁板的端接缝应错开,且错开距离不小于 500 mm。随着现代工业的发展,大型或特大型油罐越来越多,万吨级以上的油罐大多采用浮顶结构形式。该工程油罐浮顶直径 59.6 m,它是由环形浮船和中央单盘板组成,浮船外侧高 900 mm,内侧高 600 mm,宽 4 400 mm。

7.6.3.2　罐底板焊接工艺分析

（1）焊接问题

①特大型罐底板拼接的焊接应力与变形，防止和控制波浪变形和局部凸凹深度超差；②特大型罐底板纵向和横向焊接收缩量的控制；③特大型罐底板单面焊接问题。

（2）焊接方案

①焊接方法　采用手弧焊加垫板装配定焊位，焊接中幅板用 J422 或 E4303 边缘板用 J507 或 E5016。垫板尺寸 100×6×L；采用埋弧自动焊焊接。焊机型号为 MZ-1000 型 2 台，焊接材料中幅板用 H08 和焊剂 431，边缘板用 H10Mn2A 和焊剂 431。

②装焊方案　先采用"分区焊接"即"化整为零"，再拼成整体即"积零为整"，使焊接变形降低到最小限度；中幅板拼装时其边缘预留 50 mm 以上的余料。

③焊接片区的划分　由于所有底板尺寸定宽不定长，故采用横列式排板，分为 28 个横列板，以 X 轴为中心对称均布，离 X 轴最远的端部为纵列式排板；以 X 轴为中心对称每三个横列板，以 Y 轴分左右各为一板片，离 X 轴最远处的两个对称板片各含两个横列板，外端为纵列板，共计 18 个板片；中幅板轴 Y 板片的分界线，以靠近轴最近的纵缝和横缝为准作为象限区的分界线，在现场划定，共 I～～IV 个象限区；边缘板也相应分为 I～～IV 象限区。

（3）焊接工艺

①装配定位焊

a. 定位焊的基本要求　底板装配定位前所有坡口及坡口附近 25 mm 范围应彻底除锈，且底板下面坡口边缘 50 mm 范围的底漆应清除干净；定位焊所用的焊条应与正式焊接所用的材料相同；底板与垫板的定位焊珠不宜过大，在装配相邻底板时，焊珠应打磨减半，以保证装配间隙；底板拼装时，距丁字头 50 mm 范围不得点焊；定位焊距离可根据实际情况调整。

b. 定位焊的基本尺寸，如表 7-10 所示。

表 7-10　Q9 罐底板定位焊的基本尺寸

序号	项目	尺寸	焊条	备注
1	底板与垫板	3—6（200）	E4303Φ3.2	可调整焊距
2	底板与底板	4—10（250）	E4303Φ4.0	
3	底板与边缘	4—20（250）	E4303Φ4.0	
4	边缘板对接	4—20（200）	E5016Φ4.0	

②中幅板的焊接　采用分区焊接，由单板拼小块，由小块拼大块，再由大块拼整块，采用埋弧自动焊。

③边缘板的焊接　先边缘板的拼装；然后边缘板的焊接；再进行边缘板的打磨，要求装配线上的焊缝应打磨平整，范围是装配线内侧 20 mm，外侧 40 mm。

④中幅板与边缘板的焊接留到总装时焊接。

7.6.3.3　罐壁板焊接工艺分析

（1）焊接问题

①由于罐壁板大面积采用横焊和立焊，加大了焊缝的热输入量，易产生波浪变形和局

部的凹凸度超差。

②罐壁上部属于高空作业,焊接条件恶劣,焊缝质量不易控制,即使出现质量问题,返修困难,如何变高空作业为低空焊接。

③壁板厚度变化大,错口不易控制,且厚板的多层焊易出现未焊透、夹渣、气孔等焊接缺陷,对厚板深坡口如何保证焊缝质量。

④油罐属于露天作业,对冬季或气候潮湿等环境造成焊接上的困难,如导热快,易产生未焊透;冷却快,易产生裂口;钢板返潮易产生焊接缺陷等问题。

(2)焊接措施

①对大面积焊接可能产生的波浪变形,采用分层分段对称施焊的方法,合理调整焊道焊接顺序和焊缝层数的焊接顺序,使焊接应力与变形降低到最低限度。

②变高空焊接为低空焊接,罐壁板的装配采用同位倒装施工法。即每一层壁板由底板上同一位置定位,先焊顶层即第11层,再焊第10层……直到最后焊接第1层,使每层焊缝均在2 m以下的空间焊接,返修可在4 m以下的空间进行,有效地保证了焊接工作条件。

③对壁板的装配采用定位挡板,防止壁板装配错口,确保坡口的装配质量,对大于20 mm的厚板坡口采用机械加工,使坡口精度满足厚板焊接要求,同时对根部焊道采用碳弧气刨清根,确保根部焊透。

④在冬季,对厚板焊前采取预热,既加热了焊道,又排除了潮气,同时严格烘干焊接材料,随用随取。

⑤在起风时,设置临时挡风蓬,使焊接环境避开大风,保证气电焊正常进行。

⑥对焊道的清理配备专人进行,焊前将坡口两侧25 mm范围清理干净,彻底清除油、水、锈等污物,对中间焊道的焊渣彻底除净,要求焊道打磨见白。

⑦采取过程检验,焊缝焊完后24 h进行无损探伤,避免高空返修。

(3)焊接工艺

①罐壁板装焊顺序 壁板装焊分四个阶段:第一阶段装焊顺序为第十一层→包边角钢;第二阶段装焊顺序为第十层→抗风圈→盘梯平台→导向管支架→第九层→第一节盘梯→第八层→加强圈→第七层→第二节盘梯;第三阶段装焊顺序为:第六层→第五层→第三节盘梯→第四层;第四阶段装焊顺序为第三层→第四节盘梯→第二层→第一层(底层)→清扫孔、人孔、固定放水管等加强板的焊接→壁板与边缘板的焊接→第五节盘梯的装焊。以上四个阶段施工完毕后,再进行底板边缘板与中幅板的焊接。

②焊接方法

a.第4~11层采用手工焊且用直流焊机,其中第4~10层焊条为E5015,第11层,焊条为E4303。

b.立焊第1~3层采用林肯气电焊机,焊机为DC600 + LN90型,丝为Outing Shield 71 - Hϕ1.6,保护气体用CO_2。横焊方法见图7-62。

c.罐壁板与罐底板的焊缝采用埋弧自动焊,焊丝采用H10Mn2ϕ4.0,焊剂431。

d.清根方法:采用直流碳弧气刨,碳棒直径ϕ6,气刨后采用电动砂轮机打磨焊道,使焊道见白。

7.6.3.4 油罐浮盘焊接工艺分析

(1)浮顶装焊工艺特点

①浮顶结构,密性要求高,制作过程中要求采用真空箱试验,煤油试验,气密试验。

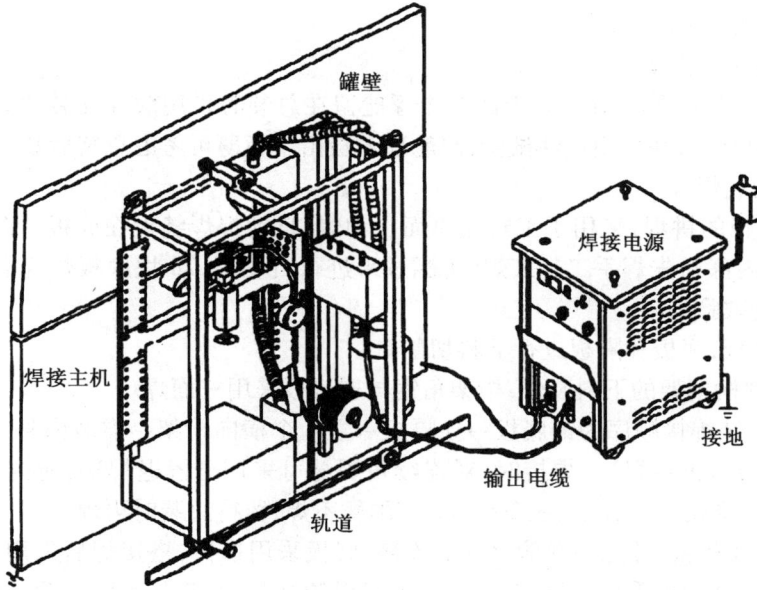

图 7 – 62 倒装储罐环缝自动横焊机示意图

②单盘板及浮箱由于板薄、面积大、焊缝长、焊后极易产生波浪变形。

③与油面接触焊缝应焊两遍成形。杜绝因焊接缺陷而产生的泻漏。

④单盘和浮船下的胎架浮底面焊接困难。

（2）装焊工艺方案

浮顶分浮船和单盘板两部分制作,浮船又分 28 个浮舱制作,每个浮舱制作检测后,分堆存放,在吊装第二层壁板之前,先把 28 个浮舱吊装在临时胎架上,见图 7 – 63 图右部分,然后合龙装配,并焊接成浮船;单盘板在事先设置的中央胎架上拼装焊接,进行修整矫正后,再降低浮船,使浮船边缘板外侧的连接角钢与单盘板搭接并焊接成浮顶整体。

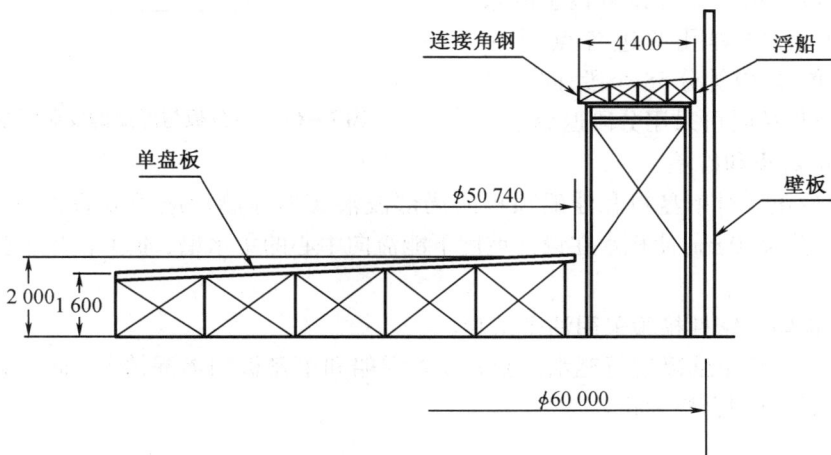

图 7 – 63 浮顶装焊工艺方案示意图

（3）装焊工艺要点

①环形浮船的制作

a. 浮船的制作方案

浮船共有 28 个浮舱，在直径上的 2 个浮舱留在总装时采用散件安装的办法装配，其余 26 个浮舱单独制作，并采用煤油试验，浮舱顶盖板由于板薄可考虑总装后装焊，以防变形。

b. 浮船的装焊

i. 浮舱底板的拼焊，采用手工封底单面自动焊，自动焊焊缝设在底板下侧，手工封底焊焊缝在上面（内部），先焊手工封底焊，再翻过来进行自动焊，28 块底板焊完后，对每条焊缝逐条进行真空试验。

ii. 内外侧板，底板和隔板进行下料切割。

iii. 浮舱内横桁架的下料装焊，桁架角钢与连接板采用三面焊。

iv. 浮舱组装焊接顺序为铺底板→立隔板→立 4 个横向桁架→靠装内外边缘板→ 装浮顶盖板（或总装后再装焊）。焊接时，对连续角焊缝可采用分段退焊法，舱内间断焊缝应填满弧坑，浮舱两端接口处，距边缘 200 mm 范围暂不焊，留待总装时再焊。

v. 浮船整体焊接，浮舱与浮舱之间的连接，底板采用搭接，搭接焊后采用真空箱试验法和煤油试验，内外侧板采用对接，对接焊后进行煤油试验，尤其是散装浮舱，确保油线（即吃水线）以下无渗漏。浮顶盖板最后装焊。底板搭接时，距两端 150（350）mm 处应采用对接焊，搭接与对接的过渡处长 36 mm，并加垫板尺寸为 4×50×250（450），对接处应焊透。

②单盘板的制作装焊　单盘板采用分片制作，分片时采用对接形式，制作好的板片放在现场临时胎架上，见图 7−63 图左部分，装配成整体，整体装配采用搭接形式，再与下降的浮船安装焊接，安装焊接是在浮船的连接角钢上进行，并且采用搭接加塞焊的形式，再装焊单盘上的支柱套筒。

③单盘板与浮船的安装焊接　单盘板与浮船的安装焊接见图 7−64，图中塞焊宽度14 mm，长度 70 mm，塞焊缝距离 300 mm，共 430 个塞焊点。装配定位焊尺寸为 3−300（20），点焊位置位于两塞焊焊点的中心，塞焊孔两边各点焊 20 mm；周围填角焊，应等分 58 个段，同时对称焊接，每段焊接时可采用分段退焊法。

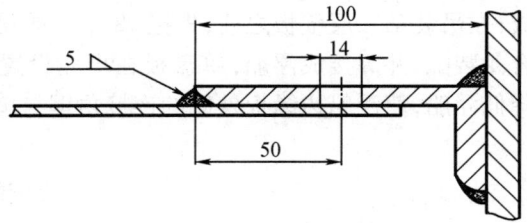

图 7−64　单盘板与浮船的安装焊接

（4）局部矫正和检验

①局部矫正　对单盘板和浮船顶板的局部波浪变形检测后应予以矫正，避免凹陷积水，且最大凹陷 <30 mm，使积水在设计坡度下能流向中心的集水槽，通过中央排水管排出油罐罐体。

②密性检验　密性检验采用油密试验。

③复验　在整个油罐进行充水试验时复查浮船和单盘板的渗漏情况，如发现渗漏立即采取措施补焊，直到合格为止。

7.6.4　船舶典型结构焊接工艺编制

7.6.4.1　船舶分段焊接工艺

现在大多数船厂都采用分段造船法,下面介绍分段造船中的焊接工艺。

分段是由两个或两个以上的零件装焊而成的部件组合而成,主要分为平面分段,半立体分段和立体分段 3 种。平面分段有隔舱、甲板、船侧分段等;立体分段有双层底、进水舱等;半立体分段介于二者之间,如甲板带舱部,舱部带隔舱,甲板带围壁及上层建筑等。这里只介绍几种典型的分段焊接工艺。

（1）甲板平面分段的焊接工艺

①甲板拼板的焊接工艺

甲板虽具有较小的曲率(船舱室为 1/100 ~ 1/50)但不在平台上进行组装和焊接。焊接次序可与一般拼板焊接次序相同。

②甲板分段的焊接工艺

甲板吊放在胎架上,甲板边缘每隔一定的距离定位焊,再按构架位置画好线后,将全部构件(横梁、纵行,纵骨)用定位焊装配在甲板上,并用支撑加强,以防角变形。

焊构架对接缝→角接缝(立角焊缝)及肋板→构架和甲板的平角焊接。由双数工人从中央向左右、前后方向对称焊接。

③分段两端的纵桁,应有一段约 300 mm 暂不焊,待总装后焊。待焊的两端为双面焊。

大型船舶采用分离装配的焊接方法,分段为横向构架是应先焊横梁,再用重力焊焊纵桁,然后再进行全部焊接工作。纵向结构的相反。也可采用纵向构架装焊成整体,然后再和甲板合龙焊平角。

大型船舶,常采用混合装配法,而纵、横构架的装配可以交叉进行,混合构件装配完成后,再进行焊接,这可以防分段焊后变形。

（2）甲板带舱部半立体分段的焊接工艺

这是在具备起重能力条件下,建造大型船舶时采用的方法,他有利于加快造船的建造速度,有利于机装和电装等工序的同时施工。

施工方法:一般采用以甲板为基础性的"倒装法"有两种方法。

①分别在胎架上制成甲板分段和船侧分段,焊后再合龙,再焊接甲板与船侧旁板的角焊缝以及构架之间的联系接缝。最后翻身上船舱进行甲板底焊和船上角焊缝。

②在甲板骨架上将甲板分段装焊结束后,再安装舱侧肋骨,然后焊接肋骨与横梁相反的节点,待全部焊接结束,再装焊旁板,次序如下:①构件焊接时,执行焊接顺序基本原则的规定,如先对接缝后立角缝再平角缝。②舷侧肋骨与旁板为散装时,应先焊旁板对接缝,再焊肋骨 – 旁板的角焊缝。③舷侧肋骨与旁板上端(即舷侧分段下口)300 mm 长度暂不焊,上船台后再焊。④若舷侧分段带有下甲板边板时,为防止焊后变形,应加临时斜撑。分段退焊。⑤若舷侧分段带有边油舱,不管是采用插入式和外板式焊接时应对肋骨上开的止漏孔进行立角焊,防止油从肋骨与旁板相交处渗出。⑥甲板纵桁。纵骨在分段端头接缝处,与甲板的角焊缝 300 mm 暂不焊。

（3）双层底立体分段的焊接工艺

双层底分段是由船底板,内底板,肋板,中桁材(中内龙骨),旁桁材(旁内龙骨)和纵骨组成的小型立体分段。

①"倒装法"的装焊工艺

a. 在装焊平台上铺设内底板,进行装配立体焊,再进行埋弧焊;b. 在内底板上装配中桁材,旁桁材和纵骨。进行对称平角焊;c. 在内底板上装焊肋板,焊接它与中桁材,旁桁材的立缝及肋骨的立焊,由中间向四周(4 名焊工);d. 焊接肋板,中桁材,旁桁材与内底板的平角焊;e. 在肋板上装纵骨构架,并做好船底板的准备工作;f. 在内底板构架上装配船底板,定位焊后,焊接船底板对接内缝(细杆),外缝用气刨清根后,用埋弧自动焊;g. 焊船底板与内底板的内侧角焊缝,外侧总装自焊。H. 分段翻身(焊的板缝)焊接船底板与肋板,中桁材等桁材,纵骨的角焊缝。

②"顺装法"的装焊工艺

a. 在胎架上装配船底板,并定位固定,焊接内侧对接缝(焊条电弧焊);b. 在船底板上装配中桁材,旁桁材,船底纵骨,定位焊后焊角焊缝;c. 在船板上装配肋板,定位后,先焊肋板与中旁桁材,船底纵骨立焊缝,再焊接肋板与船底板的平角焊缝;d. 在平台上装配焊接内底板,用埋弧自动焊;e. 在内底板上装配纵骨,应用自动焊,进行纵骨与内底板的平立缝焊接;f. 将内底板平面分段总装到底构架上,采用定位焊将它与船底构架,船底板固定;g. 将双层底分段吊离胎架,翻身后焊接内底板与中桁材,船底板的平角焊缝以及焊接船底板对接焊缝的封底焊。

两种方法比较:"倒装法"的优点是工作比较简单,直接可铺在平台上,减少胎架的安装。节省胎架的材料和缩短分段建造周期。缺点是变形较大,船体线形较差;"顺装法"的优点是安装方便,变形小,能保证底板有正确的外形。缺点是在胎架上安装,成本高,不经济。

7.6.4.2 船舶大合龙的焊接工艺

(1)平面分段总装成总段的焊接性

①甲板与舷侧分段,舷侧与双层底分段的对接缝用"马"块加强定位。

②由双数焊工对称地焊接舷侧与双底板之间的对接缝。

③焊接甲板分段与舷侧分段的对接缝。

④焊接肋骨与双层底分段外板的角接焊缝,焊完后焊接内底板与外底板的外侧角焊缝,以及肋板与内底板的角焊缝。

⑤焊接肋板与甲板或横梁间的角焊缝。

⑥用碳弧气刨焊将舷侧外段与双层底分段外对接缝清根后封底焊,总装成总段后,再上船台大合龙。

(2)船体大接缝焊接工艺

船体大接缝就是各分段在船台上进行合龙后形成的对接焊缝。

①焊前准备

a. 焊前应彻底清除接缝边缘的水分,油漆,切割氧化物等杂质。b. 大接口的坡口尺寸应符合技术要求。坡口在内侧用焊条电弧焊。c. 采用碱性低氢型焊条焊接,烘干不小于 4 h。d. 焊接电源最好先用空载电压高,动特性好的电源。

②大接缝的焊接顺序

a. 单底的底部分段合龙应先底板焊缝,后焊构架对接缝,再焊角焊缝。b. 双层底的底部分段合龙时,先焊外底板的对接缝,然后焊内底板的仰接缝,再焊构架对接缝,最后焊接构架的角接缝。c. 舷部的焊接安装后再进行。d. 大接缝处于 T 形交叉或十字形交叉时,应按前面所述的焊接顺序基本原则,进行焊接。e. 大接缝焊接时,内部构架的焊接顺序应按图 7 – 65 来施焊。

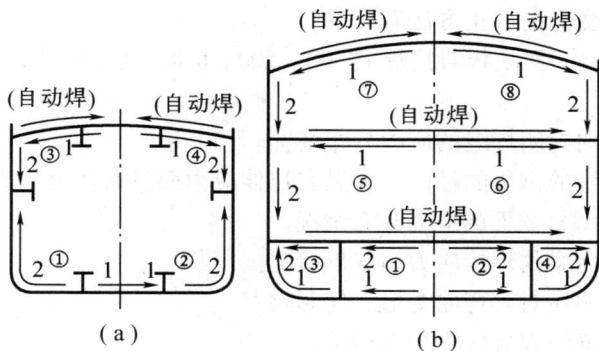

图 7 – 65　总段环形大接缝的焊接程序
(a) 单底分段;(b) 双层底分段

③大接缝焊接工艺要求

a. 大接缝封底焊时,应根据板厚和空间位置来选择焊条直径 $\phi 3 \sim 4$ mm。

b. 多层焊时,每焊一道焊缝必须清除前一道焊缝的焊渣和飞溅。

c. 环形大接缝焊接时,由双数焊工从中间向左右两侧对称进行焊接。对单底总段环缝由 4 名焊工同时进行。双层底环焊由 8 名焊工同时进行。整条焊缝打底焊全部结束后,才能焊以后各层。

d. 大接缝在十字接口处,应先焊纵向焊缝,后焊环形焊缝。

e. 当间隙超差过大时,应先进行坡口边缘堆焊修补后,再正常施焊。

f. 对刚性很大的大接缝焊接时,要密切注意气温的影响,应在无日照下施焊。

【讨论、思考题】

1. 什么是钢结构焊接工艺分析,为什么对重大钢结构工程需要作焊接工艺分析?

2. 钢结构焊接工艺分析的依据、内容和措施是什么?

3. 钢结构焊接工艺分析的重点是什么?

4. 如何对高强度结构钢进行焊接工艺分析?

5. 如何对厚板结构钢进行焊接工艺分析?

6. 如何对钢结构进行低温焊接工艺分析?

7. 钢结构焊接工艺审查的内容是什么?

8. 说明钢结构焊接工艺审查的方式。

9. 说明钢结构焊接工艺审查的程序。

10. 焊接应力是怎样分类的?

11. 钢材受热时力学性能是如何变化的?

12. 对杆件三种状态的均匀加热引起的应力与变形的分析说明什么问题?

13. 试分析试板对接时焊接应力与变形的形成过程。

14. 说明焊接时引起的应力与变形的原因。

15. 简述焊接变形的种类?

16. 影响焊接变形的主要因素有哪些?

17. 防止和减少焊接应力与变形的措施有哪些?

18. 钢结构焊接变形的矫正方法有哪些?

19. 以 $250 \times 500 \times 8$ 两块板对接焊成 $500 \times 500 \times 8$ 板,试分析其焊后板内的纵向和横向应力的分布情况。

20. 说明钢板环向封闭焊缝的应力分布情况。

21. 为何封闭焊缝的钢板的径向应力只有拉伸应力而没有压缩应力?

22. 说明焊接 T 型材截面的应力分布情况。

23. 试分析工字钢梁的焊接应力与变形情况。

24. 工字梁焊接顺序对其弯曲变形有何影响?

25. 试分析箱型梁的焊接应力分布情况。

26. 箱型梁焊后有可能产生那种变形? 并说明原因。

27. 焊接应力对结构产生哪些影响?

28. 在钢结构焊接过程中,调整焊接内应力的措施有哪些?

29. 钢结构焊后,消除焊接内应力的方法有哪些?

30. 焊接钢结构生产的工艺流程的流程有哪些?

31. 什么是焊接钢结构生产的基本工序?

32. 钢结构焊接生产的基本工序有哪些?

33. 何谓钢结构焊接工艺方案?

34. 编制钢结构焊接工艺方案的原则是什么?

35. 说明焊接工艺方案的设计程序。

36. 如何编制焊接工艺方案?

37. 如何编制钢结构节点焊接工艺方案?

38. 如何编制大型储油罐焊接工艺方案?

39. 什么是钢结构焊接工艺方案论证?

40. 钢结构焊接工艺方案论证的程序有哪些?

41. 钢结构焊接工艺方案论证的内容有哪些?

43. 什么是钢结构焊接工艺规程? 主要内容有哪些?

44. 钢结构焊接工艺规程的基本要求有哪些?

45. 钢结构焊接工艺规程文件的格式或型式有哪些?

46. 什么是钢结构焊接工艺评定?

47. 如何进行钢结构焊接工艺评定?

48. 按照焊接法规,焊接工艺评定在哪些方面作了规定?

49. 焊接工艺评定实验的主要项目有哪些?

50. 焊接工艺评定报告指的是什么,它需要什么作附件?

51. 简述梁柱类钢结构的特征和技术条件。

52. 说明船舶大接缝的焊接工艺要求。

【作业题】

1. 编制典型工字钢结构的焊接工艺。
2. 编制典型箱型梁结构的焊接工艺。
3. 编制大型储油罐的焊接工艺。
4. 编制船舶甲板分段的焊接工艺。
5. 编制船舶双层底分段"倒装法"的装焊工艺。
6. 编制船舶大合龙的焊接工艺。

附录 《建筑钢结构焊接技术规程》

1.范围

本工艺标准适用于一般工业与民用建筑工程中钢结构制作与安装手工电弧焊焊接工程。

2.施工准备

2.1 材料及主要机具

2.1.1 电焊条:其型号按设计要求选用,必须有质量证明书。按要求施焊前经过烘焙。严禁使用药皮脱落、焊芯生锈的焊条。设计无规定时,焊接 Q235 钢时宜选用 E43 系列碳钢结构焊条;焊接 16Mn 钢时宜选用 E50 系列低合金结构钢焊条;焊接重要结构时宜采用低氢型焊条(碱性焊条)。按说明书的要求烘焙后,放入保温桶内,随用随取。酸性焊条与碱性焊条不准混杂使用。

2.1.2 引弧板:用坡口连接时需用弧板,弧板材质和坡口型式应与焊件相同。

2.1.3 主要机具:电焊机(交、直流)、焊把线、焊钳、面罩、小锤、焊条烘箱、焊条保温桶、钢丝刷、石棉条、测温计等。

2.2 作业条件

2.2.1 熟悉图纸,做焊接工艺技术交底。

2.2.2 施焊前应检查焊工合格证有效期限,应证明焊工所能承担的焊接工作。

2.2.3 现场供电应符合焊接用电要求。

2.2.4 环境温度低于 0 ℃,对预热,后热温度应根据工艺试验确定。

3.操作工艺

3.1 工艺流程:

作业准备→电弧焊接(平焊、立焊、横焊、仰焊)→焊缝检查。

3.2 钢结构电弧焊接:

3.2.1 平焊

3.2.1.1 选择合格的焊接工艺,焊条直径,焊接电流,焊接速度,焊接电弧长度等,通过焊接工艺试验验证。

3.2.1.2 清理焊口:焊前检查坡口、组装间隙是否符合要求,定位焊是否牢固,焊缝周围不得有油污、锈物。

3.2.1.3 烘焙焊条应符合规定的温度与时间,从烘箱中取出的焊条,放在焊条保温桶内,随用随取。

3.2.1.4 焊接电流:根据焊件厚度、焊接层次、焊条型号、直径、焊工熟练程度等因素,选择适宜的焊接电流。

3.2.1.5 引弧:角焊缝起落弧点应在焊缝端部,宜大于 10 mm,不应随便打弧,打火引弧后应立即将焊条从焊缝区拉开,使焊条与构件间保持 2～4 mm 间隙产生电弧。对接焊缝及时接和角接组合焊缝,在焊缝两端设引弧板和引出板,必须在引弧板上引弧后再焊到焊缝区,中途接头则应在焊缝接头前方 15～20 mm 处打火引弧,将焊件预热后再将焊条退回到焊缝起始处,把熔池填满到要求的厚度后,方可向前施焊。

3.2.1.6 焊接速度:要求等速焊接,保证焊缝厚度、宽度均匀一致,从面罩内看熔池中铁水与熔渣保持等距离(2~3 mm)为宜。

3.2.1.7 焊接电弧长度:根据焊条型号不同而确定,一般要求电弧长度稳定不变,酸性焊条一般为 3~4 mm,碱性焊条一般为 2~3 mm 为宜。

3.2.1.8 焊接角度:根据两焊件的厚度确定,焊接角度有两个方面,一是焊条与焊接前进方向的夹角为 60~75°;二是焊条与焊接左右夹角有两种情况,当焊件厚度相等时,焊条与焊件夹角均为 45°;当焊件厚度不等时,焊条与较厚焊件一侧夹角应大于焊条与较薄焊件一侧夹角。

3.2.1.9 收弧:每条焊缝焊到末尾,应将弧坑填满后,往焊接方向相反的方向带弧,使弧坑甩在焊道里边,以防弧坑咬肉。焊接完毕,应采用气割切除弧板,并修磨平整,不许用锤击落。

3.2.1.10 清渣:整条焊缝焊完后清除熔渣,经焊工自检(包括外观及焊缝尺寸等)确无问题后,方可转移地点继续焊接。

3.2.2 立焊:基本操作工艺过程与平焊相同,但应注意下述问题:

3.2.2.1 在相同条件下,焊接电源比平焊电流小 10%~15%。

3.2.2.2 采用短弧焊接,弧长一般为 2~3 mm。

3.2.2.3 焊条角度根据焊件厚度确定。两焊件厚度相等,焊条与焊条左右方向夹角均为 450;两焊件厚度不等时,焊条与较厚焊件一侧的夹角应大于较薄一侧的夹角。焊条应与垂直面形成 60°~80°角,使电弧略向上,吹向熔池中心。

3.2.2.4 收弧:当焊到末尾,采用排弧法将弧坑填满,把电弧移至熔池中央停弧。严禁使弧坑甩在一边。为了防止咬肉,应压低电弧变换焊条角度,使焊条与焊件垂直或电弧稍向下吹。

3.2.3 横焊:基本与平焊相同,焊接电流比同条件平焊的电流小 10%~15%,电弧长 2~4 mm。焊条的角度,横焊时焊条应向下倾斜,其角度为 70°~80°,防止铁水下坠。根据两焊件的厚度不同,可适当调整焊条角度,焊条与焊接前进方向为 70°~90°角。

3.2.4 仰焊:基本与立焊、横焊相同,其焊条与焊件的夹角和焊件厚度有关,焊条与焊接方向成 70°~80°角,宜用小电流、短弧焊接。

3.3 冬期低温焊接:

3.3.1 在环境温度低于 0 ℃ 条件下进行电弧焊时,除遵守常温焊接的有关规定外,应调整焊接工艺参数,使焊缝和热影响区缓慢冷却。风力超过 4 级,应采取挡风措施;焊后未冷却的接头,应避免碰到冰雪。

3.3.2 钢结构为防止焊接裂纹,应预热、预热以控制层间温度。当工作地点温度在 0 ℃以下时,应进行工艺试验,以确定适当的预热,后热温度。

4. 质量标准

4.1 一般规定

4.1.1 本章适用于钢结构制作和安装中的钢构件焊接和栓钉焊接的工程质量验收。

4.1.2 钢结构焊接工程可按相应的钢结构制作或安装工程检验批的划分原则划分为一个或若干个检验批。

4.1.3 碳素结构钢应在焊缝冷却到环境温度、低合金结构钢应在完成焊接 24 h 以后,进行焊缝探伤检验。

4.1.4 焊缝施焊后应在工艺规定的焊缝及部位打上焊工钢印。

4.2 钢构件焊接工程

4.2.1 焊条、焊丝、焊剂、电渣焊熔嘴等焊接材料与母材的匹配应符合设计要求及国家现行行业标准《建筑钢结构焊接技术规程》JGJ81 的规定。焊条、焊剂、药芯焊丝、熔嘴等在使用前,应按其产品说明书及焊接工艺文件的规定进行烘焙和存放。

检查数量:全数检查。

检验方法:检查质量证明书和烘焙记录。

4.2.2 焊工必须经考试合格并取得合格证书。持证焊工必须在其考试合格项目及其认可范围内施焊。

检查数量:全数检查。

检验方法:检查焊工合格证及其认可范围、有效期。

4.2.3 施工单位对其首次采用的钢材、焊接材料、焊接方法、焊后热处理等,应进行焊接工艺评定,并应根据评定报告确定焊接工艺。

检查数量:全数检查。

检验方法:检查焊接工艺评定报告。

4.2.4 设计要求全焊透的一、二级焊缝应采用超声波探伤进行内部缺陷的检验,超声波探伤不能对缺陷作出判断时,应采用射线探伤,其内部缺陷分级及探伤方法应符合现行国家标准《钢焊缝手工超声波探伤方法和探伤结果分级法》GB11345 或《钢熔化焊对接接头射线照相和质量分级》GB3323 的规定。

焊接球节点网架焊缝、螺栓球节点网架焊缝及圆管 T,K,Y 形节点相关线焊缝,其内部缺陷分级及探伤方法应分别符合国家现行标准《焊接球节点钢网架焊缝超声波探伤方法及质量分级法》JBJ/T3034.1、《螺栓球节点钢网架焊缝超声波探伤方法及质量分级法》JBJ/T3034.2、《建筑钢结构焊接技术规程》JGJ81 的规定。

一级、二级焊缝的质量等级及缺陷分级应符合表 4.2.4 的规定。

检查数量:全数检查。

检验方法:检查超声波或射线探伤记录。

表 4.2.4　一、二级焊缝质量等级及缺陷分级

焊缝质量等级		一级	二级
内部缺陷超声波探伤	评定等级	Ⅱ	Ⅲ
	检验等级	B 级	B 级
	探伤比例	100%	20%
内部缺陷射线探伤	评定等级	Ⅱ	Ⅲ
	检验等级	A、B 级	A、B 级
	探伤比例	100%	20%

注:探伤比例的计数方法应按以下原则确定:

(1)对工厂制作焊缝,应按每条焊缝计算百分比,且探伤长度应不小于 200 mm,当焊缝长度不足 200 mm 时,应对整条焊缝进行探伤;

(2)对现场安装焊缝,应按同一类型、同一施焊条件的焊缝条数计算百分比,探伤长度应不小于 200 mm,并应不少于 1 条焊缝。

4.2.5 T形接头、十字接头、角接接头等要求熔透的对接和角对接组合焊缝,其焊脚尺寸不应小于 $t/4$;设计有疲劳验算要求的吊车梁或类似构件的腹板与上翼缘连接焊缝的焊脚尺寸为 $t/2$,且不应大于 10 mm。焊脚尺寸的允许偏差为 0 ~ 4 mm。

检查数量:资料全数检查;同类焊缝抽查 10%,且不应少于 3 条。

检验方法:观察检查,用焊缝量规抽查测量。

4.2.6 焊缝表面不得有裂纹、焊瘤等缺陷。一级、二级焊缝不得有表面气孔、夹渣、弧坑裂纹、电弧擦伤等缺陷。且一级焊缝不得有咬边、未焊满、根部收缩等缺陷。

检查数量:每批同类构件抽查 10%,且不应少于 3 件;被抽查构件中,每一类型焊缝按条数抽查 5%,且不应少于 1 条;每条检查 1 处,总抽查数不应少于 10 处。

检验方法:观察检查或使用放大镜、焊缝量规和钢尺检查,当存在疑义时,采用渗透或磁粉探伤检查。

4.2.7 对于需要进行焊前预热或焊后热处理的焊缝,其预热温度或后热温度应符合国家现行有关标准的规定或通过工艺试验确定。预热区在焊道两侧,每侧宽度均应大于焊件厚度的 1.5 倍以上,且不应小于 100 mm;后热处理应在焊后立即进行,保温时间应根据板厚按每 25 mm 板厚 1 h 确定。

检查数量:全数检查。

检验方法:检查预、后热施工记录和工艺试验报告。

4.2.8 二级、三级焊缝外观质量标准应符合本规范附录 A 中表 A.0.1(略)的规定。三级对接焊缝应按二级焊缝标准进行外观质量检验。

检查数量:每批同类构件抽查 10%,且不应少于 3 件;被抽查构件中,每一类型焊缝按条数抽查 5%,且不应少于 1 条;每条检查 1 处,总抽查数不应少于 10 处。

检验方法:观察检查或使用放大镜、焊缝量规和钢尺检查。

4.2.9 焊缝尺寸允许偏差应符合本规范附录 A 中表 A.0.2(略)的规定。

检查数量:每批同类构件抽查 10%,且不应少于 3 件;被抽查构件中,每种焊缝按条数各抽查 5%,但不应少于 1 条;每条检查 1 处,总抽查数不应少于 10 处。

检验方法:用焊缝量规检查。

4.2.10 焊成凹形的角焊缝,焊缝金属与母材间应平缓过渡;加工成凹形的角焊缝,不得在其表面留下切痕。

检查数量:每批同类构件抽查 10%,且不应少于 3 件。

检验方法:观察检查。

4.2.11 焊缝感观应达到:外形均匀、成型较好,焊道与焊道、焊道与基本金属间过渡较平滑,焊渣和飞溅物基本清除干净。

检查数量:每批同类构件抽查 10%,且不应少于 3 件;被抽查构件中,每种焊缝按数量各抽查 5%,总抽查处不应少于 5 处。

检验方法:观察检查。

钢结构制作(安装)焊接工程质量检验标准

主控项目:

(1)焊接材料品种、规格 第 4.3.1 条 检查产品合格证明文件、中文标志及检验报告(全数检查)

(2)焊接材料复验 第 4.3.2 条 检查复试报告(全数检查)

（3）材料匹配 第5.2.1条 检查质量证明书和烘焙记录（全数检查）

（4）焊工证书 第5.2.2条 检查焊工合格证及其认可范围、有效期（所有焊工）

（5）焊接工艺评定 第5.2.3条 检查焊接工艺评定报告（全数检查）

（6）内部缺陷 第5.2.4条 检查焊缝探伤纪录（全数检查）

（7）组合焊缝尺寸 第5.2.5条 观察检查、焊缝量规抽查测量（资料全数检查，同类焊缝抽查10%,且≥3处）

（8）焊缝表面缺陷 第5.2.6条 观察检查或使用放大镜、焊缝量规和钢尺检查,必要时,采用渗透或磁粉探伤检查

一般项目：

（1）焊接材料外观质量 第4.3.4条 观察检查（按量抽查1%,且≥10包）

（2）预热和后热处理 第5.2.7条 检查试验报告（全数检查）

（3）焊缝外观质量 第5.2.8条 观察检查或使用放大镜、焊缝量规和钢尺检查（第5.2.8条）

（4）焊缝尺寸偏差 第5.2.9条 观察检查第（5.2.9条）

（5）凹形角焊缝 第5.2.10条 观察检查（同类构件抽查10%,且≥3件）

（6）焊缝感观 第5.2.11条 观察检查（第5.2.11条）

5. 成品保护

5.1 焊后不准撞砸接头,不准往刚焊完的钢材上浇水。低温下应采取缓冷措施。

5.2 不准随意在焊缝外母材上引弧。

5.3 各种构件校正好之后方可施焊,并不得随意移动垫铁和卡具,以防造成构件尺寸偏差。隐蔽部位的焊缝必须办理完隐蔽验收手续后,方可进行下道隐蔽工序。

5.4 低温焊接不准立即清渣,应等焊缝降温后进行。

6. 应注意的质量问题

6.1 尺寸超出允许偏差:对焊缝长度、宽度、厚度不足,中心线偏移,弯折等偏差,应严格控制焊接部位的相对位置尺寸,合格后方准焊接,焊接时精心操作。

6.2 焊缝裂纹:为防止裂纹产生,应选择适合的焊接工艺参数和施焊程序,避免用大电流,不要突然熄火,焊缝接头应搭接10～15 mm,焊接中不允许搬动、敲击焊件。

6.3 表面气孔:焊条按规定的温度和时间进行烘焙,焊接区域必须清理干净,焊接过程中选择适当的焊接电流,降低焊接速度,使熔池中的气体完全逸出。

6.4 焊缝夹渣:多层施焊应层层将焊渣清涂干净,操作中应运条正确,弧长适当。注意熔渣的流动方向,采用碱性焊条时,必须使熔渣留在熔渣后面。

7. 质量记录

7.1 焊接材料质量证明书。

7.2 焊工合格证及编号。

7.3 焊接工艺试验报告。

7.4 焊接质量检验报告、超声波、射线探伤记录。

7.5 设计变更、洽商记录。

7.6 隐蔽工程验收记录。

7.7 其他技术文件。

8. 安全环保措施

8.1 电焊机外壳,必须接地良好,其电源的装拆应由电工进行。

8.2 电焊机要设单独的开关。开关应放在防雨的闸箱内,拉合时应戴手套侧向操作。

8.3 焊钳与把线必须绝缘良好。连接牢固,更换焊条应戴手套。在潮湿的地点工作,应站在绝缘胶板或木板上。

8.4 严禁在带压力的容器或管道上施焊,焊接带电的设备必须先切断电源。

8.5 焊接贮存过易燃、易爆、有毒物品的容器或管道,必须清除干净.并将所有孔口打开。

8.6 在密闭金属容器内施焊时,容器必须可靠接地,通风良好,并应有人监护。严禁向容器内输入氧气。

8.7 焊接预热工件时,应有石棉布或档板等隔热措施。

8.8 把线、地线,禁止与钢丝绳接触,更不用钢丝绳或机电设备代替零线。所有地线接头必须连接牢固。

8.9 更换场地转动把线时,应切断电源,并不得手持把线爬梯登高。

8.10 清除焊渣、采用电弧气刨清根时,应戴防护眼镜或面罩,防止铁渣飞溅伤人。

8.11 多台焊机在一起集中施焊时,焊接平台或焊件必须接地。并应有隔光板。

8.12 钍钨极要放置在密闭铅盒内,磨削钍钨极时,必须戴手套、口罩,并将粉尘及时排除。

8.13 二氧化碳气体预热器的上壳应绝缘,端电压不应大于 36 V。

8.14 雷雨时,应停止露天焊接作业。

8.15 施焊场地周围应清易燃易爆物品,或进行覆盖、隔离。

8.16 必须在易燃易燃气体或液体扩散区施焊时,应经有关部门检试许可后。方可施焊。

8.17 工作结束,应切断焊机电源并检查操作地点,确认无起火危险后,方可离开。

参 考 文 献

1. 参考书籍

[1] 邓洪军. 焊接结构与生产[M]. 北京:机械工业出版社,2012.

[2] 朱小兵,张祥生. 焊接结构制造工艺及实施[M]. 北京:机械工业出版社,2011.

[3] 曾平. 船舶气体保护焊工艺设计与实作[M]. 哈尔滨:哈尔滨工程大学出版社,2011.

[4] 法定检验实施指南[K] 国际航行船舶,2006.

2. 参考网站

[1] http://www.cscsf.com/中国钢结构在线.

[2] http://www.okok.org/中华钢结构论坛.

[3] http://cecs102.com/中建轻钢结构.

[4] http://bbs.zhulong.com/classboard94 建筑钢结构论坛.

[5] http://fbgg.cn.gongchang.com/湖北省钢结构工程有限公司.

[6] http://219.140.188.180/cbqt/船舶气体保护焊工艺与制作课程网站.

[7] http://219.140.188.180/ctjg/船体加工与装配课程网站.

[8] http://219.140.188.180/cbjg/船舶结构焊接工艺编制课程网站.

[9] http://219.140.188.180/rhgc/熔焊过程及缺欠控.

3. 专业标准

[1] 钢结构手工电弧焊焊接施工工艺标准[S].

[2]《建筑工程施工质量验收统一标准》GB50300—2001[S].

[3]《钢结构工程施工质量验收规范》GB50205—2001[S].

[4]《钢焊缝手工超声波探伤方法和探伤结果分级法》GB11345[S].

[5]《钢熔化焊对接接头射线照相和质量分级》GB3323[S].

[6]《焊接球节点钢网架焊缝超声波探伤方法及质量分级法》JBJ/T3034.1[S].

[7]《螺栓球节点钢网架焊缝超声波探伤方法及质量分级法》JBJ/T3034.2[S].

[8]《建筑钢结构焊接技术规程》JGJ81[S].

[9] CB999—82 焊缝表面检查要求[S].

[10] Q/SWS 42-010—2003 焊缝返修通用工艺规范[S].

[11] G16—SWS004 焊接材料保管要求[S].

[12] G16—SWSH001 焊接坡口型式[S].